Lambacher Schweizer

Mathematik für die Fachhochschulreife

Gesamtband

Lösungsheft

erarbeitet von

Günther Reinelt

unter Mitwirkung von
Dieter Müller

Ernst Klett Verlag
Stuttgart · Leipzig

1. Auflage 1 7 6 5 4 | 2016 2015 2014 2013

Alle Drucke dieser Auflage sind unverändert und können im Unterricht nebeneinander verwendet werden.
Die letzte Zahl bezeichnet das Jahr des Druckes.

Autoren: Manfred Baum, Gerhard Bitsch, Dieter Brandt, Gerhard Brüstle, Heidi Buck, Rolf Dürr, Günther Dopfer, Hans Freudigmann, Detlef Lind, Günther Reinelt, Rolf Reimer, Wolfgang Riemer, Hartmut Schermuly, August Schmid, Maximilian Selinka, Jörg Stark, Ingo Weidig, Peter Zimmermann, Manfred Zinser

Redaktion: Hartmut Günthner, Herbert Rauck
Herstellung: Claudia Rupp, Stuttgart

Umschlaggestaltung: KOMA AMOK, Stuttgart
Illustrationen: Claudia Rupp, Stuttgart
Satz: Imprint, Zusmarshausen
Druck: Medienhaus Plump, Rheinbreitbach

Printed in Germany
ISBN 978-3-12-732693-2

9 783127 326932

I Elementares Rechnen

II Ganzrationale Funktionen

III Einführung in die Differenzialrechnung

IV Integralrechnung

V Exponentialfunktionen

VI Trigonometrische Funktionen

VII Gebrochenrationale Funktionen

VIII Stochastik

IX Vektorgeometrie

X Gleichungen – Matrizen – Verflechtungen

I Elementares Rechnen

1 Dreisatz – proportionale und antiproportionale Zuordnungen

S. 8 **1** A: 1,42 €/kg; B. 1,40 €/kg; C: 1,54 €/kg; D: 1,45 €/kg
20 kg kosten demnach am wenigsten, wenn man bei B 5 Kisten kauft, nämlich 28,00 €.

S. 10 **2** a) Proportionale Zuordnung, da die doppelte Menge Schokolade auch die doppelte Kalorienzahl enthält.
b) Keine proportionale Zuordnung
c) Proportionale Zuordnung nur bei zylinderförmigen Behältern oder bei Quadern, die auf der Grundfläche stehen, sonst nicht.
d) Proportionale Zuordnung, da der doppelten Zahl von Nudeln das doppelte Gewicht zugeordnet ist.
e) Keine proportionale sondern eine antiproportionale Zuordnung.

3 a) $\frac{x}{10000\text{ Liter}} = \frac{1\text{ min}}{450\text{ Liter}}$; also $x = \frac{100000\text{ Liter}}{450\text{ Liter}} \cdot 1\text{ min} = 222\frac{2}{9}\text{ min} \approx 222\text{ min} = 3\text{ h }42\text{ min}$
b) $\frac{x}{45\text{ min}} = \frac{450\text{ Liter}}{1\text{ min}}$; also $x = \frac{450\text{ Liter}}{1\text{ min}} \cdot 45\text{ min} = 20250\text{ Liter}$

4 a) Maßstab 1:50 000

Länge in cm	3	23	6,4	0,8	**36**	**144**	**248**	**1000**
Länge in km	**1,5**	**11,5**	**3,2**	**0,4**	18	72	124	500

b) Maßstab 1:350 000

Länge in cm	2	45	16,4	5,8	**194,3**	**20,6**	**121,1**	**428,6**
Länge in km	**7,0**	**157,5**	**57,4**	**20,3**	680	72	424	500

c) Maßstab 1:150 0000

Länge in cm	1	15	24,6	3,9	**112**	**4,8**	**0,0667**	**333,3**
Länge in km	**15**	**225**	**369**	**58,5**	1680	72	1	5000

5 a) Einkaufspreis je Stück: $\frac{1275\,€}{6000\text{ Stück}} = \frac{0{,}2125\,€}{\text{Stück}}$. Es ist $2000\text{ Stück} \cdot \frac{0{,}72\,€}{\text{Stück}} = 1440\,€$.
Bei 2000 Stück ist der Einkaufspreis erreicht. Gewinn 165 €.
b) Bei 350 Packungen erlöst er $6{,}28\,€ \cdot 350 = 2198\,€$. Die 12 Stück in einer Packung kosten den Händler $12 \cdot 0{,}2125\,€ = 2{,}55\,€$. Er verdient somit pro Packung $6{,}28\,€ - 2{,}55\,€ = 3{,}73\,€$. Bei 350 Packungen sind dies $350 \cdot 3{,}73\,€ = 1305{,}50\,€$.

6 a) Fahrzeit: $t = \frac{508\text{ km}}{90\frac{\text{km}}{\text{h}}} = \frac{508}{90}\text{ h} = 5{,}6444\text{ h} = 5\text{ h} + 0{,}644 \cdot 60\text{ min} \approx 5\text{ h }39\text{ min}$.
Verbrauch x: $\frac{x}{508\text{ km}} = \frac{6{,}8\text{ Liter}}{100\text{ km}}$; also $x = \frac{6{,}8\text{ Liter}}{100\text{ km}} \cdot 508\text{ km} \approx 34{,}5\text{ Liter}$.
b) Preis: $34{,}5\text{ Liter} \cdot \frac{1{,}409\,€}{\text{Liter}} \approx 48{,}61\,€ \approx 49\,€$
c) Fahrzeit bei $120\frac{\text{km}}{\text{h}}$: $t = \frac{508\text{ km}}{120\frac{\text{km}}{\text{h}}} = 4{,}2333\text{ h} = 4\text{ h} + 0{,}2333 \cdot 60\text{ min} = 4\text{ h }14\text{ min}$;
Zeitersparnis: 1 h 25 min.

S. 10 **6** d) Verbrauch bei $120\frac{km}{h}$: 7,9 Liter · 5,08 = 40,13 Liter.
Differenz gegenüber Fahrt bei $90\frac{km}{h}$: 5,63 Liter.
Ersparnis bei 90-$\frac{km}{h}$-Fahrt: 5,63 · 1,409 € ≈ 7,93 €.

7 Einnahme je Kind: $\frac{10\,000\,€}{134\,\text{Kinder}} \approx 74{,}60\,\frac{€}{\text{Kind}}$.
a) Da 12 Kinder weniger die Schule besuchen, sind die Einnahmen um
$74{,}60\,\frac{€}{\text{Kind}} \cdot 12$ Kinder = 895,20 €, also rund 900 €, niedriger.
b) Die Summe von 10 000 € müsste auf 122 Kinder verteilt werden; damit wäre der Beitrag je Kind: 81,97 €, d.h. der Beitrag müsste um rund 7,40 € je Kind angehoben werden.

S. 11 **8** a) $66\,\text{kW} = 66 \cdot \frac{1}{0{,}7355}\,\text{PS} \approx 89{,}7\,\text{PS} \approx 90\,\text{PS}$
b) $1000\,\text{PS} = 1000 \cdot 0{,}7355\,\text{kW} = 735{,}5\,\text{kW} = 736\,\text{kW}$
c) $406\,\text{W} = 0{,}406\,\text{kW} = 0{,}406 \cdot \frac{1}{0{,}7355}\,\text{PS} \approx 0{,}55\,\text{PS}$

9 a) $\frac{t}{360\,\text{Seiten}} = \frac{1\,\text{min}}{12\,\text{Seiten}}$, also $t = \frac{360}{12}\,\text{min} = 30\,\text{min}$
b) $\frac{x}{80{,}5\,\text{min}} = \frac{12\,\text{Seiten}}{1\,\text{min}}$; also $x = 80{,}5\,\text{Seiten} \cdot 12 = 966$ Seiten
c) $\frac{t}{45\,000\,\text{Seiten}} = \frac{1\,\text{min}}{12}$; also $t = \frac{45\,000}{12} \approx 3750\,\text{min} \approx 62{,}5\,\text{h}$.

10 a) $b = \frac{75\,\text{m} \cdot 40\,\text{m}}{68\,\text{m}} \approx 44{,}12\,\text{m}$ b) $l = \frac{75\,\text{m} \cdot 40\,\text{m}}{50\,\text{m}} = 60\,\text{m}$

11 $K_{18} = \frac{540\,000\,€}{18} = 30\,000\,€$; $K_{19} = \frac{540\,000\,€}{19} \approx 28\,400\,€$; $K_{20} = \frac{540\,000\,€}{20} \approx 27\,000\,€$.

12 $(x + 8) \cdot 10\,\text{h} = 8 \cdot 15{,}5\,\text{h}$; also $x + 8 = \frac{8 \cdot 15{,}5}{10}$ oder $x = 12{,}4 - 8$, d.h. $x \approx 4{,}4$
Man benötigt also 4 bis 5 zusätzliche Pumpen.

13

Wert	1 ct	2 ct	5 ct	10 ct	20 ct	50 ct
Stückzahl	$\frac{100}{0{,}01} = 10\,000$	$\frac{100}{0{,}02} = 5000$	$\frac{100}{0{,}05} = 2000$	$\frac{100}{0{,}1} = 1000$	$\frac{100}{0{,}2} = 500$	$\frac{100}{0{,}5} = 200$

14 a) Anzahl a der Arbeiter bei 9 Wochen: a · 9 Wochen = 4 · 12 Wochen, also $a = \frac{48}{9} = 5\frac{1}{3}$.
Man braucht also 5 Arbeiter und etwa 7 Tage zusätzlich einen 6. Arbeiter.
b) x · 16 Wochen = 4 · 12 Wochen, also $x = \frac{48}{16} = 3$.
Im Durchschnitt waren 3 Arbeiter tätig.

Randspalte: Die Aufgabe ist nur sinnvoll, wenn alle Arbeiter gleich gut und gleich schnell arbeiten.

15 a) Es ist x die Anzahl der Tage, die für das Abernten benötigt wird;
$x \cdot 7\,\text{h} \cdot 9 = 5\,\text{Tage} \cdot 8\,\text{h} \cdot 12$; also $x = \frac{5\,\text{Tage} \cdot 8\,\text{h} \cdot 12}{7\,\text{h} \cdot 9} \approx 7{,}62$ Tage.
Dies sind bei einem Arbeitstag von 7 Stunden dann 7 Tage und ca. 4 Stunden.
b) $x \cdot 10\,\text{h} \cdot 18 = 5\,\text{Tage} \cdot 8\,\text{h} \cdot 12$; also $x = \frac{5\,\text{Tage} \cdot 8\,\text{h} \cdot 12}{10\,\text{h} \cdot 18} \approx 2{,}67$ Tage.
Dies sind bei einem Arbeitstag von 10 Stunden dann 2 Tage und ca. 7 Stunden.

2 Darstellung von proportionalen Zuordnungen

S. 12 **1** Man kann z. B. eine Tabelle fertigen:

Länge in m	0,1	0,2	0,5	1	2	5	10	20	50
Preis in €	0,35	0,69	1,73	3,45	6,90	17,25	34,50	69,00	172,50

Aus dieser könnte man auch 0,4 m (1,5 m) durch einfache Berechnung
2 · 0,69 € = 1,38 € (3,45 € + 1,73 € = 5,18 €) erhalten.
Besser wäre noch eine Zeichnung, die aber nicht übermäßig genau ist.

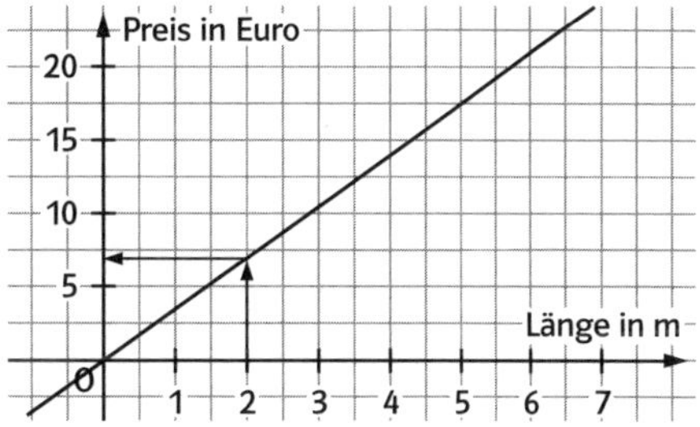

S. 13 **2** a) Es gilt jeweils $y = 3 \cdot x$, also liegt eine proportionale Zuordnung vor.
b) Da die Quotienten nicht gleich sind, liegt keine Proportionalität vor.

x	6	4	9	3	7	12	8	25
y	15	10	22,5	8,5	22	30	20	62,5
$\frac{y}{x}$	2,5	2,5	2,5	2,83	3,14	2,5	2,5	2,5

3 0,375 Liter-Strich: $\frac{x}{0{,}375\text{ Liter}} = \frac{15\text{ cm}}{1\text{ Liter}}$, also $x = 15 \cdot 0{,}375\text{ cm} = 5{,}625\text{ cm} \approx 5{,}6\text{ cm}$;
0,7 Liter-Strich: $\frac{x}{0{,}7\text{ Liter}} = \frac{15\text{ cm}}{1\text{ Liter}}$, also $x = 15 \cdot 0{,}7\text{ cm} = 10{,}5\text{ cm}$.
Die einzelnen Striche der Skala haben einen Abstand von 1,5 cm:

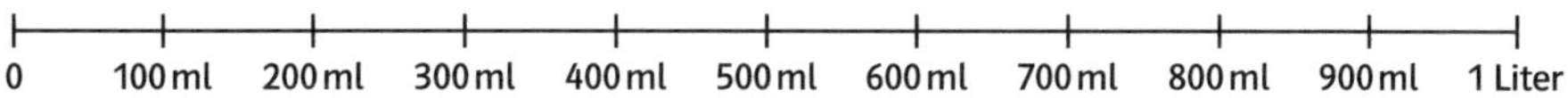

4 a) 1 yard = 3 ft = 3 · 0,3048 m = 0,9144 m

yard	1	2	3	5	10	20	50	100	1000
m	0,914	1,83	2,74	4,57	9,14	18,3	45,7	91,4	914

b)

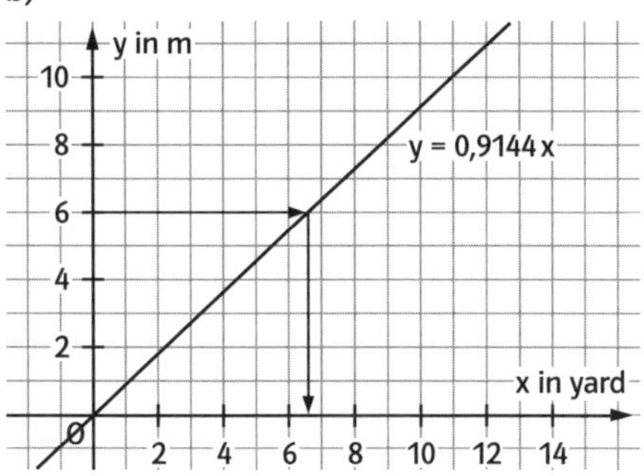

S. 13 **5** a) Proportionalitätsfaktor $m = \frac{2{,}4\,\text{cm}}{12\,\text{g}} = \frac{24}{120}\frac{\text{cm}}{\text{g}} = 0{,}2\frac{\text{cm}}{\text{g}}$

b)

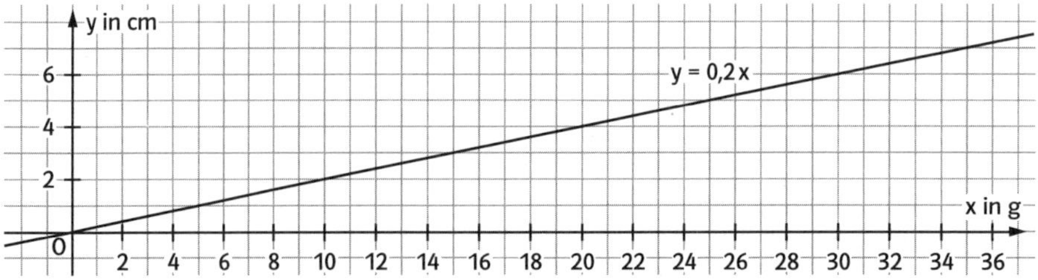

6 Man sucht (wenn möglich) einen Punkt mit ganzzahligen Koordinaten z. B. P(10 | 3). Proportionalitätsfaktor ist dann der Quotient $m = \frac{3}{10} = 0{,}3$.
Bei einer Schmerztherapie werden pro Stunde 0,3 g eines Mittels intravenös verabreicht. Wie lang dauert es, bis 2,5 g infundiert sind? Nach welcher Zeit sind 5 g verabreicht?

7 Es ist $m = \frac{156\,\text{km}}{4{,}5\,\text{h}} = 34\frac{2}{3}\frac{\text{km}}{\text{h}} \approx 34{,}7\frac{\text{km}}{\text{h}}$.
Hier ist der Proportionalitätsfaktor die Durchschnittsgeschwindigkeit v.

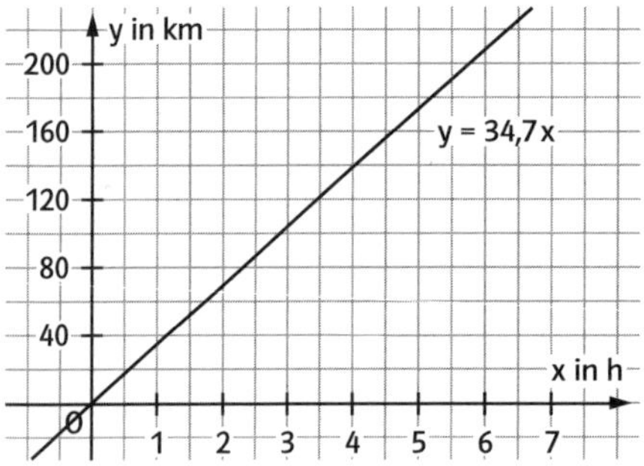

8 Man wiegt z. B. mit einer exakten Waage 1 g Reis ab und zählt die Körner. Da eine Proportionalität vorliegt, ist das Ergebnis nur noch mit 1000 zu multiplizieren.

3 Prozentrechnen

S. 14 **1** a) Im Jahr 2006: $1240\,€ \cdot 1{,}16 = 1438{,}40\,€$; im Jahr 2007: $1240\,€ \cdot 1{,}19 = 1475{,}60\,€$

b) Er ist um 37,20 € teurer geworden. Er ist 2007 um $\frac{37{,}20}{1438{,}40} \approx 0{,}02586 \approx 2{,}59\,\%$ teurer als 2006.

S. 16 **2** a) $25\,\%$ von $200\,kg \approx 50\,kg$
b) $75\,\%$ von $60\,m \approx 45\,m$
c) $80\,\%$ von $200\,€ \approx 160\,€$
d) $6\,\%$ von $2{,}00\,t \approx 0{,}12\,t$
e) $30\,\%$ von $12{,}00\,€ \approx 3{,}60\,€$
f) $20\,\%$ von $500\,m^2 \approx 100\,m^2$
g) $60\,\%$ von $200\,km = 120\,km$
h) $15\,\%$ von $100\,€ \approx 15\,€$

3 a) $W = 200\,€$; $p = 50\,\% = \frac{1}{2}$, also $G = 400\,€$
b) $W = 12\,kg$; $p = 25\,\% = \frac{1}{4}$, also $G = 48\,kg$
c) $W = 69\,t$; $p = 33\frac{1}{3}\,\% = \frac{1}{3}$, also $G = 207\,t$
d) $W = 320\,g$; $p = 40\,\% = \frac{2}{5}$, also $G = 320\,g \cdot 5 : 2 = 800\,g$
e) $W = 84\,kg$; $p = 75\,\% = \frac{3}{4}$, also $G = \frac{84 \cdot 4}{3}\,kg = 112\,kg$
f) $W = 35\,g$; $p = 12{,}5\,\% = \frac{1}{8}$, also $G = 280\,g$

4 a) $W = 7\,kg$; $G \approx 100\,kg$; $p = \frac{7}{100} = 7\%$
b) $W = 10\,€$; $G \approx 50\,€$; $p = \frac{10}{50} = 0{,}2 = 20\,\%$
c) $W = 6\,km$; $G \approx 30\,km$; $p = \frac{6}{30} = \frac{1}{5} = 20\,\%$
d) $W = 11$; $G \approx 100$; $p = \frac{11}{100} = 11\,\%$
e) $W = 25$; $G \approx 50$; $p = \frac{25}{50} = 50\,\%$
f) $W = 30\,g$; $G \approx 90\,g$; $p \approx \frac{30}{90} = \frac{1}{3} = 33\frac{1}{3}\,\%$

5 10 Einzelfahrscheine kosten 16,00 €, die Zehnerkarte 14,50 €; letztere ist damit um 1,50 € billiger.
Damit ist die Zehnerkarte um $\frac{1{,}50}{16} = 0{,}09375 \approx 9{,}4\,\%$ billiger als 10 Einzelfahrscheine.

6 Es ist $\frac{25\,025}{55\,000} = 0{,}455 = 45{,}5\,\%$. Damit hat die Partei prozentual mehr Stimmen als vor vier Jahren erhalten. Sie war bei der jetzigen Wahl also erfolgreicher.

7 Eine CD kostet 18,00 €, 4 CDs kosten damit $18{,}00\,€ \cdot 4 = 72{,}00\,€$. Darauf werden 20 % Rabatt gewährt, also $0{,}72\,€ \cdot 20 = 14{,}40\,€$. Sie kosten damit 57,60 €. Darauf wird noch ein Rabatt von 10 % gewährt. Man bezahlt damit $57{,}60\,€ - 5{,}76\,€ = 51{,}84\,€$.
Ingeborg hat 54,00 € gespart. Sie erhält damit statt 3 tatsächlich 4 CDs.

8 a) Wasser im Körper eines Menschen: $0{,}7 \cdot 75\,kg = 52{,}5\,kg$;
Wasser im Körper eines Dromedars: $0{,}7 \cdot 850\,kg = 595\,kg$.
b) Wasserverlust beim Menschen: $0{,}04 \cdot 52{,}5\,kg = 2{,}1\,kg$;
Wasserverlust beim Dromedar: $0{,}27 \cdot 595\,kg = 160{,}65\,kg \approx 160\,kg$.
c) $25\,\%$ von $850\,kg = 0{,}25 \cdot 850\,kg = 212{,}5\,kg \approx 210\,kg$.
Ein Dromedar kann also ca. 210 Liter Wasser trinken.
$25\,\%$ von $75\,kg = 0{,}25 \cdot 75\,kg = 18{,}75\,kg \approx 19\,kg$.
Ein Mensch müsste knapp 19 Liter Wasser trinken.

S. 16 **9** a) $\frac{69\,€}{1{,}19} \approx 57{,}98\,€$ b) $\frac{139{,}15\,€}{1{,}19} \approx 116{,}93\,€$ c) $\frac{2{,}30\,€}{1{,}19} \approx 1{,}93\,€$

d) $\frac{805\,€}{119} \approx 676{,}47\,€$ e) $\frac{9653{,}10\,€}{1{,}19} \approx 8111{,}85\,€$

S. 17 **10** a) $\frac{12{,}75\,€}{0{,}85} = 15{,}00\,€$ b) $\frac{54{,}4\,€}{0{,}85} = 64{,}00\,€$

c) $\frac{102{,}85\,€}{0{,}85} = 121\,€$ d) $\frac{48{,}45\,€}{0{,}85} = 57\,€$ e) $\frac{14{,}45\,€}{0{,}85} = 17\,€$

11 a) 35 g Salz sind in 1 kg Meerwasser enthalten. Es sollen 2,5 g Salz in je 1 kg Wasser werden. Es handelt sich um eine antiproportionale Zuordnung:

Salz → Wasser
35 g → 1 kg
1 g → 35 kg
2,5 g → $\frac{35}{2{,}5}$ kg = 14 kg

Man muss damit 13 kg reines Wasser dem Meerwasser hinzufügen.

b) Hier handelt es sich um eine proportionale Zuordnung:

Salz → Wasser
35 g → 1 kg
1 g → $\frac{1}{35}$ kg
1000 g → $\frac{1}{35}$ kg · 1000 ≈ 28,57 kg

Man benötigt somit ca. 29 Liter Meerwasser, um 1 kg Salz zu erhalten.

12 2006 hatte das Klinikum $\frac{1890}{1{,}125} = 1680$ Patienten,
2005 waren es $\frac{1680}{1{,}1} \approx 1527$ Patienten, also rund 1530 Patienten.

13 a) $0{,}19 \cdot 3720\,€ = 706{,}80\,€$ b) $0{,}19 \cdot 2{,}80\,€ \approx 0{,}53\,€$
c) $0{,}19 \cdot 316\,€ = 60{,}04\,€$ d) $0{,}19 \cdot 19{,}80\,€ \approx 3{,}76\,€$
e) $0{,}19 \cdot 72{,}40\,€ \approx 13{,}76\,€$ f) $0{,}19 \cdot 36\,000\,€ = 6480\,€$

14 a) 5 m ist der absolute Fehler, der relative Fehler beträgt $\frac{5}{1000} = 0{,}005 = 0{,}5\,\%$.
b) 20 g ist der absolute Fehler, der relative Fehler beträgt $\frac{20}{2500} = 0{,}008 = 0{,}8\,\%$.
c) 7 mm ist der absolute Fehler, der relative Fehler beträgt $\frac{7}{20\,000} = 0{,}000\,35 = 0{,}035\,\%$.
d) 0,2 ct ist der absolute Fehler, der relative Fehler beträgt $\frac{0{,}2}{100} = 0{,}002 = 0{,}2\,\%$.

15 a) Absoluter Fehler 1 g bei der Briefwaage, absoluter Fehler bei der Küchenwaage 5 g.
b) Briefwaage: $\frac{1\,g}{24\,g} \approx 4{,}2\,\%$; Küchenwaage: $\frac{5\,g}{25\,g} = 0{,}2 = 20\,\%$.

16 a) 50 % aller Lose sind Nieten.
b) 80 % von 50 % = 0,8 · 0,5 = 40 % ist ein Gewinn aber kein Hauptgewinn.
c) 20 % von 50 % = 0,2 · 0,5 = 10 % sind Hauptgewinne.

S. 17 **17** Mädchenanteil im Club: $\frac{12}{30} = \frac{4}{10} = 40\,\%$;

2 Mädchen kommen hinzu: $\frac{14}{32} = 0{,}4375 = 43{,}75\,\%$.

Damit hat der Mädchenanteil um ca. 3,8 % zugenommen.

3 Mädchen und 3 Jungen kommen hinzu: $\frac{15}{36} = 0{,}41\overline{6} = 41{,}67\,\%$.

Damit hat der Mädchenanteil um 1,7 % zugenommen.

4 *Zinsrechnen*

S. 18 **1** a) Zinssatz 1999: $p = \frac{149{,}38 - 147{,}77}{147{,}77} \approx 0{,}0109 = 1{,}09\,\%$,

Zinssatz 2003: $p = \frac{79{,}38 - 78{,}49}{78{,}49} \approx 0{,}0088 = 0{,}88\,\%$.

b) Aus der Tabelle entnimmt man, dass der Zins auf dem Sparbuch im Jahr 2004 mit 0,59 % am niedrigsten war.

Jahr	1999	2000	2001	2002	2003	2004
Kapital in DM/€	147,77	149,38	150,87	77,91	78,69	79,38
Zins	1,61	1,49	1,51	0,78	0,69	0,47
Zinssatz	1,09 %	1,00 %	1,00 %	1,00 %	0,88 %	0,59 %

S. 20 **2** $12\,480\,€ \cdot 0{,}035 = 438{,}80\,€$

3 a) $K = \frac{15\,€}{3{,}6} \cdot 100 = 416\frac{2}{3}\,€ \approx 416{,}67\,€$ b) $K = \frac{2\,€}{3{,}6} \cdot 100 = 55\frac{5}{9}\,€ \approx 55{,}56\,€$

c) $K = \frac{410\,€}{3{,}6} \cdot 100 = 11\,388\frac{8}{9}\,€ \approx 11\,388{,}89\,€$ d) $K = \frac{85\,€}{3{,}6} \cdot 100 = 2361\frac{1}{9}\,€ \approx 2361{,}11\,€$

e) $K = \frac{132\,€}{3{,}6} \cdot 100 = 3666\frac{2}{3}\,€ \approx 3666{,}67\,€$

4 a) $p = \frac{150\,€}{5000\,€} = 0{,}03 = 3\,\%$ b) $p = \frac{350\,€}{5000\,€} = 0{,}07 = 7\,\%$ c) $p = \frac{100\,€}{5000\,€} = 0{,}02 = 2\,\%$

d) $p = \frac{425\,€}{5000\,€} = 0{,}085 = 8{,}5\,\%$ e) $p = \frac{49\,000\,€}{5000\,€} = 9{,}8 = 980\,\%$

5 $K = \frac{1000\,€}{8\,\%} = 12\,500\,€ \left(K = \frac{1000\,€}{10\,\%} = 10\,000\,€\right)$

6 $1200\,€ \cdot 1{,}035^2 = 1285{,}47\,€$

7 $1500\,€ \cdot 1{,}08^2 = 1749{,}60\,€$

S. 20 **8** a) Zins Z = 80 000 € · 0,09 = 7 200 €

b) Nach 27 Jahren ist das Darlehen getilgt. Die letzte Rate beträgt dann 5821,49 €.

Jahr	Kontostand in €	Kredit zu Jahresanfang	Zins in €	Kredit zu Jahresende in €
0	−80 000,00	80 000,00	7200,00	87 200,00
1	−79 200,00	79 200,00	7128,00	86 328,00
2	−78 328,00	78 328,00	7049,52	85 377,52
3	−77 377,52	77 377,52	6963,98	84 341,50
4	−76 341,50	76 341,50	6870,73	83 212,23
5	−75 212,23	75 212,23	6769,10	81 981,33
6	−73 981,33	73 981,33	6658,32	80 639,65
7	−72 639,65	72 639,65	6537,57	79 177,22
8	−71 177,22	71 177,22	6405,95	77 583,17
9	−69 583,17	69 583,17	6262,49	75 845,66
10	−67 845,66	67 845,66	6106,11	73 951,77
11	−65 951,77	65 951,77	5935,66	71 887,42
12	−63 887,42	63 887,42	5749,87	69 637,29
13	−61 637,29	61 637,29	5547,36	67 184,65
14	−59 184,65	59 184,65	5326,62	64 511,27
15	−56 511,27	56 511,27	5086,01	61 597,28
16	−53 597,28	53 597,28	4823,76	58 421,04
17	−50 421,04	50 421,04	4537,89	54 958,93
18	−46 958,93	46 958,93	4226,30	51 185,23
19	−43 185,23	43 185,23	3886,67	47 071,90
20	−39 071,90	39 071,90	3516,47	42 588,38
21	−34 588,38	34 588,38	3112,95	37 701,33
22	−29 701,33	29 701,33	2673,12	32 374,45
23	−24 374,45	24 374,45	2193,70	26 568,15
24	−18 568,15	18 568,15	1671,13	20 239,28
25	−12 239,28	12 239,28	1101,54	13 340,82
26	−5340,82	5 340,82	480,67	5821,49
27	5 821,49	Restzahlung		

9 $K = \frac{2{,}30\,€}{4{,}5\,\% - 4\,\%} = \frac{2{,}30\,€}{0{,}5\,\%} = 460\,€$. Beide hatten 460 € einbezahlt.

10 Da die Verwaltungskosten 0,1 % betragen, bleiben 4,4 % für die 6-mal 1 100 000 € für die Nobelpreise.
Damit beträgt das Guthaben $K = \frac{6\,600\,000\,€}{4{,}4\,\%} = 150\,000\,000\,€$.

11 a) $1200\,€ \cdot 1{,}05^3 = 1389{,}15\,€$ b) $p = \frac{1389{,}15\,€ - 1200\,€}{1200\,€} = 0{,}157625 \approx 15{,}76\,\%$

c) Jahreszins Z: 1200 € · 0,05 = 60 €.
Zins nach 3 Jahren: 180 €. Der Wert liegt um 9,15 € niedriger gegenüber a).

12 $10\,000\,€ \cdot 1{,}04^3 = 11\,248{,}64\,€$ ($10\,000\,€ \cdot 1{,}04^5 = 12\,166{,}529\,02\,€ \approx 12\,166{,}53\,€$)

S. 21 **13** $1000\,€ \cdot 1{,}1^x = 2000\,€$.
Berechnung von x mit dem Taschenrechner durch „Probieren“:
Es dauert in beiden Fällen gut 7 Jahre.

```
1000*1.1^6                      2000*1.1^6
          1771.561                        3543.122
1000*1.1^7                      2000*1.1^7
         1948.7171                       3897.4342
1000*1.1^8                      2000*1.1^8
        2143.58881                      4287.17762
```

14 1. Jahr: K = 2750 € · 1,05 = 2887,50 €. Verzinst werden 2787,50 €.
2. Jahr: K = 2787,50 € · 1,05 = 2926,88 €. Verzinst werden 2826,88 €.
3. Jahr: K = 2826,88 € · 1,05 = 2968,22 €. Verzinst werden 2868,22 €.
4. Jahr: K = 2868,22 € · 1,05 = 3011,63 €
3011,63 € ist der Kontostand nach 4 Jahren.

15 Das Paar verfügt nach 5 Jahren über 3481,15 €.

Jahr	Kontostand zu Jahresbeginn	Zins	Kontostand am Jahresende
0	600	30,00	630,00
1	1230,00	61,50	1291,50
2	1891,50	94,58	1986,08
3	2586,08	129,30	2715,38
4	3315,38	165,77	3481,15

16 a) $Z = 1000\,€ \cdot 0{,}04 \cdot \frac{30}{360} = 3\frac{1}{3}\,€$; $K = 1003{,}33\,€$
b) $Z = 1000\,€ \cdot 0{,}04 \cdot \frac{197}{360} = 21\frac{8}{9}\,€$; $K = 1021{,}89\,€$
c) $Z = 1000\,€ \cdot 0{,}04 \cdot \frac{258}{360} = 28\frac{2}{3}\,€$; $K = 1028{,}67\,€$
d) $K_{2006} = 1000\,€ \cdot 1{,}04 = 1040\,€$; $Z = 1040\,€ \cdot 0{,}04 \cdot \frac{57}{360} = 6{,}59\,€$; $K = 1046{,}59\,€$
e) $K_{2006} = 1000\,€ \cdot 1{,}04 = 1040\,€$; $Z = 1040\,€ \cdot 0{,}04 \cdot \frac{233}{360} = 26{,}92\,€$; $K = 1066{,}92\,€$
f) $K_{2008} = 1000\,€ \cdot 1{,}04^3 = 1124{,}86\,€$; $Z = 1124{,}86\,€ \cdot 0{,}04 \cdot \frac{90}{360} = 11{,}25\,€$; $K = 1136{,}11\,€$

17 a) 18456 · 0,02 + 12123 · 0,03 + 25456 · 0,02 + 17789 · 0,02 + 9876 · 0,02 = 1795,23
Ersparnis: 1795,23 €
b) Summe S = 18456 + 12123 + 25456 + 17789 + 9876 = 83700
Zins bei 10 % Zinssatz für 8 · 7 Tage = 56 Tage:
$83700\,€ \cdot 0{,}1 \cdot \frac{56}{360} = 1302\,€$.
Empfehlung: Herr Baumann sollte das Geld sofort abheben und die Handwerker unter Abzug des Skontos bezahlen.

18 Zins von Banken: 246000 € · 0,042 = 10332 €
Monatsmiete für das Haus mindestens: $\frac{10332}{12} = 861\,€$

S. 21 **19** Zinsen im 1. Jahr: $1200\,€ \cdot 0{,}028 \cdot \frac{120}{360} + 1200\,€ \cdot 0{,}03 \cdot \frac{120}{360} + 1200\,€ \cdot 0{,}035 \cdot \frac{60}{360} = 30{,}20\,€$.
Zins im 2. Jahr bis zum 28. Februar: $1230{,}20\,€ \cdot 0{,}035 \cdot \frac{60}{360} = 7{,}176\,166\,666\,€ \approx 7{,}18\,€$.
Gesamtzins: $37{,}38\,€$.
Dies entspricht einem Jahreszinssatz von $p = \frac{37{,}38\,€}{1200\,€} = 0{,}03115 \approx 3{,}12\,\%$.

20 $2500\,€ \cdot 0{,}03 \cdot \frac{80}{360} + 3000\,€ \cdot 0{,}03 \cdot \frac{160}{360} + 3000\,€ \cdot 0{,}025 \cdot \frac{60}{360} + 1500\,€ \cdot 0{,}025 \cdot \frac{60}{360} \approx 75{,}42\,€$

5 *Verteilungs- und Mischungsrechnen*

S. 22 **1** a) Herr Hausmann hat 3 Tipps, Herr Baumann 5 Tipps und Herr Feldmann 8 Tipps abgegeben. Das sind insgesamt 16 Tipps. Damit sind pro Tipp $36\,000\,€ : 16 = 2250\,€$ fällig.
Herr Hausmann erhält dann $2250\,€ \cdot 3 = 6750\,€$, Herr Baumann $2250\,€ \cdot 5 = 11\,250\,€$ und Herr Feldmann $2250\,€ \cdot 8 = 18\,000\,€$.

2 Summe der Anteile ist 12; damit erhält man pro Anteil: $10\,000\,€$.
Aufteilung demnach: $20\,000\,€$; $20\,000\,€$; $30\,000\,€$; $50\,000\,€$.

3 B und C erhalten zusammen $16\,400\,€$. Diese sind durch 5 zu dividieren mit dem Ergebnis $3280\,€$. B erhält $6560\,€$; C erhält $9840\,€$.

S. 23 **4** Aus 1 t Nickel können $\frac{1\,t}{45\,\%} = 2\frac{2}{9}\,t \approx 2{,}2\,t$ Konstanten hergestellt werden.
Dazu werden $2\frac{2}{9}\,t \cdot 0{,}55 = 1\frac{2}{9}\,t$ Kupfer benötigt.

5 a) Schwebstoffgehalt in 1 Liter: $1000\,cm^3 \cdot 0{,}05 = 50\,cm^3$;
Schwebstoffgehalt in 10 Liter: $10\,000\,cm^3 \cdot 0{,}01 = 100\,cm^3$.
Damit sind $150\,cm^3$ in $11\,000\,cm^3$, also Schwebstoffgehalt: $\frac{150\,cm^3}{11\,000\,cm^3} \approx 0{,}014 = 1{,}4\,\%$
b) Zucker insgesamt: $2500 \cdot 0{,}05 + 5000 \cdot 0{,}15 = 875$
Damit Zuckergehalt in der Mischung: $\frac{875}{7500} = \frac{7}{60} \approx 0{,}1167 = 11{,}67\,\%$
c) Salz: $1000 \cdot 0{,}035 = 35$.
Mischung hat Salzgehalt: $\frac{35}{10\,000} = 0{,}0035 = 0{,}35\,\%$
d) Fett: $250 \cdot 0{,}05 + 750 \cdot 0{,}005 = 16{,}25$
Fettgehalt der Mischung: $\frac{16{,}25}{1000} = 0{,}01625 \approx 1{,}63\,\%$

6 a) Kupfer: $\frac{12\,g}{22} \cdot 19 \approx 10{,}36\,g$; Zinn: $\frac{12\,g}{22} \cdot 3 \approx 1{,}64\,g$
b)
$1{,}64\,g \mapsto 1$ Spange
$1\,g \mapsto \frac{1}{1{,}64}$ Spangen
$100\,g \mapsto \frac{1}{1{,}64} \cdot 100 \approx 61$ Spangen

7 a) Kupfer: $18\,t \cdot 0{,}88 = 15{,}84\,t$; Zinn: $18\,t \cdot 0{,}08 = 1{,}44\,t$; Zink: $18\,t - 15{,}84\,t - 1{,}44\,t = 0{,}72\,t$
b) Geht man von 80 % Kupfer beim Rotguss aus, so lassen sich maximal $\frac{1\,t}{80\,\%} = 1{,}25\,t$ Rotguss herstellen.

S. 23 **8** Der Autofahrer benötigt 2,8 Liter · 0,20 = 0,56 Liter reines Glykol.
Er muss also $\frac{0{,}56 \text{ Liter}}{80\,\%} = 0{,}7$ Liter von seinem Frostschutzmittel einfüllen.

9 Es werden 75 g + 50 g + 40 g + 35 g + 30 g + 15 g + 5 g = 250 g Müsli aus den Zutaten hergestellt.
Demnach benötigt sie für 5 kg Müsli
$\frac{75}{250} \cdot 5\,\text{kg} = 1{,}5\,\text{kg}$ Haferflocken, $\frac{50}{250} \cdot 5\,\text{kg} = 1\,\text{kg}$ Weizenflocken, $\frac{40}{250} \cdot 5\,\text{kg} = 0{,}8\,\text{kg}$ Sonnenblumenkerne, $\frac{35}{250} \cdot 5\,\text{kg} = 0{,}7\,\text{kg}$ Rosinen, $\frac{30}{250} \cdot 5\,\text{kg} = 0{,}6\,\text{kg}$ Haselnüsse, $\frac{15}{250} \cdot 5\,\text{kg} = 0{,}3\,\text{kg}$ Kürbiskerne und $\frac{5}{250} \cdot 5\,\text{kg} = 0{,}1\,\text{kg}$ Leinsamen.

10 $x \cdot 34\frac{\text{mg}}{\text{l}} + (1 - x) \cdot 66\frac{\text{mg}}{\text{l}} = 50\frac{\text{mg}}{\text{l}}$, also $34x + 66 - 66x = 50$; $32x = 16$, also $x = 0{,}5$.
Nimmt man einen halben Liter von Wasser A und einen halben Liter von Wasser B, so erhält man den gewünschten Nitratgehalt. Man mischt also 1:1.

11 a) Aus den Angaben erhält er 100 g + 300 g + 150 g + 400 g = 950 g Tee.
Exotenfruchttee bei Herstellung von 10 kg „Fruchtwunder“:
$\frac{10\,000\,\text{g}}{950\,\text{g}} \cdot 400\,\text{g} \approx 4210{,}53\,\text{g} \approx 4{,}2\,\text{kg}$.

b) Erdbeer: $\frac{10\,000\,\text{g}}{950\,\text{g}} \cdot 100\,\text{g} \approx 1053\,\text{g}$;	Kosten: $10{,}53 \cdot 2{,}85\,€ \approx 30{,}01\,€$
Hagebutte: $\frac{10\,000\,\text{g}}{950\,\text{g}} \cdot 300\,\text{g} \approx 3158\,\text{g}$;	Kosten: $31{,}58 \cdot 2{,}44\,€ \approx 77{,}06\,€$
Malve: $\frac{10\,000\,\text{g}}{950\,\text{g}} \cdot 100\,\text{g} \approx 1579\,\text{g}$;	Kosten: $15{,}79 \cdot 3{,}56\,€ \approx 56{,}21\,€$
Exoten: $\frac{10\,000\,\text{g}}{950\,\text{g}} \cdot 400\,\text{g} \approx 4211\,\text{g}$;	Kosten: $42{,}11 \cdot 3{,}75\,€ \approx 157{,}91\,€$

Kosten für 10 kg „Fruchtwunder“: 321,19 €.
c) Da $\frac{200\,\text{g}}{10\,000\,\text{g}} = 0{,}02$ ist, betragen die Kosten für 200 g „Fruchtwunder“:
$321{,}19\,€ \cdot 0{,}02 \approx 6{,}42\,€$.
Verkaufspreis der Dose: $6{,}42\,€ \cdot 1{,}30 = 8{,}346\,€ \approx 8{,}35\,€$.

12 Die Gruppen bestehen aus $\frac{72}{18} \cdot 2 = 8$, $\frac{72}{18} \cdot 3 = 12$, $\frac{72}{18} \cdot 5 = 20$ und $\frac{72}{18} \cdot 8 = 32$ Kindern.

6 *Vermischte Aufgaben*

Aufgaben aus dem sozialen Bereich

S. 24 **1** a) Wiegt jemand z. B. 64,2 kg, so besteht er aus 64,2 kg · 0,7 = 44,94 kg Wasser, 9,63 kg Eiweißen, 6,42 kg Fett und 3,21 kg Mineralstoffen.

2 Männer mit „Rot-Grün-Blindheit“: 82 438 000 · 0,465 · 0,08 = 3 066 694 ≈ 3 Millionen
Frauen mit „Rot-Grün-Blindheit“: 82 438 000 · 0,535 · 0,035 = 1 543 652 ≈ 1,5 Millionen

3 Eier: $\frac{7}{4} \cdot 5 = \frac{35}{4} \approx 9$; Zucker in g: $\frac{7}{4} \cdot 50 = \frac{350}{4} = 87{,}5$; Mehl in g: $\frac{7}{4} \cdot 250 = \frac{1750}{4} = 437{,}5$;
Milch in Liter: $\frac{7}{4} \cdot \frac{3}{8} = \frac{21}{32} = 0{,}66$; Butter in g: 87,5 g; Rosinen in g: 175 g.

S. 24 **4** In 1 Liter Mineralwasser sind $1000\,g \cdot 0{,}0008 = 0{,}8\,g$ Natrium.

$0{,}8\,g \mapsto 1$ Liter

$1\,g \mapsto \frac{1}{0{,}8}$ Liter

$2\,g \mapsto \frac{1}{0{,}8} \cdot 2 = 2{,}5$ Liter.

5 a) $(34{,}80\,€ \cdot 0{,}71) \cdot 1{,}15 = 28{,}41\,€$ (Preis nach der Senkung: 24,71 €)

b) ist falsch, da man nicht die Differenz der Prozentzahlen bilden darf.

Tatsächliche Preissenkung: $\frac{34{,}80\,€ - 28{,}41\,€}{34{,}80\,€} \approx 0{,}1836 = 18{,}36\,\%$.

6 a) Es handelt sich bei der Zuordnung Personenzahl ↦ Arbeitszeit um eine antiproportionale Zuordnung:

8 Personen ↦ 1 Tag

1 Person ↦ 8 Tage

6 Personen ↦ $\frac{8}{6}$ Tage = 1 Tag 2 Stunden

b) Die Zuordnung Zeit ↦ Anzahl der Teile ist proportional:

6 Stunden ↦ 120 Teile

1 Stunde ↦ 20 Teile

8 Stunden ↦ 160 Teile

c) Die Zuordnung Anzahl der Teile ↦ Personenzahl ist proportional. Es sind pro Tag 180 Teile zu fertigen:

120 Teile ↦ 8 Personen

1 Teil ↦ $\frac{8}{120}$ Personen

180 Teile ↦ $\frac{8}{120} \cdot 180$ Personen = 12 Personen.

7 a) Flaschen pro Tag: $3780 : 7 = 540$. Flaschen pro Patient: $540 : 180 = 3$

b) Kosten pro Woche: $378 \cdot 1{,}40\,€ = 529{,}20\,€$

c) Es werden pro Tag 54 10-er-Kisten benötigt; diese kosten $54 \cdot 1{,}40\,€ = 75{,}60\,€$.

d) Nach 5 Tagen sind noch an Flaschen vorhanden: $3780 - 5 \cdot 540 = 1080$.

e) Wenn jeder Patient 3 Flaschen pro Tag erhält, sind das bei 280 Patienten $280 \cdot 3 = 840$ Flaschen.

Der Vorrat von 3780 Flaschen reicht dann $3780 : 840 = 4{,}5$ Tage.

f) Man benötigt dann $200 \cdot 3 \cdot 8 = 4800$ Flaschen, also 480 Kästen.

Aufgaben aus dem kaufmännischen Bereich

S. 25 **8** a) $120\,000\,€ \cdot 0{,}0178 = 2136\,€$ b) $100\,000\,€ \cdot 0{,}0178 = 1780\,€$

c) $150\,000\,€ \cdot 0{,}0178 = 2670\,€$ d) $1\,000\,000\,€ \cdot 0{,}0178 = 17\,800\,€$

9 a) Prämie: $50\,000\,€ \cdot 0{,}0075 \cdot 1{,}19 = 446{,}25\,€$

b) Versicherungssumme in €: $\frac{120}{0{,}4} \cdot 100 = 30\,000$

c) Nettoprämie in €: $238 : 1{,}19 = 200$. Prämiensatz: $\frac{200}{120\,000} = \frac{1}{600} = \frac{\frac{1}{6}}{100} = \frac{1}{6}\,\% \approx 1{,}67\,‰$.

S. 25 **10** Prämie vor dem Schadensfall: 726,40 € · 0,4 = 290,56 €.
Prämie nach dem Schadenfall:
1. Jahr: 726,40 € · 0,6 = 435,84 €; Differenzbetrag: 145,28 €
2. Jahr: 726,40 € · 0,55 = 399,52 €; Differenzbetrag: 108,96 €
3. Jahr: 726,40 € · 0,50 = 363,20 €; Differenzbetrag: 72,64 €
3. Jahr: 726,40 € · 0,45 = 326,88 €; Differenzbetrag: 36,32 €
4. Jahr: 726,40 € · 0,40 = 290,56 €; Differenzbetrag: 0,00 €
Mehrzahlung an Prämien: 363,20 €
Damit lohnt es sich nicht, die Versicherung in Anspruch zu nehmen, wenn der Schaden unter 363,20 € liegt.

11 a) Großhandel: 980,00 € · 1,19 = 1166,20 €
Ferro: 1160,00 € · 0,95 = 1102,00 €
Lamin: 1340,00 € · 0,7 · 1,19 = 1116,22 €
Gramo: 1200,00 € · 1,19 · 0,8 = 1142,40 €
Die Familie sollte das Gerät bei Ferro kaufen.
b) Differenzbetrag zwischen Großhandel und Ferro: 64,20 €
Der Großhandel liegt um $\frac{64{,}20\,€}{1102{,}00\,€} \approx 0{,}058\,26 \approx 5{,}8\,\%$ über dem Angebot von Gramo.

12 Jahreszins: 180 €; 60 € sind ein Drittel des Jahreszinses; damit wurde das Geld nach 4 Monaten abgehoben.

13 Der Bankier erzielte in den 2 Jahren einen Gewinn von insgesamt 2400 €.
Davon entfielen auf das 1. Jahr: 20 000 € · 0,05 = 1000 €.
Im 2. Jahr erhielt er auf 21 000 € einen Zins von 1400 €, das sind
$\frac{1400\,€}{21\,000\,€} = \frac{1}{15} \approx 0{,}066\,66 \approx 6{,}67\,\%$.

14 a) Jedes der Geschwister soll (460 000 € − 250 000 €) : 3 = 70 000 € erhalten.
Damit erhält jedes der Geschwister 180 000 € weniger als der Bruder;
dies sind $\frac{180\,000\,€}{250\,000\,€} = 0{,}72 = 72\,\%$.
b) Der Bruder erhält 180 000 € mehr als eines der Geschwister mit 70 000 €;
dies sind $\frac{180\,000\,€}{70\,000\,€} = \frac{18}{7} \approx 257{,}1\,\%$.

15 a) 3,6 % Lohnerhöhung ergeben ohne Einmalzahlung 975,75 € mehr Jahreslohn.
Dies entspricht einer monatlichen Erhöhung um 975,75 € : 12 ≈ 81,31 €.
Monatslohn vor der Erhöhung: $\frac{81{,}31\,€}{3{,}6\,\%} = 2258{,}61\,€$.
Jahreslohn vor der Lohnerhöhung: 2258,61 € · 12 = 27 103,32 €.
Effektive Lohnerhöhung: $\frac{1275{,}75\,€}{27\,103{,}32\,€} \approx 0{,}047\,07 \approx 4{,}7\,\%$.
b) Jahresverdienst: 2258,61 € · 12 + 1275,75 € = 28 379,07 €.
Tatsächlicher Verdienst korrigiert (abzgl. Inflation): 28 379,07 € · 0,982 ≈ 27 868,25 €.
Damit werden 510,82 € durch die Inflation weggenommen.
Es bleibt somit eine effektiver Lohnzuwachs um 1275,75 € − 510,82 € = 764,93 €.
Bei einem ursprünglichen Jahresverdienst von 2258,61 € · 12 = 27 103,32 € sind dies
$\frac{764{,}93\,€}{27\,103{,}32\,€} \approx 0{,}028\,223 \approx 2{,}82\,\%$ effektiver Lohnzuwachs.

Aufgaben aus dem naturwissenschaftlich-technischen Bereich

S. 26 ***16*** a) 41 Liter · 365 = 14 965 Liter ≈ 15 m^3
b) 14 965 Liter · 82 200 000 = 1 230 123 000 000 Liter = 1 230 123 000 m^3 ≈ 1,23 km^3
c) 1 230 123 000 m^3 : 0,316 ≈ 3 892 794 303,8 m^3 ≈ 3,9 km^3.

17 a) Preiserhöhung: $\frac{20}{80} = 0{,}25 = 25\,\%$
b) Ja, da $\frac{80\,€}{100\,€} = 0{,}8 = 80\,\%$, d.h. der alte Preis ist um 20 % niedriger als der neue.

18 Es ist $\frac{h}{3^2 s^2} = \frac{490\,m}{10^2 s^2}$, also $h = \frac{490\,m}{100} \cdot 9 = 44{,}1\,m \approx 44\,m$.

19 Alkohol in einer 1-Liter-Flasche Mixgetränk: 1000 cm^3 · 0,029 = 29 cm^3.
Alkohol in 1 Liter Bier 45 cm^3.
Nimmt man $\frac{29}{45}$ Liter ≈ 0,64 Liter Bier und $\frac{16}{45}$ Liter ≈ 0,36 Liter Cola pro Liter Mixgetränk, so erhält man einen Alkoholgehalt von 2,9 %.
Man muss also für 0,33 Liter Mixgetränk 0,21 Liter Bier und 0,12 Liter Cola mischen.

20 a) Das Hinterrad dreht sich pro Umdrehung des Kettenrads 4-mal. Bei 3 Pedalumdrehungen ist dreht es sich 12-mal in 2 Sekunden, d.h. 6-mal pro Sekunde. Damit ist die Frequenz $6\frac{1}{s}$.
b) Zurückgelegte Strecke pro Sekunde: $s = 0{,}675\,m \cdot \pi \cdot 6\frac{1}{s} \approx 12{,}723\,450\,24\frac{m}{s} \approx 12{,}72\frac{m}{s}$.
$v = 12{,}72\,\frac{m}{s} = 12{,}72\frac{\frac{1}{1000}km}{\frac{1}{3600}h} = 12{,}72 \cdot 3{,}6 \approx 45{,}8\frac{km}{h}$.

21 Merkur: 12 740 km · 0,37 ≈ 4710 km;
Venus: 12 740 km · 0,97 ≈ 12 360 km;
Mars: 12 740 km · 0,54 ≈ 6880 km;
Jupiter: 12 740 km · 11,14 ≈ 141 900 km;
Saturn: 12 740 km · 9,4 ≈ 119 760 km;
Uranus: 12 740 km · 4 ≈ 50 960 km;
Neptun: 12 740 km · 4,3 ≈ 54 780 km.

22 Luftdruckzunahme: $\frac{20\,hPa}{1013\,hPa} \approx 0{,}0197 = 1{,}97\,\%$.
Volumen nach Druckerhöhung: $\frac{1013}{1033} \cdot 2000\,m^3 \approx 1961{,}28\,m^3$.
Volumenabnahme: 38,72 m^3; dies sind $\frac{38{,}72\,m^3}{2000\,m^3}$ 0,019 36 ≈ 1,94 %.

S. 26 **23** a) Tabelle:

Tage	Menge Jod in g
0	512
8	256
16	128
24	64
32	32
40	16
48	8
56	4
64	2
72	1
80	0,5

b) Es handelt sich um keine proportionale bzw. antiproportionaleZuordnung.

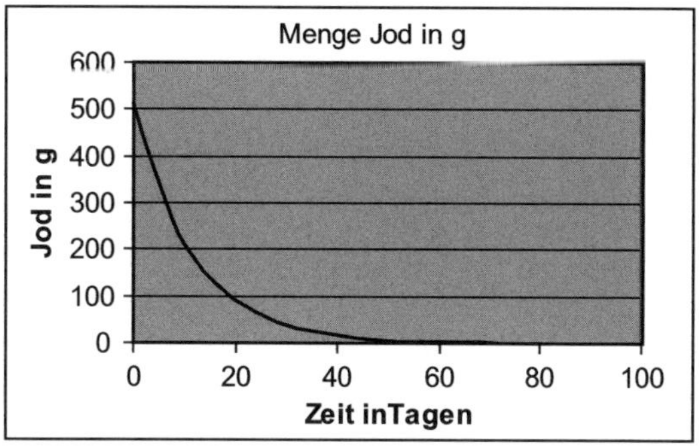

c) Nach ca. 55 Tagen ist weniger als 1% (ca. 5 g) der Ausgangsmenge vorhanden (aus Tabelle)

Jahre	Cäsium 137 in g
0	128
33	64
66	32
99	16
132	8
165	4
198	2
231	1
264	0,5

Nach 231 Jahren ist noch 1 g vorhanden.

II Ganzrationale Funktionen

1 Zuordnungen darstellen und interpretieren

S. 30 **1** a) Zuordnung rot: Alter von Mädchen in Monaten ↦ Gewicht in kg.
Zuordnung blau: Alter von Jungen in Monaten ↦ Gewicht in kg.
b) Mögliche Antworten:
Bei der Geburt sind die Jungen etwas leichter als die Mädchen.
Nach einem Monat sind Jungen und Mädchen etwa gleich schwer.
Die Gewichtszunahme ist bei Jungen anfangs größer als bei Mädchen.
Bei Jungen ist die Gewichtszunahme am größten zwischen dem 1. und dem 5. Monat.
Sie beträgt ca. $\frac{7{,}5 - 4{,}3}{4} \frac{\text{kg}}{\text{Monat}} \approx 0{,}8 \frac{\text{kg}}{\text{Monat}}$.
Bei Mädchen ist die Gewichtszunahme am größten zwischen dem 2. und dem 6. Monat. Sie beträgt ca. $\frac{7{,}3 - 4{,}7}{4} \frac{\text{kg}}{\text{Monat}} \approx 0{,}65 \frac{\text{kg}}{\text{Monat}}$.
c)

Alter in Monaten	0	1	2	3	4	5	6	7	8	9	10	11	12
Gewicht (Mädchen) in kg	3,8	4,3	4,7	5,3	6,0	6,7	7,3	7,75	8,3	8,7	9,15	9,45	9,75
Gewicht (Jungen) in kg	3,65	4,25	5,1	6,45	6,75	7,6	8,1	8,6	9,0	9,3	9,65	10	10,25

d) Es kann sich nicht um eine proportionale Zuordnung handeln, da der Graph nicht geradlinig verläuft. Es handelt sich auch nicht um eine antiproportionale Zuordnung, weil die Quotienten verschieden sind.

S. 31 **2** a) Die Körpertemperatur ist am niedrigsten zwischen 4:00 und 5:00 Uhr. Sie liegt dann etwa bei ca. 36,77 °C.
b) Höchste Körpertemperatur zwischen 12:00 und 13:00 Uhr und gegen 18:00 Uhr.
Sie beträgt ca. 37,43 °C.
c) Die Körpertemperatur steigt am stärksten etwa um 7:00 Uhr und um die Mittagszeit.
d) 37 °C liegen etwa um 07:30 Uhr und kurz nach 22:00 Uhr vor?

3 a) Beim ersten Anstieg sind 250 m zu überwinden?
b) Es sind ca. 840 Höhenmeter.
c) $\frac{200\,\text{m}}{1800\,\text{m}} = \frac{1}{9} \approx 0{,}111 = 11{,}1\,\%$
d) Der Graph ist ein Stück weit achsensymmetrisch zu der Parallelen zur Hochachse im Abstand 19. Die Länge der Sackgasse (einfach) beträgt etwa 3 km (von Streckenkilometer 16 bis 19).
e) Eine weitere Sackgasse liegt zwischen Streckenkilometer 4 und 7,5.

S. 32 **4** a) A verbraucht bei $40\frac{\text{km}}{\text{h}}$ ca. 3,5 Liter, bei $80\frac{\text{km}}{\text{h}}$ ca. 5,3 Liter und bei $120\frac{\text{km}}{\text{h}}$ ca. 8,0 Liter.
B verbraucht bei $40\frac{\text{km}}{\text{h}}$ ca. 4,2 Liter, bei $80\frac{\text{km}}{\text{h}}$ ca. 5,1 Liter und bei $120\frac{\text{km}}{\text{h}}$ ca. 6,4 Liter.
b) Gleicher Verbrauch bei ca. $70\frac{\text{km}}{\text{h}}$. Bezogen auf den Kraftstoffverbrauch ist A für Stadtfahrten, B für Überlandfahrten besser geeignet.
c) Verbrauchszunahme bei A von 4,4 auf 5,3 Liter, also um 0,9 Liter, Verbrauchszunahme bei B von 5,6 auf 6,4 Liter, also um 0,8 Liter.

S. 32 **5** a) Der Rauminhalt von 1 Liter Wasser nimmt bei Erwärmung von 0 bis 4 °C ab, ehe er dann relativ stark zunimmt. Bei 4 °C ist der Rauminhalt am kleinsten. Er beträgt dann $1000\,cm^3 - 120\,mm^3 = 1\,000\,000\,mm^3 - 120\,mm^3 \approx 999\,880\,mm^3$.
b) Der Rauminhalt von 1 Liter Wasser nimmt um $680\,mm^3$ zu.
Für $1\,m^3$ Wasser beträgt die Zunahme $680\,cm^3$.

6 a) Anleitung: Kauft jemand x kg Kartoffeln (5 kg; 3,5 kg), so sucht man auf der Rechtsachse die Zahl x (5; 3,5), geht von dort senkrecht nach oben, bis man die Gerade für Kartoffeln erreicht und fixiert den zugehörigen Punkt (x | y). Von diesem Punkt geht man parallel zur x-Achse nach links und liest auf der y-Achse den zugehörigen Preis y (2,5; 1,75) ab.
b) 1 kg Kartoffeln kostet 0,50 €, 1 kg Äpfel 0,80 €.
Bemerkung: Da man bei 1 kg Äpfeln den Preis schlecht ablesen kann (es fehlt einen Marke), wählt man 5 kg, die 4,00 € kosten. Dann kostet 1 kg entsprechend 0,80 €. Der Verkäufer muss dazu aber rechnen können.
c) Man wählt auf der y-Achse den Wert 2 und geht den in a) beschriebenen Weg rückwärts. Für 2,00 € enthält man danach 2,5 kg Äpfel. Entsprechend erhält man für 1,00 € 2 kg Kartoffeln.

7 Da $1\,sm = 1,852\,km$ ist, ist $1\,km = \frac{1}{1,852}\,sm$.
Zugehörige Funktion ist $x \mapsto \frac{1}{1,852} \cdot x$.

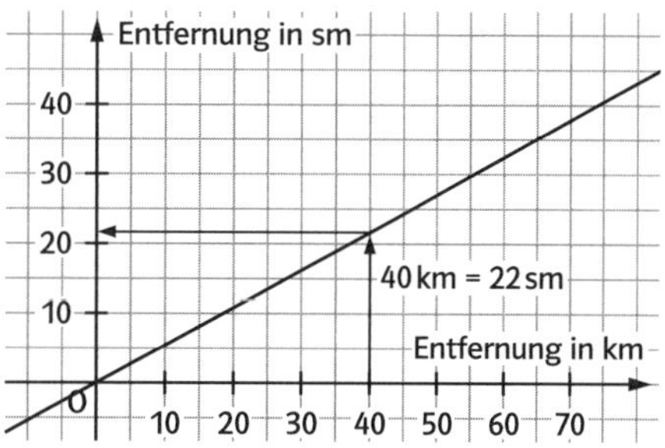

8 a)

Seite x in m	1	2	5	10	20	50	100	200	400
Seite y in m	400	200	80	40	20	8	4	2	1

Da $x \cdot y = 400$ ist für alle zugeordneten Werte x und y, liegt eine antiproportionale Zuordnung vor.
b) Zuordnungsvorschrift:
$x \mapsto \frac{400}{x}$ oder $y = \frac{400}{x}$.

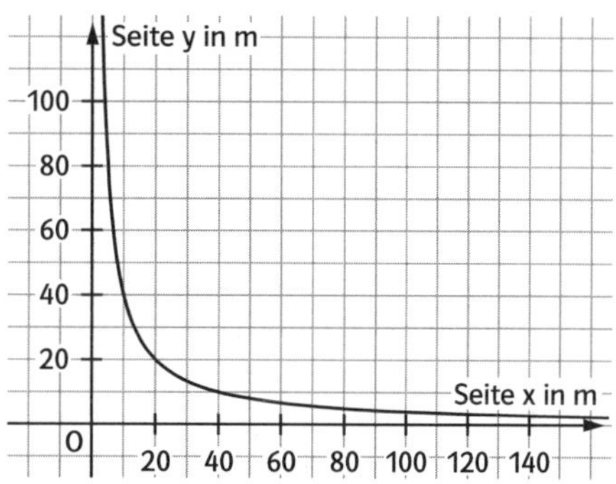

2 Der Begriff der Funktion

S. 33 **1** a)

Höhe (in km)	0	10	20	50	100
Temperatur (in °C)	−20	−35	−45	5	−60

b)

Höhe (in km)	20	10	0	−20	−70
Temperatur (in °C)	0	2	4; 46; 56	8; 38; 65; 108	76; 96

Bei manchen Temperaturen ist die Zuordnung nicht eindeutig.
c) Die Höhe nach oben abzutragen, entspricht den physikalischen Gegebenheiten und ist somit anschaulicher.

S. 35 **2** a) Funktion b) keine Funktion c) Funktion d) keine Funktion

3 a) $f(3) = 10$ b) $g(5) = 12$ c) $f(0) = 3$ d) $f(2) = g(2)$
e) $f(14) > f(5)$ f) $g(x) > 0$ g) $f(0) < g(0)$

4 a) Die Funktion f hat an der Stelle 2 den Wert 0.
b) Die Funktion nimmt für $x = 1$ und $x = 10{,}5$ gleiche Werte an.
c) Der Funktionswert von f an der Stelle 3,7 beträgt 3,7.
d) Der Funktionswert von g an der Stelle 0 ist 0.

5 a) $f(0) = 0$; $f(2) = 0$; $f(-2{,}5) \approx 3{,}1$; $f(1) \approx 0{,}2$
b) $x_1 \approx -4{,}2$; $x_2 \approx 2{,}75$; $x_3 \approx 4{,}75$
c) Man kann 3 Stellen finden: $x_1 \approx -3{,}7$; $x_2 \approx -1{,}85$; $x_3 \approx 5{,}3$
d) $a = 0{,}1$
e) Größter Funktionswert ist etwa 3,6; er wird an der Stelle −3 angenommen: $f(-3) \approx 3{,}6$. Kleinster Funktionswert: $f(4{,}1) \approx -2{,}6$.

6 a) Ja, da es zu jedem Zeitpunkt einen Blutdruckwert gibt.
b) normale Ernährung: $D = [0; 7]$; $W = [128; 131]$
obstreiche Diät: $D = [0; 7]$; $W = [127; 131{,}3]$
viel Obst, wenig Fett: $D = [0; 7]$; $W = [124; 131]$
c) $\frac{131 - 124}{131} \approx 0{,}0534 \approx 5{,}3\,\%$

7 a) $f(5) = 60$ bedeutet, dass vor 15 000 Jahren 60 % der Bevölkerung das Alter 5 Jahre erreichten, d.h. 40 % starben, bevor sie das 5. Lebensjahr erreichten. 50 % wurden über 10 Jahre alt, 20 % wurden über 40 Jahre alt und 10 % etwa wurden 60 Jahre oder älter.
$P_1(5\,|\,60)$; $P_2(10\,|\,50)$; $P_3(40\,|\,20)$; $P_4(60\,|\,10)$.
b) $f(x) = 10$ für $x = 86$, d.h. das Alter von 86 Jahren erreicht ca. 10 % der Bevölkerung.
$f(85) \approx 20$; $f(83) \approx 30$; $f(81{,}5) \approx 40$; $f(80) \approx 50$; $f(77{,}5) \approx 60$; $f(74) \approx 70$; $f(67{,}5) \approx 80$; $f(60) \approx 90$.
Letzteres bedeutet, dass 90 % der Bevölkerung mindestens 60 Jahre alt werden.

S. 36 **8** a) 6 kg Tee kosten $5{,}85\,€ \cdot 6 = 35{,}10\,€$.
Es ist: $f(6) = 35{,}1$.
b) $50 = 5{,}85 \cdot x$;
also $x = \frac{50}{5{,}85} \approx 8{,}547$.
Man erhält somit ca. 8,5 kg Tee für 50 €. $f(8{,}5) = 50$.

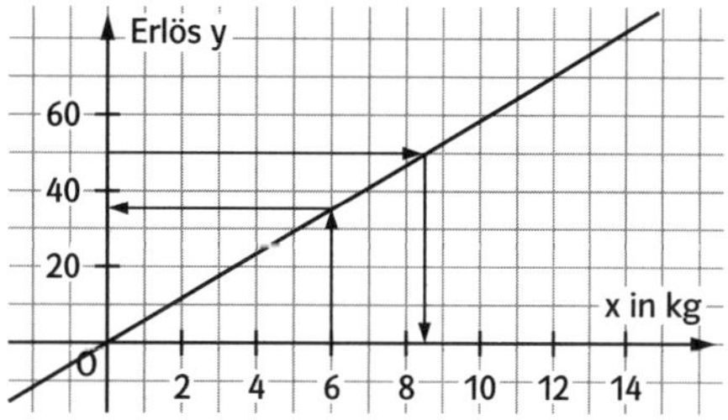

c)

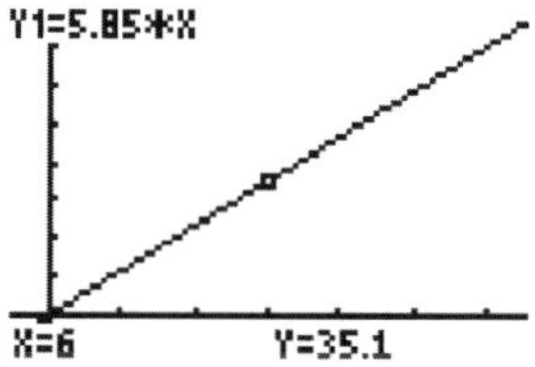

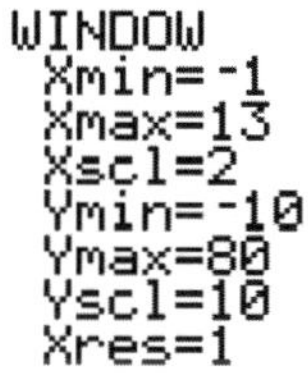

d)

X	Y1
10	58.5
10.5	61.425
11	64.35
11.5	67.275
12	70.2
12.5	73.125
13	76.05

X=10

9 a) $u(x) = 2\pi \cdot x$; $u(1) = 2\pi \approx 6{,}283185 \approx 6{,}2832$
ist der Umfang eines Kreises mit Radius 1.
$u(6) = 2\pi \cdot 6 = 12\pi \approx 37{,}6991$. Der Graph ist eine Gerade (Fig. 1).
b) $A(x) = \pi \cdot x^2$; $A(1) = \pi \approx 3{,}14159 \approx 3{,}1416$ ist der Inhalt eines Kreises mit Radius 1.
$A(6) = 6^2 \cdot \pi = 36\pi \approx 113{,}0973$. Der Graph ist eine Parabel (Fig. 2).

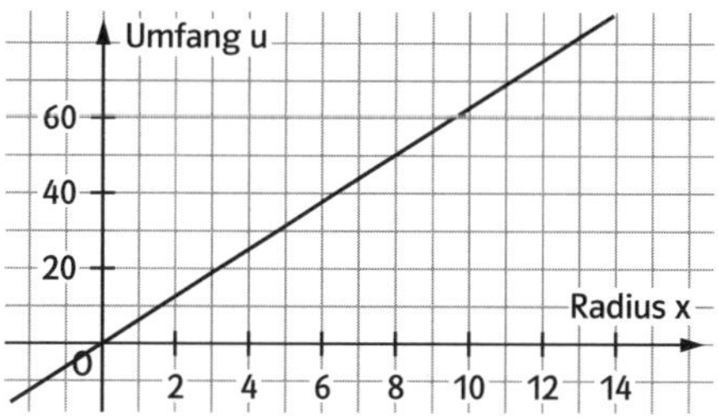

Fig. 1

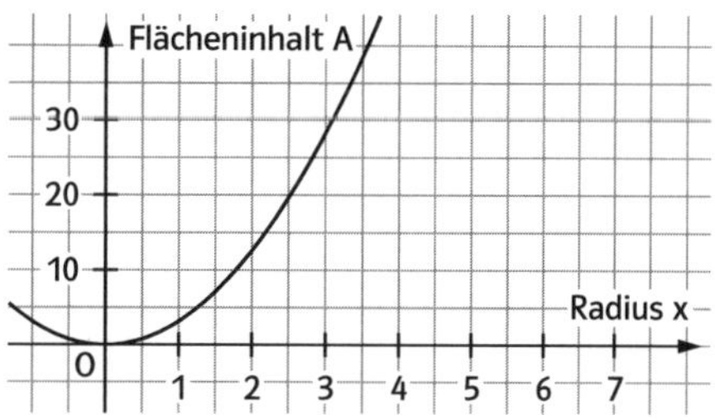

Fig. 2

10 a) $V(x) = x^3$
Wertetafel mit dem GTR:

X	Y1
0	0
.5	.125
1	1
1.5	3.375
2	8
2.5	15.625
3	27

X=0

b) Graph von $v(x) = x^3$:

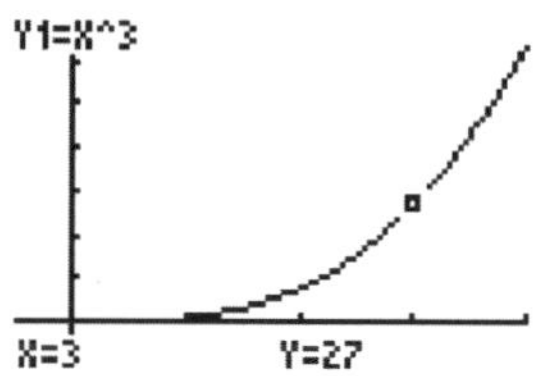

11 a) falsch b) wahr c) falsch d) wahr.

S. 37 3 Lineare Funktionen

1 a) Energieverbrauch E(x);
E(x) in kWh, x in km
Flugzeug: $E_F(180) = 169$
Auto: $E_A(180) = 144$
Bahn: $E_B(180) = 16{,}2$
b) Flugzeug: $f(x) = 95{,}2 + 0{,}41 \cdot x$
Auto: $a(x) = 0{,}80 \cdot x$
Graphen in Fig. 1
c) Ab ca. 245 km hat das Flugzeug eine günstigere Energiebilanz als das Auto. Sitzen im Auto zwei Personen, so gilt $a^*(x) = 0{,}40 \cdot x$.
Dann hat das Auto immer eine günstigere Bilanz als das Flugzeug.

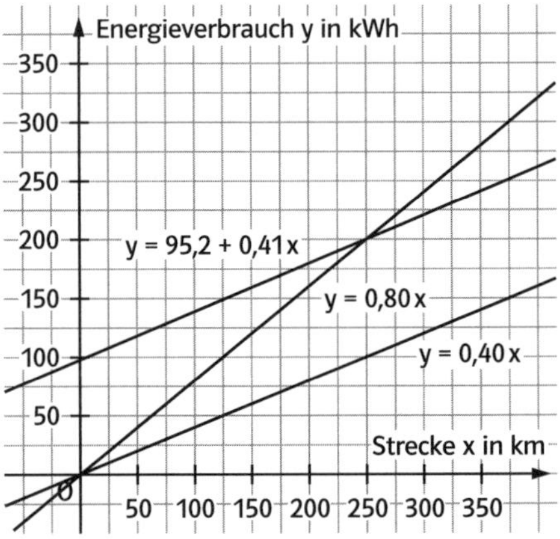

Fig. 1

S. 40 **2** a) g: $y = \frac{1}{2}x$; h: $y = \frac{1}{3}x + 1$; i: $y = \frac{5}{2}x - 1$; j: $y = -\frac{1}{4}x + \frac{1}{2}$; k: $x = -1{,}5$; l: $y = -1$
b) g*: $y = \frac{1}{2}x + 4$
c) $y = 4$

3 a) g: $y = 0{,}4x + 0{,}5$; i: $y = 0{,}4x - 1$
b) Steigung von h = Steigung von j: $m = -\frac{1}{0{,}4} = -\frac{10}{4} = -\frac{5}{2} = -2{,}5$.
c) h: $y = -2{,}5x + 3$; j: $y = -2{,}5x + 6$

4 a) $m = \frac{6-3}{8-6} = \frac{3}{2}$ (Fig. 2)
b) $m = \frac{-2-(-3)}{-2-3} = \frac{1}{-5} = -\frac{1}{5} = -0{,}2$ (Fig. 2)
c) $m = \frac{-2-3}{0-(-1)} = -5$ (Fig. 3)
d) $m = \frac{-1-(-1)}{1-0} = 0$ (Fig. 3)

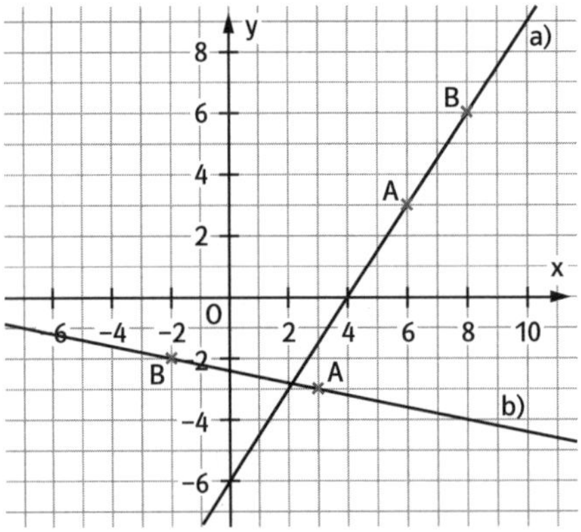

Fig. 2

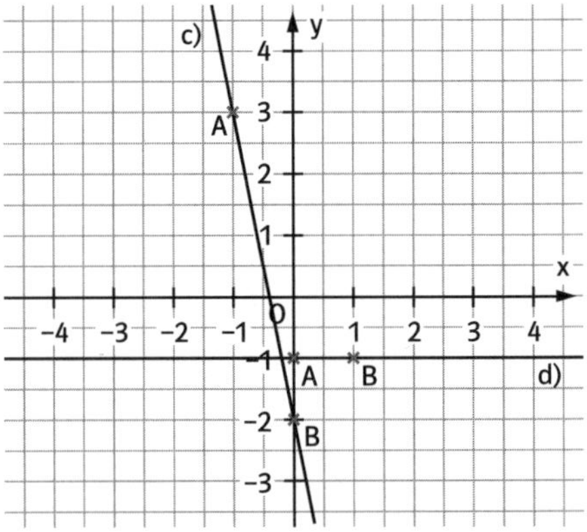

Fig. 3

S. 40 **5** a) $y - 1 = 0{,}3 \cdot (x - 2)$; $y = 0{,}3 \cdot x + 0{,}4$
b) $y - 1 = 0{,}5 \cdot (x + 2)$; $y = 0{,}5 \cdot x + 2$
c) $y - 0{,}5 = -2 \cdot (x + 1)$; $y = -2x - 1{,}5$
d) $y - 3 = -0{,}5 \cdot (x - 0)$; $y = -0{,}5x + 3$

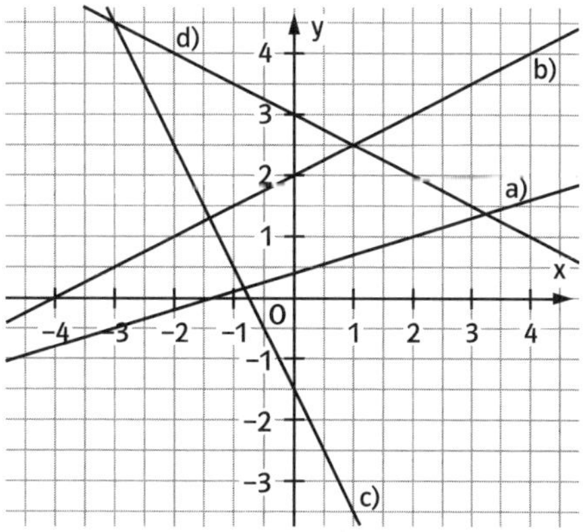

S. 41 **6** Punktprobe: $3 = 0{,}5 \cdot 4 + c$, also $c = 1$. $y = 0{,}5x + 1$

7 a) $m = \frac{f(3) - f(0)}{3 - 0} = \frac{2 + 0{,}5}{3} = \frac{2{,}5}{3} = \frac{5}{6}$;
$y - (-0{,}5) = \frac{5}{6}(x - 0)$,
also $y = \frac{5}{6}x - 0{,}5$; $f(x) = \frac{5}{6}x - \frac{1}{2}$
b) $m = \frac{f(4) - f(0)}{4 - 0} = \frac{-1 - 2{,}5}{4} = \frac{-3{,}5}{4} = -\frac{7}{8}$;
$y - 2{,}5 = -\frac{7}{8}(x - 0)$,
also $y = \frac{7}{8}x + 2{,}5$; $f(x) = -\frac{7}{8}x + \frac{5}{2}$
c) $m = \frac{f(5{,}4) - f(0)}{5{,}4 - 0} = \frac{0 - 3{,}2}{5{,}4} = -\frac{32}{54} = -\frac{16}{27}$;
$y - 3{,}2 = -\frac{16}{27}(x - 0)$,
also $y = -\frac{16}{27}x + 3{,}2$; $f(x) = -\frac{16}{27}x + \frac{16}{5}$

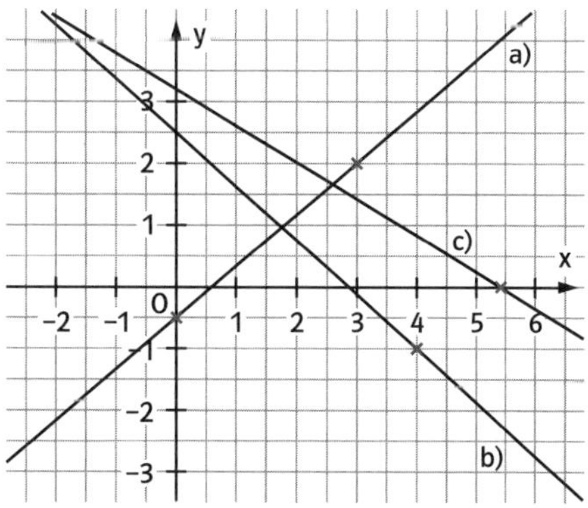

Umformulierung: Geben Sie die Gleichung der Geraden an, die durch die Punkte $P(0\,|\,-0{,}5)$ und $Q(3\,|\,2)$ verläuft.

8 a) $y = \frac{1}{2}x + \frac{3}{2}$; $\alpha \approx 26{,}6°$; $S\left(0\,\middle|\,\frac{3}{2}\right)$

b) $y = -x + 1$; $\alpha = 135°$; $S(0\,|\,1)$

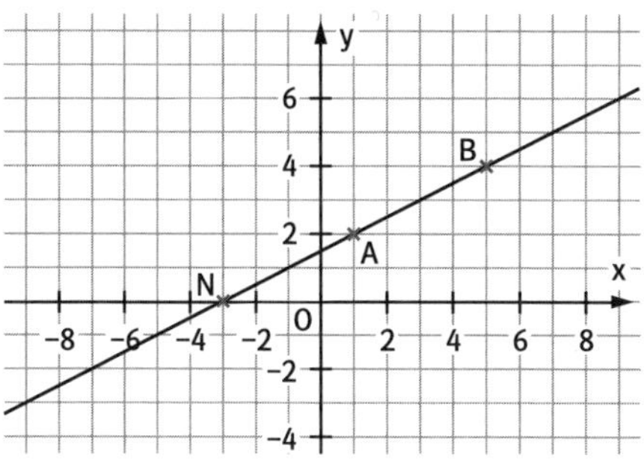

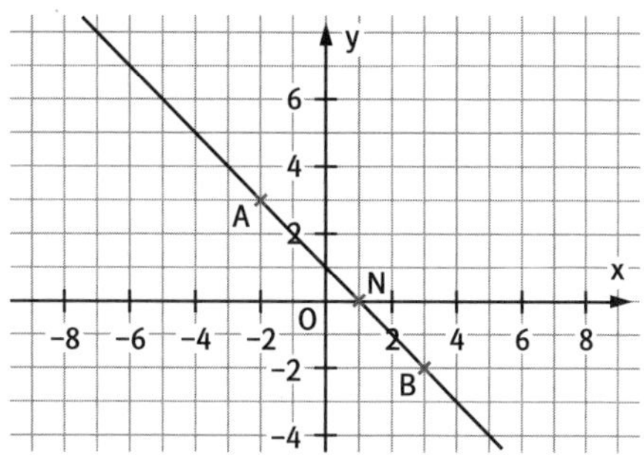

S. 41 **8** c) $y = \frac{3}{11}x + \frac{75}{22}$; $\alpha \approx 15{,}3°$; $S\left(0 \mid \frac{75}{22}\right)$

d) $y = \frac{6}{5}x + \frac{9}{5}$; $\alpha \approx 50{,}2°$; $S\left(0 \mid \frac{9}{5}\right)$

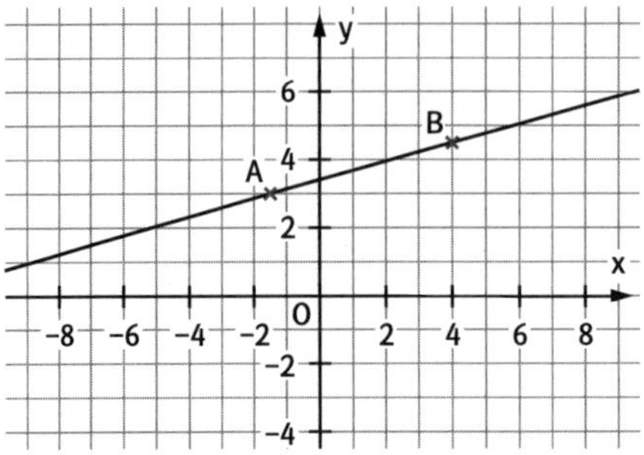

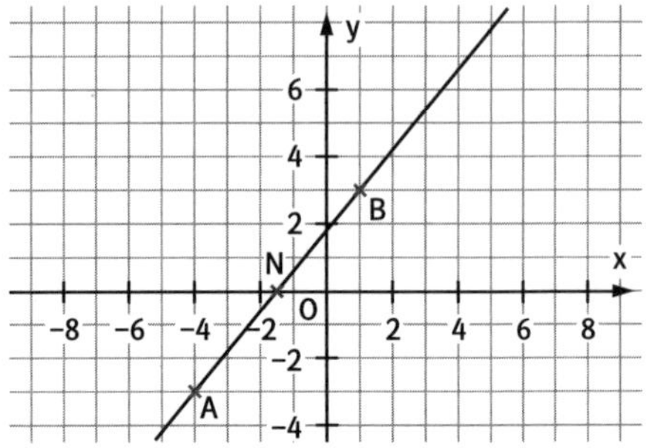

9 a) g durch A und B: g: $y = \frac{3}{7}x + \frac{8}{7}$;
C liegt nicht auf g.
b) g durch A und B: g: $y = -\frac{1}{4}x - 1{,}5$;
C liegt auf g.
c) g durch A und B: g: $y = -x + 11$;
C liegt auf g.
d) g durch A und B: g: $y = \frac{10}{13}x + \frac{3}{13}$;
C liegt nicht auf g.

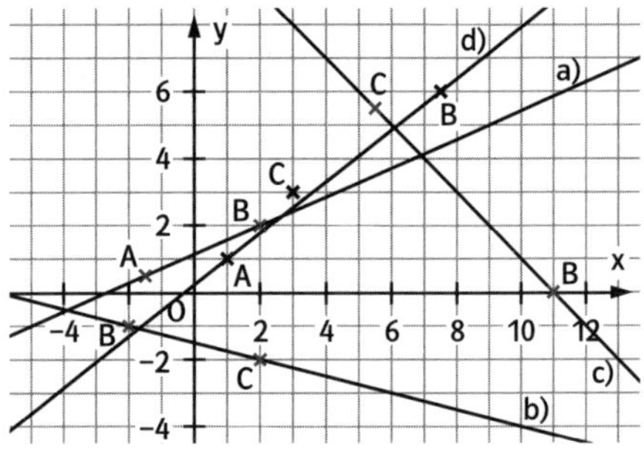

10 a) Gerade g durch O und Q: g: $y = \frac{4}{5}x$. P liegt nicht auf g.
b) Richtig.
c) $-x + 4y - 6 = 0$ ergibt g: $y = \frac{1}{4}x + 1{,}5$. g ist nicht parallel zu $y = -0{,}25x$.
d) Orthogonale h zu $y = 7x - 21$ durch $P(0 \mid 3)$: h: $y = -\frac{1}{7}x + 3$. Q liegt auf h.
e) m existiert nicht; es liegt eine Parallele zur y-Achse vor: $x = 2$

11 Wegen $m = \tan(\alpha)$ gilt:
$\alpha = 10°$; $m \approx 0{,}18$
$\alpha = 20°$; $m \approx 0{,}36$
$\alpha = 40°$; $m \approx 0{,}84$
$\alpha = 80°$; $m \approx 5{,}67$

Steigungswinkel α und Steigung m sind nicht proportional zueinander.

12 a) $m = 0$; also $y = -2$
b) m existiert nicht: $x = 0$
c) $m = 1$; $y = 1 \cdot (x + 1) + 2$; $y = x + 3$

13 13 Gerade durch P und Q: $y = -0{,}5x + 1{,}5$ oder $f(x) = -0{,}5x + 1{,}5$.
a) $f(2) = -0{,}5 \cdot 2 + 1{,}5 = 0{,}5$; $P(2 \mid 0{,}5)$
b) $f(x) = 2$; also $-0{,}5x + 1{,}5 = 2$ oder $-0{,}5x = 0{,}5$; $x = -1$; $Q(-1 \mid 2)$
c) $f(x) = 0$; also $-0{,}5x + 1{,}5 = 0$ oder $0{,}5x = 1{,}5$; $x = 3$; $R(3 \mid 0)$
d) $f(0) = 1{,}5$; $S(0 \mid 1{,}5)$

S. 41	**14**	a) $m_{AB} = -2{,}5$	b) $m_{AB} = -\frac{2}{7}$	c) $m_{AB} = \frac{1}{3}$	d) $m_{AB} = -\frac{1}{6}$
		$m_{BC} = 0{,}4$	$m_{BC} = -3$	$m_{BC} = -3$	$m_{BC} = 1$
		$m_{CD} = -2{,}5$	$m_{CD} = -\frac{1}{4}$	$m_{CD} = \frac{1}{3}$	$m_{CD} = -\frac{1}{6}$
		$m_{AD} = 0{,}4$	$m_{AD} = -\frac{3}{2}$	$m_{AD} = -3$	$m_{AD} = \frac{1}{8}$
		Parallelogramm	kein Trapez	Parallelogramm	Trapez

15 a) g und h sind senkrecht zueinander, da $m_g \cdot m_h = 1 \cdot (-1) = -1$ ist.
b) g und h sind nicht senkrecht zueinander, da $m_g \cdot m_h = 2 \cdot 0{,}5 = 1$ und nicht -1 ist.

16 a) Senkrechte hat Steigung -1 und geht durch $P(1|0)$: $y = -1 \cdot (x - 1)$; $y = -x + 1$
b) Senkrechte hat Steigung -10 und geht durch $P(5|3{,}5)$: $y = -10 \cdot (x - 5) + 3{,}5$; $y = -10x + 53{,}5$
c) g: $y = -\frac{1}{3}x + \frac{2}{3}$; Senkrechte hat Steigung 3 und geht durch $P(-1|1)$: $y = 3 \cdot (x + 1) + 1$; $y = 3x + 4$

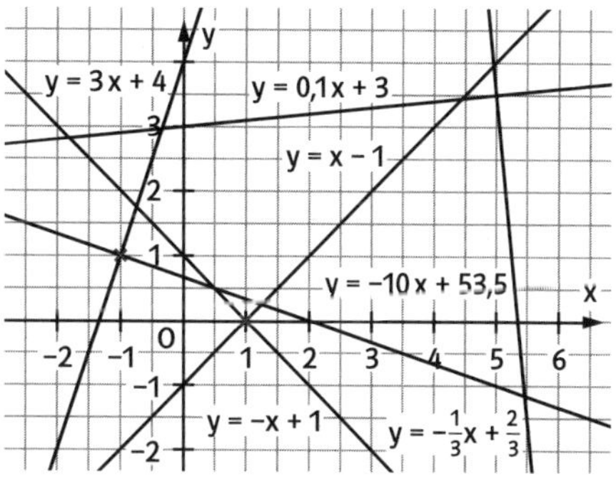

17 15 % Steigung bedeutet: $\tan(\alpha) = 0{,}15$. $\alpha \approx 8{,}53°$.

Aufgabe am Rand: Das obere Bild ist richtig, 100 % Steigung entspricht einem Neigungswinkel von 45°.

4 *Anwendungen zu linearen Funktionen*

Aufgaben aus dem Sozialbereich

S. 42 **1** $4200 + 7 \cdot 120 = 4200 + 840 = 5040$

S. 43 **2** Waldkindergarten: $w(t) = 80 + t \cdot 12$; t in Jahren; w(t) Anzahl der Kinder;
Stadtkindergarten: $s(t) = 240 - t \cdot 15$; t in Jahren; s(t) Anzahl der Kinder;
$w(t) = s(t)$: $80 + 12t = 240 - 15t$; also $27t = 160$; $t \approx 5{,}9259$.
Nach 6 Jahren hat der Waldkindergarten mehr Kinder, nämlich $80 + 12 \cdot 6 = 152$, als der Stadtkindergarten $(240 - 15 \cdot 6 = 150)$.

3 a) $G(178) = 0{,}88 \cdot 178 - 78 = 78{,}64$
b) $G(x + 1) - G(x) = 0{,}88 \cdot (x + 1) - 78 - [0{,}88 \cdot x - 78] = 0{,}88$; damit ist die Gewichtszunahme je cm 0,88 kg.
c) $G(x) = 90$, also $0{,}88 \cdot x - 78 = 90$ ergibt $x = \frac{168}{0{,}88} \approx 190{,}09$. Körpergröße ca. 1,90 m.

S. 43 **4** $x \cdot 2{,}10 = 17{,}50$; x Anzahl der Fahrten.
$x = \frac{17{,}50}{2{,}10} \approx 8{,}3$, d.h. ab 9 Fahrten lohnt die Zehnerkarte.

S. 44 **5** a) $f(t) = 90 + 0{,}24 \cdot t$; t in Tagen; f(t) in $\frac{\text{g}}{\text{Liter}}$.
b) $f(t) = 120$, d.h. $90 + 0{,}24 \cdot t = 120$; also $0{,}24t = 30$ und damit $t = 125$.

6 a) In 15 Minuten sind 0,15 Liter in die Blutbahn gelangt, d.h. in einer Minute sind dies 0,01 Liter.
$f(x) = 0{,}50 - 0{,}01 \cdot x$; x in Minuten, f(x) Flascheninhalt in Liter.
b) $f(30) = 0{,}2$; damit sind 0,3 Liter der Lösung ins Blut gelangt.
c) $f(x) = 0$ bedeutet $0{,}5 - 0{,}01x = 0$, also $0{,}01x = 0{,}5$; damit $x = 50$.
Die Flasche ist nach 50 Minuten leer.
d) $0{,}75 \cdot 0{,}5 = 0{,}50 - 0{,}01 \cdot x$ oder $0{,}01 \cdot x = 0{,}125$, also $x = 12{,}5$.
Nach 12,5 Minuten sind noch 75 % der Lösung in der Flasche.

Aufgaben aus dem kaufmännischen Bereich

7 a) Umtauschfaktor $m = \frac{39{,}5\,€}{50\,\$} = 0{,}79\,\frac{€}{\$}$. Wechselfunktion von \$ in €: $w(x) = 0{,}79 \cdot x$
b) $w(180) = 0{,}79 \cdot 180 = 142{,}2$. Man erhielt 142,20 €.

8 Alpha: $a(x) = 3 + x \cdot 1{,}05$, x in km, a(x) in €.
Beta: $b(x) = x \cdot 1{,}35$, x in km, b(x) in €.
$a(x) = b(x)$, also $3 + 1{,}05x = 1{,}35x$; $0{,}3x = 3$; $x = 10$.
Damit ist bei Taxifahrten mit mehr als 10 km das Unternehmen Alpha günstiger als Beta.

9 a) $z(x) = 200 \cdot \frac{x}{100}$ oder $z(x) = 2x$; x Zinssatz, z(x) in €.
b) $z(x) = 100$ ergibt $2x = 100$, also $x = 50$.
Bei 50 % Zins würde sich das Kapital auf 300 € erhöhen.
$z(x) = 200$ ergibt $x = 100$. Bei 100 % kommt es zu einer Verdopplung des Kapitals.

10 a) $z(x) = 5000 \cdot \frac{4}{100} \cdot \frac{x}{360}$ oder $z(x) = \frac{5}{9}x$; x in Tagen, z(x) in €.
b) $k(x) = 5000 + z(x) = 5000 + \frac{5}{9}x$; x in Tagen, k(x) in €.
c) $z(x) = 10$, also $\frac{5}{9}x = 10$, also $x = 18$.

11 a) $K(x) = 12\,000 + 45 \cdot x$; x Anzahl der Bauteile, K(x) in €.
b) $E(x) = 105 \cdot x$; x Anzahl der Bauteile, E(x) in €.
c) Graph in Fig. 1:
d) $K(x) = E(x)$: $105x = 12\,000 + 45x$; $60x = 12\,000$; $x = 200$.
Verlustbereich: $0 \leqq x < 200$; Gewinnbereich: $x > 200$.

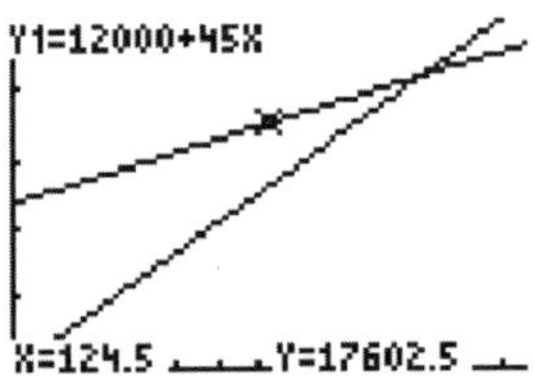

Fig. 1

S. 45 **12** a) $K(x) = 25\,000 + 32{,}8 \cdot x$; x Anzahl der Stühle, K(x) in €.
b) $E(x) = 68{,}7 \cdot x$; x Anzahl der Stühle, E(x) in €.
c) Graph in Fig. 2:
d) $K(x) = E(x)$: $68{,}7x = 25\,000 + 32{,}8x$; $x \approx 696{,}3788$.
Verlustbereich: $0 \leqq x \leqq 696$; Gewinnbereich: $x \geqq 697$.
Mehrwertsteuer für 697 Stühle:
$68{,}7 \cdot 0{,}19 \cdot 697 = 9097{,}941$, also 9097,94 €.

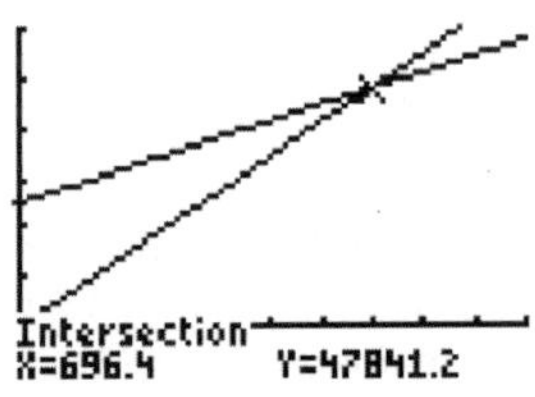

Fig. 2

S. 45 **13** Verleih A: $a(x) = 75 + 0{,}45 \cdot x$; x in km, a(x) in €.
Verleih B: $b(x) = 50 + 0{,}50 \cdot x$; x in km, b(x) in €.
a) $a(250) = 187{,}5$; $b(250) = 175$.
Herr Lehmann sollte B wählen; er spart 12,50 €.
b) $a(x) = b(x)$: $50 + 0{,}5x = 75 + 0{,}45x$; $0{,}05x = 25$; $x = 500$.
Ab 500 km ist A der günstigere Verleih.

Aufgaben aus dem naturwissenschaftlich-technischen Bereich

14 a) Herberge A: $k_A(x) = 12 + x \cdot (2{,}05 + 2{,}84)$ oder $k_A(x) = 12 + 4{,}89 \cdot x$;
x in m³; $k_A(x)$ in €.
Herberge B: $k_B(x) = x \cdot (1{,}86 + 3{,}68)$ oder $k_B(x) = 5{,}54 \cdot x$; x in m³; $k_B(x)$ in €.
b) $k_A(x) = k_B(x)$: $12 + 4{,}89 \cdot x = 5{,}54 \cdot x$ ergibt $x \approx 18{,}4615$.
Ab ca. 18,5 m³ ist der Wasserpreis in A günstiger.
c) $k_A(x) = 100$: $12 + 4{,}89 \cdot x = 100$ ergibt $x \approx 17{,}9959$. Man erhält 18 m³ Wasser.

15 a) Bei 12 000 km wird 1 mm abgefahren, d. h. bei 1 km wird $\frac{1}{12\,000}$ mm abgefahren.
Damit gilt nach 20 000 km die Funktion: $f(x) = -\frac{1}{12\,000} \cdot x + 4$; x in km, f(x) in mm.
$f(x) = 1$: $-\frac{1}{12\,000} \cdot x + 4 = 1$, also $\frac{1}{12\,000} \cdot x = 3$. $x = 36\,000$. Herr Beck kann mit dem Reifen insgesamt 56 000 km fahren.
b) Die Profiltiefe nimmt alle 10 000 km um $\frac{1}{12\,000} \cdot 10\,000 = \frac{10}{12} = \frac{5}{6} \approx 0{,}83$; also um 0,83 mm ab.
c) $f(-20\,000) = -\frac{1}{12\,000} \cdot (-20\,000) + 4 = \frac{20}{12} + 4 = \frac{5}{4} + 4 \approx 5{,}7$. Profiltiefe beim Kauf: 5,7 mm.

16 a) Es wird der Siedepunkt erreicht.
b) Glykol: $T_G(x) = 20 + \frac{110 - 20}{4}x$; also $T_G(x) = 20 + 22{,}5x$; x in Minuten, $T_G(x)$ in °C.
Gültiger Bereich: [0; 5,3].
Wasser: $T_W(x) = 20 + \frac{60 - 20}{3} \cdot x$; also $T_W(x) = 20 + 13{,}3x$; x in Minuten, $T_W(x)$ in °C.
Gültiger Bereich: [0; 5,5].
Spiritus: $T_S(x) = 20 + \frac{60 - 20}{2} \cdot x$; also $T_S(x) = 20 + 20x$; x in Minuten, $T_S(x)$ in °C.
Gültiger Bereich: [0; 2].

17 a) Anstieg je °C in °F: $m = \frac{212 - 32}{100 - 0} = \frac{180}{100} = 1{,}8$.
$f(x) = 1{,}8 \cdot x + 32$; x in °C, f(x) in °F.
$f(41) = 1{,}8 \cdot 41 + 32 = 105{,}8$. 41 °C entsprechen also 105,8 °F.

5 *Einfache quadratische Funktionen und Gleichungen*

S. 46 **1** Sind die Kanten 40 cm, 24 cm und 14 cm, so beträgt die Oberfläche des Päckchens in m²:
$O = 2 \cdot (0{,}40 \cdot 0{,}24 + 0{,}40 \cdot 0{,}14 + 0{,}24 \cdot 0{,}14) = 0{,}3712$. Damit reichen 0,3 m² nicht für die Verpackung.
2 m Schnur reichen aber aus: $2 \cdot 0{,}4 + 2 \cdot 0{,}24 + 4 \cdot 0{,}14 = 1{,}84$.

S. 49 **2** a) Streckung in y-Richtung mit dem Faktor 3
b) Stauchung in y-Richtung mit dem Faktor $\frac{1}{5}$
c) Stauchung in y-Richtung mit dem Faktor $\frac{1}{2}$ und anschließende Spiegelung an der x-Achse
d) Streckung in y-Richtung mit dem Faktor 2 und anschließende Verschiebung in positive y-Richtung um 2 Einheiten
e) Streckung in y-Richtung mit dem Faktor 1,5 und anschließende Verschiebung in negative y-Richtung um 3 Einheiten

3 Exakte Werte:
a) $(2\,|\,1{,}8)$
b) $(-4\,|\,4{,}2)$
c) $(3\,|\,2{,}8)$
d) $0{,}2x^2 + 1 = 4;\; 0{,}2x^2 = 3;\; x^2 = 15;$
$x_1 = -\sqrt{15} \approx -3{,}87298;\; x_1 = \sqrt{15} \approx 3{,}87298;$
$(-3{,}87298\,|\,4)$ und $(3{,}87298\,|\,4)$.
e) $0{,}2x^2 + 1 = -5;\; 0{,}2x^2 = -6;\; x^2 = -30$
keine Lösung!

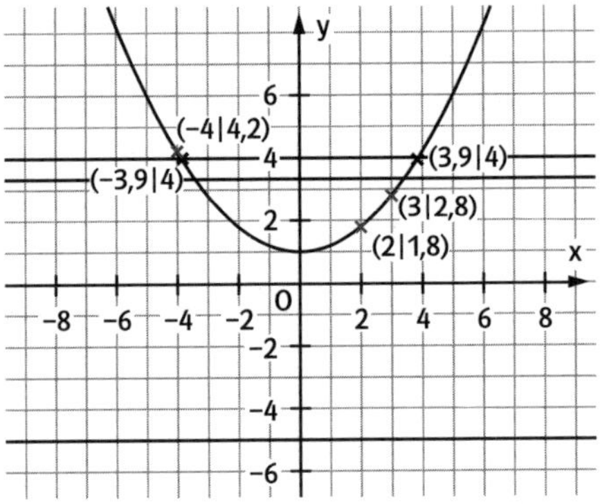

4 a) $6 = a \cdot 4;\; a = \frac{6}{4} = \frac{3}{2} = 1{,}5;\; y = 1{,}5x^2$
b) $y = 5x^2$ c) $y = 2x^2$ d) $y = 2x^2$ e) $y = 1{,}25x^2$

5 a) Ansatz $y = ax^2$; P auf Parabel: $2 = a \cdot (-3)^2$, also $a = \frac{2}{9}$, also ist $y = \frac{2}{9}x^2$.
Punktprobe für $Q(6\,|\,8)$: $8 = \frac{2}{9} \cdot 6^2$, d.h. $8 = 8$ richtig. Damit liegen P und Q auf $y = \frac{2}{9}x^2$.
Parabel nach oben offen.
b) Parabel durch $P(4\,|\,3)$: $y = \frac{3}{16}x^2$. $Q(8\,|\,14)$ eingesetzt: $14 = \frac{3}{16} \cdot 64$, d.h. $14 = 12$.
Damit liegen P und Q nicht auf einer Parabel durch O. Parabel nach oben offen.
c) Parabel durch $P(1\,|\,-3)$: $y = -3x^2$. $Q(-5\,|\,-75)$ eingesetzt: $-75 = -3 \cdot 25$, d.h.
$-75 = -75$. Damit liegen P und Q auf einer Parabel durch O, nämlich auf $y = -3x^2$.
Parabel nach unten offen.

6 a) $S_1(-6\,|\,0)$, $S_2(6\,|\,0)$ b) kein Schnittpunkt c) $S_1(-\sqrt{6}\,|\,0)$, $S_2(\sqrt{6}\,|\,0)$
d) kein Schnittpunkt e) $S_1(-1\,|\,0)$, $S_2(1\,|\,0)$ f) $S_1\left(-\frac{1}{20}\,|\,0\right)$, $S_2\left(\frac{1}{20}\,|\,0\right)$,

7 a) $a < 0$: kein Schnittpunkt,
$a > 0$: zwei Schnittpunkte $S_1\left(-\frac{2}{\sqrt{a}}\,|\,0\right)$, $S_2\left(\frac{2}{\sqrt{a}}\,|\,0\right)$,
$a = 0$ ergibt eine Gerade, nämlich $f(x) = -4$; sie hat keinen Schnittpunkt mit der x-Achse.
b) $b < 0$: kein Schnittpunkt
$b = 0$: ein Schnittpunkt $S(0\,|\,0)$
$b > 0$: zwei Schnittpunkte $S_1\left(-\frac{\sqrt{b}}{2}\,|\,0\right)$, $S_2\left(\frac{\sqrt{b}}{2}\,|\,0\right)$.

S. 49 **8** a) $s(v) = a \cdot v^2$; Punktprobe: $9 = a \cdot 30^2$, also $a = 0{,}01$. Damit gilt: $s(v) = 0{,}01 \cdot v^2$; v in $\frac{km}{h}$, s in m.
$s(50) = 0{,}01 \cdot 50^2 = 25$; $s(70) = 0{,}01 \cdot 70^2 = 49$; $s(110) = 0{,}01 \cdot 110^2 = 121$;
$s(130) = 0{,}01 \cdot 130^2 = 169$
b) $s(v) = 30$: $0{,}01v^2 = 30$, also $v^2 = 3000$; damit $v = \sqrt{3000} \approx 54{,}77$. Maximale Geschwindigkeit ca. $55\frac{km}{h}$.
Da $v \geqq 0$ ist, kommt die negative Lösung nicht in Frage!
c) $s(40) = 0{,}01 \cdot 40^2 = 16$; $s(200) = 0{,}01 \cdot 200^2 = 400$.
Die Bremswege betragen bei $40\frac{km}{h}$ 16 m und bei $200\frac{km}{h}$ stattliche 400 m.

9 a) schwarz: $f(x) = x^2$; rot: $g(x) = 0{,}5x^2$; blau: $h(x) = -0{,}5x^2 - 0{,}5$
b) schwarz: $f(x) = -x^2$; rot: $g(x) = 2x^2$; blau: $h(x) = -2x^2 + 1{,}5$
c) schwarz: $f(x) = 0{,}25x^2$; rot: $g(x) = 1{,}5x^2$; blau: $h(x) = -0{,}75x^2 + 1$

6 *Die allgemeine quadratische Funktion*

S. 50 **1** a) Graph von $f_1(x) = (x + 1)^2$ ist der schwarze Graph, da $f_1(0) = (0 + 1)^2 = 1$ ist.
Graph von $f_2(x) = (x - 2)^2 - 1$ ist der blaue Graph, da $f_2(0) = (0 - 2)^2 - 1 = 4 - 1 = 3$ ist.
Graph von $f_3(x) = (x - 4)^2 + 1$ ist der rote Graph, da $f_3(4) = (4 - 4)^2 + 1 = 0 + 1 = 1$ ist.
Graph von $f_4(x) = -(x + 4)^2 + 4$ ist der violette Graph, da $f_4(-4) = (-4 + 4)^2 + 4 = 0 + 4 = 4$ ist.
b) Der Graph von f_1 hat den Scheitel $S_1(-1|0)$, f_2 hat den Scheitel $S_2(2|-1)$, f_3 hat den Scheitel $S_3(4|1)$, f_4 hat den Scheitel $S_4(-4|4)$.
c) Der Graph der Funktion f mit $f(x) = (x - a)^2 + b$ hat den Scheitel $S(a|b)$.

S. 52 **2** a) $\square = 4$: $(x - 2)^2$
b) $\square = \left(\frac{3}{2}\right)^2 = \frac{9}{4} = 2{,}25$: $\left(x + \frac{3}{2}\right)^2$
c) $\square = \left(-\frac{3{,}5}{2}\right)^2 = \left(\frac{7}{4}\right)^2 = 3{,}0625$: $\left(x - \frac{7}{4}\right)^2$
d) $\square = \left(\frac{0{,}8}{2}\right)^2 = \left(\frac{2}{5}\right)^2 = \frac{4}{25} = 0{,}16$: $\left(x - \frac{2}{5}\right)^2$
e) $\square = \left(\frac{1}{4}\right)^2 = \frac{1}{16} = 0{,}0625$: $\left(x - \frac{1}{4}\right)^2$
f) $\square = \left(\frac{1}{3}\right)^2 = \frac{1}{9}$: $\left(x - \frac{1}{3}\right)^2$
g) $\square = \left(-\frac{10{,}02}{2}\right)^2 = (-5{,}01)^2 = 25{,}1001$: $(x - 5{,}01)^2$
h) $\square = \left(\frac{3}{8}\right)^2 = \frac{9}{64} = 0{,}140625$: $\left(x - \frac{3}{8}\right)^2$

3 a) Streckung mit Faktor 4 in y-Richtung und anschließende Verschiebung in negativer x-Richtung um 1.
Scheitel $S(-1|0)$; Öffnung nach oben.
b) Streckung mit Faktor 4 in y-Richtung und anschließende Verschiebung in positiver x-Richtung um 1.
Scheitel $S(1|0)$; Öffnung nach oben.

S. 52 **3** c) Streckung mit Faktor 4 in y-Richtung und anschließende Verschiebung in positiver x-Richtung um 1 und in positiver y-Richtung um 1. Scheitel $S(1|1)$; Öffnung nach oben.
d) Stauchung mit Faktor 0,5 in y-Richtung und anschließende Verschiebung in positiver x-Richtung um $\frac{1}{3}$ und in positiver y-Richtung um 0,1. Scheitel $S\left(\frac{1}{3}|0{,}1\right)$; Öffnung nach oben.
e) Stauchung mit Faktor 0,125 in y-Richtung und anschließende Verschiebung in negativer y-Richtung um 6. Scheitel $S(0|-6)$; Öffnung nach oben.
c) Spiegelung der Normalparabel an der x-Achse und anschließende Verschiebung in negativer x-Richtung um 2 und in positiver y-Richtung um 5. Scheitel $S(-2|5)$; Öffnung nach unten.

S. 53 **4** a) $f(x) = (x+2)^2 - 4$; $S(-2|-4)$, Öffnung nach oben
b) $f(x) = (x+2)^2$; $S(-2|0)$, Öffnung nach oben
c) $f(x) = (x-5)^2 + 6$; $S(5|6)$, Öffnung nach oben
d) $\frac{f(x)}{2} = x^2 + 6x + \frac{3}{2} = (x+3)^2 - 9 + 1{,}5 = (x+3)^2 - 7{,}5$; $f(x) = 2 \cdot (x+3)^2 - 15$; $S(-3|-15)$; Öffnung nach oben
e) $\frac{f(x)}{4} = x^2 + 2x - \frac{1}{4} = (x+1)^2 - 1 - \frac{1}{4} = (x+1)^2 - \frac{5}{4}$; $f(x) = 4 \cdot (x+1)^2 - 5$; $S(-1|-5)$; Öffnung nach oben
f) $\frac{f(x)}{-0{,}2} = x^2 - 10x + \frac{6{,}5}{0{,}2} = (x-5)^2 - 25 + 32{,}5 = (x-5)^2 + 7{,}5$;
$f(x) = -0{,}2 \cdot (x-5)^2 - 1{,}5$; $S(5|-1{,}5)$; Öffnung nach unten
g) $\frac{f(x)}{-1} = x^2 + \frac{2}{3}x = \left(x + \frac{1}{3}\right)^2 - \frac{1}{9}$; $f(x) = -\left(x + \frac{1}{3}\right)^2 + \frac{1}{9}$; $S\left(-\frac{1}{3}|\frac{1}{9}\right)$; Öffnung nach unten
h) $\frac{f(x)}{-0{,}5} = x^2 - 10x + 41 = (x-5)^2 - 25 + 41 = (x-5)2 + 16$; $f(x) = -0{,}5 \cdot (x-5)^2 - 8$; $S(5|-8)$; Öffnung nach unten
i) $f(x) = (x - \sqrt{2})^2$; $S(\sqrt{2}|0)$; Öffnung nach oben

5 a) $f(0) = 3$, also $P(0|3)$
b) $f(2) = 0{,}5 \cdot 2^2 - 2 \cdot 2 + 3 = 2 - 4 + 3 = 1$, also $P(2|1)$
c) $f(10) = 0{,}5 \cdot 10^2 - 2 \cdot 10 + 3 = 33$, also $P(10|33)$
d) $f(-8) = 0{,}5 \cdot (-8)^2 - 2 \cdot (-8) + 3 = 51$, also $P(-8|51)$

6 a) Fig. 1 zeigt $S(2|1)$. Rechnung ergibt $f(x) = 0{,}25 \cdot (x-2)^2 + 1$
b) Fig. 2 zeigt $S(9|-10)$. Rechnung ergibt $f(x) = 0{,}5 \cdot (x-9)^2 - 10$
c) Fig. 3 zeigt $S(-4{,}5|-3{,}5)$. Rechnung ergibt $f(x) = \frac{1}{3} \cdot \left(x + \frac{9}{2}\right)^2 - \frac{7}{2}$

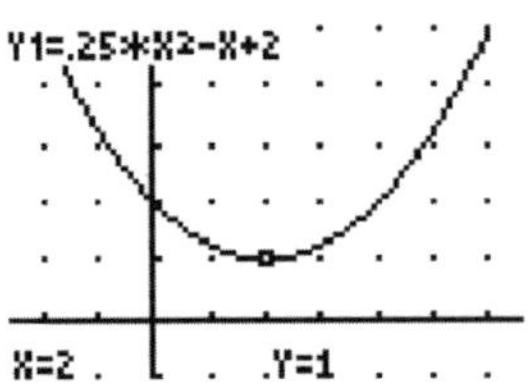

Fig. 1

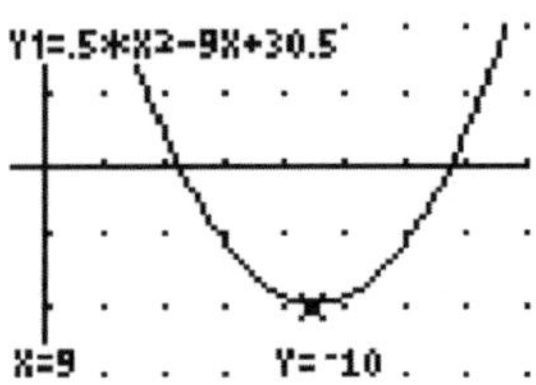

Fig. 2

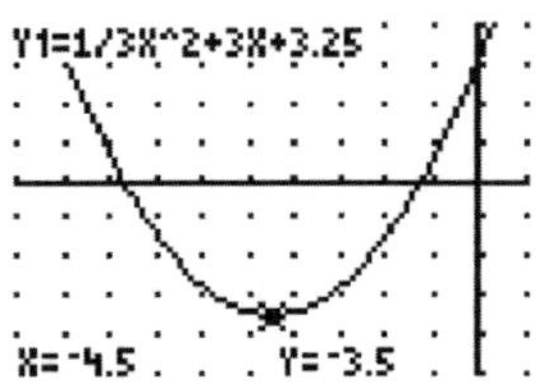

Fig. 3

7 Man bestimme bei den Parabeln den Scheitel und die Öffnungsrichtung.
a) Minimaler Wert von $f(x) = x^2 - x + 1$ ist $f\left(\frac{1}{2}\right) = \frac{3}{4}$, da $f(x) = \left(x - \frac{1}{2}\right)^2 + \frac{3}{4}$ ist.
b) Maximaler Wert von $f(x) = -2x^2 + 4x$ ist $f(1) = 2$, da $f(x) = -2(x-1)^2 + 2$ ist.
c) Maximaler Wert von $f(x) = -x^2 - 3x + 0{,}75$ ist $f(-1{,}5) = 3$, da $f(x) = -(x+1{,}5)^2 + 3$ ist.

S. 53 **8**

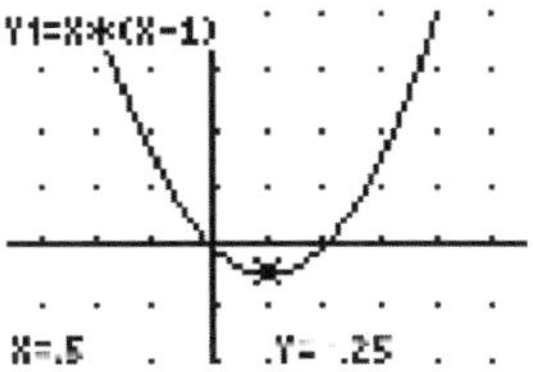

S(0,5 | − 0,25)

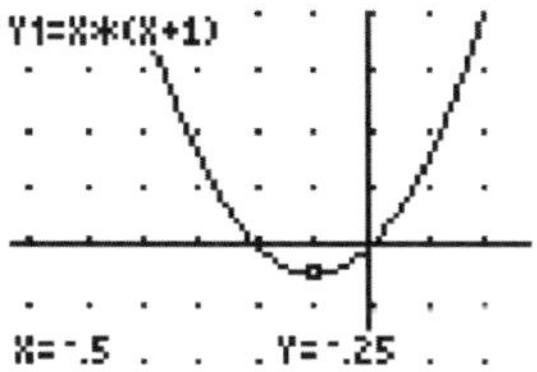

S(− 0,5 | − 0,25)

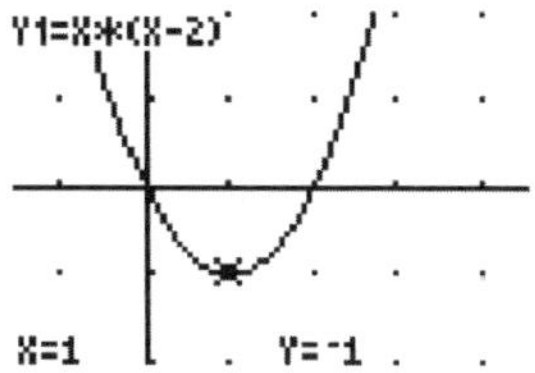

S(1 | −1)

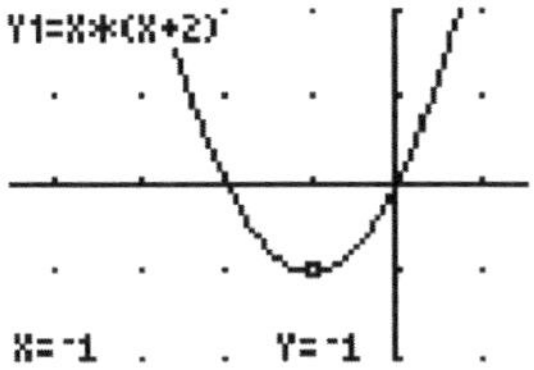

S(−1 | −1)

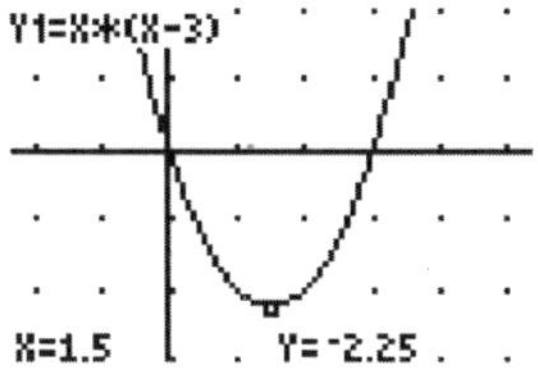

S(1,5 | −2,25)

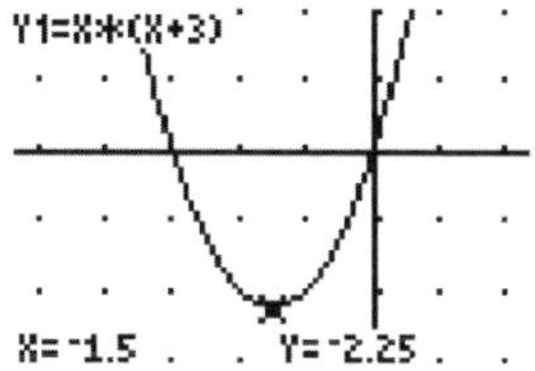

S(−1,5 | −2,25)

9 a) $f(x) = a \cdot x^2 + 2$. $f(3) = 6$ ergibt $a \cdot 3^2 + 2 = 6$, also $9a + 2 = 6$; $a = \frac{4}{9}$; $f(x) = \frac{4}{9}x^2 + 2$
b) $f(x) = a \cdot (x - 2)^2$. $f(4) = 1$ ergibt $a \cdot (4 - 2)^2 = 1$, also $4a = 1$; $a = \frac{1}{4}$; $f(x) = \frac{1}{4}(x - 2)^2$
c) $f(x) = a \cdot (x - 1)^2 - 2$. $f(2) = 6$ ergibt $a \cdot (2 - 1)^2 - 2 = 6$, also $a = 8$; $f(x) = 8(x - 1)^2 - 2$
d) $f(x) = a \cdot (x - 3)^2 + 7$. $f(5) = 9$ ergibt $a \cdot (5 - 3)^2 + 7 = 9$, also $4a = 2$; $a = \frac{1}{2}$;
$f(x) = \frac{1}{2}(x - 3)^2 + 7$

10 a) $f(x) = ax^2 + b$
$f(0) = 2$ ergibt $b = 2$; $f(-1) = 3$ ergibt $a + b = 3$.
Daraus $a + 2 = 3$, also $a = 1$.
Gesuchte Funktion: $f(x) = x^2 + 2$
b) $f(x) = ax^2 + b$
$f(-3) = 2$ ergibt $9a + b = 2$; $f(1) = -6$ ergibt $a + b = -6$.
Daraus $8a = 8$, also $a = 1$ und $b = -7$:
Gesuchte Funktion: $f(x) = x^2 - 7$
c) $f(x) = ax^2 + b$
$f(2) = -1$ ergibt $4a + b = -1$; $f(6) = -17$ ergibt $36a + b = -17$.
Daraus $32a = -16$, also $a = -\frac{1}{2}$ und $b = 1$:
Gesuchte Funktion: $f(x) = -0{,}5x^2 + 1$

11 a) $f(x) = ax^2 + bx + c$

$f(0) = 0$ ergibt $a \cdot 0^2 + b \cdot 0 + c = 0$,	also $c = 0$	$c = 0$
$f(3) = -3$ ergibt $a \cdot 3^2 + b \cdot 3 + c = -3$,	also $9a + 3b + c = -3$	$3a + b = -1$
$f(1) = 5$ ergibt $a \cdot 1^2 + b \cdot 1 + c = 5$,	also $a + b + c = 5$	$a + b = 5$

$a = -3$; $b = 8$; $c = 0$
Gesuchte Funktion: $f(x) = -3x^2 + 8x$
$\frac{f(x)}{-3} = x^2 - \frac{8}{3}x = \left(x - \frac{4}{3}\right)^2 - \frac{16}{9}$; also $f(x) = -3 \cdot \left(x - \frac{4}{3}\right)^2 + \frac{16}{3}$; Scheitel $S\left(\frac{4}{3} \middle| \frac{16}{3}\right)$;
Öffnung nach unten.

S. 53 **11** b) $f(x) = ax^2 + bx + c$

$f(1) = 0$ ergibt $a \cdot 1^2 + b \cdot 1 + c = 0$, also $\quad a + b + c = 0\ (1) \quad (1) - (2)$ ergibt $b = 0$

$f(-1) = 0$ ergibt $a \cdot (-1)^2 + b \cdot (-1) + c = 0$, also $\quad a - b + c = 0\ (2) \quad a + c = 0\ (2')$

$f(2) = 1$ ergibt $a \cdot 2^2 + b \cdot 2 + c = 1$, also $\quad 4a + 2b + c = 1\ (3) \quad 4a + c = 1\ (3')$

$(3') - (2')$ ergibt $3a = 1$, also $a = \frac{1}{3}$; $c = -\frac{1}{3}$; $b = 0$

Gesuchte Funktion: $f(x) = \frac{1}{3}x^2 - \frac{1}{3}$

Scheitel $S\left(0 \,|\, -\frac{1}{3}\right)$; Öffnung nach oben.

c) $f(x) = ax^2 + bx + c$

$f(0) = -2$ ergibt $a \cdot 0^2 + b \cdot 0 + c = -2$, also $\quad c = -2\ (1)$

$f(-1) = 1$ ergibt $a \cdot (-1)^2 + b \cdot (-1) + c = 1$, also $\quad a - b + c = 1\ (2) \quad a - b = 3\ (2')$

$f(2) = 6$ ergibt $a \cdot 2^2 + b \cdot 2 + c = 6$, also $\quad 4a + 2b + c = 6\ (3) \quad 4a + 2b = 8\ (3')$

$2a + b = 4\ (3'')$

$(3'') + (2')$ ergibt $3a = 7$, also $a = \frac{7}{3}$; $b = -\frac{2}{3}$; $c = -2$

Gesuchte Funktion: $f(x) = \frac{7}{3}x^2 - \frac{2}{3}x - 2$

$\frac{f(x)}{\frac{7}{3}} = x^2 - \frac{2}{3} \cdot \frac{3}{7}x - 2 \cdot \frac{3}{7} = x^2 - \frac{2}{7}x - \frac{6}{7} = \left(x - \frac{1}{7}\right)^2 - \frac{1}{49} - \frac{42}{49} = \left(x - \frac{1}{7}\right)^2 - \frac{43}{49}$,

also $f(x) = \frac{7}{3}\left(x - \frac{1}{7}\right)^2 - \frac{43}{49} \cdot \frac{7}{3} = \frac{7}{3}\left(x - \frac{1}{7}\right)^2 - \frac{43}{21}$; Scheitel $S\left(\frac{1}{7} \,|\, -\frac{43}{21}\right)$.

12 a) schwarz: $y = (x - 4)^2$; blau: $y = -(x - 8)^2$; rot: $y = (x + 8)^2$

b) schwarz: $y = x^2 - 6$; blau: $y = -(x - 8)^2 + 4$; rot: $y = (x + 8)^2 - 4$

c) schwarz: $y = 0{,}5(x - 4)^2 - 6$; blau: $y = -2(x + 8)^2 + 6$; rot: $y = x^2$

13 a) $(x + 3)^2 - 9 + 3 = (x + 3)^2 - 6$, also minimaler Wert -6 für $x = -3$

b) $-(x - 2)^2 + 4$, also maximaler Wert 4 für $x = 2$.

c) $x(x + 8) + 6(x + 5) = x^2 + 14 \cdot x + 30 = (x + 7)^2 - 49 + 30 = (x + 7)^2 - 19$,
also minimaler Wert -19 für $x = -7$

d) $(x - 7)(x - 5) = x^2 - 12 \cdot x + 35 = (x - 6)^2 - 36 + 35 = (x - 6)^2 - 1$,
also minimaler Wert -1 für $x = 6$.

14 a) $x \cdot (x + 1) = x^2 + x = \left(x + \frac{1}{2}\right)^2 - \frac{1}{4}$.

Das Produkt wird am kleinsten, nämlich $-\frac{1}{4}$, für $x = -\frac{1}{2}$.

b) $x^2 + (x + 3)^2 = 2x^2 + 6x + 9 = 2\left(x + \frac{3}{2}\right)^2 + \frac{9}{2}$.

Das Produkt wird am kleinsten, nämlich $\frac{9}{2}$, für $x = -\frac{3}{2}$.

7 *Nullstellen von quadratischen Funktionen*

S. 54 **1** a) Gemessen wird vom Innenring des Wurfkreises; hier als Ursprung markiert.

b) Der Punkt W ist der Schnittpunkt der Parabel mit der x-Achse.

c) $W(\approx 21{,}66 \,|\, 0)$

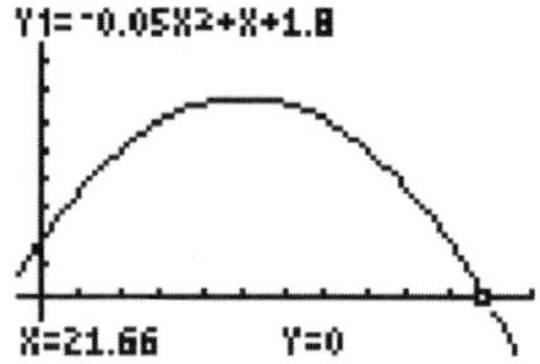

S. 56 **2** a) roter Graph: Nullstellen $x_1 = 0$; $x_2 = 2$; Scheitel bei $x_3 = 1$
blauer Graph: Nullstellen $x_1 = -2$; $x_2 = 1$; Scheitel bei $x_3 = -\frac{1}{2}$
b) roter Graph: Nullstellen $x_1 = 5$; $x_2 = 25$; Scheitel bei $x_3 = 15$
blauer Graph: Nullstellen $x_1 = -20$; $x_2 = 0$; Scheitel bei $x_3 = -10$
c) roter Graph: Nullstellen $x_1 = -100$; $x_2 = 200$; Scheitel bei $x_3 = 50$
blauer Graph. Nullstellen $x_1 = -150$; $x_2 = -150$; Scheitel bei $x_3 = -150$
x_3 ist der Mittelpunkt der Strecke zwischen den Nullstellen.

3 a) 2 und 4 sind Nullstellen
b) −2,3 und 1,4 sind Nullstellen
c) 1 und −5 sind keine Nullstellen
d) 1 und 4 sind keine Nullstellen

4 a) Lösungen: $x_1 = -9$ und $x_2 = 1$
b) Lösungen: $x_1 = -4$ und $x_2 = 5$
c) Lösungen: $x_1 = -3$ und $x_2 = 16$
d) Lösungen: $z_1 = \frac{1}{10}$ und $z_2 = \frac{1}{2}$
e) Lösung: $x_1 = \frac{2}{5}$
f) Lösungen: $x_1 = 1 - \frac{\sqrt{2}}{2} \approx 0{,}29289$ und $x_2 = 1 + \frac{\sqrt{2}}{2} \approx 1{,}70711$
g) Lösung: $x_1 = -1$
h) Lösungen: $x_1 = -1$ und $x_2 = 0{,}6$
i) Lösungen: $t_1 = -5$; $t_2 - 8$

5 a) Nullstellen: −3 und 7
b) Nullstellen: $\frac{5}{3} - \frac{\sqrt{7}}{3} \approx 0{,}78475$; $\frac{5}{3} + \frac{\sqrt{7}}{3} \approx 2{,}54858$
c) f hat keine Nullstelle

6 a) 0; −4
b) 0; 5
c) 0; $\frac{8}{7}$
d) −4; 4
e) keine Lösung
f) 0
g) 0; 1
h) −1; 2

7 a) Diskriminante $D = (-1)^2 - 4 \cdot (-t) = 1 + 4t$.
Für $1 + 4t > 0$, also für $t > -\frac{1}{4}$ hat die Gleichung 2 Lösungen, für $t = -\frac{1}{4}$ eine Lösung und für $t < -\frac{1}{4}$ keine Lösung.
b) Diskriminante $D = 6^2 - 4 \cdot t = 36 - 4t = 4 \cdot (9 - t)$
Für $9 - t > 0$, also für $t < 9$ hat die Gleichung 2 Lösungen, für $t = 9$ eine Lösung und für $t < 9$ keine Lösung.
c) Diskriminante $D = t^2 - 4 \cdot (-2t^2) = 9t^2$
Für $9t^2 > 0$, also für $t \neq 0$ hat die Gleichung 2 Lösungen, für $t = 0$ eine Lösung.

8 a) $x^2 - x - 2 = (x + 1) \cdot (x - 2)$, da $x^2 - x - 2 = 0$ die Lösungen −1 und 2 hat.
b) $x^2 - 6{,}5x + 3 = \left(x - \frac{1}{2}\right) \cdot (x - 6)$, da $x^2 - 6{,}5x + 3 = 0$ die Lösungen $\frac{1}{2}$ und 6 hat.
c) $x^2 + \frac{1}{3}x + \frac{2}{3}$ ist nicht zu zerlegen, da $x^2 + \frac{1}{3}x + \frac{2}{3} = 0$ keine Lösungen hat.
d) $z^2 - 10z + 25 = (z - 5)^2$, da $z^2 - 10z + 25 = 0$ die Lösung 5 hat oder man verwendet die binomische Formel.
e) $3x^2 - 6x - 72 = 3 \cdot (x + 4) \cdot (x - 6)$, da $3x^2 - 6x - 72 = 0$ die Lösungen −4 und 6 hat.
f) $4x^2 + 44x + 120 = 4 \cdot (x + 5) \cdot (x + 6)$, da $4x^2 + 44x + 120 = 0$ die Lösungen −5 und −6 hat.

S. 56 **9** a)

```
WINDOW
 Xmin=-10
 Xmax=4
 Xscl=2
 Ymin=-25
 Ymax=10
 Yscl=5
 Xres=1
```

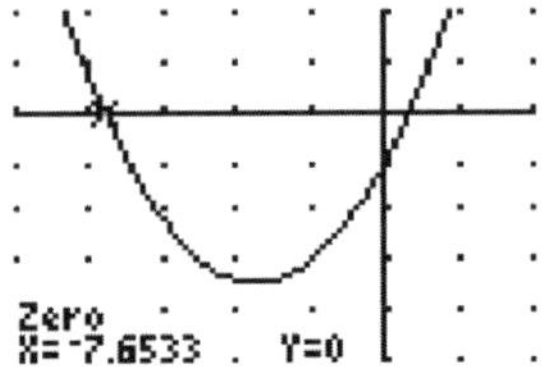

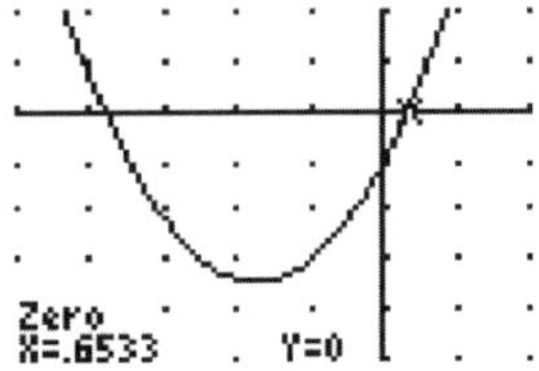

b)

```
WINDOW
 Xmin=-3
 Xmax=1
 Xscl=.5
 Ymin=-3
 Ymax=5
 Yscl=1
 Xres=1
```

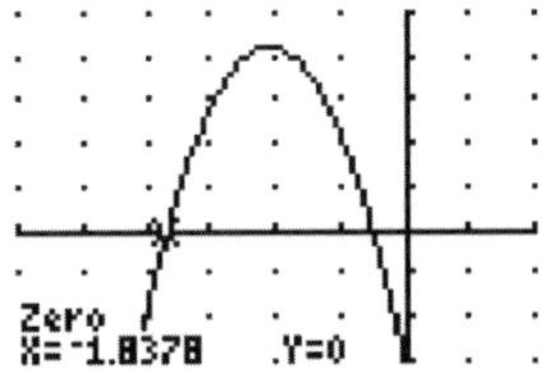

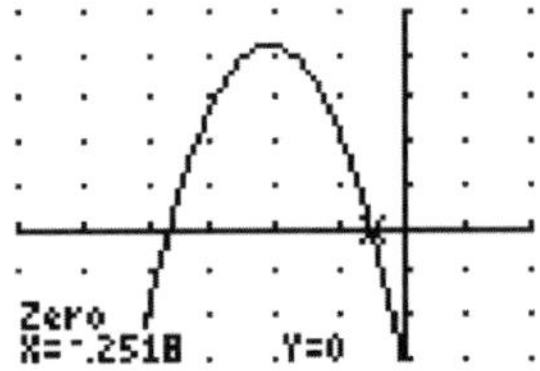

c)

```
WINDOW
 Xmin=-10
 Xmax=10
 Xscl=4
 Ymin=-1
 Ymax=2
 Yscl=.5
 Xres=1
```

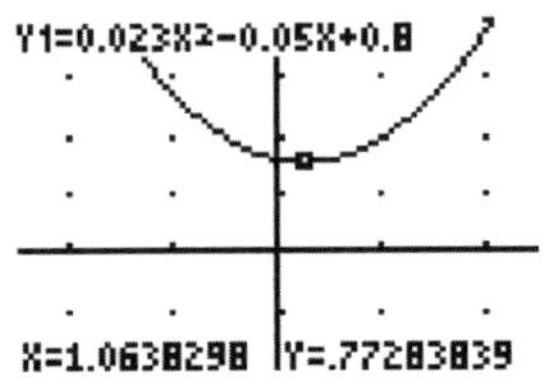

keine Nullstelle.

10 a) $55x^2 - 55 = 0$, also $x^2 = 1$. Lösungen $x_1 = -1$, $x_2 = 1$
b) $-11x^2 + 14x = 0$, also $x \cdot (-11x + 14) = 0$. Lösungen $x_1 = 0$, $x_2 = \frac{14}{11}$
c) $x^2 + 6 = 0$, also $x^2 = -6$. Keine Lösung.

11 a) $x^2 = 0$ und $x^2 = 9$; also $x_1 = 0$, $x_2 = -3$, $x_3 = 3$
b) $x^2 = 1$ und $x^2 = 4$; also $x_1 = -1$, $x_2 = 1$, $x_3 = -2$, $x_4 = 2$
c) $x^2 = 16$ und $x^2 = 25$; also $x_1 = -4$, $x_2 = 4$, $x_3 = -5$, $x_4 = 5$
d) $x^2 = 0$ und $x^2 = \frac{1}{16}$; also $x_1 = 0$, $x_2 = -\frac{1}{4}$, $x_3 = \frac{1}{4}$
e) $x^2 = -1$; also keine Lösung $(4x^4 + 8x^2 + 4 = 4 \cdot (x^2 + 1)^2)$
f) $x^4 + 11x^2 - 24 = 0$; $x^2 = \frac{-\sqrt{217}}{2} - \frac{11}{2} \approx -12{,}86546$ und $x^2 = \frac{\sqrt{217}}{2} - \frac{11}{2} \approx 1{,}86546$; also
$x_1 = -\sqrt{\frac{\sqrt{217}}{2} - \frac{11}{2}} \approx -1{,}36582$, $x_2 = \sqrt{\frac{\sqrt{217}}{2} - \frac{11}{2}} \approx 1{,}36582$

8 Anwendungen zur quadratischen Funktion

S. 57 **1** a) Flächeninhalte in FE von links nach rechts: $1 \cdot 7 = 7$; $3 \cdot 5 = 15$; $4 \cdot 4 = 16$; $6 \cdot 2 = 12$.
Es gibt ein größtes Rechteck, da von 0 bis 8 die Flächeninhalte zunächst wachsen und ab 4 wieder fallen.
b) Eine Seite ist x mit $0 \leqq x \leqq 8$. Da die Gerade die Gleichung $y = -x + 8$ hat, ist also $y = -x + 8$.
Flächeninhalt $A(x) = x \cdot (8 - x) = -x^2 + 8x$.
c) Da die Funktion $A(x) = -x^2 + 8x$ eine Parabel darstellt, gilt $A(x) = -(x - 4)^2 + 16$.
Diese Parabel ist nach unten offen und hat den Scheitel $S(4\,|\,16)$. Damit ist der Flächeninhalt für die Seitenlänge $x = 4$ maximal. Er beträgt dann $A_{max} = 16$.

S. 58 **2** a) Eine Zahl ist x, die andere $x + 1$.
Produkt $x \cdot (x + 1)$; Summe: $x + (x + 1) = 2x + 1$
Gleichung: $x \cdot (x + 1) = 2x + 1 + 55$ oder $x^2 - x - 56 = 0$.
Lösungen $x_1 = -7$; $x_2 = 8$.
Die gesuchten Zahlen sind −7 und −6 oder die Zahlen 8 und 9.
b) Eine Zahl ist x, die andere y.
Es gilt: $x + y = 22$ und $x \cdot y = 117$. Damit ist $y = 22 - x$ und man erhält nach Einsetzen in die 2. Gleichung: $x \cdot (22 - x) = 117$ oder $-x^2 + 22x - 117 = 0$.
Damit erhält man $x_1 = 9$ und $x_2 = 13$.
Zu $x_1 = 9$ erhält man $y_1 = 22 - 9 = 13$, zu $x_2 = 13$ erhält man $y_2 = 22 - 13 = 9$.
Damit sind die gesuchten Zahlen 9 und 13.

3 Es werden gleichschenklig-rechtwinklige Dreiecke der Seitenlänge x (> 0) abgeschnitten. Flächeninhalt eines solchen Dreiecks ist $\frac{1}{2}x^2$. Damit werden von dem Rechteck mit dem Inhalt $4 \cdot 3 = 12$ vier Rechtecke mit dem Gesamtinhalt $4 \cdot \frac{1}{2}x^2 = 2x^2$ abgeschnitten. Es muss also gelten: $12 - 2x^2 = \frac{3}{4} \cdot 12$ oder $12 - 2x^2 = 9$.
Damit ist $2x^2 = 3$, also $x^2 = 1{,}5$ und $x = \sqrt{1{,}5} \approx 1{,}2247$.

4 a) Eine Seite ist x (> 0), die andere $x + 8$. Es ist $x \cdot (x + 8) = 209$, also $x^2 + 8x - 209 = 0$.
$x_1 = -19$ ist keine Lösung. Lösung ist $x_2 = 11$.
b) Eine Seite ist x (> 0), die andere y (> 0). Es ist $x \cdot y = 195$ und $2x + 2y = 56$.
Aus der zweiten Gleichung folgt $y = 28 - x$, die in die erste Gleichung eingesetzt wird:
$x \cdot (28 - x) = 195$ oder $-x^2 + 28x - 195 = 0$.
Daraus ergibt sich $x_1 = 13$ und $x_2 = 15$.
Zu $x_1 = 13$ erhält man $y_1 = 28 - 13 = 15$, zu $x_2 = 15$ erhält man $y_2 = 28 - 15 = 13$.
Damit sind die gesuchten Seiten 13 cm und 15 cm.
c) $x \cdot y = 14$ und $2x + 2y = 30$; also $y = 15 - x$.
$x \cdot (15 - x) = 14$ oder $-x^2 + 15x - 14 = 0$ mit den Lösungen $x_1 = 1$ und $x_2 = 14$.
Es gibt ein solches Rechteck mit den Seitenlängen 1 cm und 14 cm.

S. 58 **5** Verzierte Flächen sind 2 Quadrate. Hat eines die Seitenlänge x, so hat das andere die Seitenlänge $2 - x$.
Insgesamt verzierte Fläche: $A(x) = x^2 + (2 - x)^2$ oder $A(x) = 2x^2 - 4x + 4$.
$A(x) = 2 \cdot (x - 1)^2 + 2$ hat Parabel als Graph mit Scheitel $S(1|2)$, Öffnung nach oben.
Damit ist die Fläche am kleinsten, wenn die Seitenlänge beider Quadrate je 1 m ist. Es wird dann genau die Hälfte der Fläche von $4\,m^2$ als $2\,m^2$ verziert.

6 a) Ansatz $f(x) = ax^2 + b$, da der Scheitel auf der y-Achse liegt.
$P(-5|-7)$ und $Q(-10|-20)$ liegen auf der Parabel, also
$f(-5) = 7$: $25a + b = -7$; $f(-10) = -20$: $100a + b = -20$
Daraus $75a = -13$, also $a = -\frac{13}{75} \approx -0{,}17333$; $b = -\frac{8}{3} \approx -2{,}6667$.
Gesuchte Funktion: $f(x) = -\frac{13}{75}x^2 - \frac{8}{3}$.
b) Scheitelpunkt ist $S\left(0 \middle| -\frac{8}{3}\right)$. Damit gilt für die Höhe der Brücke in m:
$h = 20 - \frac{8}{3} = 17\frac{1}{3} \approx 17{,}33$.

Aufgaben aus dem kaufmännischen Bereich

S. 59 **7** a) Gewinn je Exemplar 5 % von 3,50 € = 0,05 · 3,50 € = 0,175 €.
Gewinn bei 240 000 Exemplaren: 240 000 · 0,05 · 3,50 € = 42 000 €.
Gewinn bei 2 ct Preissenkung: 241 500 · 0,05 · 3,48 € = 42 021 €.
Gewinn bei 4 ct Preissenkung: 243 000 · 0,05 · 3,46 € = 42 039 €.
Gewinn bei x · 2 ct Preissenkung: (240 000 + x · 1500) · 0,05 · (3,50 − x · 0,02) €
b) $G(x) = (240\,000 + x \cdot 1500) \cdot 0{,}05 \cdot (3{,}50 - x \cdot 0{,}02) = (75x + 12\,000)(3{,}5 - 0{,}02x)$
$G(x) = -1{,}5x^2 + 22{,}5x + 42\,000 = -1{,}5(x - 7{,}5)^2 + \frac{336\,675}{8} = -1{,}5(x - 7{,}5)^2 + 42\,084{,}375$
Maximaler Gewinn von 42 084,38 € bei einem Verkaufspreis von 3,35 €.

8 Preis je Kalender in € sei x, Anzahl der Kalender sei y.
Dann gilt beim Einkauf: $x \cdot y = 315$
Bei Einkauf nach Jahreswechsel: $(x - 1{,}50) \cdot (y + 24) = 315$.
$y = \frac{315}{x}$ ergibt $(x - 1{,}5) \cdot \left(\frac{315}{x} + 24\right) = 315$ oder $24x - \frac{472{,}5}{x} + 279 = 315$ oder
$24x - \frac{472{,}5}{x} - 36 = 0$, also $24x^2 - 36x - 472{,}5 = 0$ mit der brauchbaren Lösung $\frac{21}{4} = 5{,}25$.
Daraus ergibt sich $y = \frac{315}{5{,}25} = 60$.
Damit kaufte der Buchhändler 60 Kalender für 5,25 €.

9 Zinssatz x. Dann gilt nach einem Jahr: $2500 \cdot (1 + x)$,
nach 2 Jahren $[2500 \cdot (1 + x)] \cdot (1 + x) = 2500 \cdot (1 + x)^2$.
Es gilt also $2500 \cdot (1 + x)^2 = 2714{,}41$ oder $(1 + x)^2 = 1{,}086164$.
Daraus erhält man die brauchbare Lösung $x = 0{,}042$. Damit beträgt der Zinssatz 4,2 %.

10 Zinssatz im 1. Jahr: p, Zinssatz im 2. Jahr: $p + 0{,}004$.
Kapital in € nach dem 1. Jahr: $2000 \cdot (1 + p)$
Zins in € im 2. Jahr $z = 2000 \cdot (1 + p) \cdot (p + 0{,}004) = 138{,}04$
Daraus folgt: $2000p^2 + 2008p - 130{,}04 = 0$
mit der brauchbaren Lösung $p \approx 0{,}0610 = 6{,}1\,\%$

S. 59 **11** a) Herstellungskosten pro Monat: $H(x) = 800\,000 + x \cdot 500$

b) Erlös pro Monat: $E(x) = x \cdot (3300 - 2x)$ mit $100 \leqq x \leqq 900$.

c) Verwendung des GTR: Graphen von H und G zeigt Fig. 2 bei dem Ausschnitt von Fig. 1. Die Gewinnfunktion $G(x) = E(x) - H(x)$ zeigt Fig. 4 mit dem Fenster von Fig. 3. Zwischen ihren Nullstellen liegt der berechnete Gewinnbereich [400; 1000]. Realistisch ist aber nur der Bereich [400; 900], da sonst die Gleichung für V nicht mehr gültig ist.

d) Der größtmögliche Gewinn liegt bei einem Verkauf von 700 Stück bei 180 000 €.

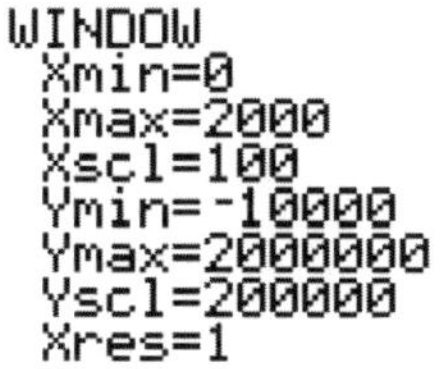

Fig. 1

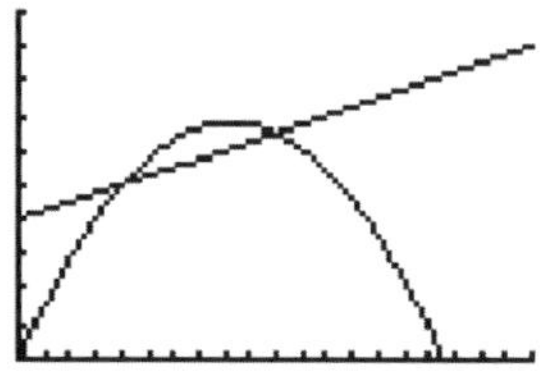
Fig. 2

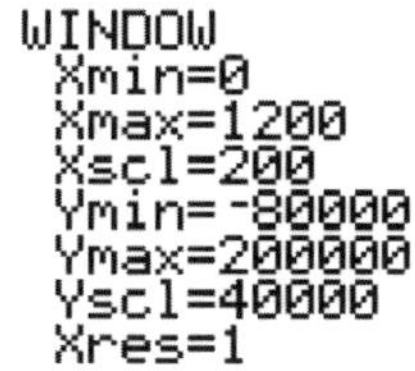

Fig. 3

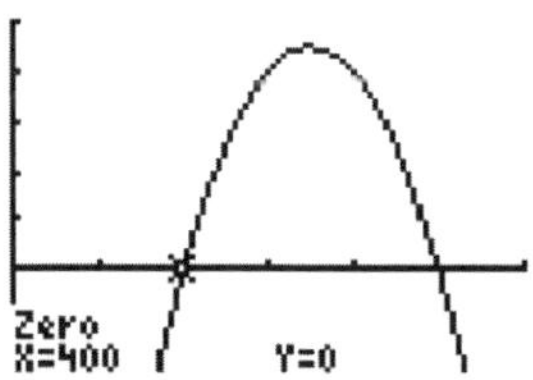

Fig. 4

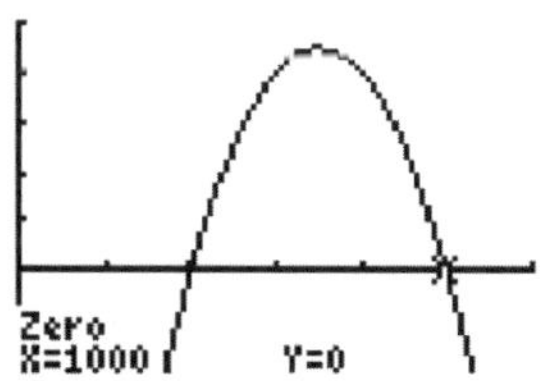

Fig. 5

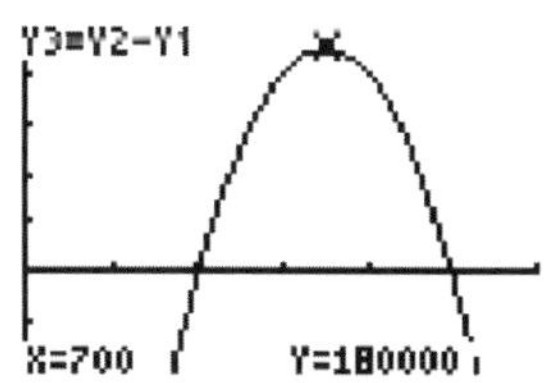

Fig. 6

Aufgaben aus dem naturwissenschaftlich-technischen Bereich

12 Weg des Schalls von S schräg bis zum Meeresboden s in Meter:
$s = 1500\,\frac{m}{s} \cdot 0{,}1\,s = 150\,m$.
Wassertiefe x in Meter. Es gilt nach dem Satz des Pythagoras:
$x^2 + 12{,}5^2 = s^2$ mit $s = 150$, also $x^2 = 150^2 - 12{,}5^2$, $x^2 = 22\,343{,}75$.
Wegen $x > 0$ ist $x \approx 149{,}478$.
Wassertiefe in Metern ca. 149,5 m.

13 Eigengeschwindigkeit des Flugzeugs in $\frac{km}{h}$: x; Geschwindigkeit mit Wind: $x + 60$;
Geschwindigkeit gegen Wind: $x - 60$.
Zeit für 625 km mit Strömung: $t_1 = \frac{625}{x + 60}$; Zeit für 625 km gegen Strömung: $t_2 = \frac{625}{x - 60}$.

Die Zeitdifferenz ist $27\,min = \frac{27}{60}\,h = \frac{9}{20}\,h = 0{,}45\,h$, d.h. $t_1 + 0{,}45 = t_2$. Gleichung:

$$\frac{625}{x + 60} + 0{,}45 = \frac{625}{x - 60} \qquad |(x + 60) \cdot (x - 60)$$

$$625(x - 60) + 0{,}45(x^2 - 3600) = 625(x + 60)$$

$$-37\,500 + 0{,}45x^2 - 1620 = 37\,500$$

$$0{,}45x^2 = 76\,620;\quad x^2 = \frac{510\,800}{3} \approx 170\,266{,}67;$$

also $x_1 = 412{,}63$ ($x_2 = -412{,}63$ nicht sinnvoll).

Eigengeschwindigkeit ist also $413\,\frac{km}{h}$.

S. 59 **14** Warmwasserhahn benötigt x min; Kaltwasserhahn y min zum Füllen der Badewanne.
Es ist $x = y + 6$
Füllung je Minute:
Warmwasserhahn: $\frac{1}{x}$; Kaltwasserhahn: $\frac{1}{y}$; beide zusammen: $\frac{1}{13\frac{1}{3}}$.
Damit gilt $\frac{1}{x} + \frac{1}{y} = \frac{1}{13\frac{1}{3}}$ oder wegen $y = x - 6$:
$\frac{1}{x} + \frac{1}{x-6} = \frac{3}{40}$ $\quad | \cdot 40 \cdot x \cdot (x - 6)$
ergibt $40(2x - 6) = 3(x^2 - 6x)$ oder $3x^2 - 98x + 240 = 0$;
Lösungen sind $x_1 = \frac{8}{3}$ (entfällt, da wegen $y = x - 6$ die Zeit y negativ ist) und $x_2 = 30$.
Damit benötigt der Warmwasserzulauf 30 Minuten, der Kaltwasserzulauf 24 Minuten, um das Becken zu füllen.

9 *Potenzfunktionen*

S. 60 **1** a) $V = x^3$. Bei Verdopplung der Kantenlänge ist $V_2 = (2x)^3 = 8x^3 = 8 \cdot V$. Es tritt eine Verachtfachung des Volumens ein. Bei Halbierung der Kantenlänge beträgt V entsprechend ein Achtel des ursprünglichen Volumens.
b) $O = 6x^2$. Bei Verdopplung der Kantenlänge ist $O_2 = 6 \cdot (2x)^2 = 6 \cdot 4x^2 = 4 \cdot 6x^2 = 4 \cdot O$. Es tritt eine Vervierfachung der Oberfläche ein. Bei Halbierung der Kantenlänge ist O ein Viertel der ursprünglichen Oberfläche.

S. 62 **2** a) b) c) d) e)

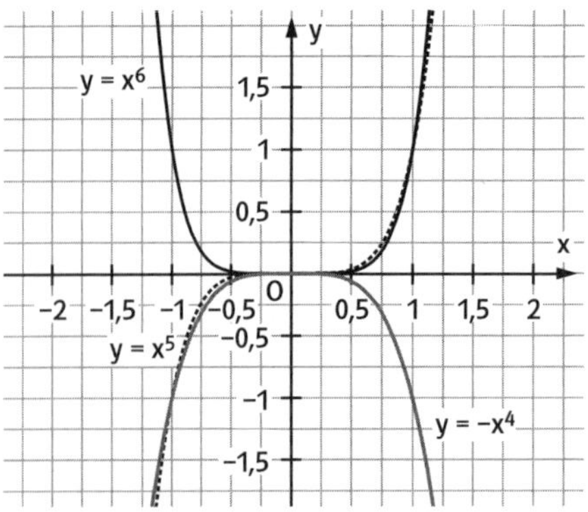

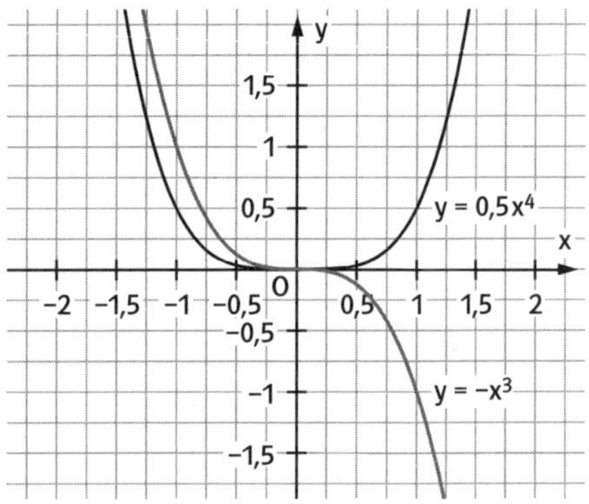

3 a) Mögliche Beispiele: $f(x) = x^8$; $G(x) = 0{,}1x^4$; $h(x) = 5x^{102}$
b) $f(x) = x^5$; $G(x) = 0{,}1x^3$; $h(x) = x^{101}$ c) $f(x) = -x^5$; $G(x) = -0{,}1x^3$; $h(x) = -x^{101}$
d) $f(x) = -x^8$; $G(x) = -0{,}1x^4$; $h(x) = -5x^{102}$

4 a) Da $2^3 = 8$ ist, ist $f(x) = x^3$ die zugehörige Funktion.
b) Da $\left(-\frac{1}{2}\right)^3 = -\frac{1}{8}$ ist, gilt $f(x) = x^3$. c) Da $2^6 = 64$ ist, gilt $f(x) = x^6$.
d) Da $1^n = 1$ ist, gilt $f(x) = x^n$, d.h. P(1|1) liegt auf dem Graphen jeder Potenzfunktion.
e) Da $(-1{,}5)^4 = 5{,}0625$ ist, gilt $f(x) = x^4$.

S. 62 **5** a) $x^4 = 16$, also $x_1 = -2$; $x_2 = 2$. Probe: $(-2)^4 = 16$; $2^4 = 16$

b) $x^7 = -2$, also $x_1 = -2^{\frac{1}{7}} = -\sqrt[7]{2}$. Probe: $\left(-2^{\frac{1}{7}}\right)^7 = -2$

c) $x^8 = -2{,}5$; keine Lösung

d) $x^8 = 2{,}5$; also $x_1 = -2{,}5^{\frac{1}{8}} = -\sqrt[8]{2{,}5}$; $x_2 = 2{,}5^{\frac{1}{8}} = \sqrt[8]{2{,}5}$

e) $x^7 = -13$, also $x_1 = -13^{\frac{1}{7}} = -\sqrt[7]{13}$

f) $x^{12} = \frac{1600}{11}$, also $x_1 = -\left(\frac{1600}{11}\right)^{\frac{1}{12}} = -\sqrt[12]{\frac{1600}{11}}$; $x_2 = \left(\frac{1600}{11}\right)^{\frac{1}{12}} = \sqrt[12]{\frac{1600}{11}}$

g) $x^7 = 0$, also $x_1 = 0$

h) $x^{100} = \frac{100}{3}$; also $x_1 = -\frac{100}{3}^{\frac{1}{100}} = -\sqrt[100]{\frac{100}{3}}$; $x_2 = \left(\frac{100}{3}\right)^{\frac{1}{100}} = -\sqrt[100]{\frac{100}{3}}$

i) $x^2 = 1$; also $x_1 = -1$; $x_2 = 1$

j) $x^1 = -0{,}34$; also $x_1 = -0{,}34$

6 a) Die Gleichung $x^5 = 3$ hat genau eine Lösung $x_1 \approx 1{,}2457$

```
X^5-3=0
▪X=1.2457309396...
 bound={-1E99,1...
▪left-rt=0
```

b) $x_1 \approx -1{,}12479$; $x_2 \approx 1{,}12479$

c) $x_1 \approx -0{,}93690$

d) $x_1 \approx 0{,}81855$

e) $x_1 = \frac{1}{4}$

f) $x_1 \approx -5{,}47723$; $x_2 \approx 5{,}47723$

g) $x_1 = 0$

h) $x_1 \approx -1{,}07152$; $x_2 \approx 1{,}07152$

i) $x_1 = -0{,}5$; $x_2 \approx 0{,}5$

j) keine Lösung

7 a) $x_1 = \frac{1}{6} \approx 0{,}16667$ (Fig. 1)

b) $x_1 = -2$ (Fig. 2)

c) $x_1 = -\frac{2\sqrt{3}}{5} \approx -0{,}69282$
$x_2 = \frac{2\sqrt{3}}{5} \approx 0{,}69282$ (Fig. 3)

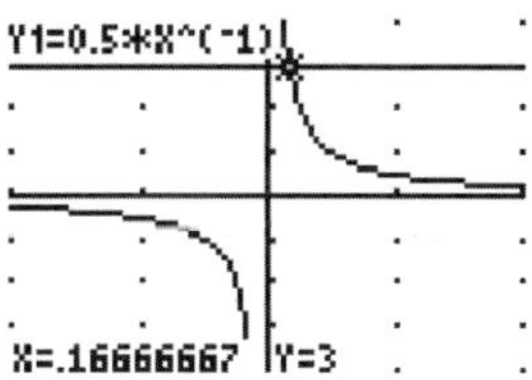

Fig. 1

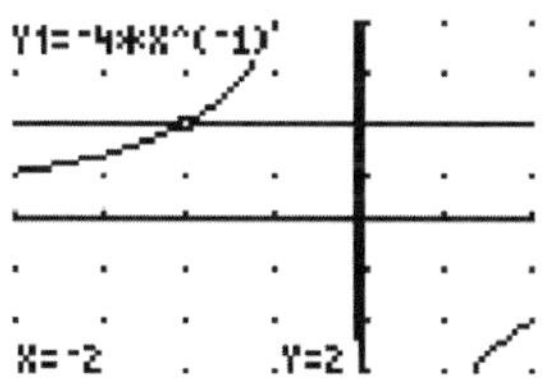

Fig. 2

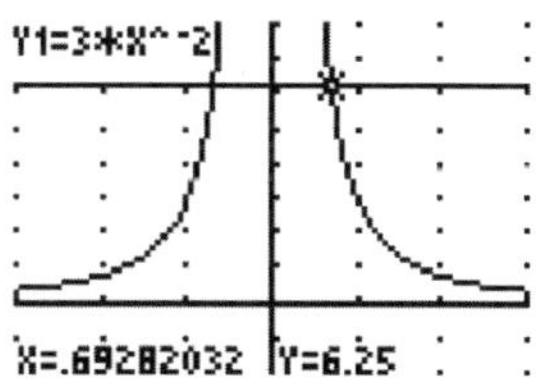

Fig. 3

10 Einführung ganzrationaler Funktionen – Symmetrie

S. 63 **1** a) Die Funktion s(x) entsteht durch Bildung der Summe von f(x) und g(x), d(x) durch Bildung der Differenz f(x) – g(x) und p(x) durch Bildung des Produkts f(x) · g(x).
b) s(2,4) = 16,224; d(2,4) = 11,424; p(2,4) = 33,1776
f(2,4) = 13,824; g(2,4) = 2,4.
s(2,4) = 13,824 + 2,4 = 16,224; d(2,4) = 13,824 – 2,4 = 11,424;
p(2,4) = 13,824 · 2,4 = 33,1776.
c) f(1) = 1; s(1) = 2; Abweichung $\frac{2-1}{2} = \frac{1}{2} = 0{,}5 = 50\,\%$
f(10) = 1000; s(10) = 1010; Abweichung $\frac{1010-1000}{1010} = \frac{10}{1010} = \frac{1}{101} = 0{,}99\,\%$
f(100) = 1 000 000; s(100) = 1 000 100;
Abweichung $\frac{1000100-1000000}{1000100} = \frac{100}{1000100} = \frac{1}{10001} = 0{,}0099\,\%$

S. 65 **2** a) Zusammengesetzt aus den Funktionen $g_1(x) = 3x^4$ und $g_2(x) = x$ durch Summenbildung.
Koeffizienten: $a_4 = 3$; $a_3 = a_2 = 0$; $a_1 = 1$; $a_0 = 0$
b) Zusammengesetzt aus den Funktionen $g_1(x) = 10x^{10}$, $g_2(x) = 9x^9$ und $g_3(x) = -2x^2$ durch Summenbildung.
Koeffizienten: $a_{10} = 10$; $a_9 = 9$; $a_8 = a_7 = \ldots a_3 = 0$; $a_2 = -2$; $a_1 = a_0 = 0$
c) Zusammengesetzt aus den Funktionen $g_1(x) = -0{,}07x^5$, $g_2(x) = 4x$ und $g_3(x) = 0{,}5$ durch Summenbildung.
Koeffizienten: $a_5 = -0{,}07$; $a_4 = a_3 = a_2 = 0$; $a_1 = 4$; $a_0 = 0{,}5$

3 a) Der Graph ist punktsymmetrisch zum Ursprung.
Es genügt also eine vereinfachte Wertetafel. Graph in Fig. 1.

x	0	0,5	1	1,5	2
$x^3 - x$	0	0,375	0	1,875	6

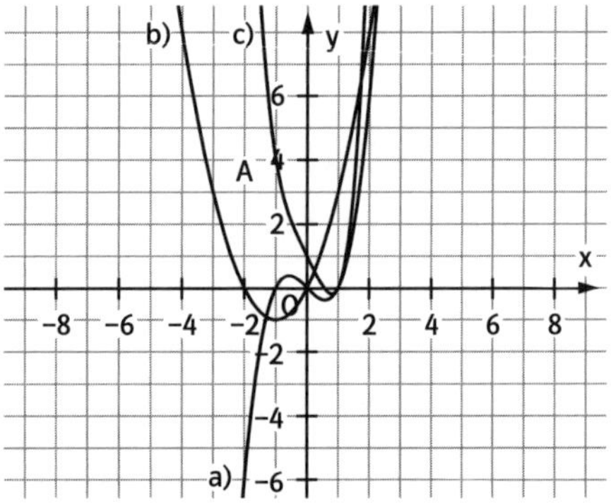

Fig. 1

b) Parabel $f(x) = (x + 1)^2 - 1$ mit dem Scheitel S(–1 | –1). Graph in Fig. 1.

c) Keine Symmetrie. Graph in Fig. 1.

x	–2	–1,5	–1	–0,5	0	0,5	1	1,5	2
$x^4 - 2x + 1$	21	9,0625	4	2,0625	1	0,0625	0	3,0625	13

d) Gerade mit der Steigung 0,5 und dem y-Achsenabschnitt 1.
Graph in Fig. 1, S. 45.

S. 65 **3** e) Keine Symmetrie. Graph in Fig. 1.

x	−2	−1,5	−1	−0,5	0	0,5	1	1,5	2
$0{,}5x^3 + 3$	−1	1,3125	2,5	2,9375	3	3,0625	3,5	4,6875	7

f) $f(x) = (x-1)^2$; Normalparabel mit dem Scheitel $S(1\,|\,0)$; Graph in Fig. 1.

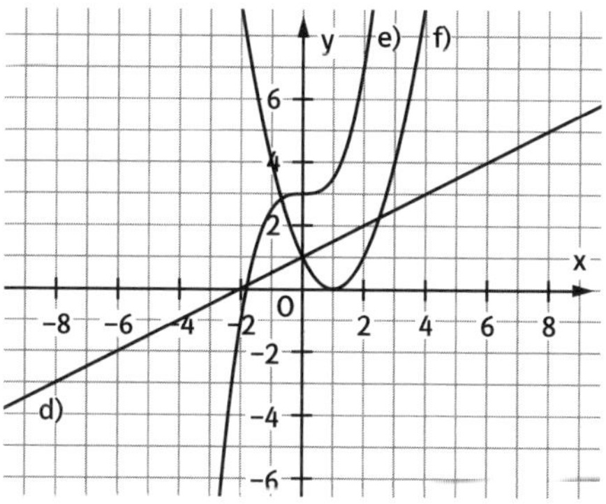

Fig. 1

4 a) Ganzrational; Grad 5; Graph verläuft „von links oben nach rechts unten", also $f(x) \to +\infty$ für $x \to -\infty$ und $f(x) \to -\infty$ für $x \to +\infty$

b) Ganzrational; Grad 3; Graph verläuft „von links oben nach rechts unten", also $f(x) \to +\infty$ für $x \to -\infty$ und $f(x) \to -\infty$ für $x \to +\infty$

c) Keine ganzrationale Funktion

d) Ganzrational; Grad 5; Graph verläuft „von links unten nach rechts oben", also $f(x) \to -\infty$ für $x \to -\infty$ und $f(x) \to +\infty$ für $x \to +\infty$

e) Ganzrational; Grad 0; Graph verläuft parallel zur x-Achse; $f(x) \to 1$ für $x \to \pm\infty$.

f) Ganzrational; Grad 1; Graph verläuft „von links oben nach rechts unten", also $f(x) \to +\infty$ für $x \to -\infty$ und $f(x) \to -\infty$ für $x \to +\infty$.

5 a) Gerade Funktion; Graph verläuft „von links unten nach rechts unten", also $f(x) \to -\infty$ für $x \to -\infty$ und $f(x) \to -\infty$ für $x \to +\infty$.

b) Weder gerade noch ungerade Funktion; Graph verläuft „von links unten nach rechts oben", also $f(x) \to -\infty$ für $x \to -\infty$ und $f(x) \to +\infty$ für $x \to +\infty$.

c) Ungerade Funktion ($f(x) = 2x^3 - 0{,}6x^5$); Graph verläuft „von links oben nach rechts unten", also $f(x) \to +\infty$ für $x \to -\infty$ und $f(x) \to -\infty$ für $x \to +\infty$.

d) Weder gerade noch ungerade Funktion ($f(x) = x^2 - 3x + 2$); Graph verläuft „von links oben nach rechts oben", also $f(x) \to +\infty$ für $x \to -\infty$ und $f(x) \to +\infty$ für $x \to +\infty$.

e) Gerade Funktion ($f(x) = 9x^4 - 6x^2 + 1$); Graph verläuft „von links oben nach rechts oben", also $f(x) \to +\infty$ für $x \to -\infty$ und $f(x) \to +\infty$ für $x \to +\infty$.

f) Weder gerade noch ungerade Funktion ($f(x) = x^4 - 2x^3 + x^2$); Graph verläuft „von links unten nach rechts unten", also $f(x) \to -\infty$ für $x \to -\infty$ und $f(x) \to -\infty$ für $x \to +\infty$.

S. 65 **6** a)
```
WINDOW
 Xmin=-5
 Xmax=15
 Xscl=3
 Ymin=-8
 Ymax=8
 Yscl=5
 Xres=1
```
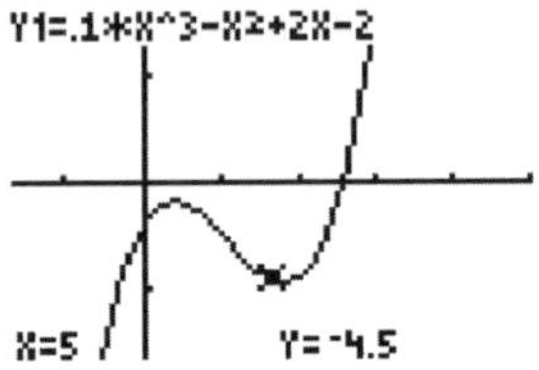

b)
```
WINDOW
 Xmin=-5
 Xmax=5
 Xscl=2
 Ymin=-4
 Ymax=3
 Yscl=1
 Xres=1
```
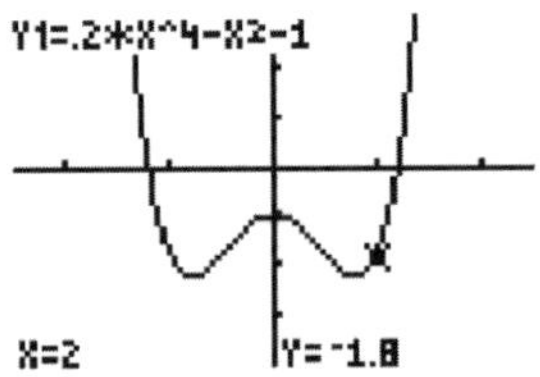

c)
```
WINDOW
 Xmin=-2.5
 Xmax=2.5
 Xscl=1
 Ymin=-4
 Ymax=4
 Yscl=1
 Xres=1
```
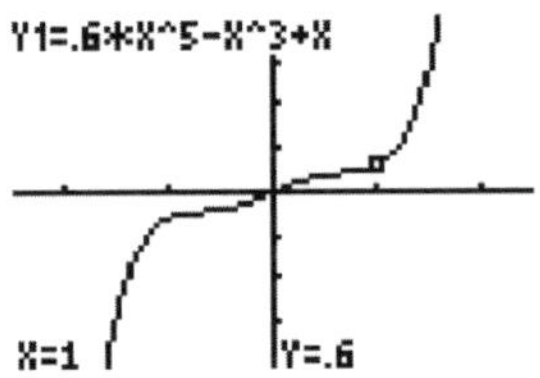

7 a) Da eine Konstante c als $c \cdot 1$ oder $c \cdot x^0$ geschrieben werden kann, enthält der Term dann eine gerade Potenz von x, nämlich x^0. Damit kann keine ungerade Funktion vorliegen.
b) Die Funktion $f(x) = 0$ ist sowohl gerade als auch ungerade, da $f(-x) = f(x) = -f(x)$ ist.

8 a) Wahr: Alle Geraden durch O, z. B. $y = 2x$
b) Wahr: Jede Parallele zur x-Achse, z. B. $y = 2$
c) Falsch, wenn man die Graphen von quadratischen Funktionen meint, sonst richtig: $f(x) = x^3$.
d) Wahr: Alle Parabeln mit dem Scheitel auf der y-Achse, z. B. $f(x) = x^2 - 3$

11 *Nullstellen ganzrationaler Funktionen*

S. 66 **1** a) Der Term nimmt den Wert 0 an für $x_1 = 2$; $x_2 = -1$ und $x_3 = 5$.
b) Nach dem Satz vom Nullprodukt ist $x_1 = 3$ und $4x^2 - 8x - 5 = 0$ mit den Lösungen $x_2 = -\frac{1}{2}$ und $x_3 = \frac{5}{2}$.

S. 69 **2** a) $x_1 = \frac{1}{2}$; $x_2 = 2$
b) $t_1 = -\frac{1}{2} = -0{,}5$; $t_2 = \frac{3}{2} = 1{,}5$
c) $x_1 = 3$
d) $x_1 = 0$; $x_2 = -0{,}5$
e) $t_1 = 0$; $t_2 = \frac{\sqrt{3}}{2} \approx 0{,}866\,03$
f) $u_1 = 0$; $u_2 = -3$; $u_3 = 3$

S. 69 **3** a) Setze $z = x^2$: $z^2 - 13z + 36 = 0$ hat Lösungen $z_1 = 4$ und $z_2 = 9$; also $x^2 = 4$ und $x^2 = 9$. Damit ergeben sich die Nullstellen $x_1 = -2$; $x_2 = 2$; $x_3 = -3$; $x_4 = 3$.

b) $x_1 = -\frac{3}{2}$; $x_2 = \frac{3}{2}$; $x_3 = -\frac{1}{2}$; $x_4 = \frac{1}{2}$

c) $t_1 = -0{,}75$; $t_2 = 0{,}75$

d) 0; -2; 2

e) -2; 3

f) -1; -4; 1

4 a) $x^2 + 5x - 2$ b) $2x^2 - 6x + 3$ c) $x^2 - 3x - 2$ d) $x^3 - 4x - 1$

5 a) Nullstelle $x_1 = 1$ (geraten); $\frac{f(x)}{(x-1)} = x^2 - 5x + 6$ hat Nullstellen $x_2 = 2$; $x_3 = 3$

b) Nullstelle $x_1 = -1$ (geraten); $\frac{f(x)}{(x+1)} = x^2 - 4$ hat Nullstellen $x_2 = -2$; $x_3 = 2$

c) Nullstelle $x_1 = -2$ (Zeichnung); $\frac{f(x)}{(x+2)} = 4x^2 - 8x + 3$ hat Nullstellen $x_2 = \frac{1}{2}$; $x_3 = \frac{3}{2}$

d) Nullstelle $x_1 = 3$ (Zeichnung); $\frac{f(x)}{(x-3)} = 4x^2 + 4x + 1$ hat Nullstelle $x_2 = -\frac{1}{2}$

e) Nullstelle $x_1 = 1$ (geraten); $\frac{f(x)}{(x-1)} = 4x^2 + 4x + 1$ hat Nullstelle $x_2 = -\frac{1}{2}$

f) Nullstelle $x_1 = -1$ (Zeichnung); $\frac{f(x)}{(x+1)} = 25x^2 - 10x + 1$ hat Nullstelle $x_2 = 0{,}2$

6 a) $f(x) = (x-1)\cdot(x-2) = x^2 - 3x + 2$

b) $f(x) = (x+9)\cdot(x-9)\cdot(x+7) = x^3 + 7x^2 - 81x - 567$

c) $f(x) = (x-1)\cdot(x-2)\cdot(x-3)\cdot(x-4) = (x^2 - 3x + 2)\cdot(x^2 - 7x + 12)$
$= x^4 - 10x^3 + 35x^2 - 50x + 24$

d) $f(x) = (x+2)\cdot(x-2)\cdot(x+3)\cdot(x-3) = x^4 - 13x^2 + 36$

e) $f(x) = (x+1)\cdot(x+2)\cdot(x-3)\cdot(x-4) = x^4 - 4x^3 - 7x^2 + 22x + 24$

7 a) $x_1 \approx -1{,}1856$

b) $x_1 \approx 2{,}1482$; $x_2 \approx -1{,}9057$

c) $x_1 \approx -2{,}6592$; $x_2 \approx 1{,}2919$; $x_3 \approx 2{,}0964$

8 a) $x^3 - 3x^2 - 6x + 9 = 1$ oder $x^3 - 3x^2 - 6x + 8 = 0$;
$(x^3 - 3x^2 - 6x + 8):(x-1) = x^2 - 2x - 8$ mit den Lösungen $x_2 = -2$; $x_3 = 4$.

b) $x^3 - 3{,}9x^2 + 2{,}6x = -2{,}4$ oder $x^3 - 3{,}9x^2 + 2{,}6x + 2{,}4 = 0$;
$(x^3 - 3{,}9x^2 + 2{,}6x + 2{,}4):(x-2) = x^2 - 1{,}9x - 1{,}2$ mit den Lösungen $x_2 = -0{,}5$; $x_3 = 2{,}4$.

9 a) $x_1 \approx 4{,}010\,934\,964$

b) $x_1 \approx 0{,}342\,306\,503\,3$; $x_2 \approx 1{,}382\,454\,141$

10 a) $b(x) = 50 - 0{,}06 \cdot x$; $b(0) = 50$, d.h. 50 Liter werden anfangs angezeigt.
$b(x) = 25$ oder $50 - 0{,}06x = 25$ oder $0{,}06x = 25$; also $x \approx 416{,}7$.
Nach rund 417 km sind noch 25 Liter im Tank.

b) $b(x) = 0$: $50 - 0{,}06 \cdot x = 0$ ergibt 833,33. Der Tank ist nach rund 833 km leer.
Obige Funktion ist nur im Bereich $0 \leqq x \leqq 833\frac{1}{3}$ gültig.

S. 69 **11** a) $f(t) = 0{,}1t^3 - 2{,}5t + 100$;
Gewicht in kg bei Beginn der Kur: $f(0) = 100$.
Gewicht in kg bei Beendigung der Kur: $f(3) = 95{,}2$.
b) $f(t) = 100$; also $0{,}1t^3 - 2{,}5t = 0$ ergibt $t = 0$; $t = 5$ und $t = -5$. Es kommen nur Lösungen mit $t \geqq 0$ in Frage. Damit hat der Mann nach 5 Monaten sein altes Gewicht von 100 kg wieder erreicht.

12 a) $f(t) = -0{,}1t^3 + 0{,}7t^2 - 1{,}9t + 40$; $f(t) = 40$ ergibt $-0{,}1t^3 + 0{,}7t^2 - 1{,}9t = 0$, einzige Lösung $t = 0$. Der Patient hatte bei Einlieferung 40 °C Fieber.
b) $f(1) = 38{,}7\,°C$
c) $f(2) = 38{,}2\,°C$
d) $t = 0{,}68022$ in Tagen, also $0{,}68022 \cdot 24\,h = 16{,}3\,h$. Damit ist ca. 16 Stunden nach Einlieferung das Fieber um 1° gesunken.

12 *Schnittpunkte von Graphen*

S. 70 **1** a) $f(x) = 1{,}2x + 1$; $g(x) = 0{,}2x^2 + 1$.
$f(x) = g(x)$: $1{,}2x + 1 = 0{,}2x^2 + 1$ ergibt $1{,}2x - 0{,}2x^2 = 0$ oder $0{,}2x(6 - x) = 0$, also $x = 6$.
$f(6) = 8{,}2$.
Nach 6 Tagen ist die Bakterienanzahl gleich, nämlich 8,2 Mio.
b) $g(x) = 2 \cdot f(x)$: $0{,}2x^2 + 1 = 2 \cdot (1{,}2x + 1)$, also $0{,}2x^2 - 2{,}4x - 1 = 0$ ergibt die Lösungen $x_1 = 6 - \sqrt{41} \approx -0{,}4031$ (entfällt) und $x_2 = 6 + \sqrt{41} \approx 12{,}4031$.
Dies sind 12 Tage und knapp 10 Stunden.

S. 71 **2** a) $S_1(1\,|\,1)$; $S_2(2\,|\,4)$
b) $S_1(-1\,|\,-2)$; $S_2(2\,|\,16)$; $S_3(2{,}5\,|\,31{,}25)$
c) $S_1(-1\,|\,1)$; $S_2(0{,}5\,|\,-1{,}25)$; $S_3(2\,|\,10)$
d) $S_1\left(\frac{1}{20} - \frac{\sqrt{941}}{20}\,|\,47\right) \approx S_1(-1{,}4838\,|\,47)$; $S_2\left(\frac{1}{20} + \frac{\sqrt{941}}{20}\,|\,47\right) \approx S_2(1{,}5838\,|\,47)$

3 a) $S_1(-2{,}4\,|\,-2{,}7648)$; $S_2(1{,}2\,|\,0{,}3456)$
b) kein Schnittpunkt
c) $S_1(-0{,}89023\,|\,-1{,}81529)$; $S_2(1{,}17199\,|\,-1{,}56219)$; $S_3(2{,}28023\,|\,7{,}57565)$
d) $S_1(-1\,|\,2)$; $S_2(1{,}04024\,|\,2)$.

4 a) $f(x) = x^2$; $g(x) = x + 1$;
$x_1 \approx -0{,}61803$; $x_2 \approx 1{,}61803$

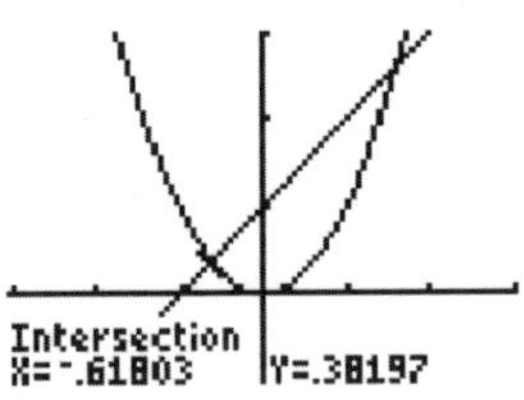

b) $f(x) = x^2$; $g(x) = x - 1$;
kein Schnittpunkt, also keine Lösung.

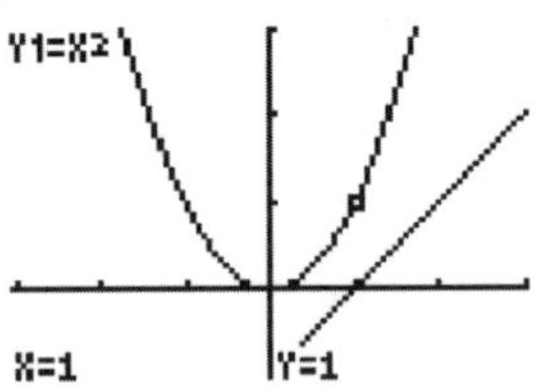

S. 71 **4** c) $f(x) = x^2 + 1$; $g(x) = 2x$; Lösung $x_1 = 1$

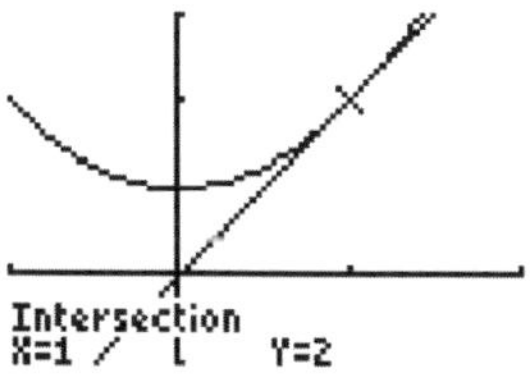

d) $f(x) = x^3$; $g(x) = x + 1$; $x_1 \approx 1{,}32472$

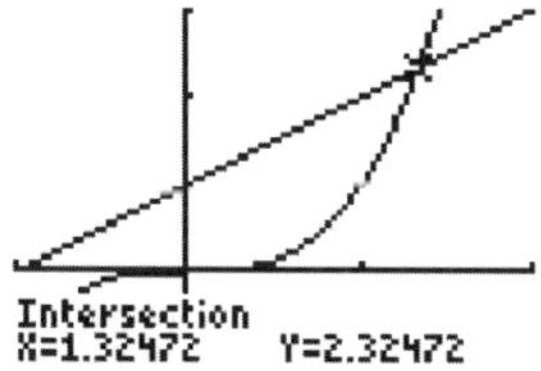

e) $f(x) = x^3$; $g(x) = 2x - 0{,}5$;
$x_1 \approx -1{,}525\,69$; $x_2 \approx 0{,}258\,65$; $x_3 \approx 1{,}267\,04$

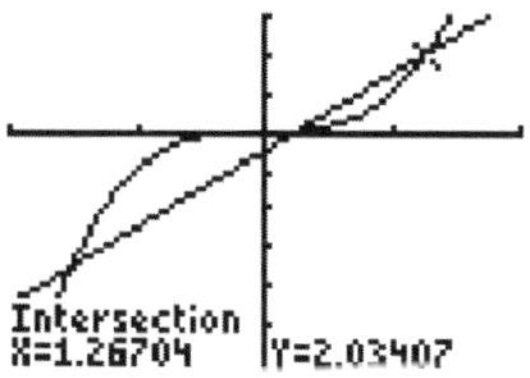

f) $f(x) = x^4$; $g(x) = 2x - 1$;
$x_1 \approx 0{,}543\,69$; $x_2 = 1$

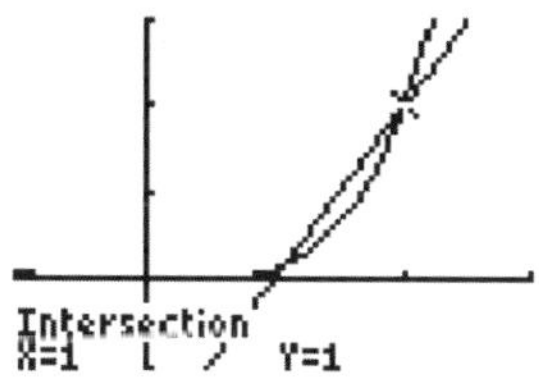

g) $f(x) = x^4$; $g(x) = -x - 1$;
keine Lösung

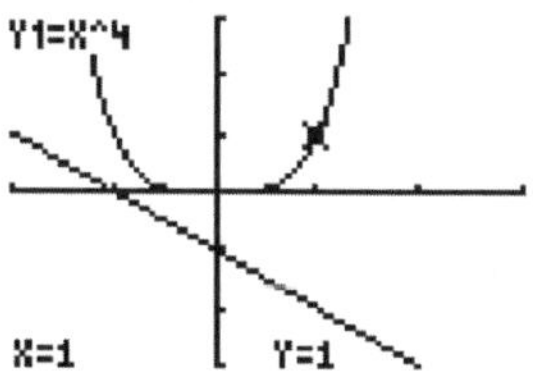

h) $f(x) = x^5$; $g(x) = 3$; $x_1 \approx 1{,}245\,73$

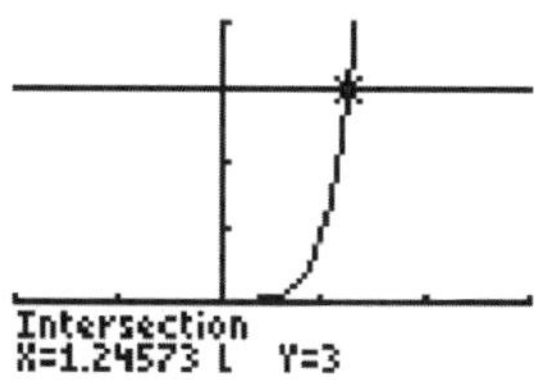

5 a) $f(x) = g(x)$: $0{,}0005x^2 - 0{,}06x + 8 = 0{,}0012x^2 - 0{,}18x + 12$
oder $0{,}0007x^2 - 0{,}12x + 4 = 0$.
$x_1 \approx 45{,}3$; $x_2 \approx 126{,}1$
Das zu g gehörige Auto verbraucht zwischen $45{,}3\,\frac{km}{h}$ und $126{,}1\,\frac{km}{h}$ weniger Kraftstoff als das zu f gehörige Auto.
b) $g(x) - f(x) = 1$ oder $g(x) - f(x) - 1 = 0$ ergibt
$0{,}0012x^2 - 0{,}18x + 12 - (0{,}0005x^2 - 0{,}06x + 8) - 1 = 0$
oder $0{,}0007x^2 - 0{,}12x + 3 = 0$ mit
$x_1 \approx 30{,}4$; $x_2 \approx 141{,}0$ $\left(\text{in } \frac{km}{h}\right)$.

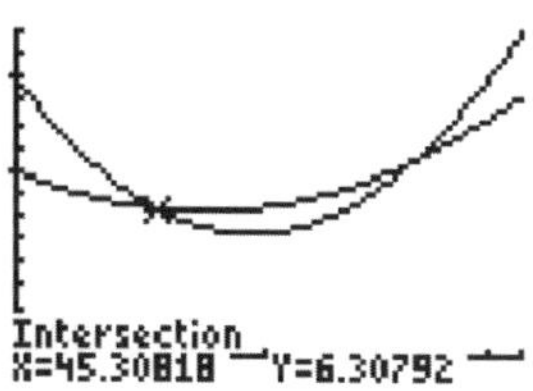

13 *Bestimmung von Funktionstermen*

S. 72 **1** Zum linken Bild gibt es keine Funktion, da B und C auf einer Parallelen zur y-Achse liegen.
Zum rechten Bild gibt es eine solche z. B. $f(x) = 0{,}5(x-2)(x-1)(x+1)$.

S. 73 **2** a) Gerade: $m = \frac{2-3}{-1-(-2)} = \frac{-1}{1} = -1$; $y - 3 = -1 \cdot (x - (-2))$,
also $y = -x + 1$: $f(x) = -x + 1$

b) Gerade: $m = \frac{34-100}{100-1} = \frac{-66}{99} = -\frac{2}{3}$; $y - 100 = -\frac{2}{3} \cdot (x - 1)$,
also $y = -\frac{2}{3}x + 100\frac{2}{3}$: $f(x) = -\frac{2}{3}x + \frac{302}{3}$

c) Parabel; Ansatz $f(x) = ax^2 + bx + c$
(1) $f(-2) = 3$: $4 \cdot a - 2 \cdot b + c = 3$
(2) $f(-1) = 2$: $a - b + c = 2$
(3) $f(0) = 0$: $c = 0$
$f(x) = -0{,}5x^2 - 2{,}5x$

d) Parabel; Ansatz $f(x) = ax^2 + bx + c$
(1) $f(1) = 3$: $a + b + c = 3$
(2) $f(2) = 2$: $4 \cdot a + 2 \cdot b + c = 2$
(3) $f(3) = 4$: $9 \cdot a + 3 \cdot b + c = 4$
$f(x) = 1{,}5x^2 - 5{,}5x + 7$

e) Ansatz: $f(x) = ax^3 + bx^2 + cx + d$
(1) $f(0) = 1$: $d = 1$
(2) $f(1) = 0$: $a + b + c + d = 0$
(3) $f(-1) = 4$: $-a + b - c + d = 4$
(4) $f(2) = -5$: $8 \cdot a + 4 \cdot b + 2 \cdot c + d = -5$
$f(x) = -x^3 + x^2 - x + 1$

f) Ansatz: $f(x) = ax^3 + bx^2 + cx + d$
(1) $f(0) = -1$: $d = -1$
(2) $f(1) = 1$: $a + b + c + d = 1$
(3) $f(-1) = -7$: $-a + b - c + d = -7$
(4) $f(2) = 17$: $8 \cdot a + 4 \cdot b + 2 \cdot c + d = 17$
$f(x) = 3x^3 - 2x^2 + x - 1$

3 a) Ansatz: $f(x) = (x-3) \cdot (ax^2 + bx + c)$
(1) $f(0) = 2$: $-3 \cdot c = 2$
(2) $f(2) = 2$: $-4 \cdot a - 2 \cdot b - c = 2$
(3) $f(-1) = 2$: $-4 \cdot a + 4 \cdot b - 4 \cdot c = 2$
$f(x) = (x-3) \cdot \left(-\frac{1}{6}x^2 - \frac{1}{3}x - \frac{2}{3}\right) = -\frac{1}{6}x^3 + \frac{1}{6}x^2 + \frac{1}{3}x + 2$

b) Ansatz: $f(x) = (x-2) \cdot (ax^2 + bx + c)$
(1) $f(0) = -4$: $-2 \cdot c = -4$
(2) $f(-1) = -2$: $-3 \cdot a + 3 \cdot b - 3 \cdot c = -2$
(3) $f(-3) = -4$: $-45 \cdot a + 15 \cdot b - 5 \cdot c = -4$
$f(x) = (x-2)\left(\frac{7}{15}x^2 + \frac{9}{5}x + 2\right) = \frac{7}{15}x^3 + \frac{13}{15}x^2 - \frac{8}{5}x - 4$

S. 73 **4** Berechnung mit dem GTR wie in Beispiel 2 des Lehrbuches:

a) Funktion und Graph:

```
CubicReg
 y=ax³+bx²+cx+d
 a=1.86667
 b=-6.80000
 c=8.53333
 d=-1.80000
```

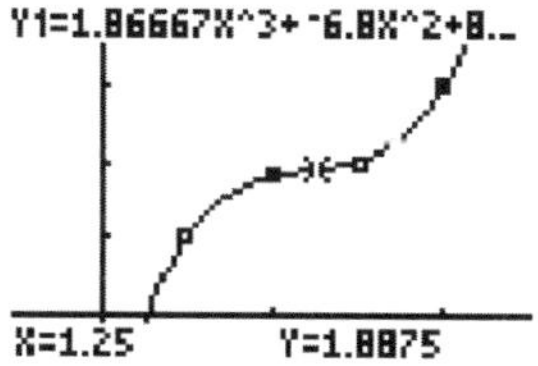

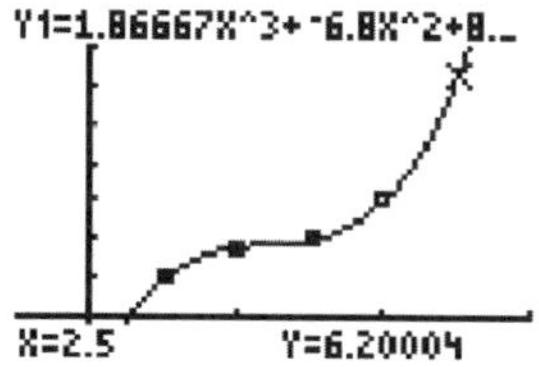

b) Bei 75 Minuten Training sind ca. 1,9 Liter nötig, bei 2,5 Stunden wären 6,2 Liter nötig. Dies zeigt, dass die Modellierung nicht über 2 Stunden hinaus gültig sein kann.

14 *Funktionen aus der Betriebswirtschaft*

S. 74 **1** a) $g(x) = 1{,}65 \cdot x$; x in kg; g(x) in €
Graph in Fig. 1.
b) $h(x) = 1{,}00 \cdot x$; x in kg; g(x) in €
Graph in Fig. 1

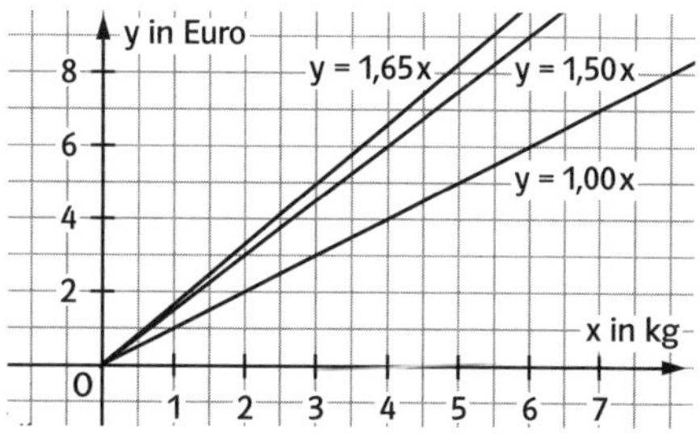

Fig. 1

S. 77 **2** a) $K(10) \approx 7$; $K(24) \approx 14$; $K(4) \approx 4$.
Kosten für 10 000 Stück ca. 700 €,
für 24 000 Stück ca. 1400 €,
für 4000 Stück ca. 400 €.
b) $K(x) = 10$ ergibt $x \approx 20$; $K(x) = 20$ ergibt $x \approx 28$; $K(x) = 27{,}5$ ergibt $x \approx 31$.
Damit erhält man für 1000 € ca. 20 000 Knöpfe,
für 2000 € ca. 28 000 und für 2750 € ca. 31 000 Stück.
c) $f(0) \approx 1{,}5$. Fixkosten ca. 150 €.
d) $E(x) = x = 1 \cdot x$.
1 hat die Einheit $\frac{100\,€}{1000\,\text{Stück}} = 0{,}1\frac{€}{\text{Stück}}$, d.h. das Stück kostet 10 ct.
e) Die Gewinnschwelle liegt bei $x = 4$, d.h. ab einer Fertigung von 4000 Stück wird Gewinn erwirtschaftet.

3 a) Fig. 2
b) $E(x) = K(x)$ ergibt $x = 5$.
Damit ist $E(x) \leqq K(x)$ für $x \leqq 5$.

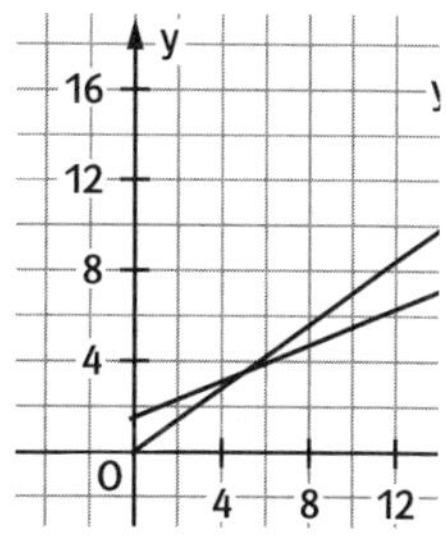

Fig. 2

S. 77 **4** a) Fig. 1; Fixkosten $K(0) = 2$.

b) Gewinnzone ist $2 \leqq x \leqq 8$.

Rechnung:

$K(x) = E(x)$;

$\frac{1}{8}x^2 + \frac{1}{2}x + 2 = 1{,}75x$ oder

$\frac{1}{8}x^2 - \frac{5}{4}x + 2 = 0$ mit $x_1 = 2$; $x_2 = 8$

also Lösungen.

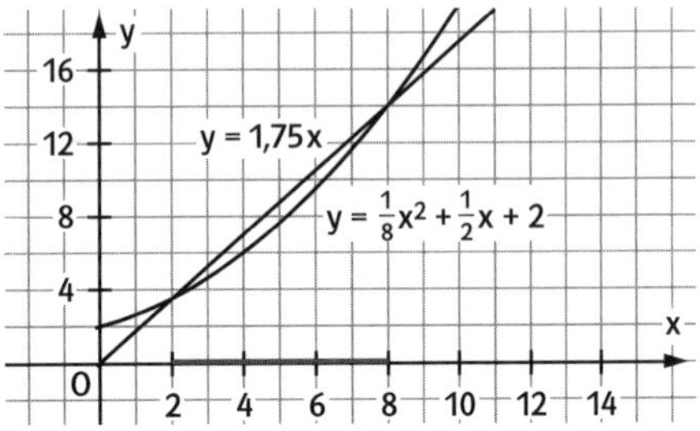

Fig. 1

5 a) $K(x) = \frac{1}{64}x^3 + \frac{7}{32}x^2 + \frac{1}{8}x + 1$

x	0	1	2	3	4	5	6	7	8
f(x)	1,00	1,36	2,25	3,77	6,00	9,05	13,00	17,95	24,00

Variable Kosten: $K_v(x) = \frac{1}{64}x^3 + \frac{7}{32}x^2 + \frac{1}{8}x$

Graph Fig. 2.

b) Graph von $E(x) = 3x$ in Fig. 2

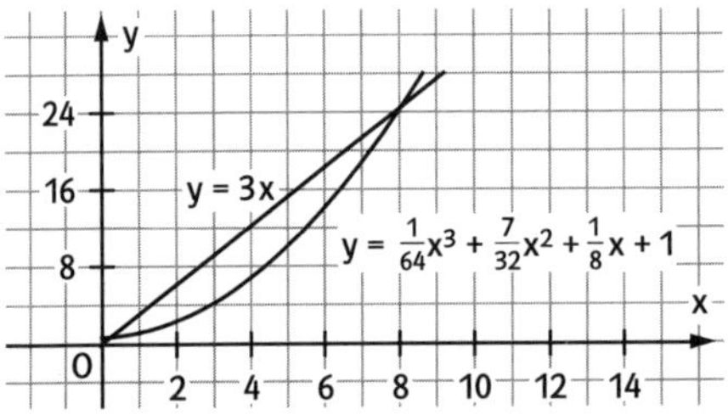

Fig. 2

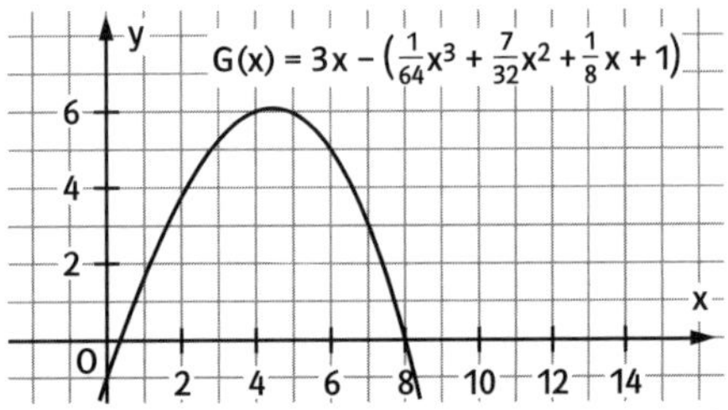

Fig. 3

c) Fig. 3 zeigt die Gewinnfunktion. Der Gewinn ist am höchsten bei Produktion der Menge $x \approx 4{,}5$.

$G(4{,}5) \approx 6{,}1$ (Fig. 2)

d) Stückkostenfunktion

$S(x) = \frac{K(x)}{x} = \frac{1}{64}x^2 + \frac{7}{32}x + \frac{1}{8} + \frac{1}{x}$;

Graph in Fig. 4

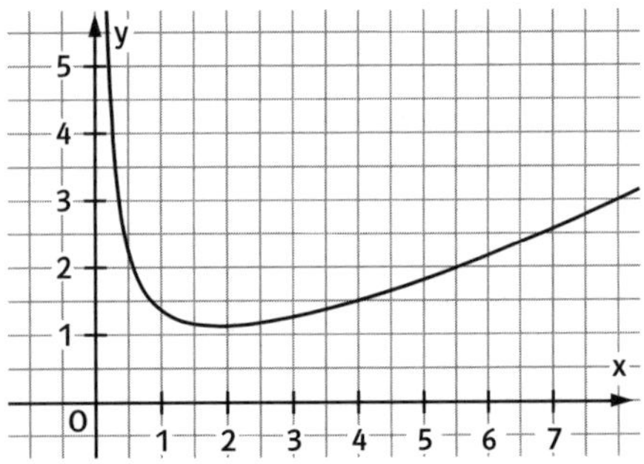

Fig. 4

6 Ansatz: $K(x) = ax^2 + bx + c$

(1) $f(0) = 6$: $c = 6$

(2) $f(1) = 7$: $a + b + 6 = 7$; $a + b = 1$

(3) $f(5) = 15$: $25a + 5b + 6 = 15$; $5a + b = \frac{9}{5}$; $4a = 0{,}8$; $a = 0{,}2$; $b = 0{,}8$

Gesuchte Kostenfunktion $K(x) = 0{,}2x^2 + 0{,}8x + 6$

15 Vermischte Aufgaben

S. 78 **1** a) $-1;\ 1;\ 4$
b) $S(0\,|\,-1{,}25)$
c) $-2{,}05 \leqq f(x) \leqq 0$ (oder $[-2{,}05;\ 0]$)
d) $f(2) \approx -0{,}5$
e) $f(x) = -1$ für $x_1 \approx -0{,}8;\ x_2 \approx 0{,}15$
f) $f(x) = -0{,}5$ für $x_1 \approx -0{,}9;\ x_2 \approx 0{,}35;\ x_3 \approx 2;\ x_4 \approx 2{,}6$
g) $f(-0{,}5) \approx -2{,}05$

2 a) Ja
b) Nein (2 Menschen können gleiche Namen haben)
c) Ja

3 a) $K_1: f(x) = \frac{3}{4}x;\ K_2: g(x) = -2x + 1;\ K_3: h(x) = -\frac{2}{3}x - 2$
b) $K_1: f(x) = \frac{3}{4}x;\ K_2: g(x) = -\frac{4}{3}x + 2;\ K_3: h(x) = -2$
c) $K_1: f(x) = x^2;\ K_2: g(x) = (x + 3)^2 - 3 = x^2 + 6x + 6;$
$K_3: f(x) = -(x - 4)^2 + 1 = -x^2 + 8x - 15$

4 a) $y = -7x + 10$ b) $y = -3x - 10$ c) $y = -2x$ d) $y = -0{,}6x - 7{,}4$
e) $y = -7$ f) $x = 1$ g) $y = 9$ h) $x = -7$

5 a) Gerade PQ: $y = -\frac{3}{2}x + \frac{5}{2}$;
Gerade QR: $y = \frac{2}{3}x - 4$;
Gerade RS: $y = -\frac{3}{2}x - 4$;
Gerade SP: $y = \frac{2}{3}x + \frac{1}{3}$
b) Diagonale PR: $y = 5x - 4$;
Diagonale QS: $y = -\frac{1}{5}x - \frac{7}{5}$.
Schnittpunkt $T\left(\frac{1}{2}\,\middle|\,-\frac{3}{2}\right)$.
Die Diagonalen schneiden unter 90°,
da $\left(-\frac{1}{5}\right) \cdot 5 = -1$ ist.

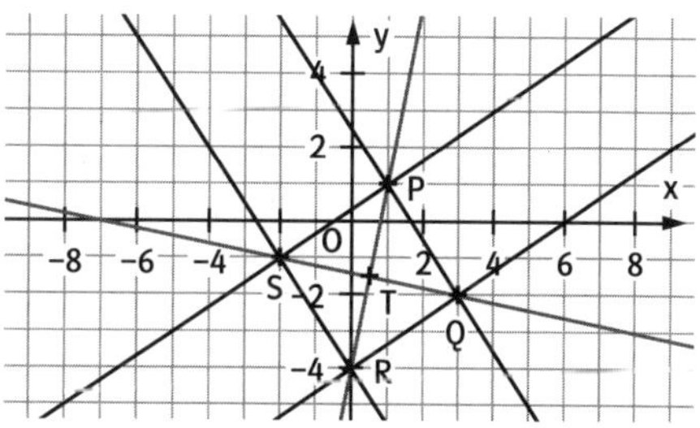

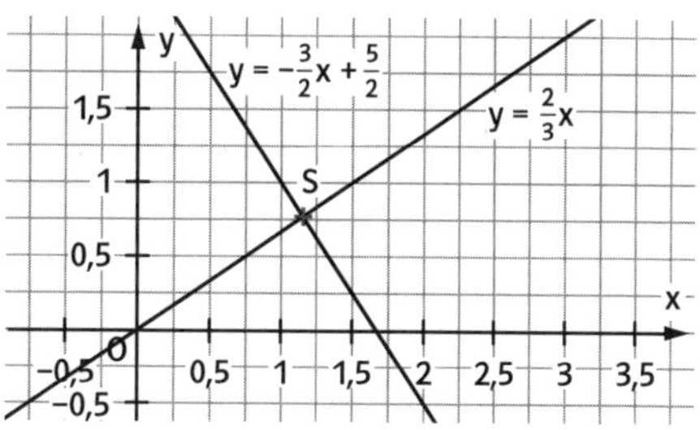

6 a) $y = -\frac{3}{2}x + \frac{5}{2}$
b) Gerade senkrecht zu PQ durch $O(0\,|\,0)$
mit PQ zum Schnitt bringen: $y = \frac{2}{3}x$.
$-\frac{3}{2}x + \frac{5}{2} = \frac{2}{3}x \quad | \cdot 6$
ergibt $-9x + 15 = 4x$ oder $13x = 15$;
damit $x = \frac{15}{13};\ y = \frac{2}{3} \cdot \frac{15}{13} = \frac{10}{13}$. $S\left(\frac{15}{13}\,\middle|\,\frac{10}{13}\right)$.
Abstand $\overline{OS} = \sqrt{\left(\frac{15}{13} - 0\right)^2 + \left(\frac{10}{13} - 0\right)^2} = \sqrt{\frac{25}{13}} = \frac{5\sqrt{13}}{13} \approx 1{,}38675$.

7 a) $f(x) = (x - 1)^2 - 1;\ S(1\,|\,-1)$
b) $f(x) = 2\left(x + \frac{3}{4}\right)^2 - \frac{25}{8};\ S\left(-\frac{3}{4}\,\middle|\,-\frac{25}{8}\right)$
c) $f(x) = 0{,}25(x - 16)^2 - 65;\ S(16\,|\,-65)$

S. 78 **8** a) $x_1 = -3$; $x_2 = 3$ b) $t_1 = -1$; $t_2 = 100$ c) $x_1 = 0$; $x_2 = -3$

S. 79 **9** a) b) c) d) e)

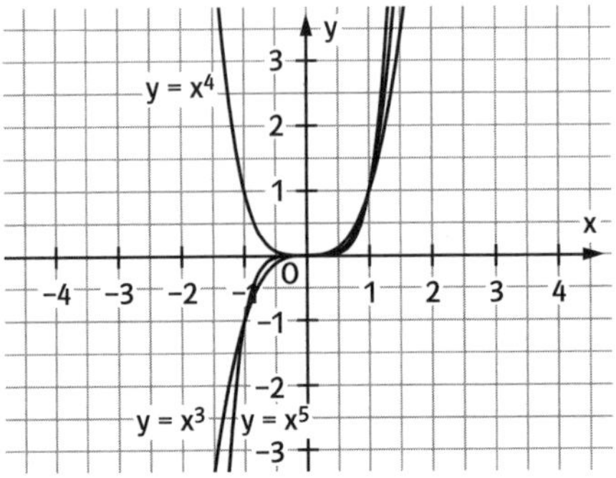

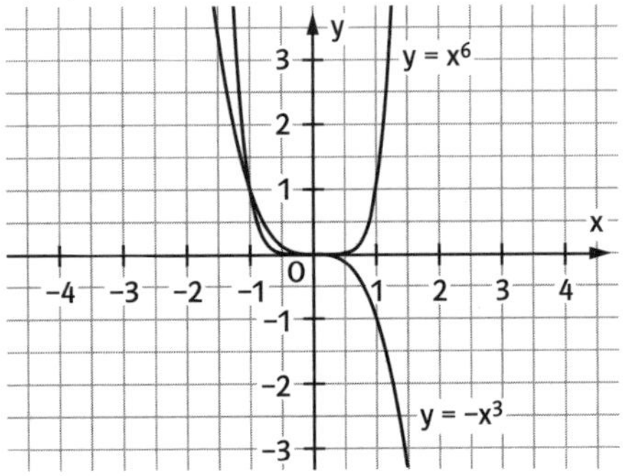

10 a) Graph punktsymmetrisch zu 0
b) Graph weder punktsymmetrisch zu 0, noch achsensymmetrisch zur y-Achse
c) Graph achsensymmetrisch zur y-Achse

11 a) $f(0{,}5) = 0$; $\frac{f(x)}{x - 0{,}5} = 2(x^2 + 6x - 7)$. Nullstellen $x_1 = 0{,}5$; $x_2 = 1$; $x_3 = -7$.
b) $f(-3) = 0$ und $f(0{,}5) = 0$; $\frac{f(x)}{x - 0{,}5} = 2(x^2 + 4x + 3)$; $\frac{f(x)}{x + 3} = 2x^3 + x - 1$;
Nullstellen: $x_1 = 0{,}5$; $x_2 = -3$; $x_3 = -1$
c) $f(-5) = 0$; $\frac{f(x)}{x + 5} = -x^4 + 1$; Nullstellen: $x_1 = -5$; $x_2 = -1$; $x_3 = 1$.

12 a) −2 ist doppelte Nullstelle, 4 ist einfache Nullstelle. Damit ist $f(x) = a(x + 2)^2(x - 4)$.
Bestimmung von a: $f(2) = -4$, also $a \cdot (2 + 2)^2 \cdot (2 - 4) = -4$, also $-32a = -4$;
$a = \frac{1}{8} = 0{,}125$.
$f(x) = 0{,}125(x + 2)^2(x - 4)$.
b) $f(x) = 0{,}125 \cdot (x^2 + 4x + 4)(x - 4) = 0{,}125 \cdot (x^3 + 4x - 16x + 16) = 0{,}125x^3 - 1{,}5x + 2$.
c) 3 Nullstellen; Schnittpunkt mit der y-Achse $T(0 \mid -1)$

Aufgabe am Rand:
$f(x) = a \cdot (x - 5)(x - 4)(x - 3)(x - 2)(x - 1)x(x + 1)(x + 2)(x + 3)(x + 4)(x + 5)$

13 a) f ist eine gerade Funktion; −4 und 4 sind doppelte Nullstellen; $f(-4) = 0$; $f(4) = 0$;
$f(0) = 4$.
b) $f(x) = k(x^2 - a)^2$;
$f(0) = 4$, also $k \cdot (-a)^2 = 4$ oder $ka^2 = 4$
$f(4) = 0$, also $k(16 - a)^2 = 0$ oder $(16 - a)^2 = 0$ oder $16 - a = 0$, also $a = 16$;
eingesetzt in $ka^2 = 4$ ergibt sich: $k \cdot 256 = 4$, also $k = \frac{1}{64}$.
$f(x) = \frac{1}{64}(x^2 - 16)^2 = 0{,}015625 \cdot (x^2 - 16)^2$
c) Da $f(0) = 4$ ist, muss der Graph nach unten verschoben werden um einen Wert zwischen 0 und 4.
Die Funktion $G(x) = \frac{1}{64}(x^2 - 16)^2 - a$ mit $0 < a < 4$ hat stets vier Nullstellen.

S. 79 **14** a) K_2: Grad 6; Koeffizient positiv; K_1: Grad 5; Koeffizient positiv
b) K_2: Grad 4 oder 6 (da keine Parabel); Koeffizient negativ; K_1: Grad 3; Koeffizient negativ
c) K_1: Grad 3; Koeffizient negativ; K_2: Grad 4; Koeffizient negativ

15 a) Graph ist achsensymmetrisch zur y-Achse.
b) Schnittpunkte mit der x-Achse $S_1(-3\,|\,0)$, $S_2(3\,|\,0)$; Schnittpunkt mit der y-Achse $T(0\,|\,-1{,}125)$.
c) Der Graph strebt jeweils gegen $+\infty$, d.h. er verläuft „von links oben nach rechts oben"
d) Graph rechts.

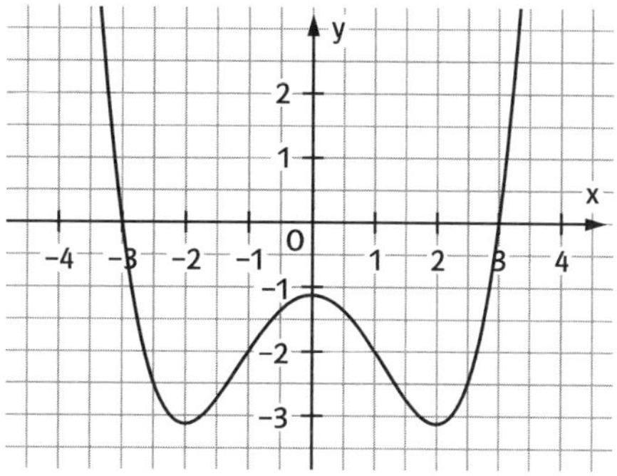

S. 80 **16** a) $S_1(0{,}5\,|\,0)$; $S_2(-1\,|\,-1{,}5)$; $S_3(1\,|\,0{,}5)$
b) $S_1(0{,}5\,|\,4{,}5)$; $S_2(-4\,|\,-36)$; $S_3(2\,|\,18)$
c) $S_1(-5\,|\,0)$, $S_2(0\,|\,0)$; $S_3\left(4\tfrac{1}{3}\,\middle|\,\tfrac{1456}{135}\right) \approx S_3(4{,}333\,|\,10{,}785)$
d) $S_1(0\,|\,0)$; $S_2(1\,|\,25)$; $S_3(4\,|\,640)$

Aufgaben mit dem GTR

17 a)

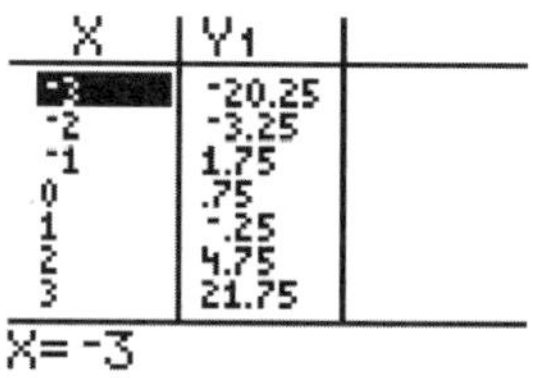

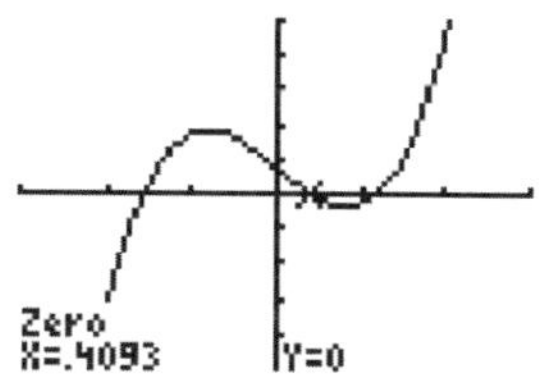

b) Nullstellen: $x_1 \approx 1{,}1644$; $x_2 \approx 0{,}4093$; $x_3 \approx -1{,}5737$
c)

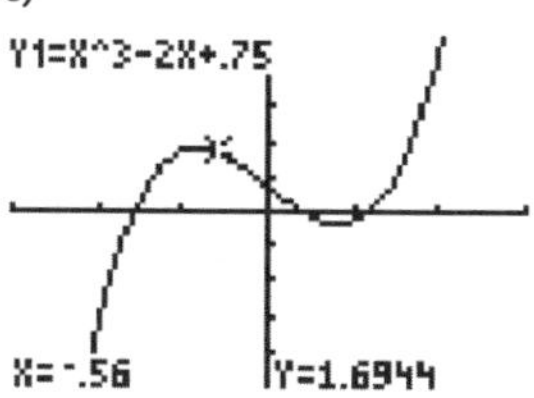

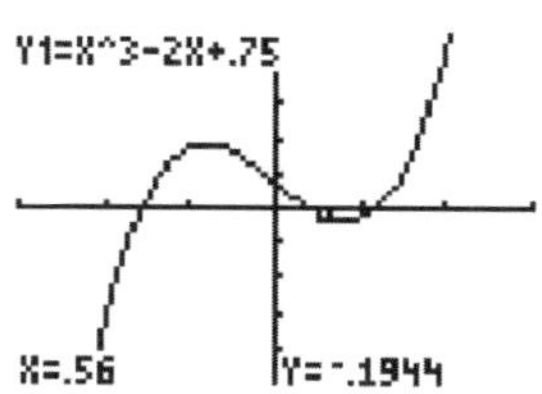

18 a) $S_1(-0{,}9523\,|\,1)$; $S_2(1{,}1888\,|\,1)$ b) $S_1(-1{,}5056\,|\,3{,}8714)$

19 a) $f(x) = ax^2 + bx + c$
(1) $f(4) = 0$: $c = 4$; (2) $f(4) = 0$: $16 \cdot a + 4 \cdot b + c = 0$; (3) $f(-3) = 0$: $9 \cdot a - 3 \cdot b + c = 0$
$f(x) = -\frac{1}{3}x^2 + \frac{1}{3}x + 4$

S. 80 **19** b) $f(x) = ax^2 + bx + c$

(1) $f(1) = 2$: $a + b + c = 2$; (2) $f(2) = 3$: $4 \cdot a + 2 \cdot b + c = 3$;

(3) $f(-2) = 2$: $4 \cdot a - 2 \cdot b + c = 2$

$f(x) = \frac{1}{4}x^2 + \frac{1}{4}x + \frac{3}{2}$

c) $f(x) = ax^3 + bx^2 + cx + d$

(1) $f(0) = 4$: $d = 4$; (2) $f(3) = 1$: $27 \cdot a + 9 \cdot b + 3 \cdot c + d = 1$;

(3) $f(-3) = 1$: $-27 \cdot a + 9 \cdot b - 3 \cdot c + d = 1$; (4) $f(1) = 1$: $a + b + c + d = 1$

$f(x) = \frac{1}{3}x^3 - \frac{1}{3}x^2 - 3x + 4$

d) $f(x) = ax^3 + bx^2 + cx + d$

(1) $f(0) = 4$: $d = 4$; (2) $f(1) = 0$: $a + b + c + d = 0$; (3) $f(-1) = 1$: $-a + b - c + d = 1$

(4) $f(2) = 1$: $8 \cdot a + 4 \cdot b + 2 \cdot c + d = 1$;

$f(x) = 2x^3 - \frac{7}{2}x^2 - \frac{5}{2}x + 4$

Anwendungen

20 a) Mit $h = 4r$ erhält man

für den Materialbedarf:	$M(r) = 2\pi r^2 + (2\pi r) \cdot 4r = 10\pi r^2$,
für den Doseninhalt:	$V(r) = (\pi r^2) \cdot 4r = 4\pi r^3$.
Die Materialkosten betragen:	$K_M(r) = 3 \cdot 10\pi r^2 = 30\pi r^2$,
	r in dm, $K_M(r)$ in ct.
Für $r = 0{,}3$ dm:	$K_M(0{,}3) = 2{,}7\pi \approx 8{,}48$ (in ct)
Der Inhalt kostet	$K_I(0{,}3) = 4\pi \cdot 0{,}3^3 \cdot 15 \approx 5{,}09$ (in ct)

Die Behauptung trifft zu.

b) $K_I(r) = K_M(r)$: $4\pi r^3 \cdot 15 = 3 \cdot 10\pi r^2$; also $60r = 30$, damit $r = 0{,}5$.
Damit ist bis 5 cm Dosenradius die Verpackung teurer als der Inhalt.

21 a) Linkes Gefäß: $y = 6t + 3$; rechtes Gefäß: $y = 7t + 2$
(y: jeweilige Wasserhöhe in dm;
t Zeit in Minuten).

b) Graph rechts

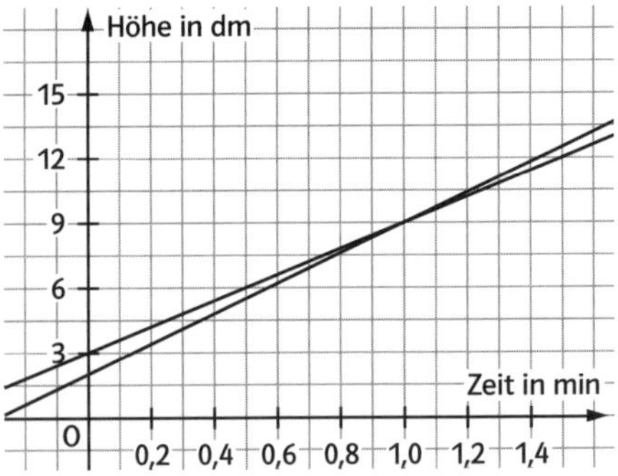

c) Da $6t + 3 = 7t + 2$ den Wert $t = 1$ ergibt, wäre nach 1 Minute der Wasserstand in beiden Gefäßen gleich hoch und zwar 9 dm.
Da das Gefäß aber nur 8,5 dm hoch ist, ist die Frage mit „nein" zu beantworten, d.h. der Wasserspiegel von Gefäß 2 erreicht nicht die Höhe von Gefäß 1, bevor es überläuft.

22 a) ursprünglicher Radius: r; Stromstärke $i(r)$
veränderter Radius: $r' = \frac{1}{4}r'$
veränderte Stromstärke: $i(r') = \frac{1}{256}i(r)$.

b) Reaktionsmöglichkeit: Erhöhung der Druckdifferenz $\Delta p' = 256 \cdot \Delta p$.
Gründe für die Venenverengung: Rauchen, ungesunde Ernährung.

S. 80 **22** c) ursprüngliche Blutstromstärke: i (r)
erhöhte Blutstromstärke: $i(r') = 1{,}1 \cdot i(r)$
neuer Venenradius: $r'^4 = 1{,}1 \cdot r^4$, also: $r' = 1{,}1^{\frac{1}{4}} \cdot r = \sqrt[4]{1{,}1} \cdot r$
Erhöhung $\frac{r' - r}{r} = \left(1{,}1^{\frac{1}{4}} - 1\right) \approx 2{,}4\,\%$

S. 81 **23** a) Lösung mit dem GTR; Fenster und Graph.

```
WINDOW
 Xmin=0
 Xmax=7
 Xscl=1
 Ymin=-1
 Ymax=7
 Yscl=1
 Xres=1
```

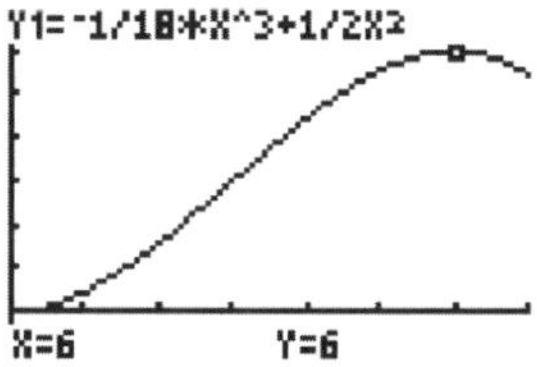

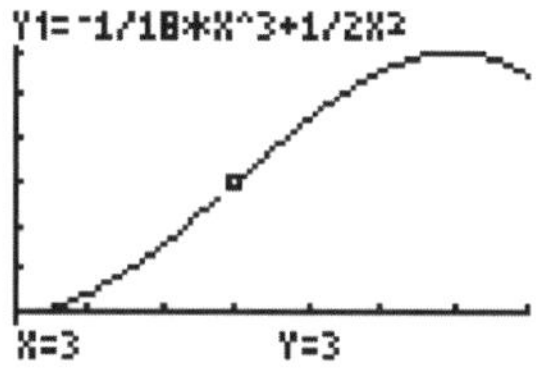

b) 6 km nach 6 Minuten; 3 km nach 3 Minuten.
c) 5 km nach 4,445 Minuten = 4 Minuten + 0,445 · 60 Sekunden ≈ 4 Minuten 27 Sekunden

d) Die Geschwindigkeit nimmt ab; sie geht gegen 0.
e) Der Graph ist am steilsten etwa bei t = 3, d. h. der Wagen hat nach 3 Minuten die größte Geschwindigkeit.

24 a) Tabelle und Graph

X	Y1
4.00	15.68
6.00	18.72
8.00	19.84
10.00	20.00
12.00	20.16
14.00	21.28
16.00	24.32

X=16

```
WINDOW
 Xmin=0
 Xmax=23
 Xscl=2
 Ymin=-6
 Ymax=45
 Yscl=5
 Xres=1
```

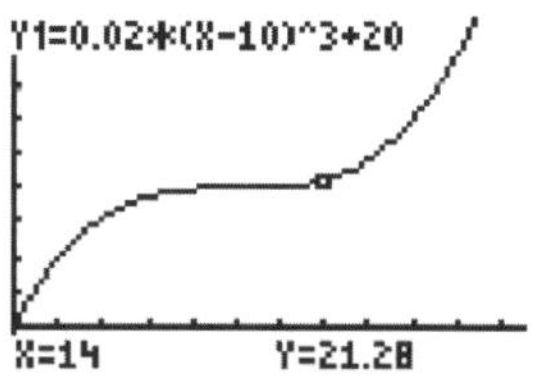

b) E (x) = 2 x

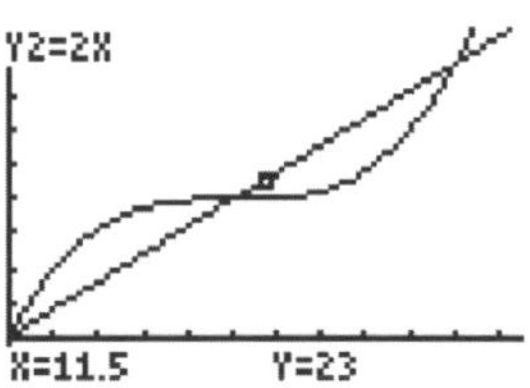

S. 81 **24** c) Gewinn wird zwischen 10 und 20 erzielt. Maximaler Gewinn bei einer Stückzahl von knapp 16.

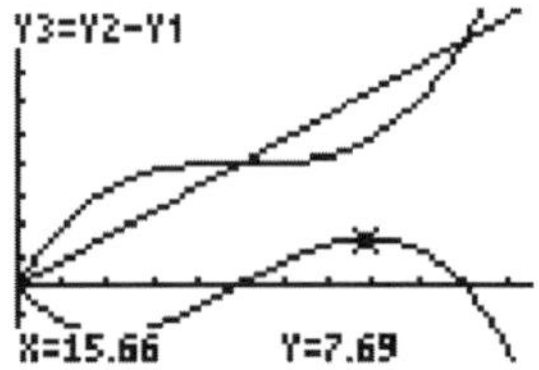

25 a) $f(x) = 1{,}25x^3 - 7{,}5x^2 + 20x + 20$.
Graph mit dem GTR:

```
WINDOW
 Xmin=0
 Xmax=7
 Xscl=1
 Ymin=-40
 Ymax=140
 Yscl=20
 Xres=1
```

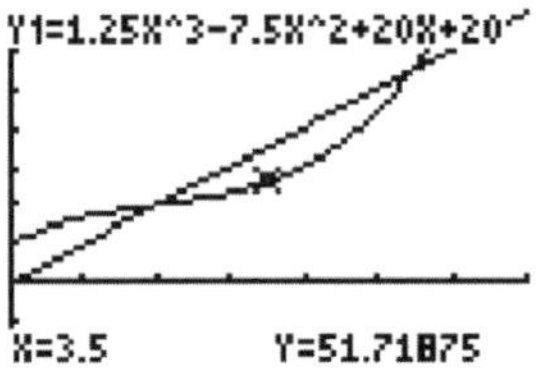

b) Nutzenschwelle: $x_1 = 2$ mit Einnahme von 40 GE.
Nutzengrenze: $x_2 = 2 + 2\sqrt{3} \approx 5{,}464$ mit Einnahme von ca. 109,282 GE.

c) $E(x) = 75$ ergibt $x = 3{,}75$.
$K(3{,}75) \approx 55{,}449$. Gewinn: $E(3{,}75) - K(3{,}75) = 19{,}551$.

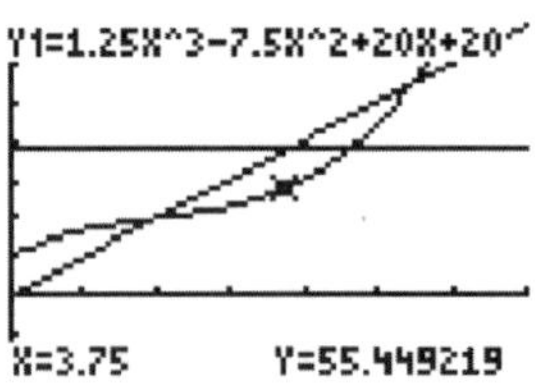

d) Gewinnfunktion G: $G(x) = E(x) - K(x) = -1{,}25x^3 + 7{,}5x^2 - 20$.
Maximaler Gewinn bei ca. $x = 4$. Er beträgt 20 GE.

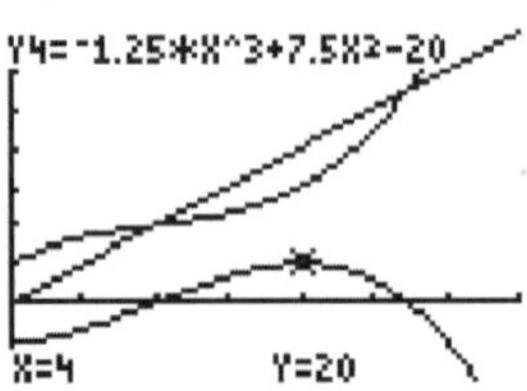

S. 81 **25** e) Stückkostenfunktion $S = \frac{K(x)}{x} = 1{,}25x^2 - 7{,}5x + 20 + \frac{20}{x}$.

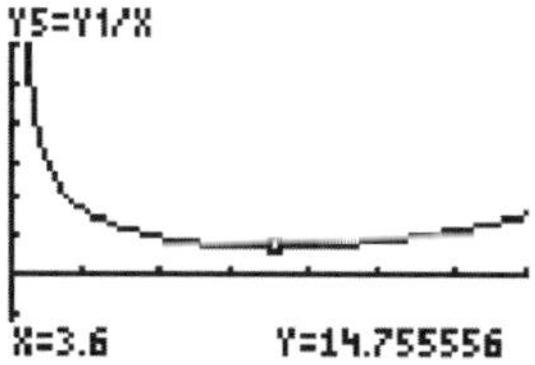

f) Die Stückkosten sind etwa bei $x = 3{,}6$ am geringsten mit ca. 14,76 GE.

26 a)

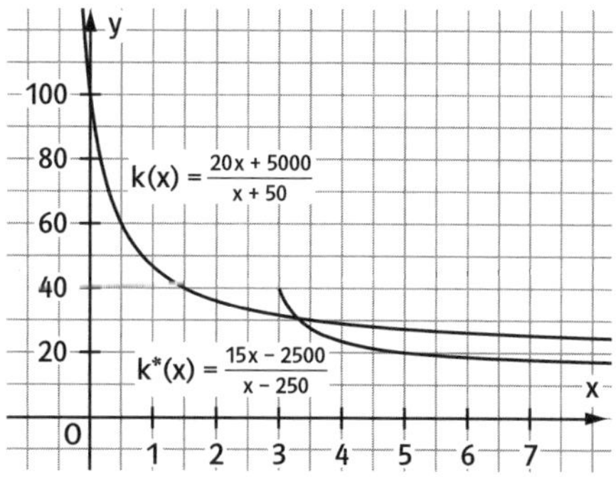

b) Ab einer Stückzahl von 330 ist das Kunststoffleitwerk billiger.
Lösung mit dem GTR:

```
EQUATION SOLVER          (20X+5000)/(X…=0
eqn:0=(20X+5000)         ▪X=330.59371040…
/(X+50)-(15X-250          bound={-1E99,1…
0)/(X-250)               ▪left-rt=0
```

Exkursion: Lineare Regression

S. 83 **_1_** a) Punktdiagramm (Fig. 1); Gleichung der Regressionsgeraden: $y = 3{,}7x + 4{,}6$ (Fig. 2); Diagramm mit Regressionsgerade (Fig. 3).
Die Regressionsgerade schneidet die positive x-Achse. Damit ist das lineare Modell nur für hinreichend große Beeren brauchbar (Fig. 3).

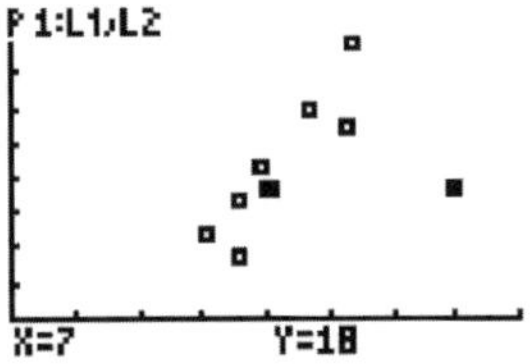

Fig. 1

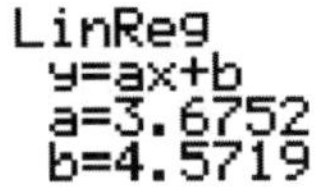

Fig. 2

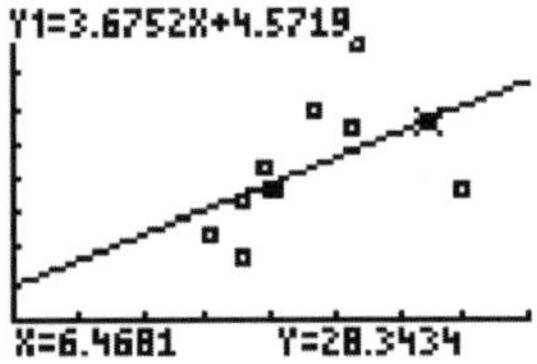

Fig. 3

b) Je Zentimeter Länge nimmt das Gewicht durchschnittlich um 3,7 Gramm zu.

_2_ Es ist $y = 1{,}885x + 83{,}430$. Damit beträgt der Jahresumsatz je Quadratmeter näherungsweise 1885 €.

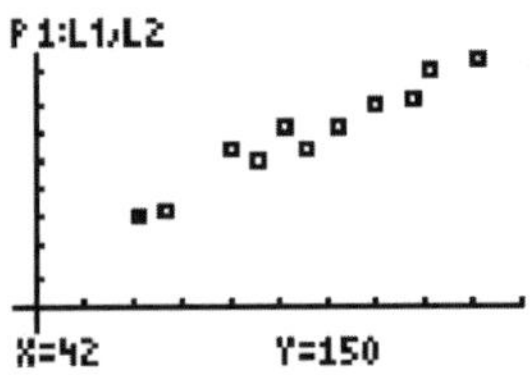

Fig. 4

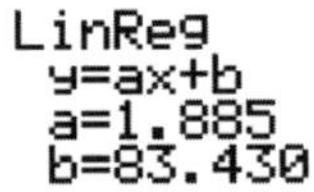

Fig. 5

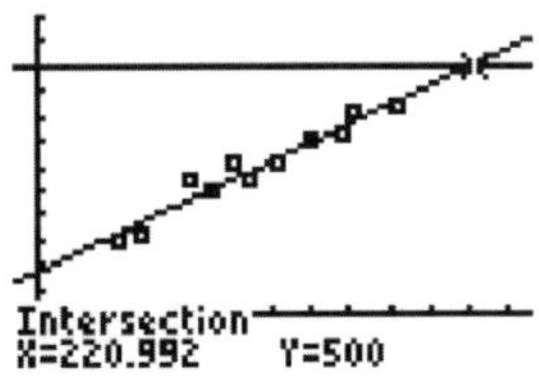

Fig. 6

b) Bei einer Fläche von gut 220 Quadratmetern ist ein Jahresumsatz von 500 000 € zu erwarten.

III Einführung in die Differenzialrechnung

1 Änderungsrate und Steigung

S. 88 **1** Ein Tachometer misst z. B. in dem Zeitintervall von einer Sekunde die jeweils zurückgelegte Strecke und berechnet daraus die Durchschnittsgeschwindigkeit. Diese wird am Tachometer dann angezeigt.

2 a) Die in [1; 2] (in Sekunden) zurückgelegte Strecke (in Metern) ist $4 - 1 = 3$, also ist $\overline{v} = 3\frac{m}{s}$.

b) Die in [1; 3] zurückgelegte Strecke ist $9 - 1 = 8$, also ist $\overline{v} = \frac{8\,m}{2\,s} = 4\frac{m}{s}$.

c) Die in [1,75; 2,25] zurückgelegte Strecke ist ca. $5 - 3$, also ist $\overline{v} = \frac{2\,m}{0{,}5\,s} = 4\frac{m}{s}$.

Dies dürfte der Geschwindigkeit in der 2. Sekunde sehr nahe kommen.

S. 90 **3** Für $t_0 = 1$ ist $s(t_0) = 4$

Zeit t	0	0,5	0,9	0,99	0,999	...	1,001	1,01	1,1	1,5	2
$\frac{s(t)-4}{t-1}$	4,0	6,0	7,60	7,960	7,9960	...	8,0040	8,040	8,40	10,0	12,0

Der Tabelle entnimmt man, dass für $t \to 1$ gilt: $\frac{s(t)-4}{t-1} \to 8$.
Die momentane Geschwindigkeit zur Zeit 1 beträgt 8.

Für $t_0 = 2$ ist $s(t_0) = 16$.

Zeit t	1	1,5	1,9	1,99	1,999	...	2,001	2,01	2,1	2,5	3
$\frac{s(t)-16}{t-2}$	12	14	15,6	15,96	15,996	...	16,004	16,04	16,4	18	20

Der Tabelle entnimmt man, dass für $t \to 2$ gilt: $\frac{s(t)-16}{t-2} \to 16$.

Die momentane Geschwindigkeit zur Zeit 2 beträgt 16.

Für $t_0 = 3$ ist $s(t_0) = 36$.

Zeit t	2	2,5	2,9	2,99	2,999	...	3,001	3,01	3,1	3,5	4
$\frac{s(t)-36}{t-3}$	20	22	23,6	23,96	23,996	...	24,004	24,04	24,4	26	28

Der Tabelle entnimmt man, dass für $t \to 3$ gilt: $\frac{s(t)-36}{t-3} \to 24$.

Die momentane Geschwindigkeit zur Zeit 3 beträgt 24.

4 a) Für $t_0 = 3$ ist $s(t_0) = 51$.

Zeit t	2	2,5	2,9	2,99	2,999	...	3,001	3,01	3,1	3,5	4
$\frac{s(t)-51}{t-3}$	15	14,5	14,1	14,01	14,001	...	13,999	13,99	13,9	13,5	13

Der Tabelle entnimmt man, dass für $t \to 3$ gilt: $\frac{s(t)-51}{t-3} \to 14$.

Die momentane Geschwindigkeit zur Zeit 3 s beträgt $14\frac{m}{s} = 50{,}4\frac{km}{h}$.

S. 90 **4** b) Für $t_0 = 5$ ist $s(t_0) = 75$.

Zeit t	4	4,5	4,9	4,99	4,999	…	5,001	5,01	5,1	5,5	6
$\frac{s(t)-75}{t-5}$	11	10,5	10,1	10,01	10,001	…	9,999	9,99	9,9	9,5	9

Der Tabelle entnimmt man, dass für $t \to 5$ gilt: $\frac{s(t)-75}{t-5} \to 10$.

Die momentane Geschwindigkeit zur Zeit 5 s beträgt $10\,\frac{m}{s} = 36\,\frac{km}{h}$.

c) Für $t_0 = 8$ ist $s(t_0) = 96$.

Zeit t	7	7,5	7,9	7,99	7,999	…	8,001	8,01	8,1	8,5	9
$\frac{s(t)-96}{t-8}$	5	4,5	4,1	4,01	4,001	…	3,999	3,99	3,9	3,5	3

Der Tabelle entnimmt man, dass für $t \to 8$ gilt: $\frac{s(t)-96}{t-8} \to 4$.

Die momentane Geschwindigkeit zur Zeit 8 s beträgt $4\,\frac{m}{s} = 14{,}4\,\frac{km}{h}$.

d) Für $t_0 = 10$ ist $s(t_0) = 100$.

Zeit t	9	9,5	9,9	9,99	9,999	…	10,001	10,01	10,1	10,5	11
$\frac{s(t)-100}{t-10}$	1	0,5	0,1	0,01	0,001	…	−0,001	−0,01	−0,1	−0,5	−1

Der Tabelle entnimmt man, dass für $t \to 10$ gilt: $\frac{s(t)-100}{t-10} \to 0$.

Die momentane Geschwindigkeit zur Zeit 10 s beträgt $0\,\frac{m}{s} = 0\,\frac{km}{h}$.

5 Für $t_0 = 1$ ist $w(1) = 12{,}5$.

Zeit t	0,9	0,99	0,999	0,9999	…	1,0001	1,001	1,01	1,1
$\frac{w(t)-12,5}{t-1}$	−1,3158	−1,2563	−1,2506	−1,2501	…	−1,2499	−1,2494	−1,2438	−1,1905

Der Tabelle entnimmt man, dass für $t \to 1$ gilt: $\frac{w(t)-12,5}{t-1} \to -1{,}25$.

Die momentane Abnahme der Wassermenge zur Zeit 1 h beträgt $-1{,}25\,\frac{m^3}{h}$, d.h. nach 1 Stunde Beobachtungszeit nimmt das Wasser im Becken um $1{,}25\,m^3$ je Stunde ab.

Für $t_0 = 8$ ist $w(8) = \frac{95}{9}$.

Zeit t	7,9	7,99	7,999	7,9999	…	8,0001	8,001	8,01	8,1
$\frac{w(t)-\frac{95}{9}}{t-8}$	−0,06242	−0,06180	−0,06174	−0,06173	…	−0,06173	−0,06172	−0,06166	−0,06105

Der Tabelle entnimmt man, dass für $t \to 8$ gilt: $\frac{w(t)-\frac{95}{9}}{t-8} \to -0{,}0617$.

Die momentane Abnahme der Wassermenge zur Zeit 8 h beträgt $-0{,}062\,\frac{m^3}{h}$, d.h. nach 8 Stunden Beobachtungszeit nimmt das Wasser im Becken um ca. $0{,}062\,m^3$ je Stunde ab.

2 Ableiten, Ableitungsfunktion

S. 91 **1** a) Graph rechts

b) $\frac{f(1) - f(2)}{1 - 2} = \frac{1{,}8 - 2{,}6}{1 - 2} = \frac{-0{,}8}{-1} = 0{,}8;$

$\frac{f(4) - f(2)}{4 - 2} = \frac{4{,}2 - 2{,}6}{4 - 2} = \frac{1{,}6}{2} = 0{,}8;$

$\frac{f(2{,}1) - f(2)}{2{,}1 - 2} = \frac{2{,}68 - 2{,}6}{0{,}1} = \frac{0{,}08}{0{,}1} = 0{,}8;$

$\frac{f(2{,}01) - f(2)}{2{,}01 - 2} = \frac{2{,}608 - 2{,}6}{0{,}01} = \frac{0{,}008}{0{,}01} = 0{,}8$

c) Die Werte sind gleich.
Lokale Änderungsrate für den x-Wert 2 ist offensichtlich 0,8, also die Steigung der Geraden.

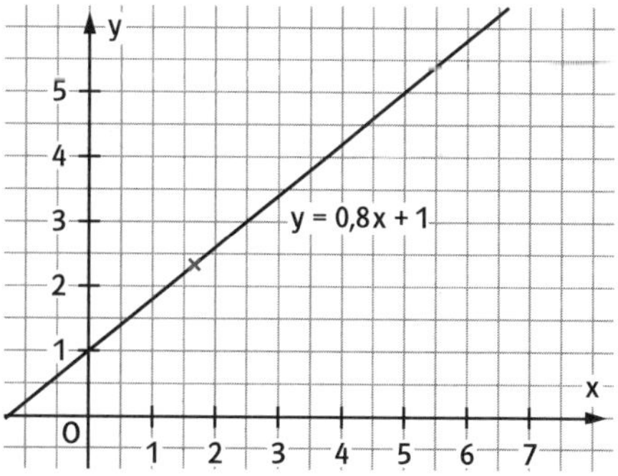

S. 94 **2** $f'(x) = 4x - 3$ ($f'(x) = 6x^2 + 4$)

a) $f(0) = 0;\ f'(0) = -3$ ($f(0) = 0;\ f'(0) = 4$)

b) $f(1) = -1;\ f'(1) = 1$ ($f(1) = 6;\ f'(1) = 10$)

c) $f(-1) = 5;\ f'(-1) = -7$ ($f(-1) = -6;\ f'(-1) = 10$)

d) $f(2) = 2;\ f'(2) = 5$ ($f(2) = 24;\ f'(2) = 28$)

e) $f(a) = 2a^2 - 3a;\ f'(a) = 4a - 3$ ($f(a) = 2a^3 + 4a;\ f'(a) = 6a^2 + 4$)

3 a) $f(x) = x^2;\ f'(x) = 2x$

x_0	$\frac{1}{4}$	1	2,25	3	25
$f'(x_0)$	$\frac{1}{2}$	2	4,5	6	50

b) $g(x) = x^3;\ g'(x) = 3x^2$

x_0	$\frac{1}{4}$	1	2,25	3	25
$g'(x_0)$	$\frac{3}{16}$	3	15,1875	27	1875

$h(x) = \frac{1}{x};\ h'(x) = -\frac{1}{x^2}$

x_0	$\frac{1}{4}$	1	2,25	3	25
$h'(x_0)$	−16	−1	$-\frac{16}{81} \approx -0{,}19753$	$-\frac{1}{9}$	$-\frac{1}{625}$

$k(x) = x;\ k'(x) = 1$

x_0	$\frac{1}{4}$	1	2,25	3	25
$k'(x_0)$	1	1	1	1	1

4 $f(x) = \frac{1}{4}x^2 - 2;\ f'(x) = \frac{1}{2}x$

a) $f'(-2) = -1$

b) $f'(x) = -8$: $\frac{1}{2}x = -8$ ergibt $x_0 = -16$.

c) $f'(x) = \frac{1}{2}x = 0$ für $x = 0$. In $P(0\,|\,-2)$ ist die Steigung 0.

d) $f'(x) = \frac{1}{2}x = 1\,000\,000$ ergibt $x = 2\,000\,000$; $Q(2\,000\,000\,|\,1\,000\,000)$

S. 94 **5** a) $f'(x) > 0$ für alle x.
b) $f'(x) = 0$ für $x_1 \approx -2{,}25$ und für $x_2 \approx 2{,}25$; $f'(x) > 0$ für $x < -2{,}25$ und für $x > 2{,}25$; $f'(x) < 0$ für $-2{,}25 < x < 2{,}25$
c) $f'(x) = 0$ für $x_1 \approx -2{,}1$, $x_2 = 0$ und $x_3 \approx 2{,}8$; $f'(x) > 0$ für $-2{,}1 < x < 0$ und für $x > 2{,}8$; $f'(x) < 0$ für $x < -2{,}1$ und für $0 < x < 2{,}8$

6 a) $f'(x) = 4x^3$ b) $f'(x) = 6x^5$ c) $f'(x) = 9x^8$ d) $f'(x) = 12x^{11}$
e) $f'(x) = 70x^{34}$ f) $f'(x) = -x^{-6}$ g) $f'(x) = -\frac{1}{2}x^{-8}$ h) $f'(x) = -0{,}1x^{-11}$
i) $f'(x) = -\frac{8}{x^9}$ j) $f'(x) = 9x^8$ k) $f'(x) = -\frac{39}{x^{40}}$ l) $f'(x) = 100x^{99}$

7 a) $f'(x) = 4x^3 = 4$; also $x_0 = 1$: $P(1\,|\,1)$
b) $f'(x) = 3x^2 = 12$; also $x_1 = -2$; $x_2 = 2$: $P_1(-2\,|\,-8)$; $P_2(2\,|\,8)$
c) $f'(x) = 100x^{99} = \frac{100}{2^{99}}$; also $x_0 = \frac{1}{2}$: $P_0\left(\frac{1}{2}\,\middle|\,\frac{1}{2^{100}}\right)$
d) $f'(x) = 0$; 1 ist nicht möglich; es gibt keinen entsprechenden Punkt, was anschaulich klar ist.
e) $f'(x) = 6x^5 = 18750$; also $x^5 = 3125$; damit $x_0 = 5$: $P_0(5\,|\,15\,625)$
f) $f'(x) = 7x^6 = 448$; also $x^6 = 64$; damit $x_0 = 2$: $P_0(2\,|\,128)$

8 $f(x) = 0{,}5x^2 - 2x$; $f'(x) = x - 2$
a) $f'(x) = 3$, also $x - 2 = 3$ ergibt $x_0 = 5$; $f(5) = 2{,}5$. $P(5\,|\,2{,}5)$
b) $f'(x) = 0$, also $x - 2 = 0$ ergibt $x_0 = 2$; $f(2) = -2$. $P(2\,|\,-2)$
c) Gerade hat Steigung 1: $f'(x) = 1$, also $x - 2 = 1$ ergibt $x_0 = 3$; $f(3) = -1{,}5$. $P(3\,|\,-1{,}5)$

9 a) $f'(x) = 0{,}02x - 0{,}1$; $f'(x) = 0$ ergibt $0{,}02x - 0{,}1 = 0$, also $x = 5$.
b) $f'(x) = 2{,}5\,\% = 0{,}025$ ergibt $0{,}02x - 0{,}1 = 0{,}025$, also $x = 6{,}25$.
Bedeutung: Die Straße steigt bei Kilometer 6,25 leicht an.
c) $f'(x) = 10\,\% = 0{,}1$ ergibt $0{,}02x - 0{,}1 = 0{,}1$, also $x = 10$;
$f'(x) = -10\,\% = -0{,}1$ ergibt $0{,}02x - 0{,}1 = -0{,}1$, also $x = 0$.
Damit hat die Straße bei Kilometer 10 eine Steigung von 10 %, bei Kilometer 0 ein Gefälle von 10 %.

10 a) An der Stelle, an welcher der Graph einen Extremwert hat (Scheitel), hat die Ableitungsfunktion eine Nullstelle.

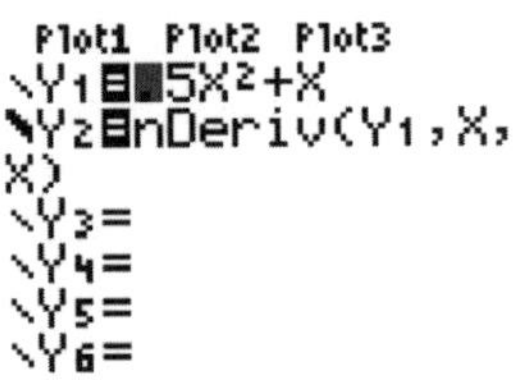

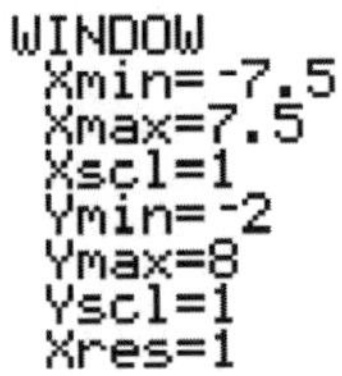

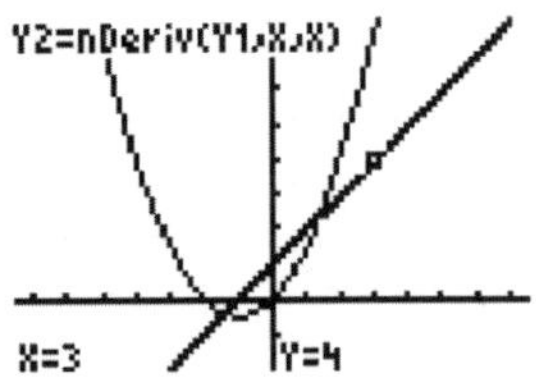

S. 94 b) In den Bereichen mit positiver Steigung verläuft der Graph von f′ oberhalb der x-Achse, in Bereichen mit negativer Steigung verläuft er unterhalb der x-Achse.

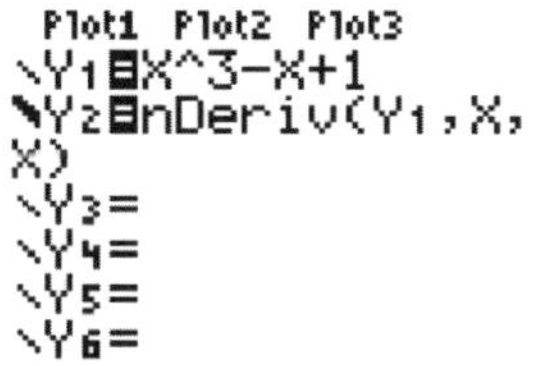

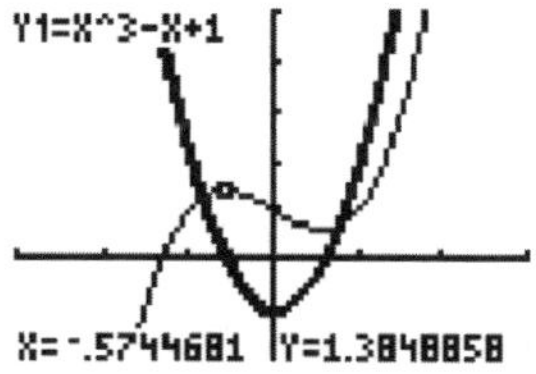

c) Obwohl es so aussieht, als verlaufe der Graph von f im Nullpunkt waagerecht, ist dies nicht der Fall, da die Ableitung an der Stelle 0 den Wert 1 hat. Der Graph von f steigt also dort.

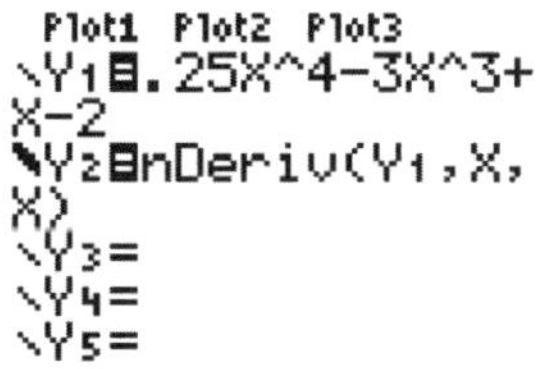

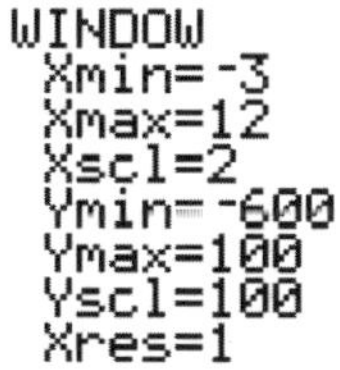

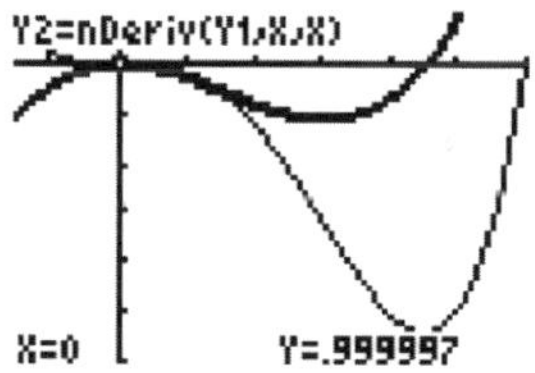

3 *Tangente und Normale*

S. 95 **1** a) $f'(x) = 2x$; $f'(-2) = 4$; also $m = -4$
g: $y = -4(x + 2) + 4$ oder $y = -4x - 4$
b) $x^2 = -4x - 4$ oder $x^2 + 4x + 4 = 0$;
damit gilt $(x + 2)^2 = 0$ also $x_0 = -2$.
Damit ist der einzige gemeinsame Punkt zwischen Gerade und Graph der Punkt $P_0(-2|4)$.

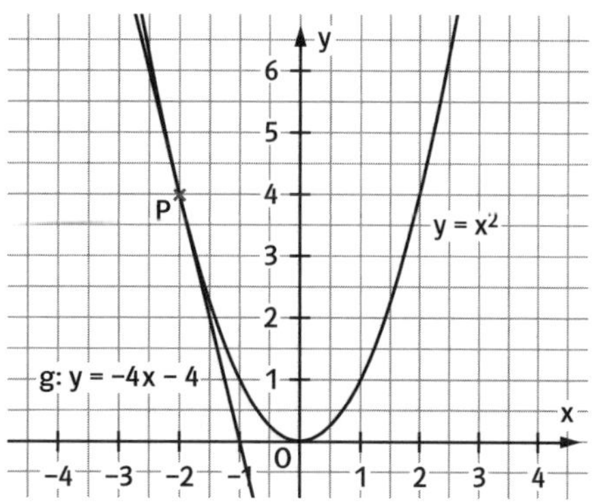

S. 98 **2** Funktion (1)
a) $f(0) = 1$; $f'(0) = 0$
b) $x_1 = -1$; $x_2 = 0$; $x_3 = 2$
c) $S_1(0{,}95|0)$, $f'(0{,}95) \approx -2$;
$S_2(2{,}65|0)$, $f'(2{,}65) \approx 6$
d) $y = 0{,}6$
e) $f'(x) > 0$ für $-1 < x < 0$ und für $x > 2$

Funktion (2)
$f(0) = 0$; $f'(0) \approx 1{,}25$
$x_1 = -2$; $x_2 = 1$; $x_3 = 3$
$S_1(0|0)$, $f'(0) \approx 1{,}25$; $S_2(2{,}2|0)$,
$f'(2{,}2) \approx -0{,}8$; $S_3(3{,}6|0)$, $f'(3{,}6) \approx 1{,}7$
$y - (-1{,}5) = 1{,}6 \cdot (x - (-1))$; $y = 1{,}6x + 0{,}1$
$f'(x) > 0$ für $-2 < x < 1$ und für $x > 3$

S. 98 **3** a) $f(x) = \frac{1}{2}x^2$; $f'(x) = x$; $f'(2) = 2$.
t: $y - 2 = 2(x - 2)$; $y = 2x - 2$; n: $y - 2 = -\frac{1}{2}(x - 2)$; $y = -\frac{1}{2}x + 3$
b) $f(x) = x^2 - x$; $f'(x) = 2x - 1$; $f'(-2) = -5$.
t: $y - 6 = -5(x - (-2))$; $y = -5x - 4$; n: $y - 6 = \frac{1}{5}(x + 2)$; $y = \frac{1}{5}x + 6{,}4$
c) $f(x) = 2x - \frac{1}{4}x^2$; $f'(x) = 2 - \frac{1}{2}x$; $f'(2) = 1$.
t: $y - 3 = x - 2$; $y = x + 1$; n: $y - 3 = -1(x - 2)$; $y = -x + 5$

4 $f(x) = \frac{1}{16}(-x^4 + 6x^2 + 27)$; $f'(x) = \frac{1}{16}(-4x^3 + 12x) = \frac{1}{4}(-x^3 + 3x)$
a) $f(-1) = 2$; $f'(-1) = -\frac{1}{2}$: Tangente t: $y - 2 = -\frac{1}{2}(x + 1)$; $y = -\frac{1}{2}x + \frac{3}{2}$;
Normale n: $y - 2 = 2 \cdot (x + 1)$; $y = 2x + 4$
b) Da der Graph von f achsensymmetrisch zur y-Achse ist, hat die Tangente in B(1 | 2) die Steigung $\frac{1}{2}$. Damit lauten die zugehörigen Gleichungen: t: $y = \frac{1}{2}x + \frac{3}{2}$ und n: $y = -2x + 4$.

5 a) $m_N = \frac{1}{4}$; B(−2 | 4); n: $y - 4 = \frac{1}{4}(x + 2)$,
also $y = \frac{1}{4}x + \frac{9}{2}$
b) $x^2 = \frac{1}{4}x + \frac{9}{2}$ ergibt $x^2 - \frac{1}{4}x - \frac{9}{2} = 0$
mit $x_1 = -2$ (x-Wert von B) und $x_2 = 2{,}25$;
$f(2{,}25) = \frac{81}{16} = 5{,}0625$, also S(2,25 | 5,0625).

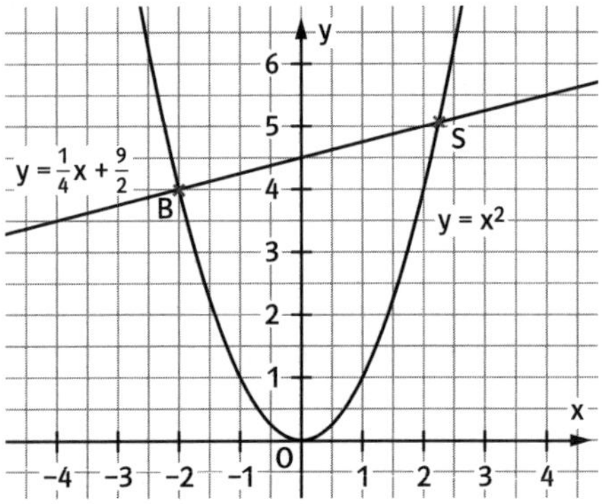

6 a) $f'(1) = -2$; Tangente: $y = -2x + 3$

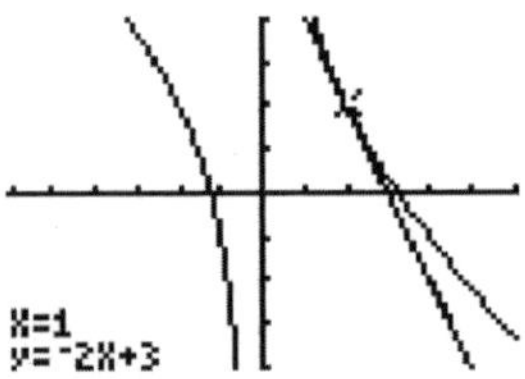

b) $f'(7) \approx 11{,}7649$; Tangente:
$y = -11{,}7649x - 82{,}3543$

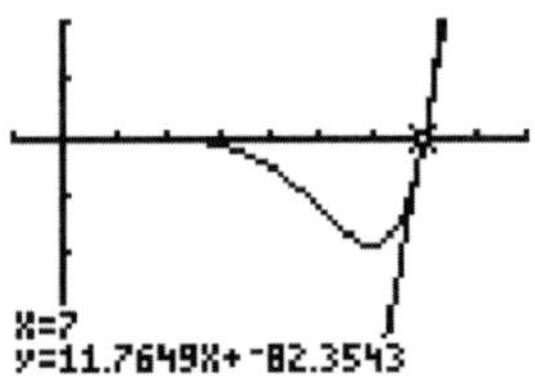

c) $f'(1{,}5) \approx 11{,}7000$; Tangente:
$y = 11{,}7000x - 15{,}1875$

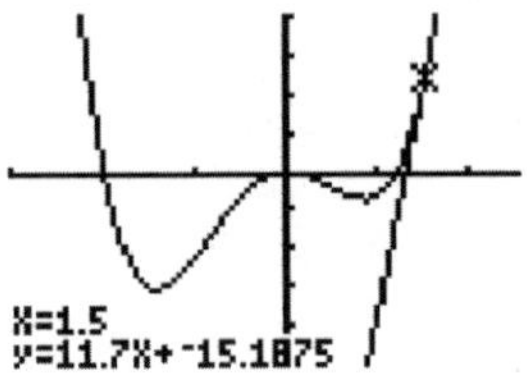

d) $f'(-1) = 0$; Tangente: $y = -4$

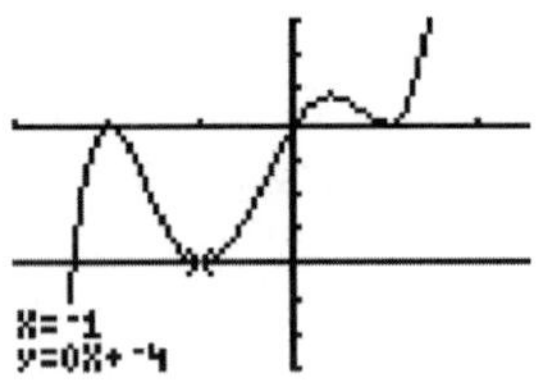

S. 98 **7** $f(x) = x^2$; $f'(x) = 2x$; Bedingung: $f'(x) = 1$, also $2x = 1$; $x_0 = \frac{1}{2}$.
Da $f\left(\frac{1}{2}\right) = \frac{1}{4}$ ist, ergibt sich als Berührpunkt $B\left(\frac{1}{2} \,\middle|\, \frac{1}{4}\right)$.

8 a) $f(x) = x^4$; $f'(x) = 4x^3$; $4x^3 = \frac{1}{2}$ ergibt $x^3 = \frac{1}{8}$, also $x_0 = \frac{1}{2}$.
Da $f\left(\frac{1}{2}\right) = \frac{1}{16}$ ist, ergibt sich $P\left(\frac{1}{2} \,\middle|\, \frac{1}{16}\right)$.
b) $f(x) = x^8$; $f'(x) = 8x^7$; $8x^7 = -\frac{1}{16}$ ergibt $x^7 = -\frac{1}{128}$, also $x_0 = -\left(\frac{1}{128}\right)^{\frac{1}{7}} = -\sqrt[7]{\frac{1}{128}} = -\frac{1}{2}$.
Da $f\left(-\frac{1}{2}\right) = \frac{1}{256}$ ist, ergibt sich $P\left(-\frac{1}{2} \,\middle|\, \frac{1}{256}\right)$.
c) $f(x) = x^3$; $f'(x) = 3x^2$; $3x^2 = 12$ ergibt $x^2 = 4$, also $x_1 = -2$; $x_2 = 2$.
Da $f(-2) = -8$ und $f(2) = 8$ ist ergeben sich die Punkte $P_1(-2 \mid -8)$ und $P_2(2 \mid 8)$.

Aufgabenstellung am Rand z. B. zu 8a): In welchem Punkt ist die Tangente an den Graphen von f parallel zur Geraden mit der Gleichung $y = \frac{1}{2}x + 4$.

9 Berührpunkt $B\left(x_0 \,\middle|\, -\frac{1}{2}x_0^3 + \frac{3}{2}x + 2\right)$. $f'(x) = -\frac{3}{2}x_0^2 + \frac{3}{2}$.
Bedingung: Steigung von PB = $f'(x_0)$: (*) $\frac{-\frac{1}{2}x_0^3 + \frac{3}{2}x_0 + 2 - 5}{x_0 - 2} = -\frac{3}{2}x_0^2 + \frac{3}{2}$ $\quad | 2 \cdot (x_0 - 2)$
$-x^3 + 3 \cdot x - 6 = -3 \cdot x^3 + 6 \cdot x^2 + 3 \cdot x - 6$ oder $2x^3 - 6x^2 = 2x^2 \cdot (x - 3) = 0$ mit den Lösungen $x_1 = 0$ und $x_2 = 3$.
Da $f(0) = 2$ und $f(3) = -7$ ist, gibt es zwei Berührpunkte $B_1(0 \mid 2)$ und $B_2(3 \mid -7)$.
Tangente in B_1: $y = 1{,}5x + 2$, Tangente in B_2: $y = -12x + 29$.
Die Gleichung (*) kann man auch mit dem GTR sehr einfach lösen, indem man die linke und rechte Seite als Funktion auffasst und die Schnittstellen ihrer Graphen berechnet.

10 Berührpunkt $B\left(x_0 \,\middle|\, \frac{1}{8}x_0^3 \cdot (x_0 + 4)\right)$; $f'(x) = \frac{1}{2}x_0^3 + \frac{3}{2}x_0^2$
Bedingung: Steigung von PB = $f'(x_0)$: (*) $\frac{\frac{1}{8}x_0^3 \cdot (x_0 + 4) - 6}{x_0 - 2} = \frac{1}{2}x_0^3 + \frac{3}{2}x_0^2$ $\quad | 2 \cdot (x_0 - 2)$
$\frac{1}{4}x_0^4 + x_0^3 - 12 = x_0^4 + x_0^3 - 6x_0^2$ oder $\frac{3}{4}x_0^4 - 6x_0^2 + 12 = 0$ mit $x_1 = -2$, $x_2 = 2$
Da $f(-2) = -2$ und $f(2) = 6$ ist, gibt es zwei Berührpunkte $B_1(-2 \mid -2)$ und $B_2(2 \mid 6) = P$.
Tangente in B_1: $y = 2x + 2$, Tangente in B_2: $y = 10x - 14$.
Die Gleichung (*) kann man auch mit dem GTR sehr einfach lösen!

4 *Monotonie – höhere Ableitungen*

S. 99 **1** a) Der Graph von Fig. 1 ist der beste, da das Vermögen stark ansteigt. Der Graph von Fig. 2 fällt mit wachsenden x-Werten, in Fig. 3 bleiben die Funktionswerte gleich.
In Fig. 1 ist $f'(x) \geqq 0$ für alle x, in Fig. 2 ist $f'(x) \leqq 0$ für alle x, in Fig. 3 ist $f'(x) = 0$ für alle x der Definitionsmenge.
In Fig. 1 gilt für alle x mit $x_1 < x_2$: $f(x_1) \leqq f(x_2)$; in Fig. 2 gilt für alle x mit $x_1 < x_2$: $f(x_1) \geqq f(x_2)$; in Fig. 3 gilt für alle x mit $x_1 < x_2$: $f(x_1) = f(x_2)$;

S. 100 **2** a) Der Graph wächst monoton. Bei 8 ct je Minute erhält man den Graphen

bei kontinuierlicher Abrechnung:

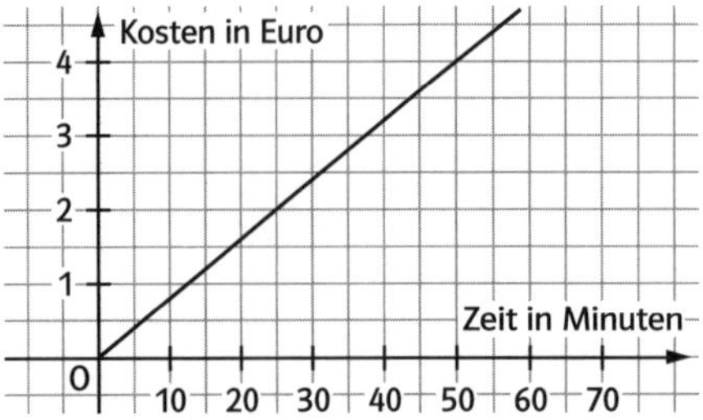

bei Abrechnung auf volle Minuten:

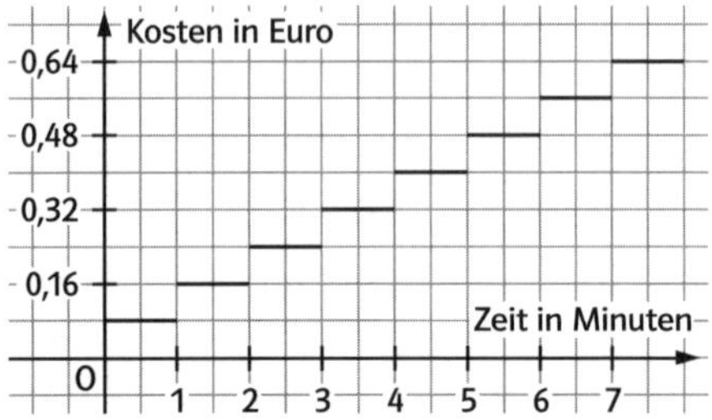

b) Der Graph fällt monoton wegen der Inflation.

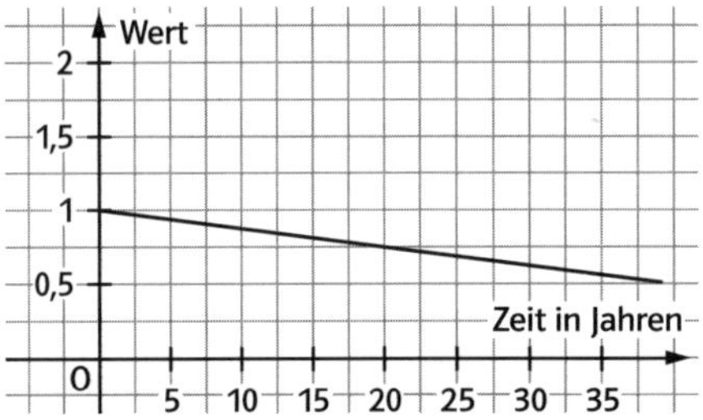

c) Der Graph wächst monoton. Möglicher Verlauf:

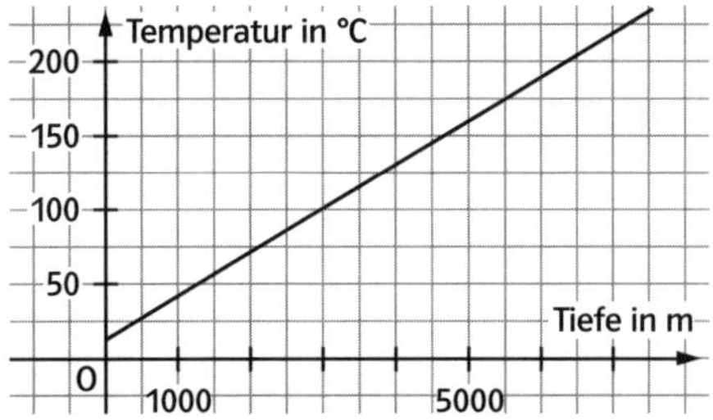

3 a) f steigt monoton in [−4; −3] und in [3; 4], f fällt monoton in [−3; 3].
$f'(x) = 0$ für $x_1 = -3$, $x_2 = 0$ und $x_3 = 3$.
b) f steigt monoton in [0; 1] und in [4; 5], f fällt monoton in [−1; 0] und in [1; 4].
$f'(x) = 0$ für $x_1 = 0$, $x_2 = 1$ und $x_3 = 4$.
c) f steigt monoton in [−3; −1], in [0; 2] und in [4; 4,6], f fällt monoton in [−3,6; −3], in [−1; 0] und in [2; 4].
$f'(x) = 0$ für $x_1 = -3$, $x_2 = -1$, $x_3 = 0$, $x_4 = 2$ und $x_5 = 4$.

4 a) f fällt monoton in]−∞; 0], f steigt monoton in [0; ∞[.
b) f fällt monoton in]−∞; 0], f steigt monoton in [0; ∞[.
c) f steigt monoton in]−∞; ∞[.
d) f steigt monoton in]−∞; ∞[.
e) f fällt monoton in]−∞; ∞[.

5 a) $f'(x) = 2x - 2$;
Graph von f′ in Fig. 1.
f fällt monoton in [−2; 1];
f steigt monoton in [1; 4].

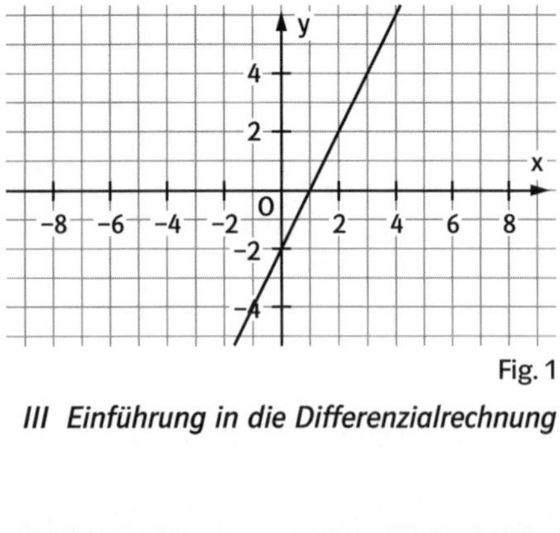

Fig. 1

S. 100 **5** b) $f'(x) = 3x^2 - 3$;
Graph von f' in Fig. 1.
f fällt monoton in [−1; 1];
f steigt monoton in [−2; −1] und in [1; 2].

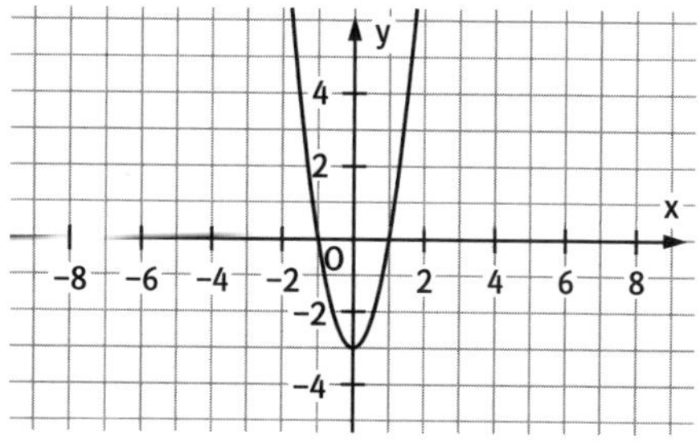

Fig. 1

c) $f'(x) = x^3 - 1$;
Graph von f' in Fig. 2.
f fällt monoton in [−2; 1];
f steigt monoton in [1; 2].

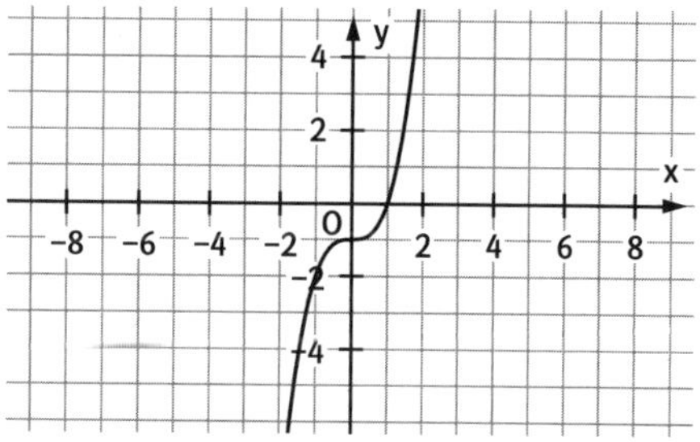

Fig. 2

6 a) $f(x) = x^4$; $f'(x) = 4x^3$; $f''(x) = 12x^2$; $f'''(x) = 24x$; $f^{(4)}(x) = 24$; $f^{(5)}(x) = 0$
b) $f(x) = x^5 + x^3 + x + 1$; $f'(x) = 5x^4 + 3x^2 + 1$; $f''(x) = 20x^3 + 6x$; $f'''(x) = 60x^2 + 6$;
$f^{(4)}(x) = 120x$; $f^{(5)}(x) = 120$; $f^{(6)}(x) = 0$
c) $f(x) = \frac{1}{120}x^5 + \frac{1}{24}x^4 + \frac{1}{6}x^3 + \frac{1}{2}x^2 + x$; $f'(x) = \frac{1}{24}x^4 + \frac{1}{6}x^3 + \frac{1}{2}x^2 + x + 1$;
$f''(x) = \frac{1}{6}x^3 + \frac{1}{2}x^2 + x + 1$; $f'''(x) = \frac{1}{2}x^2 + x + 1$; $f^{(4)}(x) = x + 1$; $f^{(5)}(x) = 1$; $f^{(6)}(x) = 0$

5 *Extremwerte*

S. 101 **1** a) Nach ca. 23,5 km wurde eine erste maximale Höhe von ca. 930 m erreicht, dann ging es bergab bis zu einem tiefsten Punkt nach etwa 27 km mit einer Meereshöhe von ca. 790 m. Der nächste höchste Punkt wurde nach ca. 33 km mit 957 m erreicht; dieser war auch insgesamt der absolut höchste Punkt. Der in diesem Diagramm tiefste Punkt wurde nach ca. 39 km erreicht mit etwa 785 m Meereshöhe.
b) In der Umgebung eines höchsten Punktes geht es links und rechts davon bergab, d.h. die umliegenden Punkte liegen tiefer. In der Umgebung eines tiefsten Punktes geht es links und rechts davon bergauf, d.h. die umliegenden Punkte liegen höher.
c) Wie schon in a) beschrieben, liegt der absolut höchste Punkt bei 33 km mit 957 m Meereshöhe. Der im Diagramm absolut tiefste Punkt liegt bei ca. 39 km und hat etwa 785 m Meereshöhe.

S. 104 **2** a) Extremstellen: $x_1 = 0$; $x_2 = 2$; $x_3 = 4$; $x_4 = 6$; $x_5 = 7$
Hochpunkte: $H_1(0\,|\,1{,}75)$; $H_2(4\,|\,1{,}5)$; $H_3(7\,|\,0{,}5)$
Tiefpunkte: $T_1(2\,|\,-0{,}75)$; $T_2(6\,|\,-0{,}5)$
Lokale Maxima sind $f(0) = 1{,}75$; $f(4) = 1{,}5$ und $f(7) = 0{,}5$.
Lokale Minima sind $f(2) = -0{,}75$; $f(6) = -0{,}5$.
Globales Maximum ist $f(0) = 1{,}75$, globales Minimum ist $f(2) = -0{,}75$.
b) Extremstellen: $x_1 = 0$; $x_2 = 0{,}5$; $x_3 = 1{,}5$; $x_4 = 2{,}5$; $x_5 = 3{,}5$; $x_6 = 4{,}5$; $x_7 = 5{,}5$; $x_8 = 6{,}5$.
Hochpunkte: $H_1(0{,}5\,|\,1{,}5)$; $H_2(2{,}5\,|\,1)$; $H_3(4{,}5\,|\,1{,}5)$; $H_4(6{,}5\,|\,2)$
Tiefpunkte: $T_1(0\,|\,0)$; $T_2(1{,}5\,|\,-1{,}5)$; $T_3(3{,}5\,|\,-1)$; $T_4(5{,}5\,|\,-1{,}5)$
Lokale Maxima sind $f(0{,}5) = 1{,}5$; $f(2{,}5) = 1$; $f(4{,}5) = 1{,}5$ und $f(6{,}5) = 2$.
Lokale Minima sind $f(0) = 0$; $f(1{,}5) = -1{,}5$; $f(3{,}5) = -1$ und $f(5{,}5) = -1{,}5$.
Globales Maximum ist $f(6{,}5) = 2$, globales Minimum ist $f(1{,}5) = f(5{,}5) = -1{,}5$.

3 a) $f(x) = -\frac{1}{4}x^4$ (Fig. 1)
b) $f(x) = x^3 - 3x$ (Fig. 1)
c) $f(x) = x^3 - 3x$ (Fig. 1)

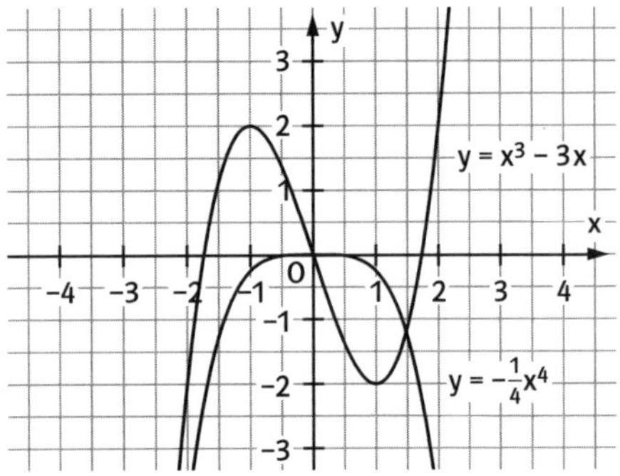

Fig. 1

4 a) $f(x) = 5x^2 - 4x - 3$; $f'(x) = 10x - 4$; $f''(x) = 10$
$f'(x) = 0$ ergibt $10x - 4 = 0$, also $x = 0{,}4$. Wegen $f''(0{,}4) = 10 > 0$ liegt ein Minimum vor. $f(0{,}4) = -3{,}8$, also Scheitel $S(0{,}4\,|\,-3{,}8)$.
b) $f(x) = -4x^2 - 9x + 7$; $f'(x) = -8x - 9$; $f''(x) = -8$.
$f'(x) = 0$ ergibt $-8x - 9 = 0$, also $x = -\frac{9}{8}$. Wegen $f''\left(-\frac{9}{8}\right) = -8 < 0$ liegt ein Maximum vor. $f'\left(-\frac{9}{8}\right) = \frac{193}{16}$, also Scheitel $S\left(-\frac{9}{8}\,\middle|\,\frac{193}{16}\right)$.

c) $f(x) = -0{,}125x^2 + 12x - 3$; $f'(x) = -0{,}25x + 12$; $f''(x) = -0{,}25$.
$f'(x) = 0$ ergibt $-0{,}25x + 12 = 0$, also $x = 48$. Wegen $f''(48) = -0{,}25 < 0$ liegt ein Maximum vor. $f(48) = 285$, also Scheitel $S(48\,|\,285)$.
d) $f(x) = 0{,}1x^2 - 2x + 45$; $f'(x) = 0{,}2x - 2$; $f''(x) = 0{,}2$.
$f'(x) = 0$ ergibt $0{,}2x - 2 = 0$, also $x = 10$. Wegen $f''(10) = 0{,}2 > 0$ liegt ein Minimum vor. $f(10) = 35$, also Scheitel $S(10\,|\,35)$.
e) $f(x) = 100x^2 + 10x + 100$; $f'(x) = 200x + 10$; $f''(x) = 200$.
$f'(x) = 0$ ergibt $200x + 10 = 0$, also $x = -0{,}05$. Wegen $f''(-0{,}05) = 200 > 0$ liegt ein Minimum vor.
$f(-0{,}05) = 99{,}75$, also Scheitel $S(-0{,}05\,|\,99{,}75)$.
f) $f(x) = 0{,}001x^2$ hat Scheitel $O(0|0)$. Rechnung: $f'(x) = 0{,}002x$; $f''(x) = 0{,}002$.
$f'(x) = 0$ ergibt $x = 0$. Wegen $f''(0) = 0{,}002 > 0$ liegt ein Minimum vor.
$f(0) = 0$, also Scheitel $S(0\,|\,0)$.

S. 104 **5** a) $f(x) = x^3 - 3x$; $f'(x) = 3x^2 - 3$; $f''(x) = 6x$.
$f'(x) = 0$ ergibt $3x^2 - 3 = 0$, also $x^2 = 1$.
Damit $x_1 = -1$ und $x_2 = 1$.
Wegen $f''(-1) = -6 < 0$ liegt ein
Maximum vor: $f(-1) = 2$: $H(-1|2)$
Wegen $f''(1) = 6 > 0$ liegt ein
Minimum vor: $f(1) = -2$: $T(1|-2)$

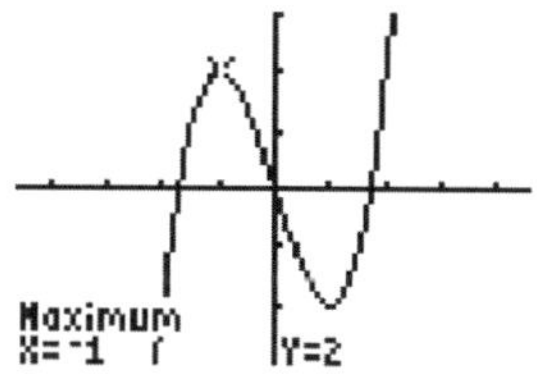

b) $f(x) = 12x - x^3$; $f'(x) = -3x^2 + 12$; $f''(x) = -6x$.
$f'(x) = 0$ ergibt $-3x^2 + 12 = 0$, also $x^2 = 4$.
Damit $x_1 = -2$ und $x_2 = 2$.
Wegen $f''(-2) = 12 > 0$ liegt ein
Minimum vor: $f(-2) = -16$: $T(-2|-16)$.
Wegen $f''(2) = -12 < 0$ liegt ein
Maximum vor: $f(2) = 16$: $H(2|16)$.

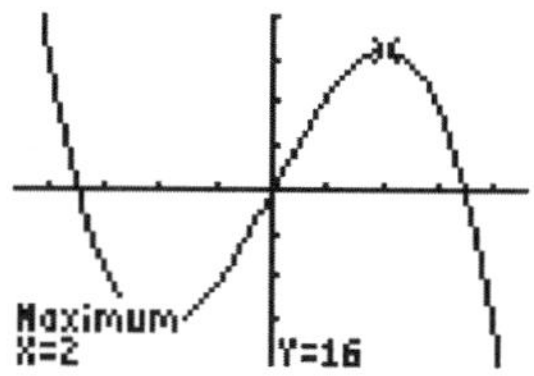

c) $f(x) = x^3 - 3x^2 - 9x$; $f'(x) = 3x^2 - 6x - 9$;
$f''(x) = 6x - 6$.
$f'(x) = 0$ ergibt $3x^2 - 6x - 9 = 0$, also $x_1 = -1$ und $x_2 = 3$.
Wegen $f''(-1) = -12 < 0$ liegt ein
Maximum vor: $f(-1) = 5$: $H(-1|5)$.
Wegen $f''(3) = 12 > 0$ liegt ein
Minimum vor: $f(3) = -27$: $T(3|-27)$.

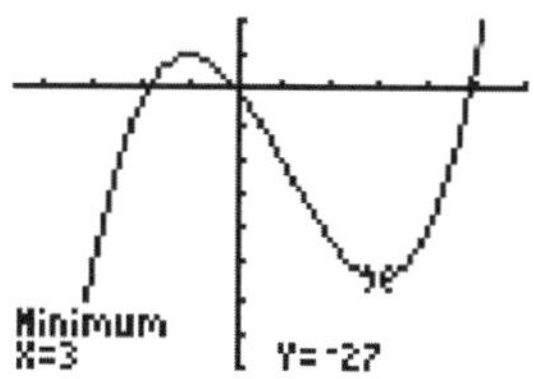

d) $f(x) = -2x^3 + 6x^2$; $f'(x) = -6x^2 + 12x$;
$f''(x) = -12x + 12$.
$f'(x) = 0$ ergibt $-6x^2 + 12x = 0$, also $x_1 = 0$ und $x_2 = 2$.
Wegen $f''(0) = 12 > 0$ liegt ein
Minimum vor: $f(0) = 0$: $T(0|0)$.
Wegen $f''(2) = -12 < 0$ liegt ein
Maximum vor: $f(2) = 8$: $H(2|8)$.

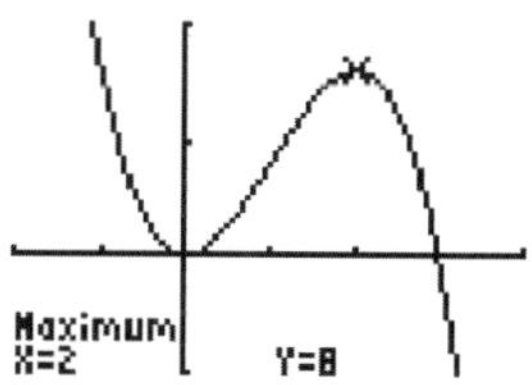

e) $f(x) = x^3 + 3x^2 + 3$; $f'(x) = 3x^2 + 6x$;
$f''(x) = 6x + 6$.
$f'(x) = 0$ ergibt $3x^2 + 6x = 0$, also $x_1 = 0$ und $x_2 = -2$.
Wegen $f''(0) = 6 > 0$ liegt ein
Minimum vor: $f(0) = 3$: $T(0|3)$.
Wegen $f''(-2) = -6 < 0$ liegt ein
Maximum vor: $f(-2) = 7$: $H(-2|7)$.

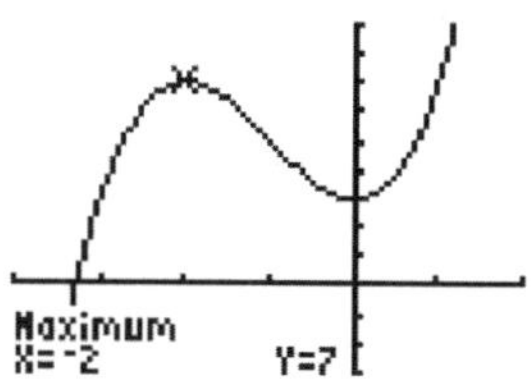

f) $f(x) = x^3 - 3$; $f'(x) = 3x^2$; $f''(x) = 6x$
$f'(x) = 0$ ergibt $3x^2 = 0$, also $x_1 = 0$ (doppelte Nullstelle)
Wegen $f''(0) = 0$ ist keine Entscheidung möglich.
Da $f'(x) > 0$ ist für alle x in der Nähe von $x_1 = 0$,
liegt kein Vorzeichenwechsel von f'(x) bei $x_1 = 0$ vor,
d.h. f(x) steigt monoton.
Damit liegt in $x_1 = 0$ kein Extrempunkt vor.

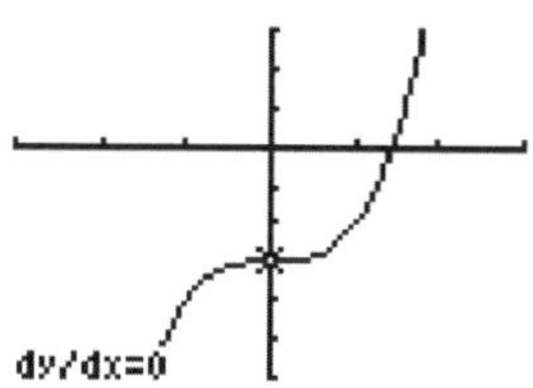

S. 104 **6** a) $f(x) = \frac{1}{8}x^4 - x^2 + 2$; $f'(x) = \frac{1}{2}x^3 - 2x$; $f''(x) = \frac{3}{2}x^2 - 2$

$f'(x) = 0$ ergibt $\frac{1}{2}x(x^2 - 4) = 0$, also $x_1 = 0$; $x_2 = -2$; $x_3 = 2$

Wegen $f''(0) = -2 < 0$ liegt ein Maximum vor: $f(0) = 2$: $H(0\,|\,2)$.

Wegen $f''(-2) = 4 > 0$ liegt ein Minimum vor: $f(-2) = 0$: $T_1(-2\,|\,0)$.

Wegen der Achsensymmetrie zur y-Achse ist $T_2(2\,|\,0)$.

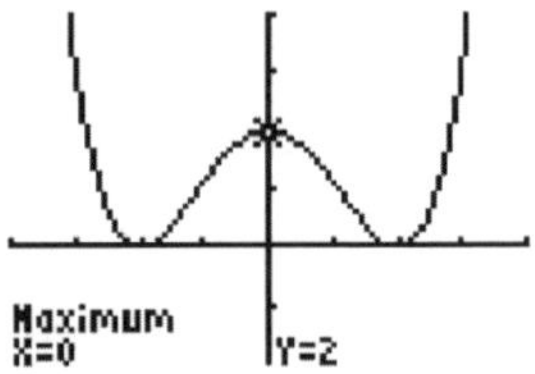

b) $f(x) = 2x^5 - 10x^4 + 4$; $f'(x) = 10x^4 - 40x^3$;

$f''(x) = 40x^3 - 120x^2$.

$f'(x) = 0$ ergibt $10x^3(x - 4) = 0$, also $x_1 = 0$; $x_2 = 4$.

Wegen $f''(0) = 0$ ist keine Entscheidung möglich.

Da $10x^3(x - 4) > 0$ ist für $-1 < x < 0$ und

$10x^3(x - 4) < 0$ ist für $0 < x < 1$,

hat $f'(x)$ beim Durchgang durch $x_1 = 0$ einen Vorzeichenwechsel von + nach −, d.h. es liegt in $x_1 = 0$ ein Maximum vor: $H(0\,|\,4)$.

Wegen $f''(4) = 640 > 0$ liegt ein Minimum vor: $f(4) = -508$: $T(4\,|\,-508)$.

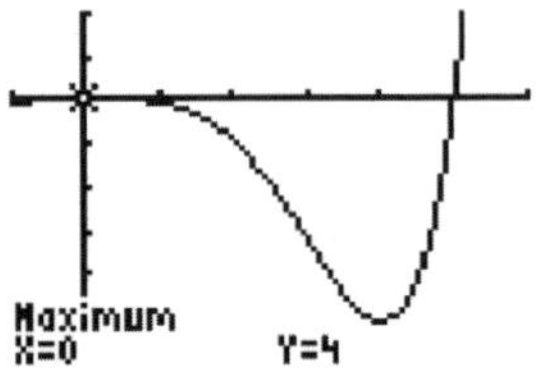

c) $f(x) = -\frac{1}{2}x^4 + \frac{2}{3}x^3 + 2x^2 - 4$; $f'(x) = -2x^3 + 2x^2 + 4x$;

$f''(x) = -6x^2 + 4x + 4$.

$f'(x) = 0$ ergibt $-2x(x^2 - x - 2) = 0$,

also $x_1 = 0$; $x_2 = -1$; $x_3 = 2$.

Wegen $f''(0) = 4 > 0$ liegt ein Minimum vor: $f(0) = -4$: $T(0\,|\,-4)$.

Wegen $f''(-1) = -6 < 0$ liegt ein Maximum vor: $f(-1) = -\frac{19}{6}$: $H_1\left(-1\,|\,-\frac{19}{6}\right)$.

Wegen $f''(2) = -12 < 0$ liegt ein Maximum vor: $f(2) = \frac{4}{3}$: $H_2\left(2\,|\,\frac{4}{3}\right)$.

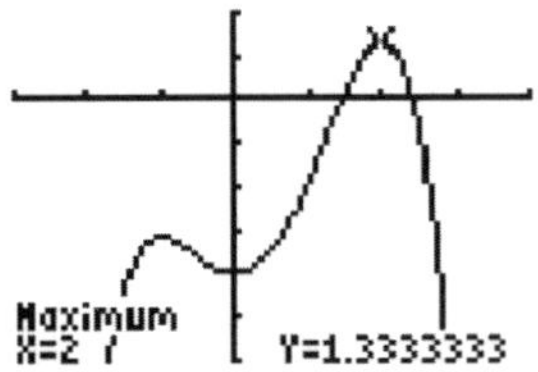

7 a) $f(x) = 0{,}25x^4 - x + 3$; $f'(x) = x^3 - 1$; $f''(x) = 3x^2$

$f'(x) = 0$ ergibt $x^3 - 1 = 0$, also $x_1 = 1$.

Wegen $f''(1) = 3 > 0$ liegt ein lokales Minimum vor:

$f(1) = 2{,}25$: $T(1\,|\,2{,}25)$.

Da der Graph von „links oben" nach „rechts oben" verläuft, ist $f(1) = 2{,}25$ ein absolutes Minimum.

$T(1\,|\,2{,}25)$ ist damit der gesuchte Punkt.

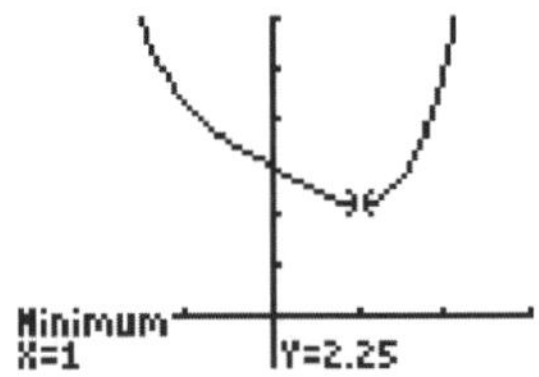

b) $f(x) = -\frac{1}{3}x^4 - \frac{1}{2}x^3 - 12x^2 - \frac{3}{4}$;

$f'(x) = -\frac{4}{3}x^3 - \frac{3}{2}x^2 - 24x^2$; $f''(x) = -4x^2 - 3x - 24$

$f'(x) = 0$ ergibt $-\frac{4}{3}x^3 - \frac{3}{2}x^2 - 24x = 0$

mit der einzigen Lösung $x_1 = 0$.

Wegen $f''(0) = -24 < 0$ liegt ein lokales Maximum vor:

$f(0) = -\frac{3}{4}$: $H\left(0\,|\,-\frac{3}{4}\right)$

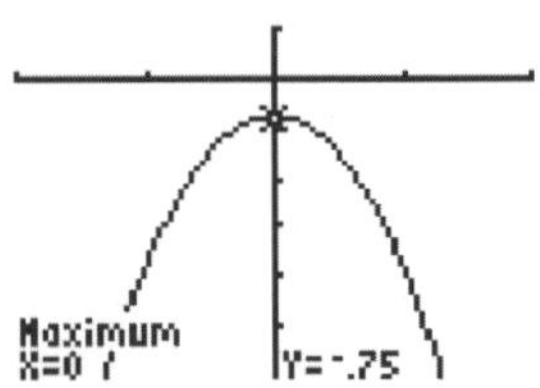

Da der Graph von „links unten" nach „rechts unten" verläuft, ist $f(0) = -\frac{3}{4}$ ein absolutes Maximum. $H\left(0\,|\,-\frac{3}{4}\right)$ ist damit der gesuchte Punkt.

S. 104 **8** a) $f(x) = 0{,}4x^3 - 3x^2 + 6{,}2x - 1$ mit $H(1{,}45916 \mid 2{,}90206)$ und $T(3{,}54083 \mid 1{,}09794)$
b) $f(x) = 3x^4 - 4x^3 - 35x^2 + 100$ mit $H(0 \mid 100)$, $T_1(-1{,}96644 \mid 39{,}93341)$ und $T_2(2{,}96644 \mid -80{,}10007)$.

9 (2) stellt ist Graph der Funktion f;
(3) ist Graph ihrer Ableitung, da f steigt, also $f'(x) \geqq 0$ ist, für $x \leqq 0$ und $x \geqq 2$. Auch ist $f'(2) = 0$.
(1) ist Graph der 2. Ableitung, da f′ fällt, also $f''(x) \leqq 0$ ist, für $x \leqq 1$, und da f′ steigt, also $f''(x) \geqq 0$ ist, für $x \geqq 1$. Auch ist $f''(1) = 0$.

6 *Wendepunkte von Graphen*

S. 105 **1** a) Da sich der Fahrer bei der vorletzten Stange nach links neigen und auch fahren muss, spricht man von einer Linkskurve. Bei der letzten Stange neigt sich der Fahrer nach rechts; man spricht man von einer Rechtskurve.
b) Ja, beim Übergang von der Rechts- in die Linkskurve darf er nicht geneigt fahren.
c)

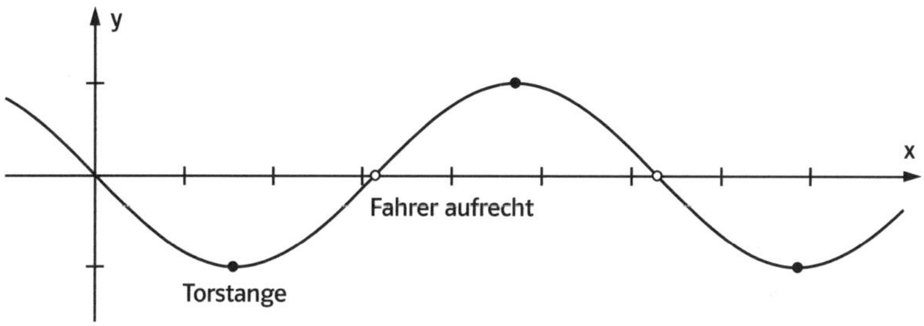

S. 107 **2** a) Linkskrümmung in]−2; 1[und in]4; ∞[; Rechtsskrümmung in]−∞; −2[und in]1; 4[.
$W_1(-2 \mid 2)$; $W_2(1 \mid 0{,}4)$; $W_3(4 \mid -1)$
b) Linkskrümmung in]−∞; 0[und in]2; ∞[; Rechtsskrümmung in]0; 2[.
$W_1(0 \mid -3)$; $W_2(2 \mid 0)$
c) Linkskrümmung in]−∞; 2[,]4; 6[und in]8; ∞[; Rechtsskrümmung in]2; 4[und in]6; 8[. $W_1(2 \mid 1)$; $W_2(4 \mid 1{,}5)$; $W_3(6 \mid 3)$; $W_4(8 \mid 0)$
d) Linkskrümmung in]−2; 0[und in]2; 4[; Rechtsskrümmung in]−3; −2[und in]0; 2[.
$W_1(-2 \mid 0)$, $W_2(0 \mid 0)$ und $W_3(2 \mid 0)$
e) Linkskrümmung in]−3; −2,5[,]−1,5; −0,5[,]0,5; 1,5[und in]2,5; 3,5[;
Rechtsskrümmung in]−2,5; −1,5[,]−0,5; 0,5[,]1,5; 2,5[und in]3; 5; 4[. $W_1(-2{,}5 \mid 0{,}5)$, $W_2(-1{,}5 \mid 0{,}5)$, $W_3(-0{,}5 \mid 0{,}5)$, $W_4(0{,}5 \mid 0{,}5)$, $W_5(1{,}5 \mid 0{,}5)$, $W_6(2{,}5 \mid 0{,}5)$ und $W_7(3{,}5 \mid 0{,}5)$
f) Linkskrümmung in]−3; −2,5[,]−2; −1,5[,]−1; −0,5[,]0; 0,5[,]1; 1,5[,]2; 2,5[;]3; 3,5[;
Rechtsskrümmung in]−3,5; −3[,]−2,5; −2[,]−1,5; −1[,]−0,5; 0[,]0,5; 1[,]1,5; 2[;]2,5; 3[.
$W_1(-2{,}5 \mid -1{,}5)$, $W_2(-2 \mid -1{,}5)$, $W_3(-1{,}5 \mid -1{,}5)$, …, $W_{13}(3{,}5 \mid -1{,}5)$

Randspalte: Ob eine Links- oder Rechtskrümmung vorliegt, hängt auch von der Fahrtrichtung ab.

S. 107 **3** a) $f(x) = 4 + 2x - x^2$; $f'(x) = 2 - 2x$; $f''(x) = -2$
Kein Wendepunkt wegen $f''(x) = -2 < 0$ Rechtskurve.
b) $f(x) = x^3 - x$; $f'(x) = 3x^2 - 1$; $f''(x) = 6x$; $f'''(x) = 6$
$6x = 0$; also $x_1 = 0$; $f''(0) = 0$ und $f'''(0) = 6 \neq 0$ ergibt Wendepunkt $W(0\,|\,0)$;
$x < 0$ Rechtskurve: $x > 0$ Linkskurve
c) $f(x) = x^3 + 6x$; $f'(x) = 3x^2 + 6$; $f''(x) = 6x$; $f'''(x) = 6$
$6x = 0$; also $x_1 = 0$; $f''(0) = 0$ und $f'''(0) = 6 \neq 0$ ergibt Wendepunkt $W(0\,|\,0)$;
$x < 0$ Rechtskurve; $x > 0$ Linkskurve
d) $f(x) = x^4 + x^2$; $f'(x) = 4x^3 + 2x$; $f''(x) = 12x^2 + 2$
$12x^2 + 2 > 0$; also kein Wendepunkt; Linkskurve.
e) $f(x) = x^4 - 6x^2$; $f'(x) = 4x^3 - 12x$; $f''(x) = 12x^2 - 12$; $f'''(x) = 24x$
$12x^2 - 12 = 0$; also $x^2 = 1$ ergibt $x_1 = -1$ und $x_2 = 1$. Wegen $f'''(\pm 1) \neq 0$ liegen die Wendepunkte $W_1(-1\,|\,-5)$ und $W_2(1\,|\,-5)$ vor. Damit ist der Graph für $x < -1$ eine Linkskurve, in $-1 < x < 1$ eine Rechtskurve und für $x > 1$ wieder eine Linkskurve.
f) $f(x) = \frac{1}{3}x^6 - 20x^2$; $f'(x) = 2x^5 - 40x$; $f''(x) = 10x^4 - 40$; $f'''(x) = 40x^3$
$f''(x) = 10x^4 - 40 = 0$ ergibt $x_1 = -\sqrt{2}$ und $x_2 = \sqrt{2}$. Wegen $f'''(\pm\sqrt{2}) \neq 0$ liegen die Wendepunkte $W_1\left(-\sqrt{2}\,\middle|\,-\frac{112}{3}\right) \approx W_1(-1{,}414\,|\,-37{,}333)$ und $W_2\left(\sqrt{2}\,\middle|\,-\frac{112}{3}\right)$ vor.
Damit ist der Graph für $x < -\sqrt{2}$ eine Linkskurve, in $-\sqrt{2} < x < \sqrt{2}$ eine Rechtskurve und für $x > \sqrt{2}$ wieder eine Linkskurve.
g) $f(x) = x^5 - x^4 + x^3$; $f'(x) = 5x^4 - 4x^3 + 3x^2$; $f''(x) = 20x^3 - 12x^2 + 6x$;
$f'''(x) = 60x^2 - 24x + 6$
$f''(x) = 20x^3 - 12x^2 + 6x = 0$ ergibt nur $x_0 = 0$. Damit ist wegen $f'''(0) = 6 \neq 0$ der einzige Wendepunkt $W(0\,|\,0)$. Der Graph ist für $x < 0$ eine Rechtskurve, für $x > 0$ eine Linkskurve.
h) $f(x) = x^3\left(\frac{1}{20}x^2 + \frac{1}{4}x + \frac{1}{3}\right)$; $f'(x) = \frac{1}{4}x^4 + x^3 + x^2$; $f''(x) = x^3 + 3x^2 + 2x$;
$f'''(x) = 3x^2 + 6x + 2$
$f''(x) = x^3 + 3x^2 + 2x = 0$ ergibt $x_1 = -2$; $x_2 = -1$ und $x_3 = 0$. Wegen $f'''(-2) = 2 \neq 0$; $f'''(-1) = -1 \neq 0$ und $f'''(0) = 2 \neq 0$ liegen die Wendepunkte $W_1\left(-2\,\middle|\,-\frac{4}{15}\right)$, $W_2\left(-1\,\middle|\,-\frac{2}{15}\right)$ und $W_3(0\,|\,0)$ vor.
Der Graph ist für $x < -2$ eine Rechtskurve, in $(-2; -1)$ eine Linkskurve, in $(-1; 0)$ eine Rechtskurve und für $x > 0$ eine Linkskurve
i) $f(x) = \frac{3}{10}x^5 - 4x^3 + 10$; $f'(x) = \frac{3}{2}x^4 - 12x^2$; $f''(x) = 6x^3 - 24x$; $f'''(x) = 18x^2 - 24$
$f''(x) = 6x^3 - 24x = 0$ ergibt $x_1 = -2$; $x_2 = 2$ und $x_3 = 0$. Wegen $f'''(\pm 2) = 48 \neq 0$ und $f'''(0) = -24 \neq 0$ liegen die Wendepunkte $W_1(-2\,|\,32{,}4)$, $W_2(2\,|\,-12{,}4)$ und $W_3(0\,|\,10)$ vor.
Der Graph ist für $x < -2$ eine Rechtskurve, in $(-2; 0)$ eine Linkskurve, in $(0; 2)$ eine Rechtskurve und für $x > 2$ eine Linkskurve.

zu a)

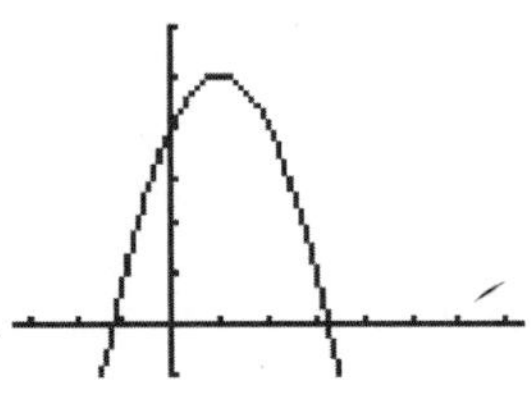

zu b)

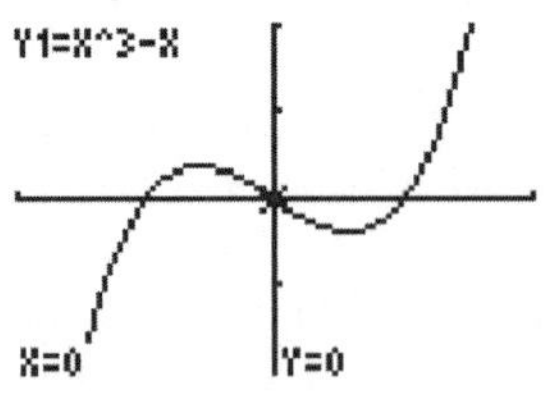

zu c)

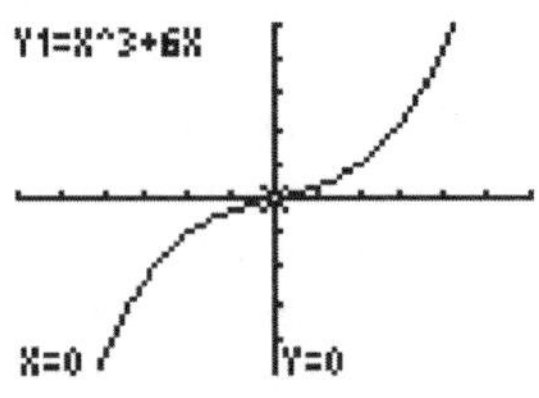

S. 107 **3** zu d)

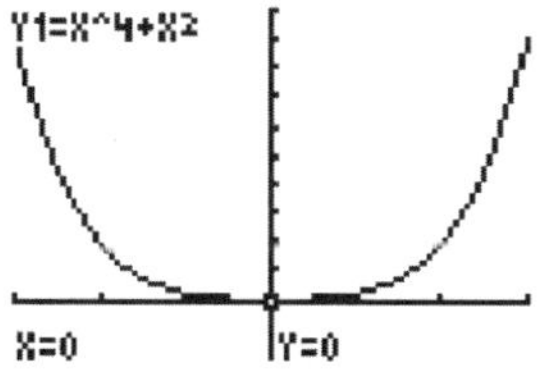

zu e)

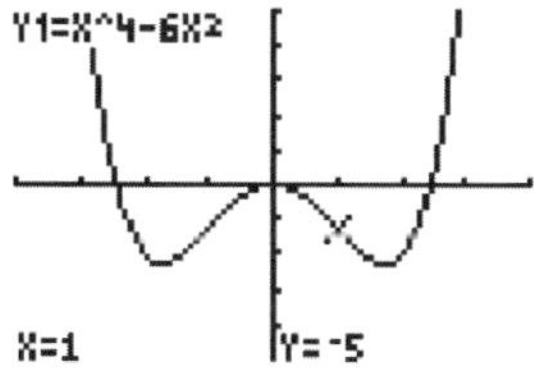

zu f)

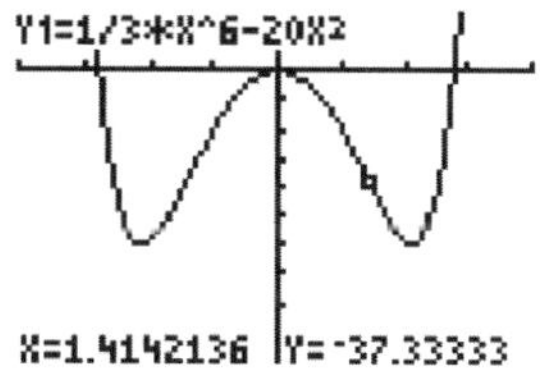

zu g)

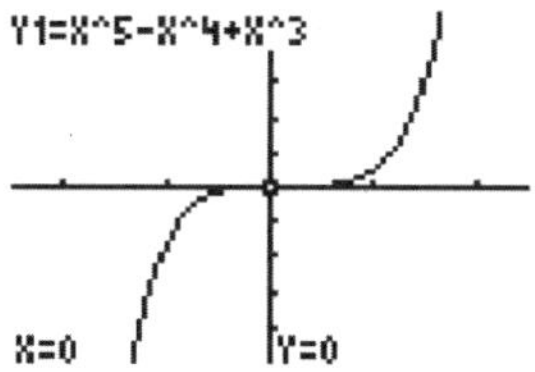

zu h)

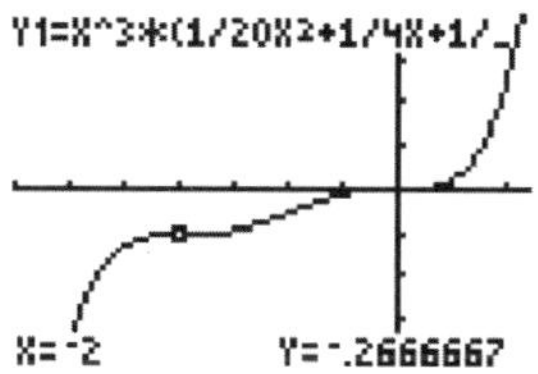

zu i)

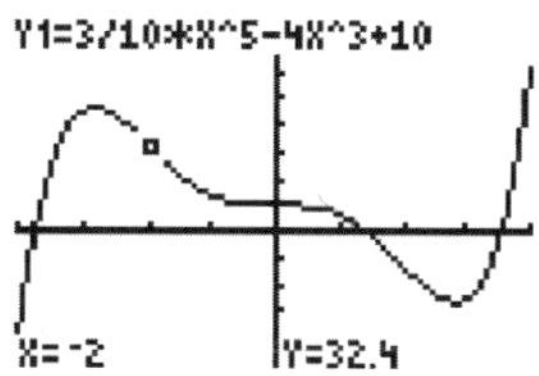

4 a) $f(x) = x^3 - 6x^2 + 20$; $f'(x) = 3x^2 - 12x$; $f''(x) = 6x - 12$; $f'''(x) = 6$
$f''(x) = 6x - 12 = 0$ ergibt $x_0 = 2$. Wegen $f'''(2) = 6 \neq 0$ ist $W(2|4)$ Wendepunkt;
Steigung in W: $f'(2) = -12$; Gleichung der Wendetangente: $y = -12(x - 2) + 4$
oder $y = -12x + 28$
b) $f(x) = 2x^3 + x^4$; $f'(x) = 6x^2 + 4x^3$; $f''(x) = 12x + 12x^2$; $f'''(x) = 12 + 24x$.
$f''(x) = 12x + 12x^2 = 0$ ergibt $x_1 = -1$ und $x_2 = 0$. Wegen $f'''(-1) = -12 \neq 0$ und
$f'''(0) = 12 \neq 0$ sind $W_1(-1|-1)$ und $W_2(0|0)$ Wendepunkte.
Steigung in W_1: $f'(-1) = 2$; Gleichung der Wendetangente: $y = 2(x + 1) - 1$ oder
$y = 2x + 1$; Steigung in W_2: $f'(0) = 0$; Gleichung der Wendetangente: $y = 0$.
c) $f(x) = \frac{1}{2}x^4 - x^3 + \frac{1}{2}$; $f'(x) = 2x^3 - 3x^2$; $f''(x) = 6x^2 - 6x$; $f'''(x) = 12x - 6$.
$f''(x) = 6x^2 - 6x = 0$ ergibt $x_1 = 1$ und $x_2 = 0$. Wegen $f'''(1) = 6 \neq 0$ und
$f'''(0) = -6 \neq 0$ sind $W_1(1|0)$ und $W_2\left(0|\frac{1}{2}\right)$ Wendepunkte.
Steigung in W_1: $f'(1) = -1$; Gleichung der Wendetangente: $y = -1(x - 1)$ oder
$y = -x + 1$; Steigung in W_2: $f'(0) = 0$; Gleichung der Wendetangente: $y = \frac{1}{2}$.

5 $f(x) = ax^2 + bx + c$; $f'(x) = 2ax + b$; $f''(x) = 2a$.
Ist $a > 0$, so ist $f''(x) = 2a > 0$ für alle $x \in \mathbb{R}$;
damit ist der Graph von f überall linksgekrümmt.
Ist $a < 0$, so ist $f''(x) = 2a < 0$ für alle $x \in \mathbb{R}$;
damit ist der Graph von f überall rechtsgekrümmt.

6 Neben der Möglichkeit, Wendestellen von f(x) über Extremstellen von f'(x) zu bestimmen, kann man auch die Wendestellen von f(x) als Nullstellen von f''(x) bestimmen.
a) $f(x) = \frac{1}{5}x^6 - \frac{1}{2}x^4 - 1$
Berechnung eines Wendepunktes über Extremstelle von f'(x):
Fig. 1 zeigt, dass an der Stelle $x_1 = -1$ ein Maximum von f'(x) vorliegt.
Damit ist $W_1(-1|1{,}3)$ ein Wendepunkt (Fig. 2).

S. 107 **6** Berechnung eines Wendepunktes über Nullstelle von $f''(x)$:
Fig. 3 zeigt die Eingabe zur Bestimmung des Graphen der 2. Ableitung. Fig. 4 zeigt die Nullstelle $x^2 = 1$. Damit ist $W_2(1\,|\,-1{,}3)$ (Fig. 5).
Wegen der Achsensymmetrie zur y-Achse kann der Schnittpunkt mit der y-Achse kein Wendepunkt sein.
Bemerkung: Wegen der Achsensymmetrie des Graphen von f wäre nur ein Wendepunkt zu bestimmen gewesen.

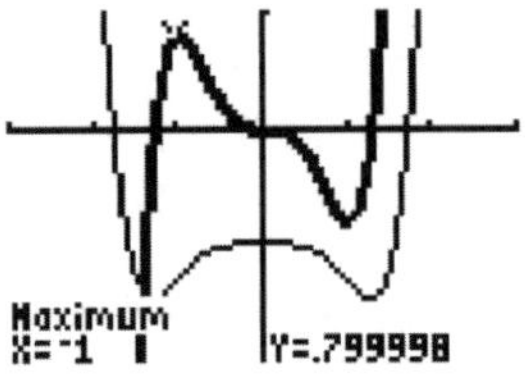

Fig. 1

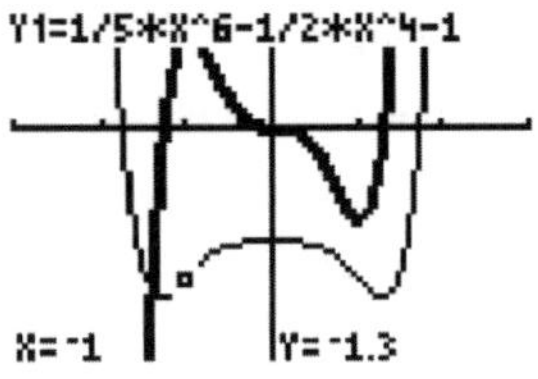

Fig. 2

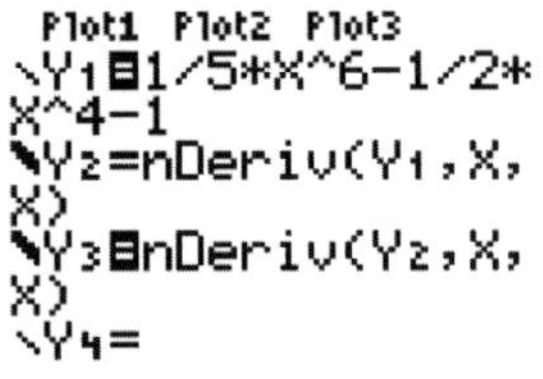

Fig. 3

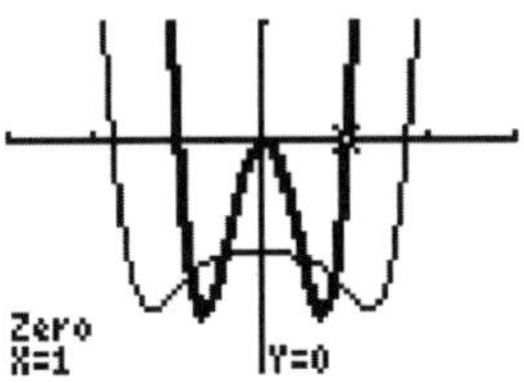

Fig. 4

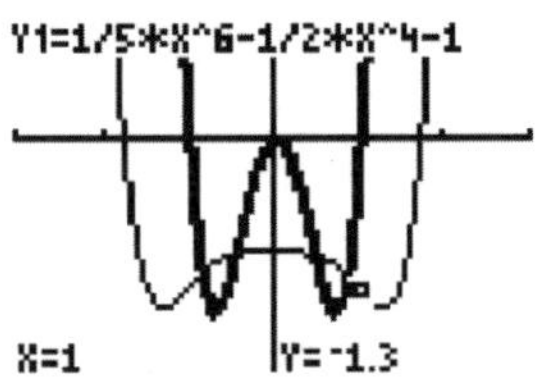

Fig. 5

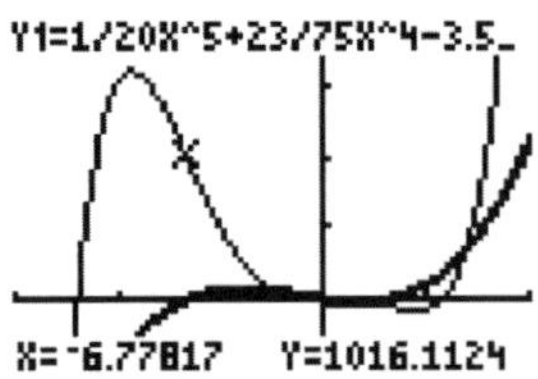

Fig. 6

b) $f(x) = \frac{1}{20}x^5 + \frac{23}{75}x^4 - \frac{7}{2}x^3 + x + 1$
Fig. 6 zeigt $W_1(-6{,}778\,|\,1016{,}112)$. Weitere Wendepunkte sind $W_2(0\,|\,1)$ und $W_3(3{,}098\,|\,-57{,}459)$.

7 a) $f(x) = -x^4$
b) $f(x) = (x-2)^3$
c) $f(x) = x^3 - 3x$
Graphen rechts

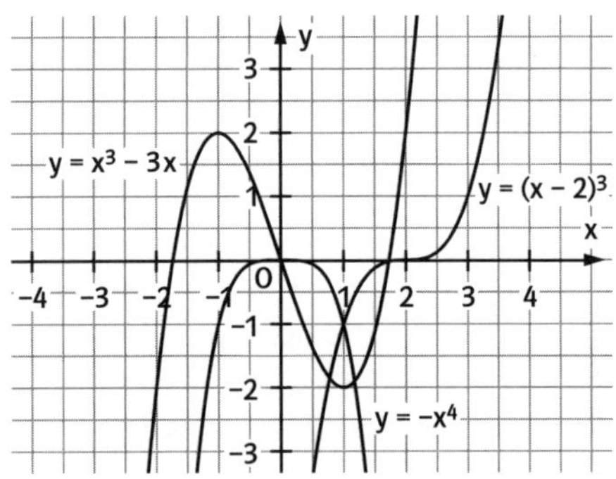

8 $f(x) = x^n$; $f'(x) = n \cdot x^{n-1}$; $f''(x) = n \cdot (n-1) \cdot x^{n-2}$.
Aus $f''(x) = 0$ folgt $x = 0$. Da n ungerade ist, ist x^{n-2} auch ungerade. Damit ist $n \cdot (n-1) \cdot x^{n-2}$ für $x < 0$ negativ und für $x > 0$ positiv. $f''(x)$ erfährt also beim Durchgang durch $x = 0$ einen Vorzeichenwechsel.
$O(0\,|\,0)$ ist Wendepunkt. Da $f'(0) = n \cdot 0^{n-1} = 0$ ist, hat der Graph von f in O eine waagerechte Tangente. Der Wendepunkt O ist somit ein Sattelpunkt.

7 Extremwertaufgaben

S. 108 **1** a) $U(x) = 4 \cdot x$ b) $U(x) = (x + \frac{2}{3}x) \cdot 2$

c) Da $x \cdot y = 20$ ist ergibt sich $y = \frac{20}{x}$ und damit $U(x) = \left(x + \frac{20}{x}\right) \cdot 2$

S. 110 **2** a) Eine Kante der Grundfläche der Schachtel ist $16 - 2x$, ihre ist Höhe x. Damit gilt für das Volumen $V(x) = (16 - 2x)^2 \cdot x = 4x^3 - 64x^2 + 256x$ mit $0 < x < 8$.

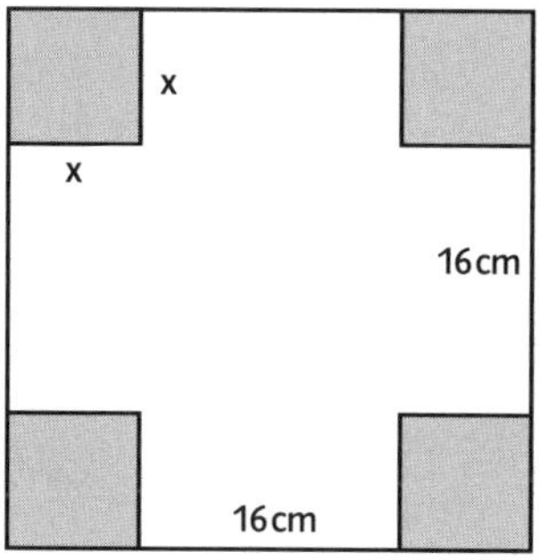

$V'(x) = 12x^2 - 128x + 256$; $V''(x) = 24x - 128$.

$V'(x) = 0$ ergibt $x_1 = \frac{8}{3}$ ($x_2 = 8$ entfällt).

Wegen $V''\left(\frac{8}{3}\right) = -64 < 0$ liegt für $x = \frac{8}{3}$ ein Maximum vor, das wegen $V(0) = V(8) = 0$ auch ein absolutes Maximum ist.

Man wähle $x \approx 2{,}67\,\text{cm}$.

b) $V(x) = (s - 2x)^2 \cdot x = 4x^3 - 4sx^2 + s^2x$ mit $0 < x < \frac{1}{2}s$.

$V'(x) = 12x^2 - 8sx + s^2$; $V''(x) = 24x - 8s$.

$V'(x) = 0$ ergibt $x_1 = \frac{1}{6}s$ ($x_2 = \frac{1}{2}s$ entfällt).

Wegen $V''\left(\frac{1}{6}s\right) = -4s < 0$ liegt für $x = \frac{1}{6}s$ ein Maximum vor, das wegen $V(0) = V\left(\frac{1}{2}s\right) = 0$ auch ein absolutes Maximum ist.

3 a) $V(x) = (16 - 2x)(10 - 2x)x = 4x^3 - 52x^2 + 160x$ mit $0 < x < 5$;

$V'(x) = 12x^2 - 104x + 160$; $V''(x) = 24x - 104$.

$V'(x) = 0$ ergibt die Lösung $x = 2$. Da $V''(2) = -56 < 0$ ist, liegt ein lokales Maximum vor.

Wegen $V(0) = V(5) = 0$ ist das lokale Maximum auch ein absolutes Maximum.

b) $V(x) = (2s - 2x)(s - 2x)x = 4x^3 - 6sx^2 + 2s^2x$ mit $0 < x < \frac{1}{2}s$;

$V'(x) = 12x^2 - 12sx + 2s^2$; $V''(x) = 24x - 12s$.

$V'(x) = 0$ ergibt die Lösung $x = 0{,}2113248654 \cdot s$. Da $V''(x) = -6{,}928 \cdot s < 0$ ist, liegt ein lokales Maximum vor.

Wegen $V(0) = V\left(\frac{1}{2}s\right) = 0$ ist das lokale Maximum auch ein absolutes Maximum.

4 a) $f(x) = x \cdot (12 - x)$, $x_{max} = 6$ ($f(x) = x^2 + (12 - x)^2$; $x_{min} = 6$)

b) $f(x) = x \cdot (x + 1)$; $\left(-\frac{1}{2}; \frac{1}{2}\right)$, $\left((-1; 1), \left(-\frac{d}{2}; \frac{d}{2}\right)\right)$

c) $f(x) = x + \frac{1}{x}$; Minimum ist 2 für $x = 1$.

5 $A = 2xy + \frac{1}{2}x^2\pi = 3$; nach y aufgelöst: $y = \frac{3}{2x} - \frac{\pi}{4}x$.

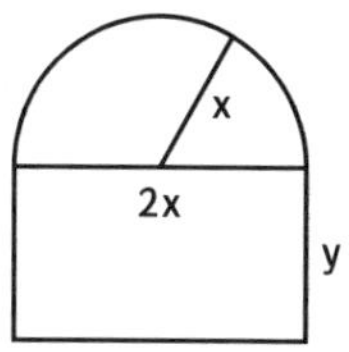

$U = \pi x + 2x + 2y$ oder $U(x) = \pi x + 2x + 2 \cdot \left(\frac{3}{2x} - \frac{\pi}{4}x\right)$,

ausmultipliziert: $U(x) = \frac{\pi + 4}{2} \cdot x + \frac{3}{x}$ mit $0 < x < \infty$.

$U'(x) = \frac{\pi + 4}{2} - \frac{3}{x^2}$; $U''(x) = \frac{6}{x^3}$.

Aus $U'(x) = \frac{\pi + 4}{2} - \frac{3}{x^2} = 0$ erhält man $x = \frac{\sqrt{6}}{\sqrt{\pi + 4}} \approx 0{,}91660$.

Wegen $U''\frac{\sqrt{6}}{\sqrt{\pi + 4}} > 0$ liegt ein lokales Minimum vor. Dies ist ein absolutes Minimum, da $U(x) \to \infty$ für $x \to 0$ und $x \to \infty$. Es ist $y \approx 0{,}91660 = x$. Damit sind Radius x und Höhe y gleich groß.

S. 111 **6** $A = 2xy + \frac{1}{2}x^2\pi = 32$; nach y aufgelöst: $y = \frac{16}{x} - \frac{\pi}{4}x$.

$U = \pi x + 2x + 2y$ oder $U(x) = \pi x + 2x + 2 \cdot \left(\frac{16}{x} - \frac{\pi}{4}x\right)$, ausmultipliziert:

$U(x) = \frac{\pi + 4}{2} \cdot x + \frac{32}{x}$ mit $0 < x < \infty$. $U'(x) = \frac{\pi + 4}{2} - \frac{32}{x^2}$; $U''(x) = \frac{64}{x^3}$.

Aus $U'(x) = \frac{\pi + 4}{2} - \frac{32}{x^2} = 0$ erhält man $x = \frac{8}{\sqrt{\pi + 4}} \approx 2{,}99359 \approx 3{,}0$.

Wegen $U''\left(\frac{8}{\sqrt{\pi + 4}}\right) > 0$ liegt ein lokales Minimum vor. Dies ist ein absolutes Minimum, da $U(x) \to \infty$ für $x \to 0$ und $x \to \infty$.

7 Blechbreite: $2y + \pi x = 40$, also $y = 20 - \frac{\pi}{2}x$ mit $0 < x < \frac{40}{\pi}$.

Querschnitt $A = \frac{1}{2}\pi x^2 + 2xy$; also

$A(x) = \frac{1}{2}\pi x^2 + 2x\left(20 - \frac{\pi}{2}x\right) = 40x - \frac{\pi}{2}x^2$ mit $0 \leqq x \leqq \frac{80}{\pi}$.

$A'(x) = 40 - \pi x$; $A''(x) = -\pi$.

Aus $A'(x) = 0$ erhält man $x = \frac{40}{\pi} \approx 12{,}732$.

Dies ist wegen $A''\left(\frac{40}{\pi}\right) = -\pi < 0$ ein lokales Maximum.

Es ist $y = 20 - \frac{\pi}{2} \cdot \frac{40}{\pi} = 0$. Damit hat die runde Dachrinne mit Radius $x = \frac{40}{\pi} \approx 12{,}7$ die größte Querschnittsfläche, nämlich $A_{max} = \frac{1}{2}\pi \cdot \left(\frac{40}{\pi}\right)^2 = \frac{800}{\pi} \approx 255$.

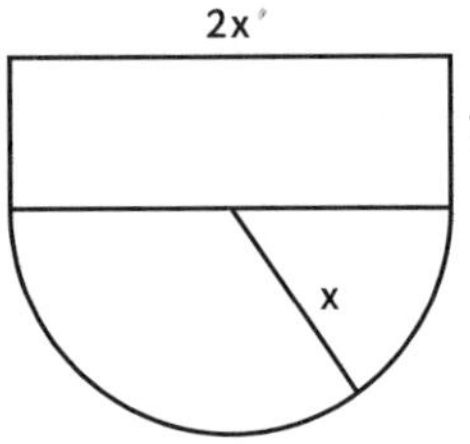

8 a) $s(x) = 1{,}5x^2 - 2x + 4$; $s'(x) = 3x - 2$; $s''(x) = 3$.

$s'(x) = 0$ ergibt $x = \frac{2}{3}$ mit $s''\left(\frac{2}{3}\right) = 3 > 0$. Damit liegt ein lokales Minimum vor, nämlich $s\left(\frac{2}{3}\right) = \frac{10}{3}$.

Wegen $s(0) = 4$ und $s(4) = 20$ ist $s\left(\frac{2}{3}\right) = \frac{10}{3}$ das absolute Minimum und $s(4) = 20$ das absolute Maximum.

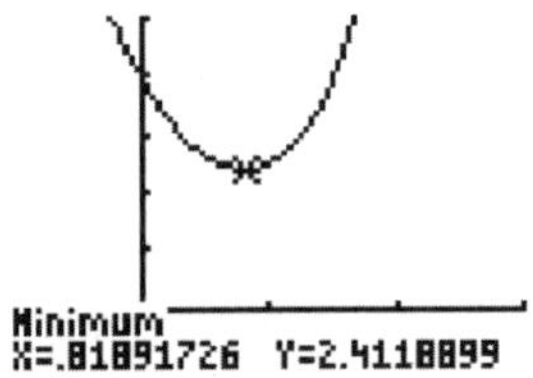

b) $d(x) = -0{,}5x^2 + 2x$; $d'(x) = -x + 2$; $d''(x) = -1 > 0$.

$d'(x) = 0$ ergibt $x = 2$ mit $d''(2) = -1 < 0$. Damit liegt ein lokales Maximum vor, nämlich $d(2) = 2$.

Wegen $d(0) = d(4) = 0$ ist das absolute Maximum $d(2) = 2$ und das absolute Minimum $d(0) = d(4) = 0$.

c) $p(x) = (0{,}5x^2 + 2) \cdot (x^2 - 2x + 2)$; lokales Minimum $p(0{,}81892) \approx 2{,}41189$.

Wegen $p(0) = 4$ und $p(4) = 100$ ist das lokale Minimum auch absolutes Minimum und $p(4)$ ist absolutes Maximum.

9 Bedingung: $A = x \cdot y$. Nebenbedingung:

Da der Untertan 6 km pro Stunde zurücklegen kann, gilt $2x + 2y = 6$ oder $y = 3 - x$.

Zielfunktion: $A(x) = x(3 - x) = -x^2 + 3x$ mit $0 < x < 3$.

Aus $A'(x) = -2x + 3$ und $A''(X) = -2$ ergibt sich die lokale Maximalstelle $x = 1{,}5$ mit dem zugehörigen $y = 1{,}5$.

Da $A(0) = A(3) = 0$ ist, liegt eine absolute Maximalstelle vor. Der Untertan sollte ein quadratisches Stück Land mit den Seitenlängen 1,5 km umlaufen. Sein Grundsruck hat dann einen maximalen Flächeninhalt von $1{,}5\,\text{km} \times 1{,}5\,\text{km} = 2{,}25\,\text{km}^2$.

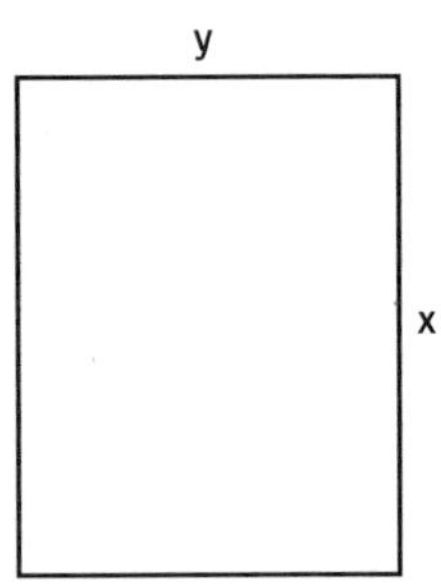

S. 111 **10** a) $A(u) = 2u(-u^2 + 9) = -2u^3 + 18u$; $A'(u) = -6u^2 + 18$; $A''(u) = -12u$.
$A'(u) = -6u^2 + 18 = 0$ ergibt wegen $0 \leqq u \leqq 3$: $u = \sqrt{3}$. Wegen $A''(\sqrt{3}) < 0$ liegt ein lokales Maximum vor, das wegen $A(0) = A(3) = 0$ auch ein absolutes Maximum ist.
$A_{max} = 12\sqrt{3}$.
$U(u) = 2(2u - u^2 + 9) = -2u^2 + 4u + 18$; $U'(u) = -4u + 4$; $U''(u) = -4$.
$U'(u) = -4u + 4 = 0$ ergibt $u = 1$.
Wegen $U''(1) = -4 < 0$ liegt ein lokales Maximum vor: $U_{max} = U(1) = 20$, das wegen $U(0) = 18$ und $U(3) = 12$ auch ein absolutes Maximum ist.

11 a) Mit dem Durchmesser x (in cm) gilt: $V = \frac{\pi}{4}x^2h = 2$; also $h = \frac{8}{\pi x^2}$ mit $x > 0$.
Nahtlinie: $M = \pi x + h$; also $M(x) = \pi x + \frac{8}{\pi x^2}$; $M'(x) = \pi - \frac{16}{\pi x^3}$; $M''(x) = \frac{48}{\pi x^4} > 0$.
$M'(x) = \pi - \frac{16}{\pi x^3} = 0$ ergibt $x = \left(\frac{16}{\pi^2}\right)^{\frac{1}{3}} \approx 1{,}175$. Wegen $M''(x) > 0$ liegt ein lokales Minimum vor, das wegen $M(x) \to \infty$ für $x \to 0$ und für $x \to \infty$ ein absolutes Minimum ist.
$h = (2\pi)^{\frac{1}{3}} \approx 1{,}845$. Bei absolut kürzester Schweißnaht muss der Durchmesser des Topfes ca. 11,7 cm, seine Höhe 18,5 cm sein.
b) $O = \frac{\pi}{4}x^2 + \pi x h$ mit $h = \frac{8}{\pi x^2}$ mit $x > 0$; also $O(x) = \frac{\pi}{4}x^2 + \frac{8}{x}$; $O'(x) = \frac{\pi}{2}x - \frac{8}{x^2}$,
$O''(x) = \frac{\pi}{2} + \frac{16}{x^3}$.
$O'(x) = \frac{\pi}{2}x - \frac{8}{x^2} = 0$ ergibt $x = \left(\frac{16}{\pi}\right)^{\frac{1}{3}} \approx 1{,}721$. Wegen $O''(x) > 0$ liegt ein lokales Minimum vor, das wegen $O(x) \to \infty$ für $x \to 0$ und für $x \to \infty$ ein absolutes Minimum ist.
$h = \left(\frac{2}{\pi}\right)^{\frac{1}{3}} \approx 0{,}860$. Radius $r = \frac{x}{2} = 0{,}860$. Damit liegt dann ein minimaler Materialverbrauch vor, wenn Grundkreisradius und Höhe übereinstimmen und jeweils etwa 8,6 cm lang sind.

12 $O(x) = 2\pi x^2 + 2\pi x \cdot h$ (x in dm; O(x) in dm²)
mit der Nebenbedingung $\pi x^2 \cdot h = 1$, also $h = \frac{1}{\pi x^2}$.
$O(x) = 2\pi x^2 + 2\pi x \cdot \frac{1}{\pi x^2}$ oder $O(x) = 2\pi x^2 + \frac{2}{x}$ mit $0 < x < \infty$.
Rechnerische Lösung: $O'(x) = 4\pi x - \frac{2}{x^2}$; $O''(x) = 4\pi + \frac{4}{x^3}$.
$O'(x) = 4\pi x - \frac{2}{x^2} = 0$ ergibt $x^3 = \frac{1}{2\pi}$, also $x = \left(\frac{1}{2\pi}\right)^{\frac{1}{3}} \approx 0{,}542$.
Wegen $O''\left(\left(\frac{1}{2\pi}\right)^{\frac{1}{3}}\right) > 0$ liegt ein lokales Minimum vor.
Dies ist ein absolutes Maximum, da $O(x) \to \infty$ für $x \to 0$ und für $x \to \infty$.
Es ist $h = \frac{1}{\pi\left(\left(\frac{1}{2\pi}\right)^{\frac{1}{3}}\right)^2} \approx 1{,}084$.

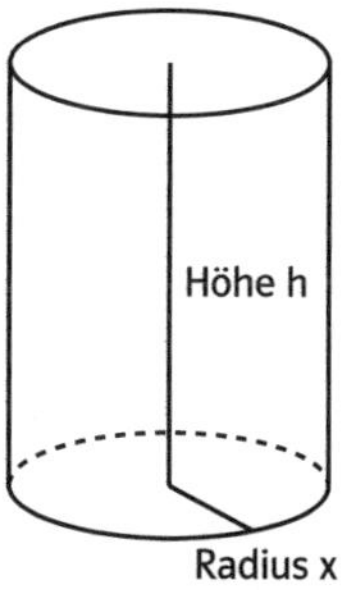

Die 1-Liter-Dose mit dem geringsten Materialverbrauch hat den selben Durchmesser wie die Höhe $h \approx 10{,}8$ cm. Materialverbrauch ca. 554 cm² Blech.
Lösung mit dem GTR:

```
Plot1 Plot2 Plot3
\Y1■2π*X²+2/X
\Y2=
\Y3=
\Y4=
\Y5=
\Y6=
\Y7=
```

```
WINDOW
 Xmin=0
 Xmax=3
 Xscl=1
 Ymin=-20
 Ymax=50
 Yscl=10
 Xres=1
```

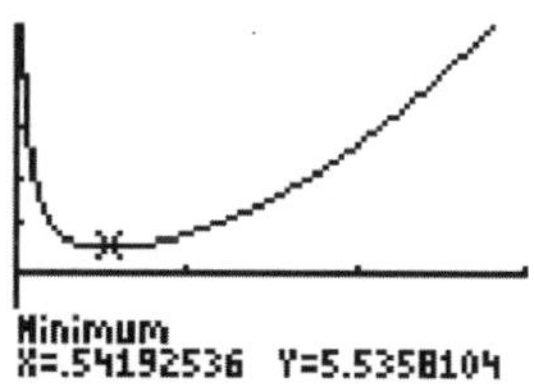

S. 111 **13** a) Abstand d von A(u | v) zu P(1 | 2):
$d = \sqrt{(u-1)^2 + (v-2)^2}$ mit der Nebenbedingung, dass A auf der Parabel liegt: $v = u^2$.
Damit ist
$d(u) = \sqrt{(u-1)^2 + (u^2-2)^2}$.
Bestimmung des Minimums mit dem GTR.
Gesuchter Punkt A(1,3660 | 1,8660)

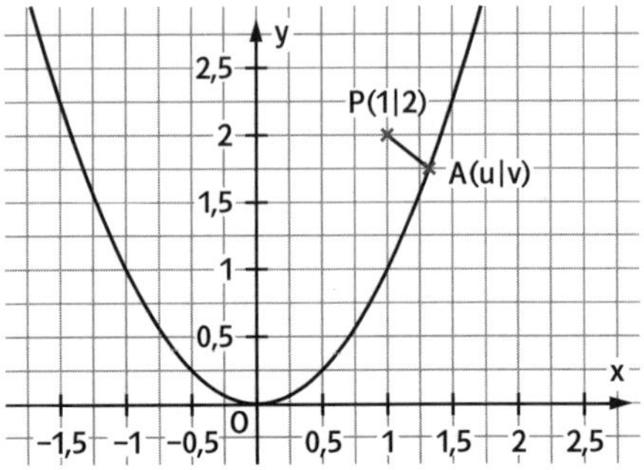

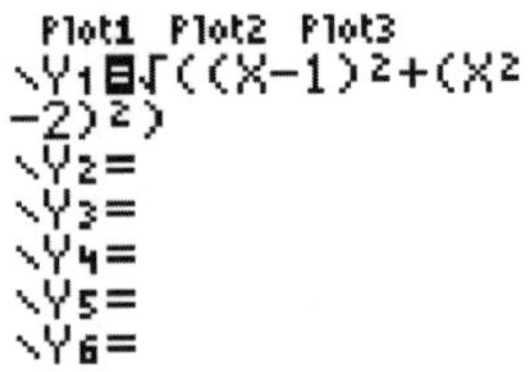

b) $d(u) = \sqrt{u^2 + (-2u^2 + 4)^2}$
Die Punkte $A_1(-1,3693 | 0,25)$ und $A_2(1,3693 | 0,25)$ der Parabel $y = -2x^2 + 4$ haben von P(0 | 0) den kleinsten Abstand.

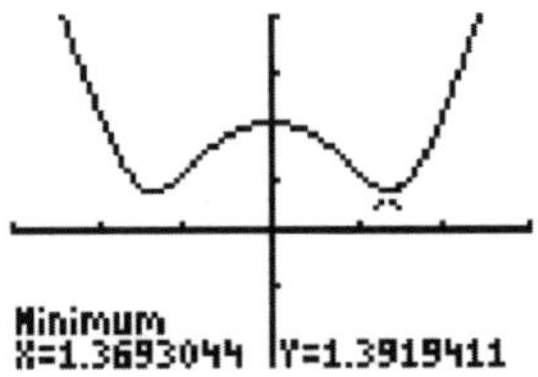

8 *Extremwerte in der Betriebswirtschaft*

S. 112 **1** a) Graphen nebenstehend.
$G(x) = x - (0{,}1x^2 + 1)$.
Es wird Gewinn erzielt für alle x mit $G(x) > 0$.
$G(x) = 0$ für $x_1 = 5 - \sqrt{15} \approx 1{,}127$ und $x_2 = 5 + \sqrt{15} \approx 8{,}873$.
Gewinnzone ist $1{,}127 < x < 8{,}873$.
b) $G'(x) = -0{,}2x + 1$; $G''(x) = -0{,}2$.
$G'(x) = 0$ liefert $x = 5$. $G''(5) < 0$.
Damit wird für $x = 5$ [ME] ein maximaler Gewinn erzielt, nämlich $G(5) = 1{,}5$ [GE].

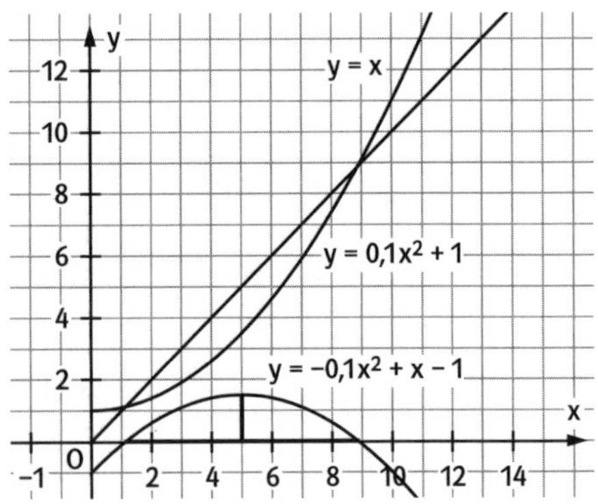

S. 115 **2** a) Siehe Graph rechts

b) $G(x) = 0{,}6x - 0{,}05x^2 - 1 = 0$ ergibt $x_1 = 2$ und $x_2 = 10$.

Nutzenschwelle ist also $x_1 = 2$,
Nutzengrenze ist $x_2 = 10$.

c) $G'(x) = 0{,}6 - 0{,}1x$; $G''(x) = -0{,}1 < 0$.

$G'(x) = 0{,}6 - 0{,}1x = 0$ ergibt $x_3 = 6$.

$G(6) = 0{,}8$.

Maximaler Gewinn wird bei Produktion von 6 ME mit 0,8 GE erreicht.

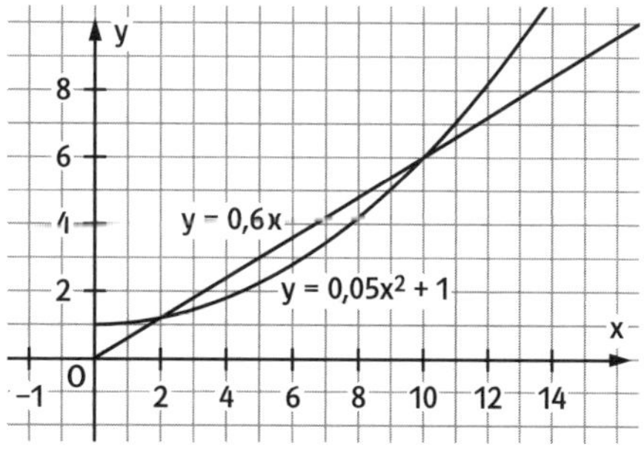

S. 116 **3** a) Graphen von K und E rechts.

b) Grenzkostenfunktion:

$K'(x) = 0{,}1x + 0{,}03$

Graph rechts

c) Fixkostenfunktion $K_f(x) = 1{,}1$;

Variable Kostenfunktion

$K_v(x) = 0{,}05x^2 + 0{,}03x$

Graphen rechts

d) Stückkostenfunktion:

$k(x) = \frac{K(x)}{x} = 0{,}05x + 0{,}03 + \frac{1{,}1}{x}$.

Variable Stückkostenfunktion:

$k_v(x) = \frac{K_v(x)}{x} = 0{,}05x + 0{,}03$.

Minimum der Stückkostenfunktion ist $f(4{,}6) \approx 0{,}5$.

Genaueres Ablesen ist mit dem GTR durch Vergrößerung des Ausschnitts möglich: $f(4{,}69042) \approx 0{,}49904$.

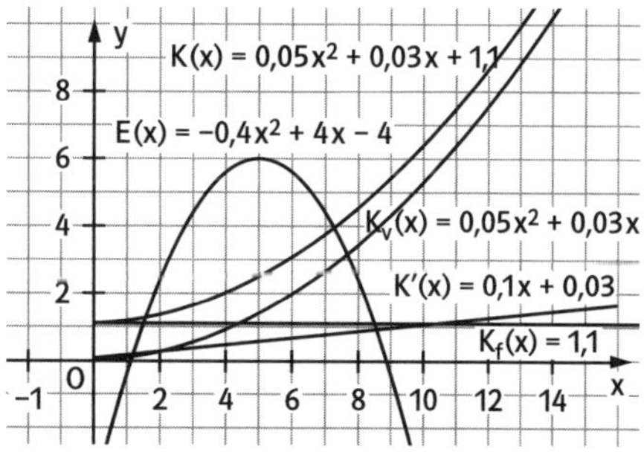

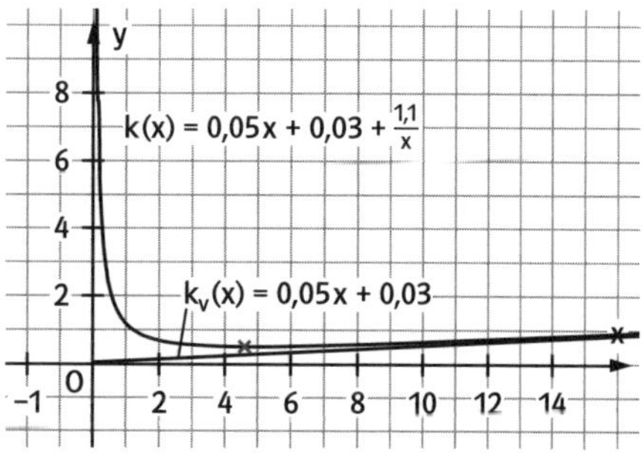

4 Arbeit mit dem GTR

a)

```
Plot1 Plot2 Plot3
\Y1■.09*X²+.09X+
2
\Y2■-.3X²+4.8X-7
.2
\Y3=
\Y4=
\Y5=
```

```
WINDOW
 Xmin=0
 Xmax=11
 Xscl=1
 Ymin=-10
 Ymax=15
 Yscl=5
 Xres=1
```

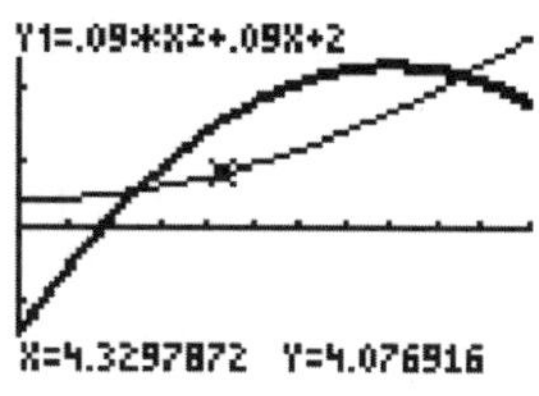

S. 116 **4** b) Gewinnschwelle $x_1 \approx 2{,}45$; Gewinngrenze $x_2 \approx 9{,}63$. Gewinnzone: $2{,}45 < x < 9{,}63$

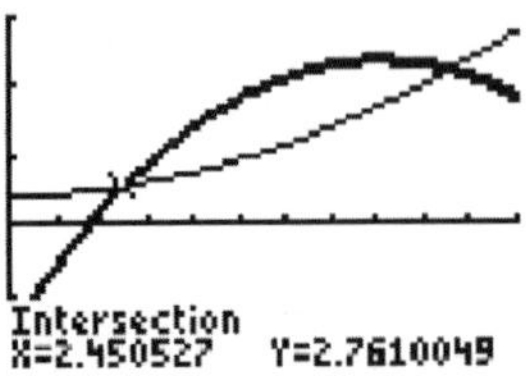

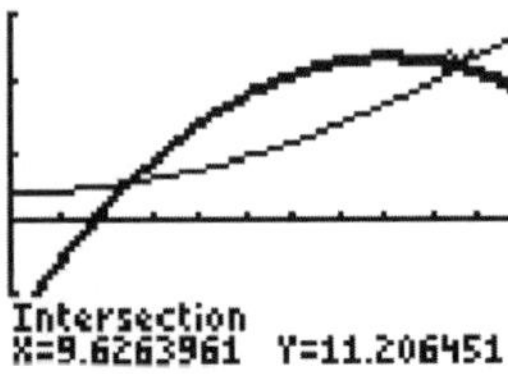

c) Gewinnmaximum von 5,02 GE bei etwa 6,04 ME.

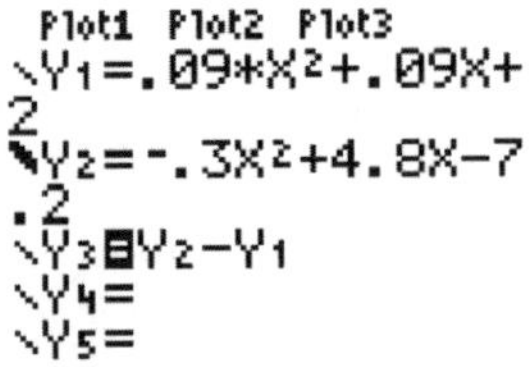

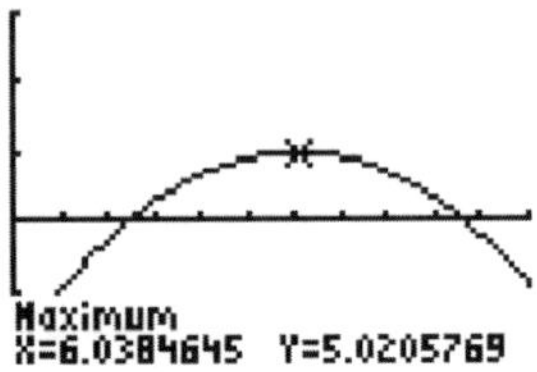

d) Grenzkostenfunktion $K'(x) = 0{,}18x + 0{,}09$.

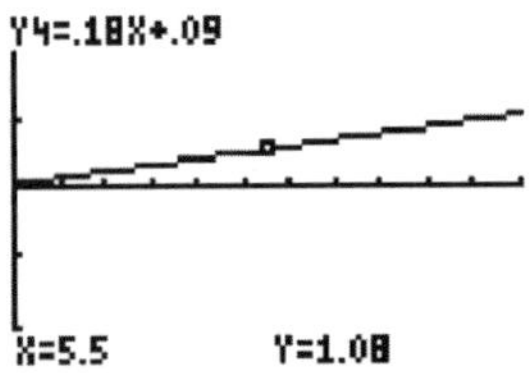

Betriebsoptimum bei $x \approx 4{,}7$:

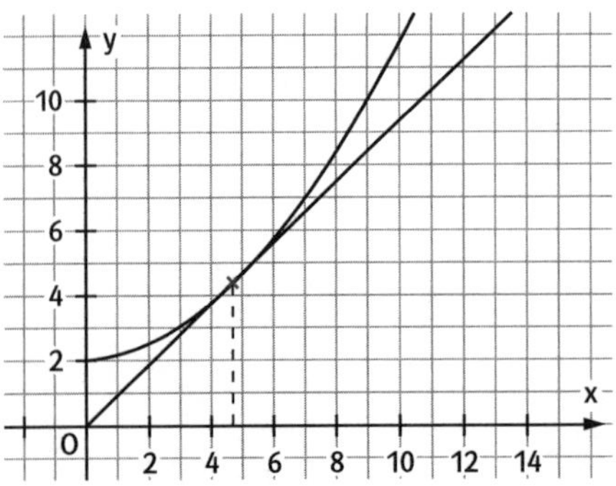

Exakte Berechnung des Betriebsoptimums:
$k(x) = \frac{K(x)}{x} = 0{,}09x + 0{,}09 + \frac{2}{x}$ mit $K'(x) = 0{,}18x + 0{,}09$ schneiden: $k(x) = K'(x)$
ergibt $\frac{2}{x} - 0{,}09x = 0$, also $x^2 = \frac{200}{9}$. Damit $x = \frac{10}{3}\sqrt{2} \approx 4{,}714\,045$.
e) Da die durchschnittlichen variablen Kosten $k_v(x) = \frac{K_v(x)}{x} = \frac{0{,}09x^2 + 0{,}09x}{x} = 0{,}09x + 0{,}09$ als lineare Funktion kein Minimum aufweisen, gibt es kein Betriebsminimum.

S. 116 **5** a) Variable Stückkosten $k_v(x) = \frac{K_v(x)}{x} = 0{,}0125\,x^2 - 0{,}0875\,x + 0{,}525$; $k_v' = 0{,}025\,x - 0{,}0875$;
$k_v''(x) = 0{,}025 > 0$. $k_v' = 0$ oder $0{,}025\,x - 0{,}0875 = 0$ ergibt $x = 3{,}5$. $k_v(3{,}5) = 0{,}371\,875$.
Das Minimum der variablen Stückkosten liegt bei $x = 3{,}5$ ME und beträgt
$k_v(3{,}5) \approx 0{,}372\,\frac{GE}{ME}$. Es heißt auch Betriebsminimum oder kurzfristige Preisuntergrenze.
b) $K_v(x) = 0{,}0125\,x^3 - 0{,}0875\,x^2 + 0{,}525\,x$; variable Grenzkosten:
$K_v'(x) = 0{,}0375\,x^2 - 0{,}175\,x + 0{,}525$.
$K_v'(x)$ gibt die lokale Erhöhung der variablen Stückkosten an, wenn die Produktionsmenge um eine Mengeneinheit erhöht wird.
c) $E(x) = 1{,}25\,x$, $K(x) = 0{,}0125\,x^3 - 0{,}0875\,x^2 + 0{,}525\,x + 3$.
Damit $G(x) = E(x) - K(x) = -0{,}0125\,x^3 + 0{,}0875\,x^2 + 0{,}725\,x - 3$;
Nullstellen von G(x) ergeben die Gewinnzone: $3{,}4167 \leqq x \leqq 10{,}3621$.
Maximaler Gewinn bei $x \approx 7{,}3111$ ME mit 2,0927 GE.

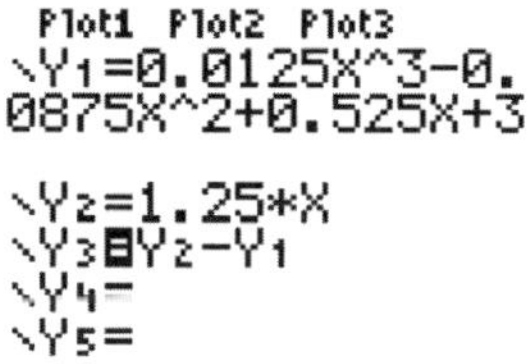

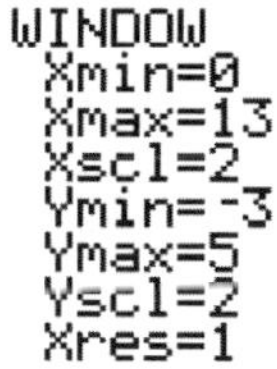

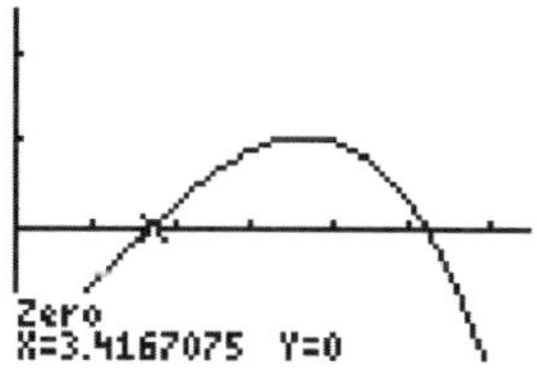

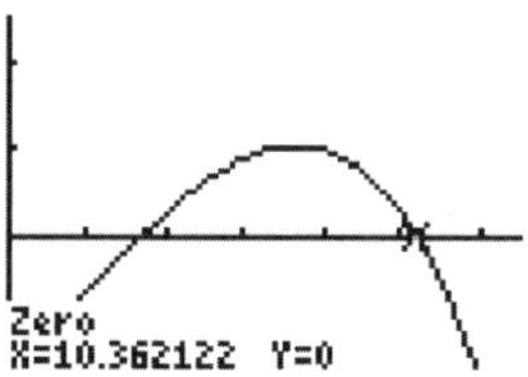

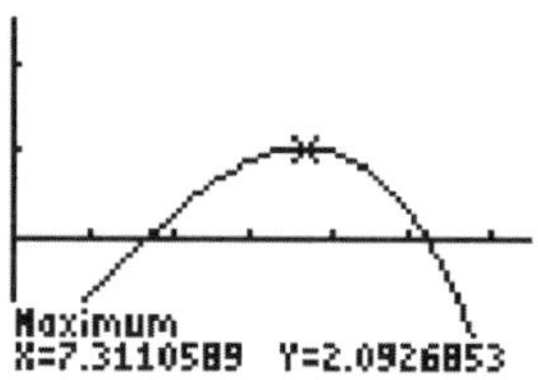

d) $K^*(x) = 0{,}0125\,x^3 - 0{,}0875\,x^2 + 0{,}525\,x + 2$. Damit wird $G^*(x) = E(x) - K^*(x)$ um den Wert 1 für jedes x größer und es kommt damit zu einer Vergrößerung der Gewinnzone.
Es ist $G^*(x) = -0{,}0125\,x^3 + 0{,}0875\,x^2 + 0{,}725\,x - 2$
mit der Gewinnzone $2{,}3234 \leqq x \leqq 10{,}9600$.

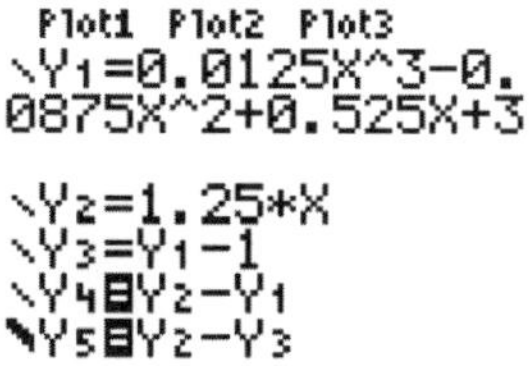

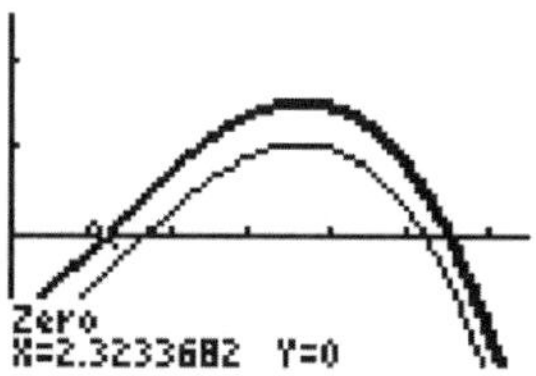

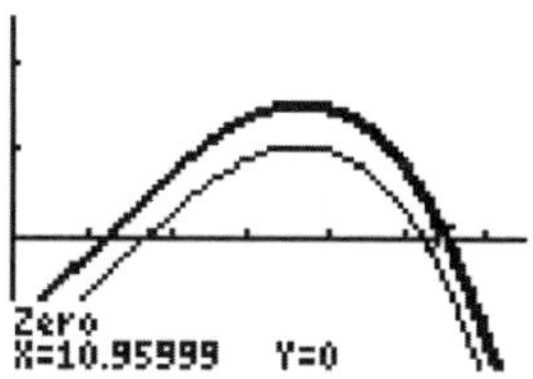

e) Maximaler Gewinn bei G*: Maximaler Gewinn bei $x \approx 7{,}3111$ ME mit 3,0927 GE.
Da der Graph von G* gegenüber dem von G nur um 1 in positive y-Richtung verschoben wurde, bleibt das Maximum an der Stelle $x \approx 7{,}3111$ ME und beträgt dann
2,0927 GE + 1 GE = 3,0927 GE.

S. 116 **6** a) Erlösfunktion ist $E(x) = ax^2 + bx + c$; $E'(x) = 2ax + b$

$E(0) = 0$: $c = 0$

$E(12) = 0$: $144a + 12b = 0$ oder $12a + b = 0$, also $b = -12a$

$E'(x) = 0$: $2ax - 12a = 0$ ergibt $x = 6$ mit $E(6) = 432$,

also $36a - 12a \cdot 6 = 432$ oder $-36a = 432$: $a = -12$.

$b = -12 \cdot (-12) = 144$.

$E(x) = -12x^2 + 144x$.

b)

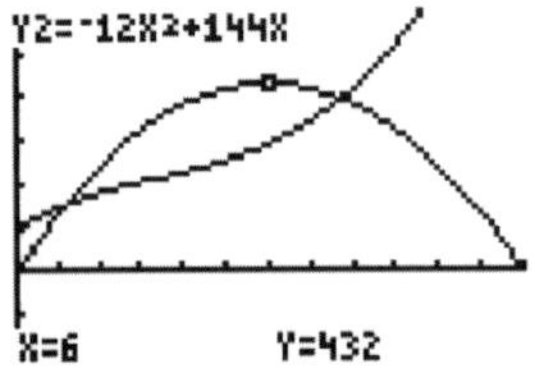

c) Die Grenzkostenfunktion $K'(x) = 3x^2 - 20x + 56$, $0 \leqq x \leqq 10$, gibt die lokale Kostenerhöhung an, wenn die Produktionsmenge um eine Mengeneinheit erhöht wird.

d) $k(x) = \frac{K(x)}{x} = x^2 - 10x + 56 + \frac{100}{x}$, $0 < x \leqq 10$.

Das Minimum von $k(x)$ wird ermittelt mit dem GTR als Minimum des Graphen von k

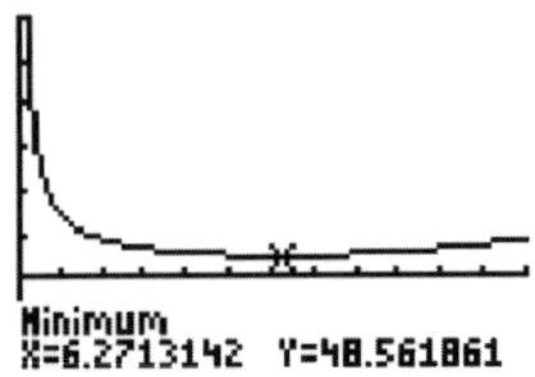

oder als Schnitt der Grenzkosten und der Stückkostenkurve:

Es ist $x_0 \approx 6{,}2713$; $k(x_0) \approx 48{,}5619$

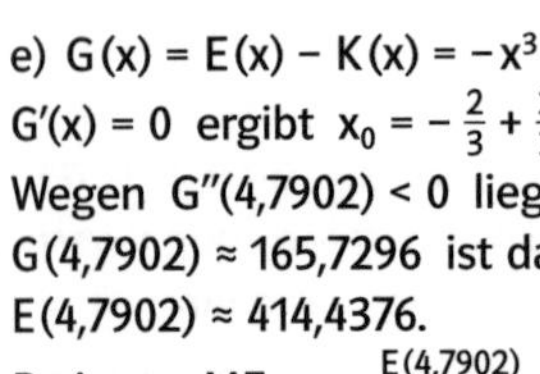

e) $G(x) = E(x) - K(x) = -x^3 - 2x^2 + 88x - 100$; $G'(x) = -3x^2 - 4x + 88$; $G''(x) = -6x - 4$.

$G'(x) = 0$ ergibt $x_0 = -\frac{2}{3} + \frac{2}{3}\sqrt{67} \approx 4{,}7902$.

Wegen $G''(4{,}7902) < 0$ liegt ein Maximum vor.

$G(4{,}7902) \approx 165{,}7296$ ist das Gewinnmaximum.

$E(4{,}7902) \approx 414{,}4376$.

Preis pro ME: $p = \frac{E(4{,}7902)}{4{,}7902} \approx 86{,}5178$ in GE.

S. 116 **6** f) Kostenfunktion
$K^*(x) = x^3 - 10x^2 + 56x + 50$; $E^*(x) = 60x$.
Gewinnfunktion
$G^*(x) = -x^3 + 10x^2 + 4x - 50$.
Bestimmung des Gewinnmaximums mit dem GTR:

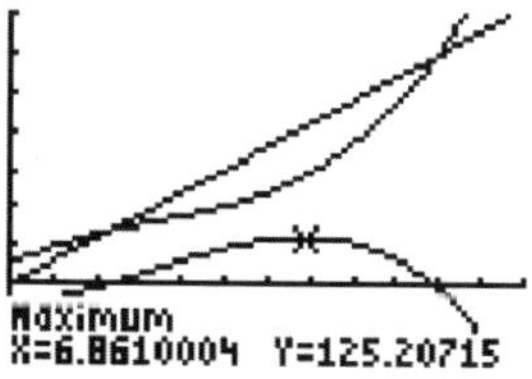

Der Produzent kann damit seinen maximalen Gewinn nicht halten. Er verringert sich um ca. 40,5 GE auf 125 GE.

9 *Bestimmung einer ganzrationalen Funktion*

S. 117 **1** a) Der Graph einer ganzrationalen Funktion 2. Grades. (Wurfparabel)
b) Aus den gegebenen Bedingungen bestimmt man zuerst die Gleichung der ganzrationalen Funktion 2. Grades. Um den höchsten Punkt der Flugbahn zu bestimmen, berechnet man anschließend den Scheitelpunkt der Wurfparabel.
Bedingungen an die gesuchte Funktion f mit $f(x) = ax^2 + bx + c$:
$f(0) = 1{,}5$; $f(19{,}5) = 0$ und $f'(19{,}5) = -\frac{\sqrt{3}}{3}$.
Lineares Gleichungssystem:
$380{,}25a + 19{,}5b = -1{,}5$
$39a + b = -\frac{\sqrt{3}}{3}$.
Damit: $f(x) = -0{,}0257x^2 + 0{,}4235x + 1{,}5$ mit dem Scheitelpunkt $S(8{,}24 \mid 3{,}24)$.
Die maximale Höhe beträgt etwa 3,24 m.

S. 119 **2** a) (1) $f(1) = 2$: $a + b + c + d = 2$; (2) $f(0) = 1$: $d = 1$
b) $f'(x) = 3ax^2 + 2bx + c$; (1) $f'(1) = 3$: $3a + 2b + c = 3$
c) (1) $f'(0) = 0$: $c = 0$
d) (1) $f(0) = 2$: $d = 2$; (2) $f'(0) = 0$: $c = 0$
e) (1) $f(1) = 2$: $a + b + c + d = 2$; (2) $f'(1) = 4$: $3a + 2b + c = 4$
f) $f''(x) = 6ax + 2b$; (1) $f(0) = 2$: $d = 2$; (2) $f''(0) = 0$: $2b = 0$; (3) $f'(0) = 1$: $c = 1$
g) (1) $f(1) = -1$: $a + b + c + d = -1$; (2) $f''(1) = 0$: $6a + 2b = 0$;
(3) $f'(1) = 0$: $3a + 2b + c = 0$

3 $f(x) = ax^2 + bx + c$; $f'(x) = 2ax + b$
(1) $f(0) = 0$: $c = 0$
(2) $f(2) = -3$: $4a + 2b + c = -3$; $4a + 2b = -3$
(3) $f'(2) = -4$: $4a + b = -4$; $4a + b = -4$:
$(4a + 2b) - (4a + b) = -3 - (-4)$;
also $b = 1$.

In (3): $4a + 1 = -4$; also $a = -\frac{5}{4} = -1{,}25$.
$f(x) = -1{,}25x^2 + x$

S. 119 **4** $f(x) = ax^2 + bx + c;\ f'(x) = 2ax + b$

(1) $f(4) = 0$: $16a + 4b + c = 0$

(2) $f(-4) = 0$: $16a - 4b + c = 0$

(3) $f'(4) = \tan(45°) = 1$: $8a + b = 1$

$a = \frac{1}{8} = 0{,}125;\ b = 0;\ c = -2$

$f(x) = 0{,}125x^2 - 2$

5 $f(x) = ax^3 + bx^2 + cx + d;\ f'(x) = 3ax^2 + 2bx + c;\ f''(x) = 6ax + 2b$

(1) $f(-1) = 0$: $-a + b - c + d = 0$

(2) $f'(-1) = 0$: $3a - 2b + c = 0$

(3) $f(0) = -1$: $d = -1$

(4) $f'(0) = 0$: $c = 0$

Daraus $a = 2;\ b = 3;\ c = 0;\ d = -1$: $f(x) = 2x^3 + 3x^2 - 1$;

Kontrolle: $f'(x) = 6x^2 + 6x;\ f''(x) = 12x + 6$.

(1) $f(-1) = -2 + 3 - 1 = 0$;

(2) $f'(-1) = 6 - 6 = 0$

(3) $f(0) = -1$

(4) $f'(0) = 0$ und $f''(0) = 6 > 0$, also ist $T(0\,|\,-1)$ auch wirklich Tiefpunkt. Kontrolle mit dem GTR rechts.

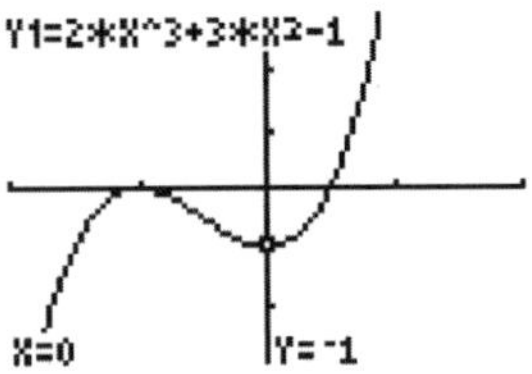

6 $f(x) = ax^3 + bx^2 + cx + d;\ f'(x) = 3ax^2 + 2bx + c;\ f''(x) = 6ax + 2b$

(1) $f(-1) = 0$: $-a + b - c + d = 0$

(2) $f'(-1) = 0$: $3a - 2b + c = 0$

(3) $f''(-1) = 0$: $-6a + 2b = 0$

(4) $f'(1) = 12$: $3a + 2b + c = 12$

Daraus $a = 1;\ b = 3;\ c = 3;\ d = 1$: $f(x) = x^3 + 3x^2 + 3x + 1$

7 a) $f(x) = ax^3 + bx^2 + cx + d;\ f'(x) = 3ax2 + 2bx + c;\ f''(x) = 6ax + 2b$

(1) $f(-1) = 0$: $-a + b - c + d = 0$

(2) $f(0) = -4$: $d = -4$

(3) $f''(1) = 0$: $6a + 2b = 0$

(4) $f(1) = -2$: $a + b + c + d = -2$

Daraus $a = -1;\ b = 3;\ c = 0;\ d = -4$: $f(x) = -x^3 + 3x^2 - 4$

b) $f(x) = x^3 - ax^2 + bx + c;\ f'(x) = 3x^2 - 2ax + b;\ f''(x) = 6x - 2a$

(1) $f(2) = 3$: $8 - 4a + 2b + c = 3$

(2) $f''(2) = 0$: $12 - 2a = 0$; also $a = 6$

(3) $f'(2) = 0$: $12 - 4a + b = 0$ oder $12 - 24 + b = 0$, also $b = 12$

zusammen mit (1): $8 - 24 + 24 + c = 3$, also $c = -5$: $f(x) = x^3 - 6x^2 + 12x - 5$

8 Da ein Wendepunkt existiert und der Graph von g symmetrisch zur y-Achse ist, muss f(x) mindestens den Grad 4 haben.

Ansatz: $G(x) = ax^4 + bx^2 + c;\ g'(x) = 4ax^3 + 2bx;\ g''(x) = 12ax^2 + 2b;\ g'''(x) = 24ax;$ $g^{(4)}(x) = 24a$

(1) $g(0) = 3$: $c = 3$

(2) $g''(1) = 0$: $12a + 2b = 0$

(3) $g^{(4)}(x) = 12$: $24a = 12$; also $a = 0{,}5$

also $a = 0{,}5;\ b = -3;\ c = 3$: $g(x) = 0{,}5x^4 - 3x^2 + 3$

S. 119 **9** a) Graph ist symmetrisch zur y-Achse und hat 3 Extremwerte, also
Ansatz: $f(x) = ax^4 + bx^2 + c$; $f'(x) = 4ax^3 + 2bx$
$f(0) = 2$: $c = 2$
$f(2) = 0$: $16a + 4b + c = 0$, also $16a + 4b = -2$
$f'(2) = 0$: $32a + 4b = 0$
$a = \frac{1}{8} = 0{,}125$; $b = -1$; $c = 2$. $f(x) = 0{,}125x^4 - x^2 + 2$
b) Graph ist punktsymmetrisch zum Ursprung und hat 2 Extremwerte, also Ansatz:
$f(x) = ax^3 + bx$; $f'(x) = 3ax^2 + b$
$f(1{,}5) = -2$: $3{,}375a + 1{,}5b = -2$
$f'(1{,}5) = 0$: $6{,}75a + b = 0$; also $b = -6{,}75a$
$a = \frac{8}{27}$; $b = -2$: $f(x) = \frac{8}{27}x^3 - 2x$

10 *Das Newton-Verfahren zur Berechnung von Nullstellen*

S. 120 **1** a) Gleichung der Geraden durch P_1 und P_2: $y + 0{,}194 = 1{,}83(x - 0{,}6)$; mit $y = 0$ folgt:
$x_1 = 0{,}6 + \frac{0{,}194}{1{,}83} \approx 0{,}706$.
b) Man könnte in P_2 die Tangente an den Graphen zeichnen und den x-Wert des Schnittpunktes dieser Tangente mit der x-Achse als Näherungswert für die Nullstelle ansehen.
$f'(x) = 3x^2 + \frac{1}{2}x$; $f'(0{,}8) = 3 \cdot 0{,}8^2 + \frac{1}{2} \cdot 0{,}8 = 2{,}32$;
Gleichung der Tangente: $y - 0{,}172 = 2{,}32(x - 0{,}8)$; mit $y = 0$ folgt: $x_1 \approx 0{,}726$.

S. 121 **2** a) 0,45340 b) −1,34129 c) −1,23651
d) 1,51044 e) −0,45340 f) −0,90712; 0,90712

3 a) −1,53209; −0,34730; 1,87939
b) −2,53209; −1,34730; 0,87939
c) −1,33152; −0,52077; 0,42019; 3,43210

11 *Anwendungen aus Alltag und Technik*

S. 122 **1** Man bestimmt den Wert x, für den f(x) minimal wird.
$f(x) = 0{,}0017x^2 - 0{,}18x + 10{,}2$ mit $x \geqq 30$. $f'(x) = 0{,}0034x - 0{,}18$; $f''(x) = 0{,}0034 > 0$.
Aus $f'(x) = 0$ ergibt sich $x \approx 52{,}94$ mit $f(52{,}94) \approx 5{,}44$, d.h. bei ca. $53\,\frac{km}{h}$ verbraucht das Fahrzeug am wenigsten Kraftstoff, nämlich rund 5,4 Liter.

S. 123 **2** a) $F(0) = 39$

b) Höchste Temperatur nach 24 Stunden mit 39,9°.

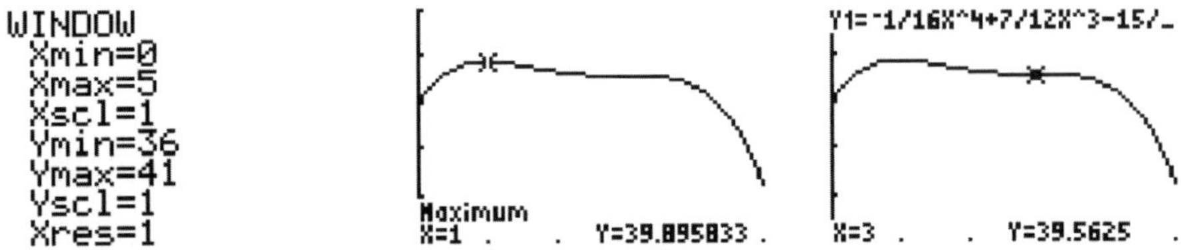

c) Nach 24 Stunden fällt die Temperatur langsam ab, vom 2. auf den 3. Tag verlangsamt sich die Temperaturabnahme, ehe nach dem 3. Tag die Temperatur zunehmend stark abfällt.

d) $F(5) \approx 37{,}2°$.

3 a) $T(t) = -\frac{1}{300}(t^3 - 36t^2 + 324t - 5700)$; $T'(t) = -\frac{1}{300}(3t^2 - 72t + 324)$;

$T''(t) = -\frac{1}{300}(6t - 72)$; $T'''(t) = -\frac{1}{50}$

$T''(t) = -\frac{1}{300}(6t - 72) = 0$ ergibt $t = 12$.

Wegen $T'''(12) = \frac{1}{50} \neq 0$ liegt ein Wendepunkt vor.

$T'(12) = -\frac{1}{300}(3 \cdot 12^2 - 72 \cdot 12 + 324) = 0{,}36$.

Bei $t = 12$ ist die Temperaturzunahme am stärksten; sie beträgt $0{,}36\frac{°C}{h}$.

b) Das Minimum liegt bei $t_1 = 6$, also um 6.00 Uhr, mit 16,12 °C, das Maximum bei $t_2 = 18$, also um 18.00 Uhr, mit 19,00 °C. Damit beträgt die Temperaturdifferenz ca. 2,9 °C.

c) Bestimmung mit dem GTR: Man bringt den Graphen der Funktion T mit der Geraden $y = 18$ zum Schnitt und erhält drei Werte, nämlich $t_1 \approx 1{,}04$; $t_2 \approx 13{,}24$; $t_3 \approx 21{,}72$. Damit werden 18 °C erreicht etwa um 1.02 Uhr, um 13.14 Uhr und um 21.43 Uhr.

S. 124 **4** a) Ansatz: $f(x) = ax^3 + bx^2 + cx + d$; $f'(x) = 3ax^2 + 2bx + c$.

I. $f(0) = 19$:	$d = 19$
II. $f(6) = 17{,}8$:	$216a + 36b + 6c + d = 17{,}8$
III. $f'(6) = 0$:	$108a + 12b + c = 0$
IV. $f'(17) = 0$:	$867a + 34b + c = 0$

Mit dem GTR erhält man die Lösungen: $a = -\frac{1}{675}$; $b = \frac{23}{450}$; $c = -\frac{34}{75}$; $d = 19$.

$f(x) = -\frac{1}{675}x^3 + \frac{23}{450}x^2 - \frac{34}{75}x + 19$

b) $f'(x) = -\frac{1}{225}x^2 + \frac{23}{225}x - \frac{34}{75}$; $f''(x) = -\frac{2}{225}x + \frac{23}{225}$; $f'''(x) = -\frac{2}{225} < 0$

Die Temperatur steigt am stärksten, wenn $f'(x) = -\frac{1}{255}x^2 + \frac{23}{255}x - \frac{34}{75}$ ein Maximum annimmt:

$f''(x) = -\frac{2}{255}x + \frac{23}{255} = 0$ für $x = 11{,}5$; da $f'''(11{,}5) = -\frac{2}{255} < 0$ ist, liegt ein Maximum vor.

Stärkste Temperaturzunahme um 11.30 Uhr.

c) $f'(22) = -\frac{16}{45} \approx 0{,}36$, d.h. um 22 Uhr fällt die Temperatur um ca. 0,36 °C je Stunde.

S. 124 **5** a) $f'(0) = 0$; $f(0) = 0$; $f(5) = 1$; $f'(5) = 0$

Ansatz: $f(x) = ax^3 + bx^2 + cx + d$;

$f(x) = -\frac{2}{125}x^3 + \frac{3}{25}x^2$;

b) $f(4) = \frac{112}{125} = 0{,}896 > 0{,}7$

Die Platte wird überdeckt.

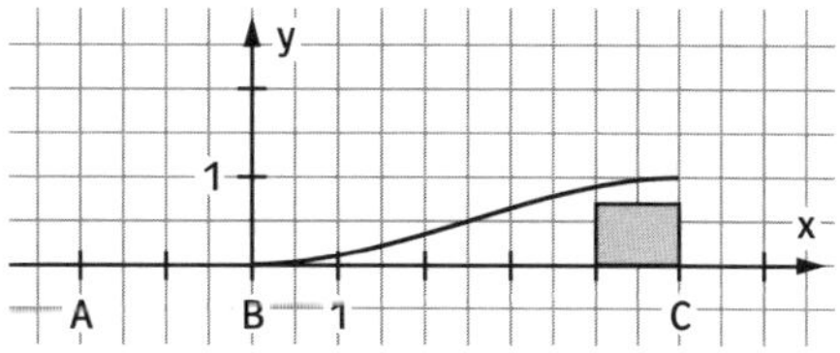

6 a) Koordinatensystem wie Figur rechts.

Ansatz: $f(x) = ax^2 + b$. Bedingungen:

$f\left(\frac{5}{2}\right) = 0$ (Punkt A); $f\left(\frac{2,5}{2}\right) = 2{,}2$ (Punkt B).

Gleichungen: $a \cdot \frac{25}{4} + b = 0$; $a \cdot \frac{25}{16} + b = 2{,}2$;

also $a \approx -0{,}469$, $b \approx 2{,}933$.

$f(x) = -0{,}469x^2 + 2{,}933$.

b) $f(0) = 2{,}933$.

Mindesthöhe des Kellers: 2,933 m.

c) $f'(x) = 0{,}938x$, also $f'(-2{,}5) = 2{,}345$;

$\tan(\alpha) = 2{,}345$; $\alpha \approx 66{,}9°$

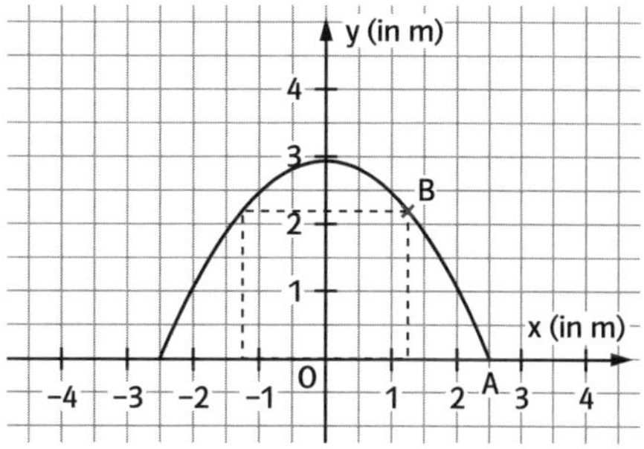

d) Da $f(2) = 1{,}057$ ist, geht der Kasten gerade noch durch das Tor, wenn man ihn auf der 5 m x 4 m-Fläche liegend durch das Tor schiebt.

7 $V = \frac{40 - 3x}{2}(20 - 2x) \cdot x = 3x^3 - 70x^2 + 400x$ mit $0 \leqq x \leqq 10$.

Aus $V'(x) = 9x^2 - 140x + 400 = 0$ erhält man die einzige Lösung $x = \frac{70 - 10\sqrt{13}}{9} \approx 3{,}77$.

Aus $V''(x) = 18x - 140$ erkennt man, dass wegen $V''(3{,}77) < 0$ ein relatives Maximum vorliegt.

Da $V(0) = V(10) = 0$ ist, liegt ein absolutes Maximum vor. Das Schachtesvolumen wird also maximal, wenn Quadrate der Länge 3,77 cm herausgeschnitten werden.

Die Maße der Schachtel sind

$a \approx 14{,}3$ cm; $b \approx 12{,}5$ cm; $c \approx 3{,}8$ cm. $V \approx 674\ \text{cm}^3$.

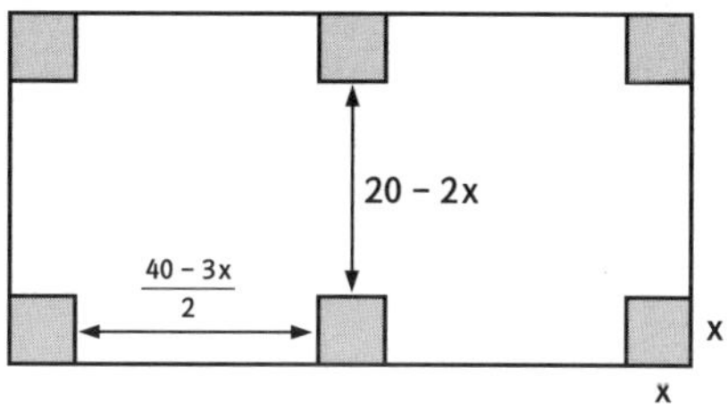

8 a) Änderungsrate in den ersten 6 Monaten: $m = \frac{88 - 1{,}5}{6 - 0} = 14{,}4$.

Damit nimmt ein Ferkel durchschnittlich pro Monat 14,4 kg zu.

b) Berechnung mit dem GTR (vgl. Buch Kapitel 2; Paragraph 13, Beispiel 2)

$f(x) = 0{,}069x^4 - 1{,}335x^3 + 7{,}150x^2 + 4{,}742x + 1{,}500$.

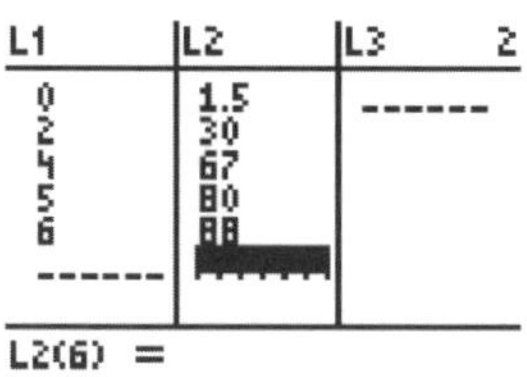

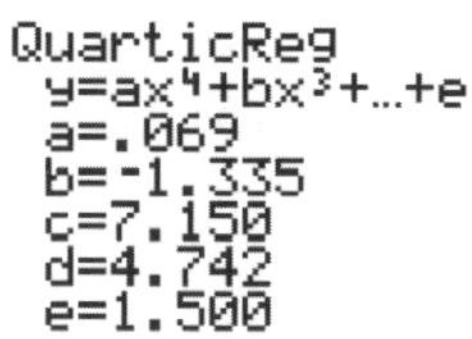

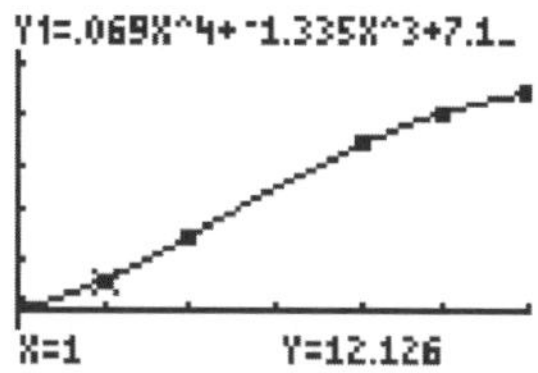

c) Gewicht nach einem Monat: 12,1 kg, also Gewichtszunahme 10,6 kg.

S. 124 **8** d) $f(4) - f(3) = 67{,}092 - 49{,}62 = 17{,}472 \approx 17{,}5$; $f(5) - f(4) = 80{,}21 - 67{,}092 = 13{,}118 \approx 13{,}1$.
Damit ist die Gewichtszunahme zwischen dem 3. und 4. Monat erheblich größer als die zwischen dem 4. und 5. Monat.

e) Momentane Änderungsrate ist $f'(x)$. $f'(x)$ ist maximal in x_0, wenn $f''(x_0) = 0$ und $f'''(x_0) < 0$ ist. Das Maximum von $f'(x)$ wird mit dem GTR bestimmt. Damit nimmt das Ferkel nach ca. $2\frac{1}{3}$ Monaten ≈ 70 Tagen am stärksten zu, nämlich fast 20 kg pro Monat.

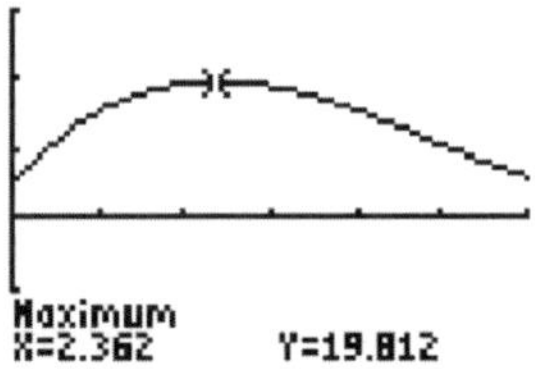

f) Weitere Fragestellungen:
(1) Wie groß ist die momentane Änderungsrate im 3. Monat?
(2) Wie groß ist die momentane Änderungsrate nach 10 Tagen?
(3) Wann hat das Ferkel ein Gewicht von 30 kg?

12 Bestimmung von Kostenfunktionen

S. 125 **1** Kostenfunktion: $K(x) = ax^2 + bx + c$; Erlösfunktion: $E(x) = m \cdot x$
Da $E(x)$ durch 0 und $P(2|5)$ verläuft, ist $m = \frac{5}{2} = 2{,}5$. $E(x) = 2{,}5x$
(1) $K(0) = 3$: $c = 3$
(2) $K(2) = 5$: $4a + 2b + c = 5$, also $4a + 2b = 2$
(3) $K(8) = E(8)$: $64a + 8b + c = 2{,}5 \cdot 8$, also $64a + 8b = 17$
Damit $K(x) = \frac{3}{16}x^2 + \frac{5}{8}x + 3$.

S. 126 **2** $K(x) = ax^2 + bx + c$; $K'(x) = 2ax + b$; $E(x) = dx^2 + ex + f$; $E'(x) = 2dx + e$
(1) $K(0) = 5$: $c = 5$
(2) $K'(15) = 0{,}3$: $30a + b = 0{,}3$
(3) $K(10) = 6$: $100a + 10b + c = 6$; $100a + 10b + 5 = 6$; $10a + b = 0{,}1$.
$(30a + b) - (10a + b) = 0{,}3 - 0{,}1$; also $20a = 0{,}2$; $a = 0{,}01$ in (2): $b = 0$.
Damit ist $K(x) = 0{,}01x^2 + 5$.
(1) $E(0) = 0$: $f = 0$
(2) $E(10) = 20$: $100d + 10e + f = 20$; $100d + 10e = 20$; $10d + e = 2$
(3) $E'(15) = 0$: $30d + e = 0$; $30d + e = 0$
$(30d + e) - (10d + e) = 0 - 2$; also $20d = -2$; $d = -0{,}1$ in (2): $e = 3$.
Damit ist $E(x) = -0{,}1x^2 + 3x$.

3 a) Ansatz: $K(x) = ax^3 + bx^2 + cx + d$; $K_V(x) = ax^3 + bx^2 + cx$; $K'(x) = 3ax^2 + 2bx + c$; $K''(x) = 6ax + 2b$
(1) $K(1) = 90$: $a + b + c + d = 90$
(2) $K_V(2) = 56$: $8a + 4b + 2c = 56$
(3) $K'(1) = 27$: $3a + 2b + c = 27$
(4) $K''\left(\frac{8}{3}\right) = 0$: $16a + 2b = 0$

S. 126 **3** Daraus mit dem GTR: $a = 1$; $b = -8$; $c = 40$; $d = 57$.
$K(x) = x^3 - 8x^2 + 40x + 57$.
b) $E(x) = 90x$; Graph in Fig. 1

Fig. 1

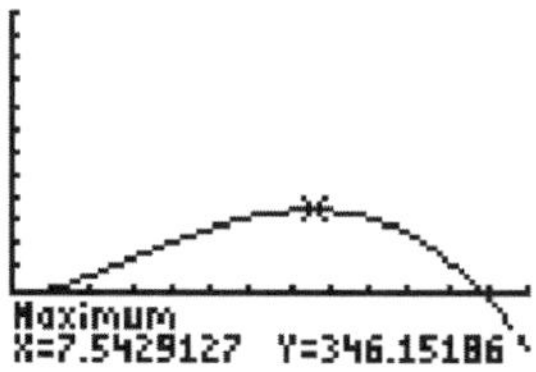

Fig. 2

Nutzenschwelle bei 1 Turbine; Nutzengrenze bei knapp 12 Turbinen.
c) $G(x) = E(x) - K(x) = -x^3 + 8x^2 + 50x - 57$
Maximum des Gewinns von ca. 346 GE bei der Herstellung von ca. 7,5 Turbinen.
d) Stückkosten: $k(x) = x^2 - 8x + 40 + \frac{57}{x}$; Grenzkosten: $K'(x) = 3x^2 - 16x + 40$;
variable Stückkosten: $k_V(x) = x^2 - 8x + 40$

Anzahl	1	2	3	4	5	6	7
Stückkosten	90,00	56,50	44,00	38,25	36,40	37,50	41,14
Grenzkosten	27,00	20,00	19,00	24,00	35,00	52,00	75,00
variable Stückkosten	33,00	28,00	25,00	24,00	25,00	28,00	33,00

Anzahl	8	9	10	11	12	13
Stückkosten	47,13	55,33	65,70	78,18	92,75	109,38
Grenzkosten	104,00	139,00	180,00	227,00	280,00	339,00
variable Stückkosten	40,00	49,00	60,00	73,00	88,00	105,00

Die Grenzkosten liegen unter den Stückkosten bis zu etwa 5 Turbinen.
e) Die Tangente von O aus an die Kostenfunktion berührt etwa bei $x = 5{,}1$ (Fig. 3).
Damit liegt das Betriebsoptimum bei ca. 5 Turbinen. Die zugehörigen Kosten liegen bei knapp 200 GE.
Berechnung des Betriebsoptimums: $K'(x) = k(x)$ oder $K'(x) - k(x) = 0$
$3x^2 - 16x + 40 - \left(x^2 - 8x + 40 + \frac{57}{x}\right) = 2x^2 - 8x - \frac{57}{x} = 0$, d.h. $2x^3 - 8x^2 - 57 = 0$
Berechnung nach dem Newtonverfahren:
$h(x) = 2x^3 - 8x^2 - 57$; $h'(x) = 6x^2 - 16x$; $x_1 = x_0 - \frac{h(x_0)}{h'(x_0)}$ mit $x_0 = 5$.
Man erhält als Betriebsoptimum $x \approx 5{,}097$ (Fig. 4).

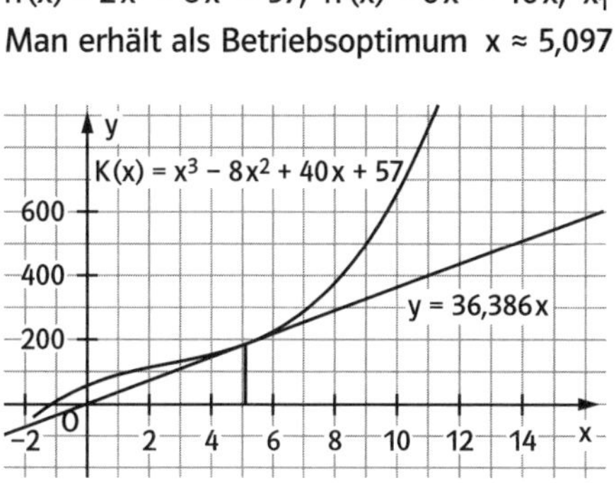

Fig. 3

```
                 5
Ans-Y1(Ans)/nDer
iv(Y1,X,Ans)
       5.099999997
       5.097018534
       5.097015831
       5.097015831
```

Fig. 4

S. 126 **3** f) $k_V(x) = x^2 - 8x + 40$; $k_V'(x) = 2x - 8$; $k_V''(x) = 2 > 0$.
Das Betriebsminimum von 24 GE/Turbine liegt bei $x = 4$ Turbinen.

4 a) $K(x) = ax^3 + bx^2 + cx + d$; $K'(x) = 3ax^2 + 2bx + c$; $k(x) = ax^2 + bx + c + \frac{d}{x}$.

(1) $K(0) = 16$: $\quad c = 16$
(2) $K(4) = 48$: $\quad 64a + 16b + 4c + d = 48$
(3) $K'(2) = 4$: $\quad 12a + 4b + c = 4$
(4) $k(3) = \frac{37}{3}$: $\quad 9a + 3b + c + \frac{d}{3} = \frac{37}{3}$

Mit dem GTR erhält man: $a = 1$; $b = -6$; $c = 16$; $d = 16$, also
$K(x) = x^3 - 6x^2 + 16x + 16$.

b) $k(x) = x^2 - 6x + 16 + \frac{16}{x}$; Graphen in Fig. 1.
Das Betriebsoptimum liegt bei ca. 3,6 ME.

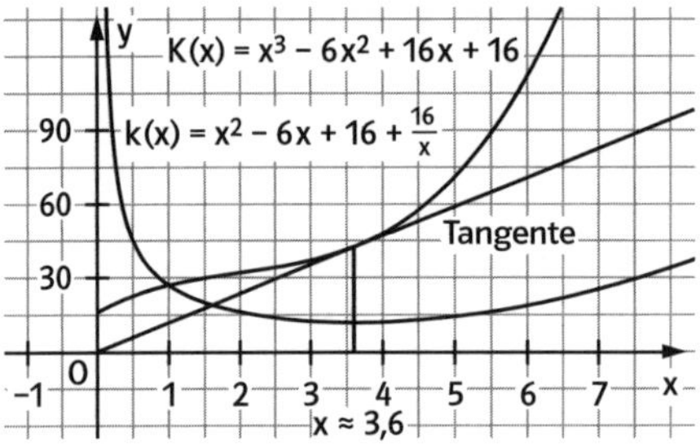

Fig. 1

Berechnung des Betriebsoptimums: $K'(x) = k(x)$ oder $K'(x) - k(x) = 0$
$3x^2 - 12x + 16 - \left(x^2 - 6x + 16 + \frac{16}{x}\right) = 2x^2 - 6x - \frac{16}{x} = 0$, d.h. $2x^3 - 6x^2 - 16 = 0$
Berechnung nach dem Newtonverfahren:
$h(x) = 2x^3 - 6x^2 - 16$; $h'(x) = 6x^2 - 6x$; $x_1 = x_0 - \frac{h(x_0)}{h'(x_0)}$ mit $x_0 = 3$.
Das Betriebsoptimum liegt bei 3,61 ME

```
Ans-Y1(Ans)/nDer
iv(Y1,X,Ans)
        3.888888879
        3.641892304
        3.613258189
        3.612887926
        3.612887865
■
```

5 a) Da die Fixkosten $K(0) = 5$ GE betragen, ergeben sich die variablen Kosten für 30 t Mehl zu $18 - 5 = 13$ in GE.

b) Exakte Werte: $K(x) = \frac{3}{2800}x^3 - \frac{29}{525}x^2 + \frac{473}{420}x + 5$.

```
L1     |L2     |L3      2
0      |5      |------
6      |10     |
20     |14     |
30     |18     |
40     |30     |
------ |       |
L2(6) =
```

```
CubicReg
 y=ax³+bx²+cx+d
 a=.00107143
 b=-.05523810
 c=1.12619048
 d=5.00000000
```

```
Y1(40)
        30.23817920
Y1(25)
        15.37204325
```

c) $K(25) \approx 15{,}4$ in GE, $K(40) \approx 30{,}2$ in GE.

S. 127 **13** ***Vermischte Aufgaben***

1 a) $f'(x) = 1{,}5x^2 + 6x$; $f''(x) = 3x + 6$; $f'''(x) = 3$; $f'(-2) = -6$; $f''(-2) = 0$; $f'''(-2) = 3$
b) $g'(x) = 5 - 16x^3$; $g''(x) = -48x^2$; $g'''(x) = -96x$; $g'(-2) = 133$; $g''(-2) = -192$; $g'''(-2) = 192$
c) $f'(x) = 8x + 12 - 4(2x + 3)$; $f''(x) = 8$; $f'''(x) = 0$; $f'(-2) = -4$; $f''(-2) = 8$; $f'''(-2) = 0$
d) $f'(x) = 3x^2 + \frac{4}{x^2}$; $f''(x) = 6x - \frac{8}{x^3}$; $f'''(x) = 6 + \frac{24}{x^4}$; $f'(-2) = 13$; $f''(-2) = -11$; $f'''(-2) = 7{,}5$
e) $g'(x) = 5 + 25x^4 - 5x^{-6}$; $g''(x) = 100x^3 + 30x^{-7}$; $g'''(x) = 300x^2 - 210x^{-8}$; $g'''(x) = -96x$;
$g'(-2) = 404{,}921875$; $g''(-2) = -800{,}23435$; $g'''(-2) = 1199{,}1769688$
f) $f'(x) = 3x^2 - 6x + 1$; $f''(x) = 6x - 6$; $f'''(x) = 6$; $f'(-2) = 25$; $f''(-2) = -18$; $f'''(-2) = 6$

2 a) $f'(x) = 3x^2 - x$; $P(-1|-1{,}5)$; $m = f'(-1) = 4$; t: $y = 4x + 2{,}5$; n: $y = -0{,}25x - 1{,}75$
b) $f'(x) = 2x + 2$; $P(2|8)$; $m = f'(2) = 6$; t: $y = 6x - 4$; n: $y = -\frac{1}{6}x + \frac{25}{3}$
c) $f'(x) = 3x^2 + 4x$; $P(-2|0)$; $m = f'(-2) = 4$; t: $y = 4x + 8$; n: $y = -\frac{1}{4}x - \frac{1}{2}$

3 a) Positive Steigungen in A, B, D, negative in C, F, G
b) Größte Steigung in A, kleinste Steigung in G
c) Positive Steigung für $-0{,}3 < x < 0{,}75$; $2{,}9 < x < 5$ und $7{,}3 < x < 8{,}4$;
negative Steigung in $0{,}75 < x < 2{,}9$ und in $5 < x < 7{,}3$
d) Steigung ist 0 in E und H.
e) Wendepunkte sind optisch D und G.

4 a) Es sind die Punkte B und G. b) Die Steigungen sind etwa gleich, nämlich etwa 0,5.
c) A und H d) C und F
e) Diese Punkte sind in Fig. 1 und Fig. 2 Extrempunkte. Dies gilt aber nicht allgemein, da z. B. für den Graphen von f mit $f(x) = x^3$ ebenfalls gilt $f'(0) = 0$, dort aber kein Extrempunkt vorliegt.

5 a) $h'(x_0)$ hat das Vorzeichen von $\frac{h(x) - h(x_0)}{x - x_0}$, d.h. ist z. B. $x > x_0$, so muss $h(x) \leqq h(x_0)$ sein, da das Wasser nicht bergauf fließen kann. Damit ist $h'(x_0) \leqq 0$ für jede Stelle x_0.
$h'(x)$ hat die Einheit $\frac{m}{km}$.
b) Flüsse mit extremem h' sind Flüsse mit großem Gefälle, also Bergbäche, der Blaue Nil, der Inn oder der Rhein um den Rheinfall bei Schaffhausen. Solche Flüsse eignen sich besonders zur Energiegewinnung.

6 a) $G'(t) < 0$, da das Gewicht während des Verbrennungsvorgangs abnimmt.
b) $G'(t) = 0$, da keine Veränderung des Gewichts mehr erfolgt.
c) $G'(t)$ beginnt mit $G'(0) = 0$. Die Funktion fällt bis zu einem gewissen Zeitpunkt und steigt dann wieder bis zum Ende des Feuers zum Zeitpunkt t_0.
Dort ist dann $G(t_0) = G'(t_0) = 0$.

Graph:

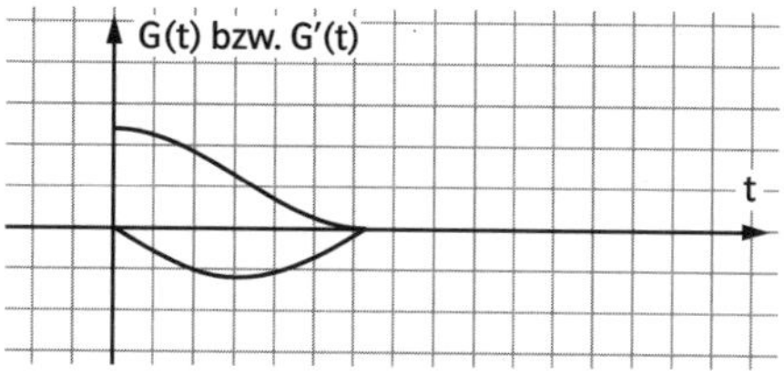

S. 128 **7** Berührpunkt sei $B\left(x_0 \mid \frac{1}{4}x_0^4\right)$. $f'(x_0) = x_0^3$.
Da Tangente durch P(1 | 0) verläuft, muss für die Steigung der Tangente in B gelten:
$\frac{\frac{1}{4}x_0^4 - 0}{x_0 - 1} = x_0^3$, also $\frac{1}{4}x_0^4 = x_0^4 - x_0^3$ oder $\frac{3}{4}x_0^4 - x_0^3 = \frac{1}{4}x_0^3(3x - 4) = 0$, also $x_1 = 0$; $x_2 = \frac{4}{3}$.
Mit $f(0) = 0$ und $f\left(\frac{4}{3}\right) = \frac{64}{81}$ sind $B_1(0 \mid 0)$ und $B_2\left(\frac{4}{3} \mid \frac{64}{81}\right)$ die gesuchten Punkte.

8 a) $f(x) = \frac{2}{3}x^3 - 8x - 1$; $f'(x) = 2x^2 - 8$; $f''(x) = 4x$.
$f'(x) = 0$ für $x_1 = -2$ und $x_2 = 2$. Wegen $f''(-2) < 0$ liegt an der Stelle −2 ein relatives Maximum $f(-2) = \frac{29}{3}$ vor. Wegen $f''(2) > 0$ liegt an der Stelle 2 ein relatives Minimum $f(2) = -\frac{35}{3}$ vor.
b) $f(x) = \frac{1}{6}x^6 - 8x^2 - 3$; $f'(x) = x^5 - 16x$; $f''(x) = 5x^4 - 16$.
$f'(x) = 0$ für $x_0 = 0$; $x_1 = -2$ und $x_2 = 2$. Wegen $f''(\pm 2) > 0$ liegt an den Stellen −2 und 2 je ein relatives Minimum $f(\pm 2) = -\frac{73}{3}$ vor. Wegen $f''(x) < 0$ liegt an der Stelle 0 ein relatives Maximum $f(0) = -3$ vor.
c) $f(x) = \frac{1}{8}x^4 - \frac{9}{4}x^2 + 4$; $f'(x) = \frac{1}{2}x^3 - \frac{9}{2}x$; $f''(x) = \frac{3}{2}x^2 - \frac{9}{2}$
$f'(x) = 0$ für $x_0 = 0$; $x_1 = -3$ und $x_2 = 3$. Wegen $f''(0) < 0$ liegt an der Stelle 0 ein relatives Maximum $f(0) = 4$ vor. Wegen $f''(\pm 3) > 0$ liegt an den Stellen −3 und 3 je ein relatives Minimum $f(\pm 3) = -\frac{49}{8}$ vor.

9 a) $f(x) = x^4 - 4x^3$; $f'(x) = 4x^3 - 12x^2$; $f''(x) = 12x^2 - 24x$; $f'''(x) = 24x - 24$
Es ist $f(0) = 0$; $f''(0) = 0$ und $f'''(0) = -24 \neq 0$ und $f'(0) = 0$.
Damit ist O(0 | 0) Wendepunkt mit waagerechter Tangente.
b) $g(x) = x^4 - 4x^3 + 2x$; $g'(x) = 4x^3 - 12x^2 + 2$; $g''(x) = 12x^2 - 24x$; $g'''(x) = 24x - 24$.
Es ist $g(0) = 0$; $g''(0) = 0$ und $g'''(0) = -24 \neq 0$. Damit ist O(0|0) Wendepunkt.
Wegen $g'(0) = 2$ hat die Wendetangente die Steigung 2.

10 a) $f(x) = x^3 - 7{,}5x^2 + 5x$; $f'(x) = 3x^2 - 15x + 5$; $f''(x) = 6x - 15$; $f'''(x) = 6 \neq 0$
$W\left(\frac{5}{2} \mid -\frac{75}{4}\right)$; Rechtskurve für $x < \frac{5}{2}$; Linkskurve für $x > \frac{5}{2}$.
b) $f(x) = \frac{1}{12}x^3 - \frac{7}{12}x^2 + 2$; $f'(x) = \frac{1}{4}x^2 - \frac{7}{6}x$; $f''(x) = \frac{1}{2}x - \frac{7}{6}$; $f'''(x) = \frac{1}{2} \neq 0$
$W\left(\frac{7}{3} \mid -\frac{19}{162}\right)$; Rechtskurve für $x < \frac{7}{3}$; Linkskurve für $x > \frac{7}{3}$.
c) $f(x) = \frac{1}{20}x^5 - \frac{1}{6}x^3 - 2x + 3$; $f'(x) = \frac{1}{4}x^4 - \frac{1}{2}x^2 - 2$; $f''(x) = x^3 - x$; $f'''(x) = 3x^2 - 1$
$W_1(0 \mid 3)$; $W_2\left(1 \mid \frac{53}{60}\right)$; $W_3\left(-1 \mid \frac{307}{60}\right)$;
Rechtskurve für $x < -1$; Linkskurve für $-1 < x < 0$; Rechtskurve für $0 < x < 1$; Linkskurve für $x > 1$.

11 a) falsch, da bei $x = 6$ ein Tiefpunkt vorliegt; daher ist $f''(6) > 0$.
b) falsch, da die Steigung bei $x = 4$ negativ ist.
c) falsch; da zwar $f(0) = 0$ und $f'(0) = 0$, aber $f''(0)$ ebenfalls 0 ist (in O liegt ein Wendepunkt vor).
d) wahr; dies sind die Intervalle]−5,5; 3[,]0; 2[und]5; 6,3[.
e) falsch; da O(0 | 0) kein Extrempunkt ist, gibt es nur 3 lokale Extrempunkte.
f) wahr, da der Graph dort rechtsgekrümmt ist.
g) wahr, da $f(6) \approx -2{,}5 > -3{,}9 \approx f(-4)$ ist.
h) wahr; diese liegen bei $x_1 \approx -3$; $x_2 \approx 0$; $x_3 \approx 2$; $x_4 \approx 5{,}2$.
i) wahr, da dort $f'(x) \geqq 0$ ist.

S. 128 **12** $f(x) = -\frac{1}{16}x^4 + \frac{5}{16}x^3 + x;\ f'(x) = -\frac{1}{4}x^3 + \frac{15}{16}x^2 + 1$

Aus $f'(x) = -\frac{1}{4}x^3 + \frac{15}{16}x^2 + 1 = 1$ folgt $-\frac{1}{4}x^2\left(x - \frac{15}{4}\right) = 0$, also $x_1 = 0;\ x_2 = \frac{15}{4}$.

$f(0) = 0;\ f\left(\frac{15}{4}\right) = \frac{32235}{4096} \approx 7{,}86987.$

Gesuchte Punkte $B_1(0\,|\,0)$ und $B_2(3{,}75\,|\approx 7{,}87)$

13 a) $f(x) = -\frac{1}{2}x^2 + 2x - 2;\ f'(x) = -x + 2.$

b) $f'(x) = 2$: $-x + 2 = 2$ ergibt $x = 0$; $f(0) = -2$. Punkt $B(0\,|-2)$.

c) Es muss für den Berührpunkt $B\left(x\,|-\frac{1}{2}x^2 + 2x - 2\right)$ gelten:

$\frac{-\frac{1}{2}x^2 + 2x - 2 - 0}{x - 0} = -x + 2$ oder $-\frac{1}{2}x^2 + 2x - 2 = -x^2 + 2x$, also $\frac{1}{2}x^2 = 2;\ x_1 = -2;\ x_2 = 2$

Da $f(-2) = -8$ und $f(2) = 0$ ist, sind $B_1(2\,|\,0)$ und $B_2(-2\,|-8)$ die Berührpunkte.

d) Es muss für den Berührpunkt $B\left(x\,|-\frac{1}{2}x^2 + 2x - 2\right)$ gelten:

$\frac{\left(-\frac{1}{2}x^2 + 2x - 2\right) - 16}{x - 0} = -x + 2$ oder $-\frac{1}{2}x^2 + 2x - 18 = -x^2 + 2x$, also $\frac{1}{2}x^2 = 18;\ x_1 = -6;\ x_2 = 6$

Da $f(-6) = -32$ und $f(6) = -8$ ist, sind $B_1(6\,|-8)$ und $B_2(-6\,|-32)$ die Berührpunkte.

Tangente durch $B_1(6\,|-8)$: $m = f'(6) = -4$: $y = -4x + 16$.

Tangente durch $B_2(-6\,|-32)$: $m = f'(-6) = 8$: $y = 8x + 16$.

14 a) $f(x) = x^3 - 4x;\ f'(x) = 3x^2 - 4.$

a) $m = f'(0) = -4;\ t{:}\ y = -4x;\ n{:}\ y = \frac{1}{4}x$

b) $x^3 - 4x = \frac{1}{4}x$ oder $4x^3 - 17x = x \cdot (4x^2 - 17) = 0;$

daraus $x_0 = 0;\ x_1 = -\frac{\sqrt{17}}{2} \approx -2{,}06155;\ x_2 = \frac{\sqrt{17}}{2} \approx 2{,}06155.$

Da $f(0) = 0;\ f\left(-\frac{\sqrt{17}}{2}\right) = -\frac{\sqrt{17}}{8} \approx -0{,}51539;\ f\left(\frac{\sqrt{17}}{2}\right) = \frac{\sqrt{17}}{8} \approx 0{,}51539.$

$S_0(0\,|\,0);\ S_1\left(-\frac{\sqrt{17}}{2}\,\middle|-\frac{\sqrt{17}}{8}\right);\ S_2\left(\frac{\sqrt{17}}{2}\,\middle|\,\frac{\sqrt{17}}{8}\right).$

15 a) $f(x) = 7x - 9$. Wegen $f'(x) = 7 \neq 0$ hat f keine lokalen Extremwerte. f hat keine globalen Extremwerte, da gilt:

$f(x) \to -\infty$ für $x \to -\infty$ und $f(x) \to +\infty$ für $x \to +\infty$.

b) $f(x) = x^3 + 1$. Wegen $f'(x) = 3x^2 \neq 0$ hat f höchstens bei $x = 0$ einen lokalen Extremwert. Da $f''(0) = 0$ und $f'''(0) \neq 0$ ist, liegt in $O(0\,|\,0)$ kein lokaler Extremwert vor, sondern ein Wendepunkt mit waagerechter Tangente. f besitzt keine globalen Extremwerte, da gilt: $f(x) \to -\infty$ für $x \to -\infty$ und $f(x) \to +\infty$ für $x \to +\infty$.

c) $f(x) = \frac{2}{x} - 3x$. Da $f'(x) = -\frac{2}{x^2} - 3 < 0$ für alle $x \in \mathbb{R}\setminus\{0\}$, liegt kein lokaler Extremwert vor.

Da $f(x) \to -\infty$ für negative x mit $x \to 0$ und $f(x) \to +\infty$ für positive x mit $x \to 0$ ist, liegt kein globaler Extremwert vor.

S. 129 **16** $f(x) = ax^3 + bx^2 + cx + d;\ f'(x) = 3ax^2 + 2bx + c;\ f''(x) = 6ax + 2b$

a)

(1) $f(-2) = 0$:	$-8a + 4b - 2c + d = 0$
(2) $f(0) = 0$:	$d = 0$
(3) $f(1) = 0$:	$a + b + c + d = 0$
(4) $f(-1) = 2$:	$-a + b - c + d = 2$

$f(x) = x^3 + x^2 - 2x$

S. 129 **16** b)

(1) $f(0) = 0$: $d = 0$

(2) $f(2) = 0$: $8a + 4b + 2c + d = 0$

(3) $f'(2) = 0$: $12a + 8b + c = 0$

(4) $f(1) = -1$: $a + b + c + d = -1$

$f(x) = -x^3 + 4x^2 - 4x$

c)

(1) $f(0) = 0$: $d = 0$

(2) $f(1) = 1$: $a + b + c + d = 0$

(3) $f'(1) = 0$: $3a + 2b + c = 0$

(4) $f''(1) = 0$: $6a + 2b = 0$

$f(x) = x^3 - 3x^2 + 3x$

17 $f(x) = \frac{1}{8}x^3 - \frac{3}{2}x + \frac{9}{2}$; $f'(x) = \frac{3}{8}x^2 - \frac{3}{2}$

Berechnung mit dem GTR:

$\frac{f(x) - 6}{x - \frac{4}{3}} = f'(x)$ oder $f(x) - 6 = f'(x) \cdot \left(x - \frac{4}{3}\right)$: $\frac{1}{8}x^3 - \frac{3}{2}x + \frac{9}{2} - 6 = \left(\frac{3}{8}x^2 - \frac{3}{2}\right) \cdot \left(x - \frac{4}{3}\right)$

Schnitt der Funktionen $h(x) = \frac{1}{8}x^3 - \frac{3}{2}x + \frac{9}{2} - 6$ und $k(x) = \left(\frac{3}{8}x^2 - \frac{3}{2}\right) \cdot \left(x - \frac{4}{3}\right)$:

$x_0 \approx -1{,}89571$.

Mit $f(x_0) \approx 6{,}49198$ ergibt sich der Berührpunkt $B(-1{,}89571 \mid 6{,}49198)$.

Gleichung der Tangente: $y = -0{,}15236 \cdot x + 6{,}20315$.

18 Ansatz: $f(x) = ax^5 + bx^3 + cx$; $f'(x) = 5ax^4 + 3bx^2 + c$; $f''(x) = 10ax^3 + 6bx$;

$f'''(x) = 30ax^2 + 6b$

(1) $f(-1) = 1$: $-a - b - c = 1$

(2) $f''(-1) = 0$: $-20a - 6b = 0$

(3) $f'(-1) = 3$: $5a + 3b + c = 3$

$f(x) = -\frac{3}{2}x^5 + 5x^3 - \frac{9}{2}x$

19 Seitenlängen x und y mit $x + y = 25$; $y = 25 - x$

$A = x \cdot y$, also $A(x) = x \cdot (25 - x) = 25x - x^2$

$A'(x) = 25 - 2x$; $A''(x) = -2 < 0$

Maximaler Inhalt bei $x = \frac{25}{2}$, $y = \frac{25}{2}$ (in Metern).

20 a) $x \cdot y = 8$, also $y = \frac{8}{x}$;

$S(x) = x + \frac{8}{x}$; $S'(x) = 1 - \frac{8}{x^2}$; $S''(x) = \frac{16}{x^3}$.

Extremum für $x_0 = \sqrt{8} \approx 2{,}82843$. Minimum, da $S''(\sqrt{8}) > 0$ ist. $y_0 = \frac{8}{x_0} = \frac{8}{\sqrt{8}} = \sqrt{8}$.

b) $x + y = 10$, also $y = 10 - x$;

$P(x) = x \cdot (10 - x) = 10x - x^2$; $P'(x) = 10 - 2x$; $P''(x) = -2 < 0$

Extremwert für $x_0 = 5$. Maximum, da $P''(5) = -2 < 0$ ist. $y_0 = 10 - x_0 = 5$.

21 $50 = \pi x + 2x + 2y$, also $y = 25 - x - \frac{\pi}{2}x$

$A = y \cdot 2x + \frac{\pi}{2}x^2$; also $A(x) = \left(25 - x - \frac{\pi}{2}x\right) \cdot 2x + \frac{\pi}{2}x^2$; $A(x) = 50x - \frac{\pi + 4}{2}x^2$;

$A'(x) = 50 - (\pi + 4) \cdot x$; $A''(x) = -(\pi + 4) < 0$.

Maximale Fläche für $x = \frac{50}{\pi + 4} \approx 7{,}00124$; $y = \frac{50}{\pi + 4} \approx 7{,}00124$.

Damit können LKW mit 4 m Höhe den Tunnel befahren.

S. 129 **22** a) $f(x) = x^3 - 3x^2 + 4$; $f'(x) = 3x^2 - 6x$; $f''(x) = 6x - 6$; $f'''(x) = 6 \neq 0$
f ist nicht symmetrisch; Nullstellen sind $x_1 = -1$ und $x_2 = 2$.
Extrempunkte aus $f'(x) = 3x^2 - 6x = 0$: $x_3 = 0$; $x_2 = 2$.
Wegen $f''(0) = -6 < 0$ und $f(0) = 4$ ist H(0 | 4) Hochpunkt.
Wegen $f''(2) = 6 > 0$ und $f(2) = 0$ ist T(2 | 0) Tiefpunkt.
Wendepunkte aus $f''(x) = 6x - 6 = 0$ also $x_4 = 1$.
Wegen $f'''(1) = 6 \neq 0$ und $f(1) = 2$ ist W(1 | 2) Wendepunkt.

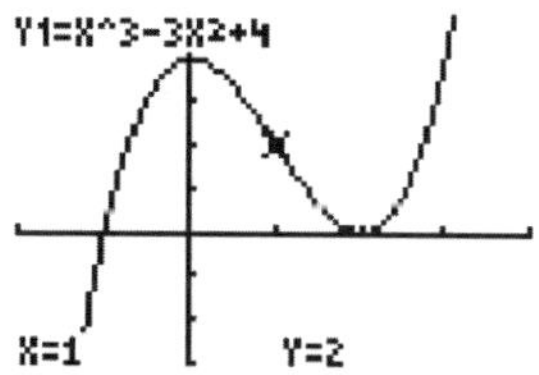

b) $f(x) = \frac{1}{9}x^4 - \frac{4}{9}x^3 + 3$; $f'(x) = \frac{4}{9}x^3 - \frac{4}{3}x^2$; $f''(x) = \frac{4}{3}x^2 - \frac{8}{3}x$; $f'''(x) = \frac{8}{3}x - \frac{8}{3}$
f ist nicht symmetrisch; Nullstelle ist $x_1 = 3$.
Extrempunkte aus $f'(x) = \frac{4}{9}x^3 - \frac{4}{3}x^2 = 0$: $x_2 = 0$; $x_1 = 3$.
Wegen $f''(0) = 0$ und $f'''(0) = \frac{-8}{3} \neq 0$ und $f(0) = 3$ ist W(0 | 3) Wendepunkt.
Wegen $f''(3) = 4 > 0$ und $f(3) = 0$ ist H(3 | 0) Tiefpunkt.
Wendepunkte aus $f''(x) = \frac{4}{3}x^2 - \frac{8}{3}x = 0$
also $x_2 = 0$ und $x_3 = 2$.
W(0 | 3) ist bereits als Wendepunkt bekannt.
Wegen $f'''(2) = \frac{8}{3} \neq 0$ und $f(2) = \frac{11}{9}$ ist $W_2\left(2 \,|\, \frac{11}{9}\right)$ zweiter Wendepunkt.

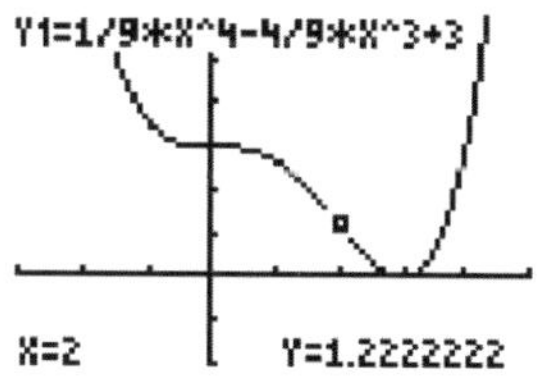

c) $f(x) = 0{,}5x^3 + 1{,}5x^2$; $f'(x) = 1{,}5x^2 + 3x$; $f''(x) = 3x + 3$; $f'''(x) = 3 \neq 0$
f ist nicht symmetrisch; Nullstellen sind $x_1 = 0$ und $x_2 = -3$.
Extrempunkte aus $f'(x) = 1{,}5x^2 + 3x = 0$: $x_1 = 0$; $x_3 = -2$.
Wegen $f''(0) = 3 > 0$ und $f(0) = 0$ ist T(0 | 0) Tiefpunkt.
Wegen $f''(-2) = -3 < 0$ und $f(-2) = 2$ ist H(−2 | 2) Hochpunkt.
Wendepunkte aus $f''(x) = 3x + 3 = 0$, also $x_4 = -1$.
Wegen $f'''(-1) = 3 \neq 0$ und $f(-1) = 1$ ist W(−1 | 1) Wendepunkt.

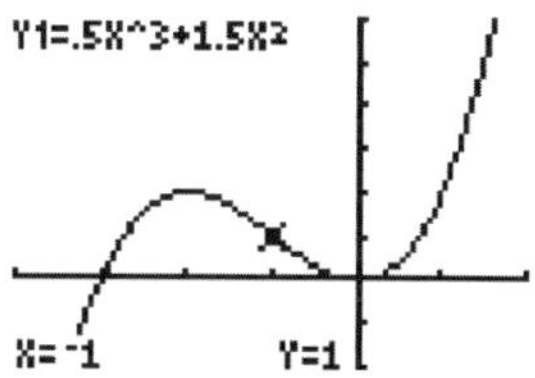

23 a) Geschwindigkeit in [6; 15]:
$v = \frac{5{,}5 - 2{,}8}{9}\frac{km}{min} = 0{,}3\frac{km}{min} = 0{,}3 \cdot \frac{60\,km}{60\,min} = 0{,}3 \cdot \frac{60\,km}{h} = 18\frac{km}{h}$.
b) Mit konstanter Geschwindigkeit fuhr er etwa in den Zeitintervallen:
[0; 5]; [5; 15]; [15; 18]; [19; 22]; [22; 23,75]
c) Vom Rad stieg er im Intervall [15; 18].
d) Seine Höchstgeschwindigkeit erreichte er etwa in Minute 24.
Sie betrug ca. $1{,}0\frac{km}{min} = 60\frac{km}{h}$.
e) Geschwindigkeit im Zeitintervall [0; 25]:
$v = \frac{10{,}4}{25}\frac{km}{min} = 0{,}416\frac{km}{min} = 0{,}416 \cdot \frac{60\,km}{60\,min} = 0{,}416 \cdot \frac{60\,km}{h} = 24{,}96\frac{km}{h} \approx 25\frac{km}{h}$.
f) R fährt zunächst auf leicht steigender Straße ca. 5 min. Die Straße wird steiler, sodass er sein Tempo verlangsamt. Die Steigung fährt er gleichmäßig hoch. Nach 15 min rastet er 3 min lang, ehe er sich auf die Abfahrt begibt. Diese dauert etwa 6 min. Dabei wechseln sich steilere und flachere Passagen ab. Unten angekommen fährt er wieder langsamer, da der Weg jetzt eben verläuft.

S. 130 **Aus der Betriebswirtschaft**

24 a) $K(x) = 60x + 0{,}8x^2 + 2000$

```
WINDOW
 Xmin=0
 Xmax=145
 Xscl=20
 Ymin=-4000
 Ymax=30000
 Yscl=2000
 Xres=1
```

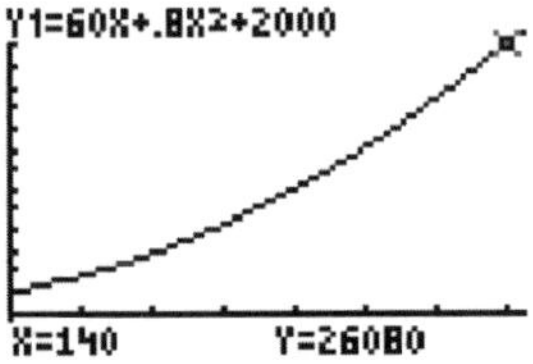

b) $G(x) = E(x) - K(x)$ mit $E(x) = 180x$: $G(x) = 180x - 60x - 0{,}8x^2 - 2000$,
also $G(x) = 120x - 0{,}8x^2 - 2000$.

```
WINDOW
 Xmin=0
 Xmax=145
 Xscl=20
 Ymin=-2000
 Ymax=5000
 Yscl=1000
 Xres=1
```

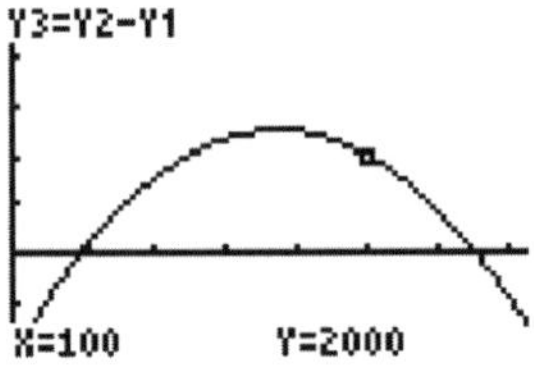

c) Gewinnbereich zwischen 19,1 und 130,9 Geräten pro Woche.
Maximaler Gewinn von 2500 GE bei 75 Geräten.

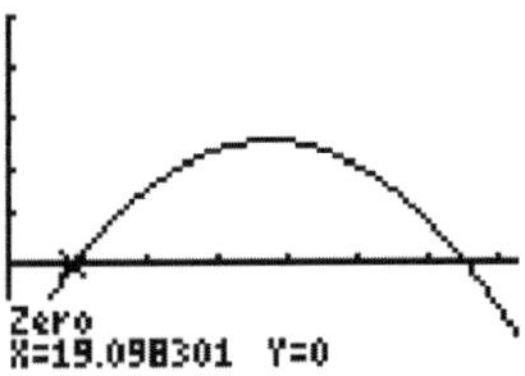

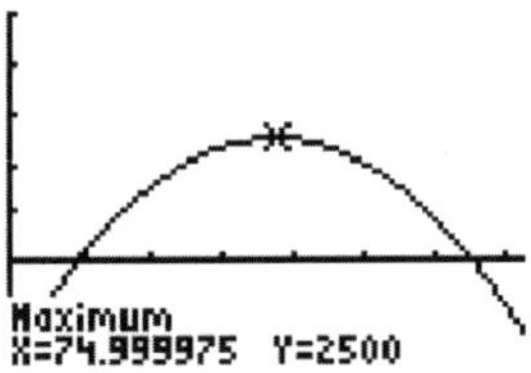

d) Kein Gewinn mehr, wenn K(x) und E(x) nur einen Punkt gemeinsam haben, d.h. gesucht wird eine Tangente von O an den Graphen von K: $\frac{0{,}8x^2 + 60x + 2000 - 0}{x - 0} = 1{,}6x + 60$.
Man erhält die Lösung: $x = 50$ ($x = -50$ ist unbrauchbar). Berührpunkt ist $B(50\,|\,7000)$.
Damit ist die Gerade mit der Steigung der Geraden OB, also $m = \frac{7000}{50} = 140$ die Erlösgerade, für die kein Gewinn mehr erzielt wird.
Die Firma macht also bei einem Preis von 140 € pro Gerät keinen Gewinn mehr.

25 a)

x	0	50	100	150	200	250	300	350	400
K(x)	5000	7275	8800	9725	10 200	10 375	10 400	10 425	10 600

x	450	500	550	600	650	700	750	800
K(x)	11 075	12 000	13 525	15 800	18 975	23 200	28 625	35 400

S. 130 **25** zu a)

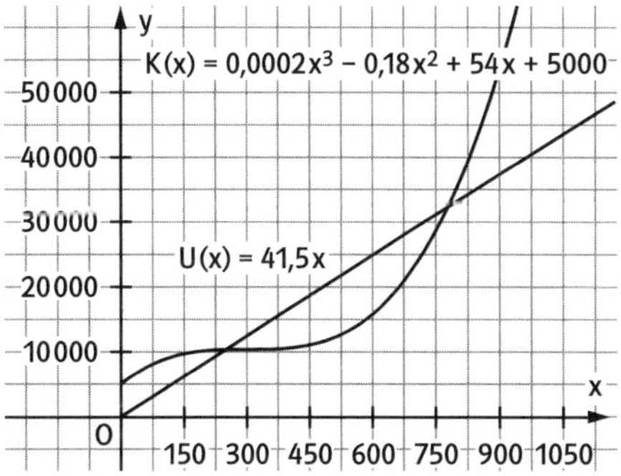

b) $K(x) = 0{,}0002x^3 - 0{,}18x^2 + 54x + 5000$; $K'(x) = 0{,}0006x^2 - 0{,}36x + 54 = 0$;
$K''(x) = 0{,}0012x - 0{,}36$; $K'''(x) = 0{,}0012$.
$K'(x) = 0$ ergibt $x_1 = 300$ mit $K''(300) = 0$. Da $K'''(300) = 0{,}0012 \neq 0$ ist, liegt bei $x_1 = 300$ kein Extrempunkt vor, sondern ein Wendepunkte mit waagerechter Tangente. Damit gibt es weder ein Kostenminimum noch ein Kostenmaximum.

c) Aus b) ergibt sich der Wendepunkt $W(300 \mid 10400)$ (K(300) aus Wertetafel!). Bis zu einer Stückzahl von 300 ME sinken die Grenzkosten, danach nehmen sie wieder zu.

d) Stückkostenfunktion $k(x) = \frac{K(x)}{x} = 0{,}0002x^2 - 0{,}18x + 54 + \frac{5000}{x}$.
$k'(x) = 0{,}0004x - 0{,}18 - \frac{5000}{x^2}$; $k''(x) = 0{,}0004 + \frac{10000}{x^3}$.
Wegen $k'(500) = 0$ und $k''(500) = 0{,}00048 > 0$ liegt das Stückkostenminimum bei $x = 500$.
$K(500) = 12000$ (aus der Wertetafel)

e) $G(250) = U(250) - K(250) = 41{,}5 \cdot 250 - 10375 = 10375 - 10375 = 0$.
Damit ist bei $x_1 = 250$ die Nutzenschwelle.
Nutzengrenze:
$G(x) = 41{,}5x - (0{,}0002x^3 - 0{,}18x^2 + 54x + 5000) = -0{,}0002x^3 + 0{,}18x^2 - 12{,}5x - 5000 = 0$
ergibt mit dem GTR: $x_2 \approx 778{,}459$.
Ende der Gewinnzone bei ca. 778 ME.

f) Gewinnmaximum bei $x_3 \approx 563$ ME; es beträgt $G(563) \approx 9326$ GE.

26 a) $K(x) = ax^3 + bx^2 + cx + d$
$K(0) = 21\frac{1}{3}$: $d = 21\frac{1}{3} = \frac{64}{3}$
$K(2) = 31$: $8a + 4b + 2c + d = 31$
$K(5) = 24\frac{1}{4}$: $125a + 25b + 5c + d = 24\frac{1}{4}$
$K(8) = 40$: $512a + 64b + 8c + d = 40$
Daraus: $K(x) = \frac{1}{3}x^3 - \frac{15}{4}x^2 + 11x + \frac{64}{3}$
b) Grenzkostenfunktion: $K'(x) = x^2 - 7{,}5x + 11$;
Erlösfunktion:
$E(x) = K(x) + G(x) = \frac{1}{3}x^3 - \frac{15}{4}x^2 + 11x + \frac{64}{3} + \left(-\frac{1}{3}x^3 + \frac{15}{4}x^2 - 6x - \frac{64}{3}\right) = 5x$

S. 130 **26** c) $K'(x) = x^2 - 7{,}5x + 11$; $K''(x) = 2x - 7{,}5$.
$K'(x) = 0$: $x_1 = 2$; $x_2 = 5{,}5$.
$K''(2) = -3{,}5 < 0$ und $K(2) = 31$; also lokales Kostenmaximum bei $x = 2$ ME in Höhe von 31 GE.
$K''(5{,}5) = 3{,}5 > 0$ und $K(5{,}5) = 23{,}85$; also lokales Kostenminimum bei $x = 5{,}5$ ME in Höhe von 23,85 GE.

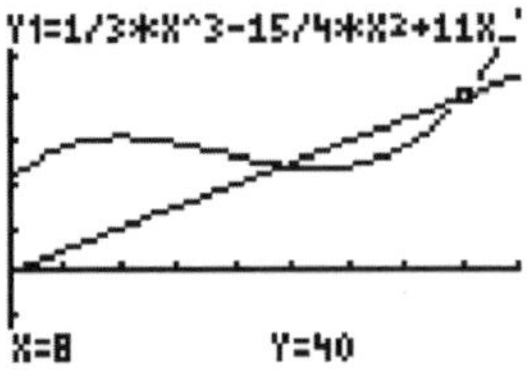

d) Es ist $E(8) = K(8) = 40$; 8 ME ist also Nutzengrenze, also $E(x) = 5x$.
Nutzenschwelle z. B. mit GTR: 4,887 ME. Gewinnzone zwischen ca. 4,9 und 8 ME.
e) Maximaler Gewinn (mit dem GTR) von 6,58498 GE bei 6,59 ME.

27 a) $K(x) = 0{,}0008x^3 - 0{,}9x^2 + 264x + 21600$;
$K(101) - K(100) \approx 39907{,}3408 - 39800 = 107{,}34$.
$K'(100) = 108$
Die Werte sind beinahe gleich. Dies ist klar, da K'(100) die (lokale) Erhöhung der Kosten pro Stück bei der Produktionszahl 100 angibt.
b) $E(x) = 73x$; Gewinnzone zwischen 463,7 und 768,7 ME.

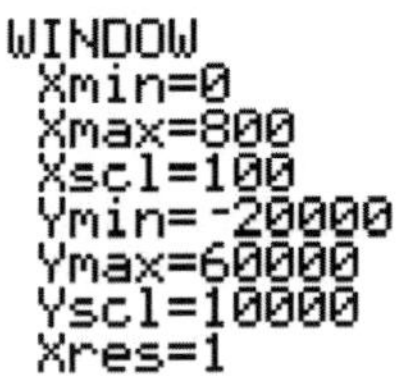

c) Das Betriebsoptimum ist das Minimum der Stückkostenfunktion
$k(x) = 0{,}0008x^2 - 0{,}9x + 264 + \frac{21600}{x}$.
Es liegt bei 600 ME und beträgt $48 \cdot 600 = 28800$ GE.

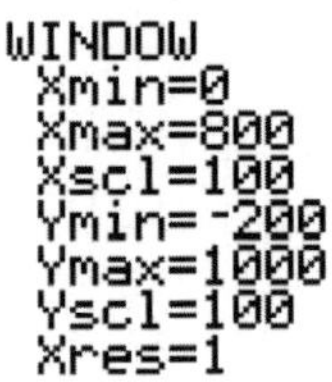

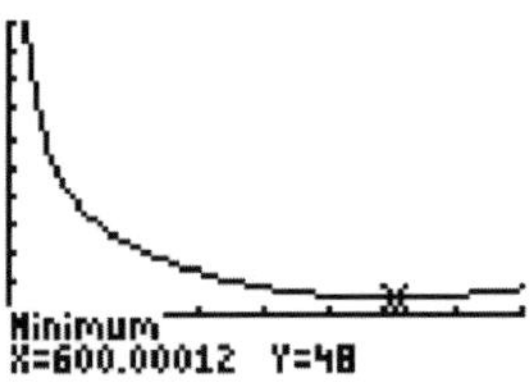

IV Integralrechnung

1 Deutung von Flächeninhalten und Berechnungen

S. 136 **1** a) $2 \cdot 30 = 60$; $60\,m^3$
Veranschaulichung als Inhalt der linken Teilfläche zwischen Graph und x-Achse.
b) Zwischen 15 Uhr und 17 Uhr beträgt die mittlere momentane Durchflussmenge $45\frac{m^3}{h}$.
Durchgeflossene Erdölmenge: $45 \cdot 2 = 90$; $90\,m^3$
Veranschaulichung als Inhalt der mittleren Teilfläche.
c) Die geförderte Ölmenge entspricht dem Inhalt der rechten Teilfläche.

S. 139 **2** a) Zwischen 16 Uhr und 16.30 Uhr: $s_1 = \left(\frac{1}{2} \cdot 40 \cdot 0{,}5\right)km = 10\,km$
Zwischen 16.30 Uhr und 17 Uhr: $s_2 = (0{,}5 \cdot 40)\,km = 20\,km$
Zwischen 17 Uhr und 17.30 Uhr: $s_3 = \left(\frac{40 + 10}{2} \cdot 0{,}5\right)km = 12{,}5\,km$
Zwischen 17.30 Uhr und 18 Uhr: $s_4 = \left(\frac{1}{2} \cdot 10 \cdot 0{,}5\right)km = 2{,}5\,km$
$s = s_1 + s_2 + s_3 + s_4 = 45\,km$
b) Man nähert die Kurve z.B. durch Geradenstücke an.
Zwischen 7 Uhr und 7.15 Uhr: $s_1 = 6{,}25\,km$
Zwischen 7.15 Uhr und 7.30 Uhr: $s_2 = 15{,}625\,km$
Zwischen 7.30 Uhr und 7.45 Uhr: $s_3 = 21{,}875\,km$
Zwischen 7.45 Uhr und 8.30 Uhr: $s_4 = 75\,km$
Zwischen 8.30 Uhr und 9 Uhr: $s_5 = 25\,km$
$s = s_1 + s_2 + s_3 + s_4 + s_5 = 143{,}75\,km$

3 a) Wertetafel.

x	0	0,5	1	1,5	2	2,5	3	3,5
f(x)	2,00	2,06	2,25	2,56	3,00	3,56	4,25	5,06

Veranschaulichung am Graphen in Fig. 1.
Näherungswert für die Fläche:
$A = 0{,}5 \cdot (2 + 2{,}06 + 2{,}25 + 2{,}56 + 3 + 3{,}56 + 4{,}25 + 5{,}06)$
$= 0{,}5 \cdot 24{,}75 = 12{,}375$
b) Wertetafel:

x	0	0,5	1	1,5	2	2,5	3	3,5
f(x)	4	3,95	3,8	3,55	3,2	2,75	2,2	1,55

Näherungswert:
$A = 0{,}5 \cdot (4 + 3{,}95 + \ldots + 1{,}55) = 1{,}5 \cdot 25 = 12{,}5$

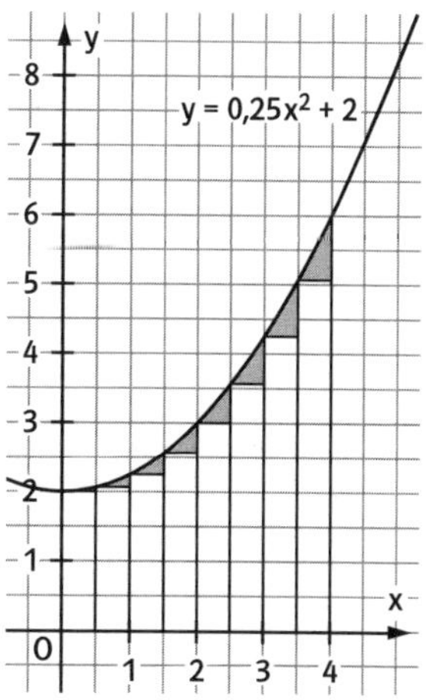

Fig. 1

4 a) $A_2(2{,}5) = A_0(2{,}5) - A_0(2) = \frac{1}{3} \cdot 2{,}5^3 - \frac{1}{3} \cdot 2^3 = \frac{61}{24} \approx 2{,}5417$
b) $A = 2 \cdot 4 - A_0(2) = 8 - \frac{1}{3} \cdot 2^3 = \frac{16}{3} \approx 5{,}3333$
c) $A = 2 \cdot (2{,}5 \cdot 6{,}25 - A_0(2{,}5)) = 2 \cdot \left(15{,}625 - \frac{1}{3} \cdot 2{,}5^3\right) = 2 \cdot \left(15{,}625 - \frac{1}{3} \cdot 2{,}5^3\right)$
$= 2 \cdot \left(\frac{125}{8} - \frac{125}{24}\right) = 2 \cdot \frac{125}{12} = \frac{125}{6} \approx 20{,}8333$

2 Integral und Integralfunktion

S. 140 **1** a) $S_4 = 0{,}25 \cdot \left(f\left(\frac{1}{8}\right) + f\left(\frac{3}{8}\right) + f\left(\frac{5}{8}\right) + f\left(\frac{7}{8}\right)\right) = 0{,}25 \cdot \left(\left(\frac{1}{8}\right)^3 + \left(\frac{3}{8}\right)^3 + \left(\frac{5}{8}\right)^3 + \left(\frac{7}{8}\right)^3\right)$

$= \frac{1}{4} \cdot \frac{1}{512} \cdot (1 + 27 + 125 + 343) = \frac{496}{4 \cdot 512} = \frac{31}{128} \approx 0{,}2421875$

b) $S_4^* = 0{,}25 \cdot \left(f\left(-\frac{1}{8}\right) + f\left(-\frac{3}{8}\right) + f\left(-\frac{5}{8}\right) + f\left(-\frac{7}{8}\right)\right) = 0{,}25 \cdot \left(\left(-\frac{1}{8}\right)^3 + \left(-\frac{3}{8}\right)^3 + \left(-\frac{5}{8}\right)^3 + \left(-\frac{7}{8}\right)^3\right)$

$= \frac{1}{4} \cdot \frac{1}{512} \cdot (-1 - 27 - 125 - 343) = -\frac{496}{4 \cdot 512} = -\frac{31}{128} \approx -0{,}2421875$

Die Werte sind vom Betrag her gleich, unterscheiden sich nur im Vorzeichen. Das negative Vorzeichen bei S_4^* kommt dadurch zustande, dass die Funktionswerte dort negativ sind, d. h. die Rechtecksinhalte werden wie bei S_4 berechnet, erhalten aber ein negatives Vorzeichen.

S. 141 **2** a) $\int_{-1}^{2} x^2\,dx = A_1 + A_2 = \frac{1}{3} \cdot 1^3 + \frac{1}{3} \cdot 2^3 = 3$ b) $\int_{-2}^{2} x\,dx = \frac{1}{2} \cdot (-2) \cdot 2 + \frac{1}{2} \cdot 2 \cdot 2 = 0$

c) $\int_{-2}^{2} -2\,dx = 2 \cdot (-2) + 2 \cdot (-2) = -8$

3 a) Fig. 1: $J_1(x) = (x - 1) \cdot 1 = x - 1$

b) Fig. 2: $J_0(x) = \frac{1}{2}x \cdot 3x = \frac{3}{2}x^2$

c) Fig. 3: $J_4(x) = \frac{1}{2} \cdot (x - 1) \cdot (2x - 2) - \frac{1}{2} \cdot (4 - 1) \cdot 6 = (x - 1)^2 - 9 = x^2 - 2x - 8$

d) Fig. 4: $J_0(x) = \frac{1}{2}x \cdot (-x) = -\frac{1}{2}x^2$

e) Fig. 5: $J_0(x) = x \cdot 4 = 4x$

f) Fig. 6: $J_{-2}(x) = \frac{1}{2}(x + 2) \cdot \left(\frac{1}{2}x + 1\right) = \frac{1}{4}x^2 + x + 1$

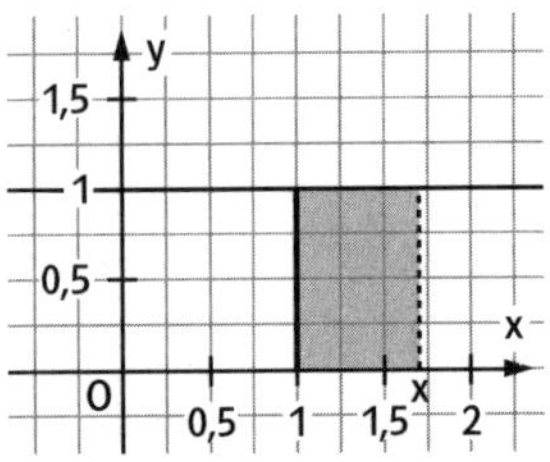

Fig. 1

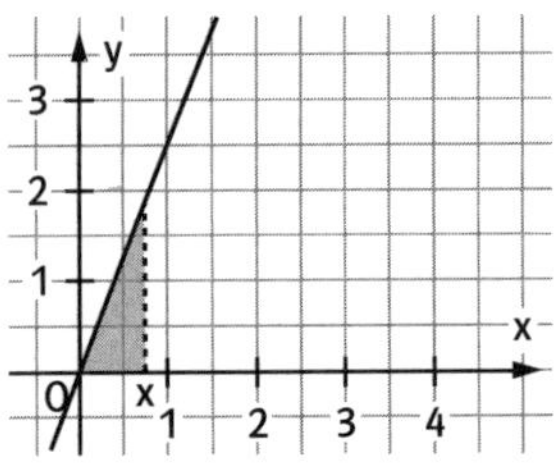

Fig. 2

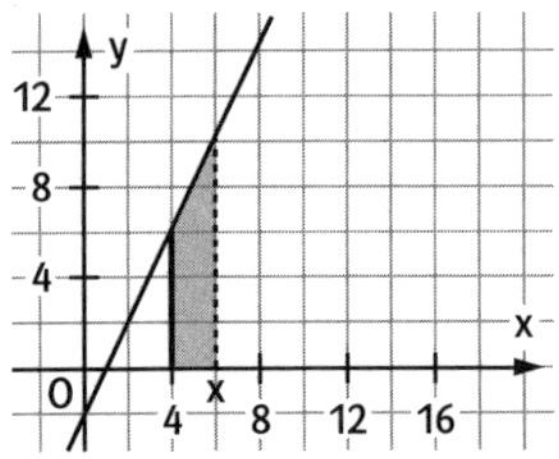

Fig. 3

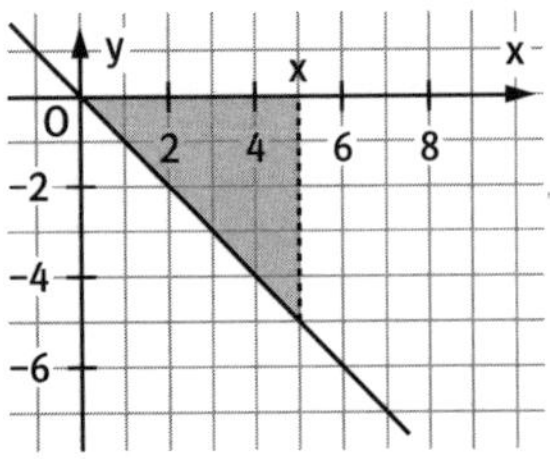

Fig. 4

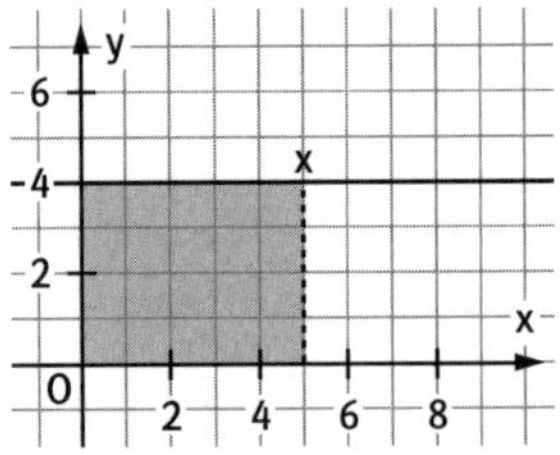

Fig. 5

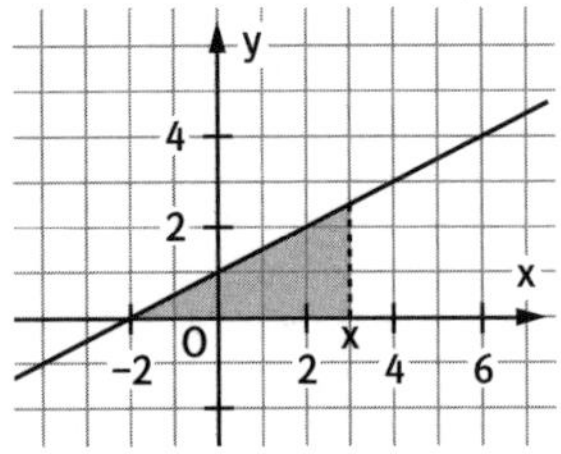

Fig. 6

3 *Integral- und Stammfunktion – Hauptsatz*

S. 142 **1** a) $F(x) = \frac{1}{2}x^2 - 3$ b) $F(x) = x^2$ c) $F(x) = \frac{1}{3}x^3$ d) $F(x) = \frac{1}{3}x^3 + \frac{1}{2}x^2 + x + 3$

2 a) $J_0(x) = \frac{1}{2}x^2$; $J_1(x) = \frac{1}{2}x^2 - \frac{1}{2}$; $J_2(x) = \frac{1}{2}x^2 - 2$.
b) Leitet man die Integralfunktionen ab, so erhält man stets $f(x) = x$.

S. 144 **3** a) $F(x) = \frac{3}{2}x^2$ b) $F(x) = \frac{1}{4}x^2$ c) $F(x) = \frac{\sqrt{2}}{2}x^2$ d) $F(x) = 4x$
e) $F(x) = -3{,}5$ f) $F(x) = x^2 - x$ g) $F(x) = x^2 - 8x$ h) $F(x) = 2x - 3x^2$
i) $F(x) = \frac{1}{2}x + x^2$ j) $F(x) = \frac{1}{8}x^2 - \frac{1}{2}x$

4 a) $F(x) = \frac{1}{4}x^4$ b) $F(x) = \frac{3}{5}x^5$ c) $F(x) = \frac{1}{6}x^3$ d) $F(x) = \frac{\sqrt{3}}{6}x^6$
e) $F(x) = \frac{1}{2}x^8$ f) $F(x) = \frac{2}{21}x^7$ g) $F(t) = \frac{1}{3}t^3$ h) $U(r) = \pi r^2$
i) $A^*(a) = \frac{1}{3}a^3$ j) $F(u) = \frac{1}{5}u^{10}$

5 a) $F(x) = \frac{1}{2}x - \frac{3}{2}x^2 + x^4$ b) $F(x) = \frac{3}{16}x^4 + \frac{2}{3}x^3 + \frac{5}{2}x^2 + x$
c) $F(x) = \frac{2}{9}x^9 + \frac{8}{7}x^7 - \frac{4}{5}x^5 + \frac{2}{3}x^3$ d) $F(x) = 4x + \frac{1}{2}x^2 + \frac{1}{3}x^3 + \frac{1}{4}x^4 + \frac{1}{5}x^5$
e) $F(x) = x^{10} + x^7 + x^3 + 2x$ f) $F(x) = x^2 + \frac{2}{3}x^3 + \frac{1}{2}x^4$

6 $F(x) = x - \frac{2}{3}x^3 + \frac{1}{4}x^4 + c$; $F(2) = 1$, also $c + \frac{2}{3} = 1$, damit ist $c = \frac{1}{3}$.

7 a) $F(x) = \frac{1}{3}x^3 - \frac{1}{2}x^2$ mit $F(2) = 1$, also $\frac{2}{3} + c = 1$, damit $c = \frac{1}{3}$.
Da $F'(x) = f(x)$ ist, ist die Steigung $f(2) = 2$.
b) Gesuchte Funktion $F(x) = \frac{1}{3}x^3 - \frac{1}{2}x^2 + c$ hat Ableitungen $f(x) = x^2 - x$; $f'(x) = 2x - 1$; $f''(x) = 2 \neq 0$. Wendepunkt liegt bei x mit $2x - 1 = 0$, also bei $x = \frac{1}{2}$.
Es muss gelten $F\left(\frac{1}{2}\right) = 2$, wenn der Wendepunkt auf $y = 2$ liegen soll: $-\frac{1}{12} + c = 2$; also $c = \frac{25}{12}$.

S. 145 **8** a) $\int_1^4 x\,dx = \frac{15}{2} = 7{,}5$ b) $\int_1^3 x^2\,dx = 9 - \frac{1}{3} = \frac{26}{3}$
c) $\int_0^4 x^3\,dx = 64 - 0 = 64$ d) $\int_{0{,}5}^2 x^4\,dx = \frac{32}{5} - \frac{1}{160} = \frac{1023}{160} \approx 6{,}394$

9 a) $\int_1^5 \left(\frac{1}{2}x + 2\right)dx = \left[\frac{1}{4}x^2 + 2x\right]_1^5 = \left(\frac{25}{4} + 10\right) - \left(\frac{1}{4} + 2\right) = 14$

b) $\int_{-1}^1 \left(\frac{1}{4}x^2 + 1\right)dx = \left[\frac{1}{12}x^3 + x\right]_{-1}^1 = \left(\frac{1}{12} + 1\right) - \left(-\frac{1}{12} - 1\right) = \frac{13}{6}$

c) $\int_0^1 (2x^3 + x^2)\,dx = \left[\frac{1}{2}x^4 + \frac{1}{3}x^3\right]_0^1 = \left(\frac{1}{2} + \frac{1}{3}\right) - (0 + 0) = \frac{5}{6}$

d) $\int_0^1 (2x^2 - x^4)\,dx = \left[\frac{2}{3}x^3 - \frac{1}{5}x^5\right]_0^1 = \left(\frac{2}{3} - \frac{1}{5}\right) - (0 + 0) = \frac{7}{15}$

S. 145 **10** a) $\int_{-2}^{0}(2+x)^2\,dx = \int_{-2}^{0}(4+4x+x^2)\,dx = \left[4x+2x^2+\frac{1}{3}x^3\right]_{-2}^{0} = 0-\left(-8+8-\frac{8}{3}\right) = \frac{8}{3}$

b) $\int_{1}^{2}(1-2x)^2\,dx = \int_{1}^{2}(1-4x+4x^2)\,dx = \left[x-2x^2+\frac{4}{3}x^3\right]_{1}^{2} = \left(2-8+\frac{32}{3}\right)-\left(1-2+\frac{4}{3}\right) = \frac{13}{3}$

c) $\int_{2}^{5}(1+2x)x^2\,dx = \int_{2}^{5}(x^2+2x^3)\,dx = \left[\frac{1}{3}x^3+\frac{1}{2}x^4\right]_{2}^{5} = \left(\frac{125}{3}+\frac{625}{2}\right)-\left(\frac{8}{3}+8\right) = \frac{687}{2} = 343{,}5$

d) $\int_{1}^{5}(1+x)(1-x)\,dx = \int_{1}^{5}(1-x^2)\,dx = \left[x-\frac{1}{3}x^3\right]_{1}^{5} = \left(5-\frac{125}{3}\right)-\left(1-\frac{1}{3}\right) = -\frac{112}{3} = -37\frac{1}{3}$

11 a) $\int_{0}^{4}\left(\frac{1}{4}x^2+2\right)dx = \left[\frac{1}{12}x^3+2x\right]_{0}^{4} = \frac{40}{3} = 13\frac{1}{3}$

b) $\int_{-2}^{3}\left(\frac{1}{2}x^2\right)dx = \left[\frac{1}{6}x^3\right]_{-2}^{3} = 5\frac{5}{6}$

c) $\int_{1}^{5}\left(\frac{1}{x^2}+1\right)dx = \left[-\frac{1}{x}+x\right]_{1}^{5} = 4\frac{4}{5}$

12 a) $J_0(1) \approx 1{,}15$; Inhalt unter dem Graphen ca. 1,1 FE.
$J_0(2) \approx 2{,}5$; Inhalt unter dem Graphen 2,5 FE. (exakt).
$J_0(1{,}5) \approx 1{,}75$; Inhalt unter dem Graphen 1,8 FE.
$J_0(0) = 0$; Inhalt unter dem Graphen 0 FE. (exakt).
b) $J_0(-1) \approx -0{,}85$; Inhalt unter dem Graphen ca. 0,85 FE. Da untere Grenze größer ist als obere, ergibt sich das Minuszeichen.
$J_0(-2) \approx -1{,}5$; Inhalt unter dem Graphen 1,5 FE exakt. Da untere Grenze größer ist als obere, ergibt sich das Minuszeichen.
Exakte Werte:
$J_0(1) = \frac{9}{8} = 1{,}125$; $J_0(2) = \frac{5}{2} = 2{,}5$; $J_0(1{,}5) = \frac{57}{32} = 1{,}78125$; $J_0(0) = 0$; $J_0(-1) = -\frac{7}{8} = -0{,}875$;
$J_0(-2) = -\frac{3}{2} = -1{,}5$

13 Für $0 \leqq t \leqq 40$ gilt $w_1(t) = \frac{25}{40}\cdot t$ $\left(t \text{ in Tagen; } w_1(t) \text{ in } \frac{\text{cm}}{\text{Tag}}\right)$.
In diesem Zeitraum wächst die Pflanze um die Länge (in cm)
$L_1 = \int_{0}^{40}\frac{25}{40}\cdot t\cdot dt = \left[\frac{25}{80}\cdot t^2\right]_{0}^{40} = 500.$
Für $40 \leqq t \leqq 70$ gilt $w_2(t) = -\frac{25}{30}\cdot t + c$ mit $w(70) = 0$, d.h. $-\frac{25}{30}\cdot 70 + c = 0$, also $c = 58\frac{1}{3}$.
In diesem Zeitraum wächst die Pflanze um die Länge (in cm)
$L_2 = \int_{40}^{70}\left(-\frac{25}{30}\cdot t + 58\frac{1}{3}\right)\cdot dt = \left[-\frac{25}{60}\cdot t^2 + 58\frac{1}{3}\cdot t\right]_{40}^{70} = 375.$

Die Pflanze wächst insgesamt um 875 cm.

S. 145 **14** a)

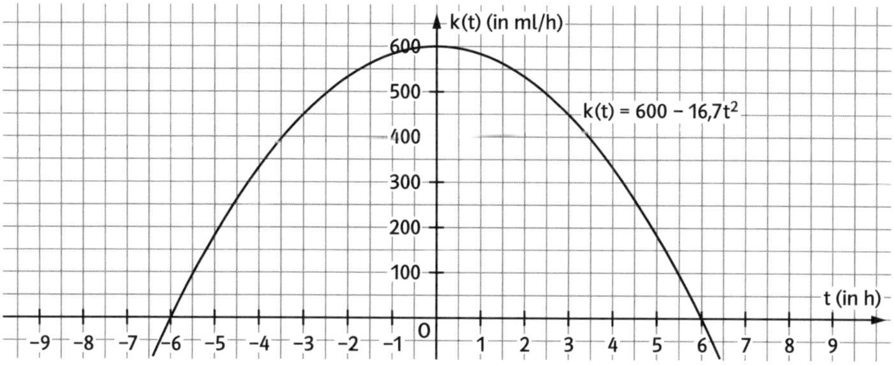

b) Kohlendioxidverbrauch: $V = 500 \cdot \int_{-6}^{6} k(t)\,dt = 2\,397\,600\,\text{ml} = 2{,}4\,\text{m}^3$.

4 *Flächen zwischen Graph und x-Achse*

S. 146 **1** 1. Schritt: Bestimmung der Nullstellen von f. $x_1 = -\frac{5}{4}$; $x_2 = \frac{1}{4}$

2. Schritt: Beurteilung, welche Teilfläche oberhalb bzw. unterhalb der x-Achse liegt.

3. Schritt: $A = -\int_{-\frac{5}{4}}^{\frac{1}{4}} f(x)\,dx + \int_{\frac{1}{4}}^{1} f(x)\,dx$.

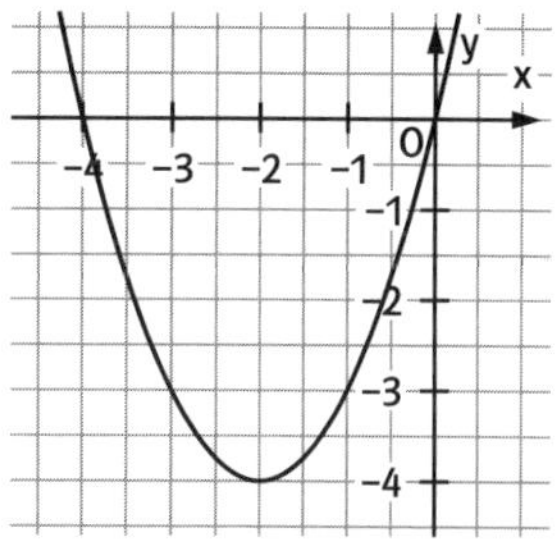

S. 148 **2** Schnittstellen mit der x-Achse: $x_1 = -4$ und $x_2 = 0$.

$A = -\int_{-4}^{0} (x^2 + 4x)\,dx = \left[-\frac{1}{3}x^3 - 2x^2\right]_{-4}^{0} = 0 - \left(\frac{64}{3} - 32\right) = \frac{32}{3}$

3 a) Fig. 1; Nullstellen 0 und 6.

$A = -\int_{0}^{6} \left(\frac{1}{2}x^2 - 3x\right)dx = \left[-\frac{1}{6}x^3 + \frac{3}{2}x^2\right]_0^6 = 18.$

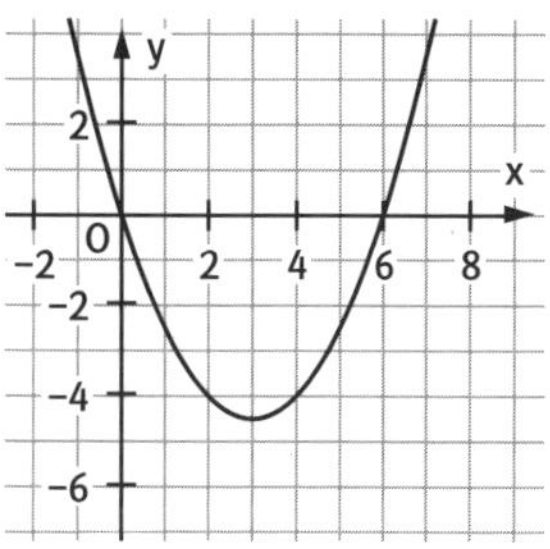

Fig. 1

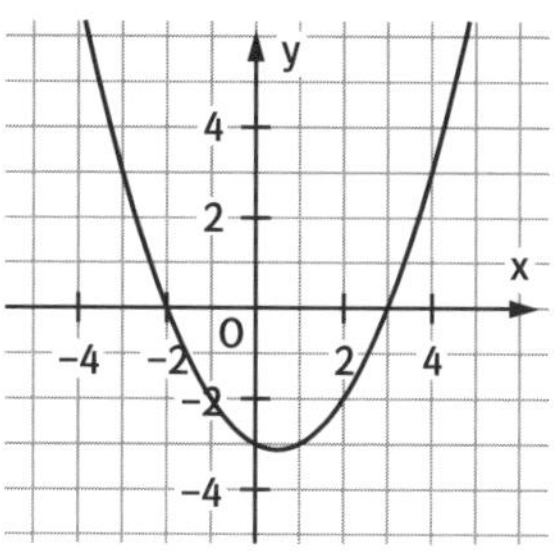

Fig. 2

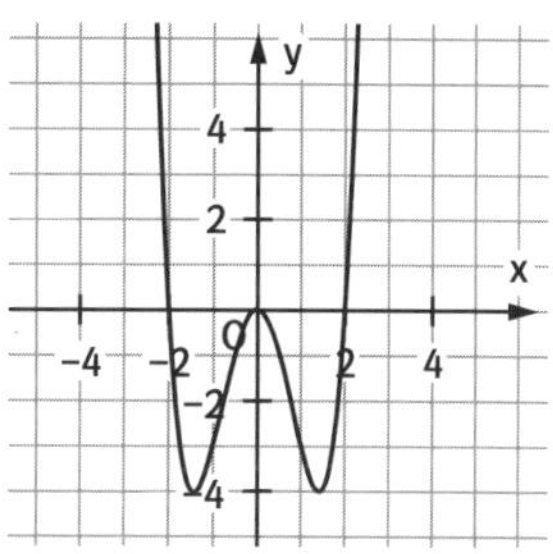

Fig. 3

S. 148 **3**

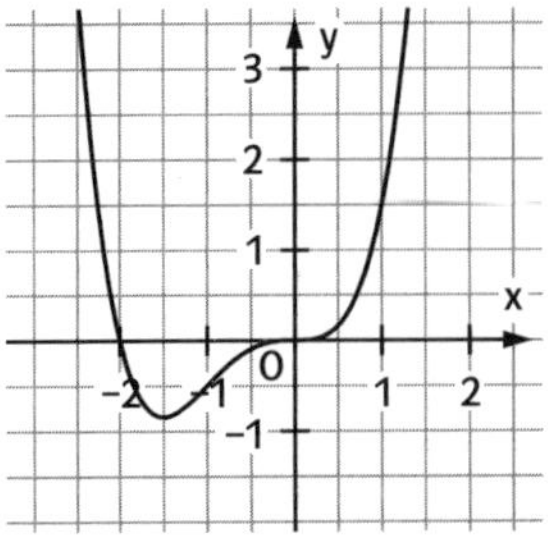

Fig. 1

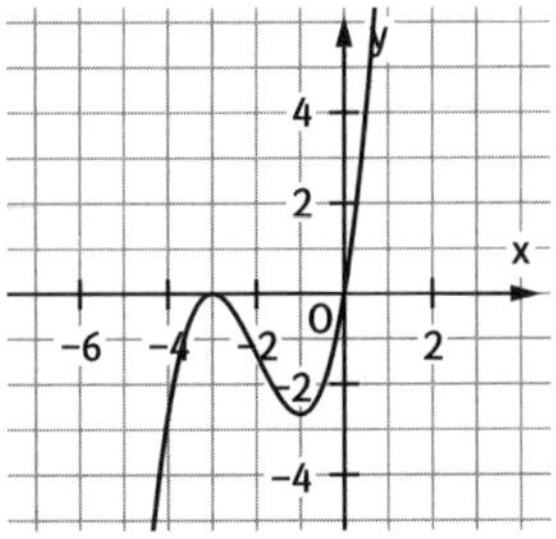

Fig. 2

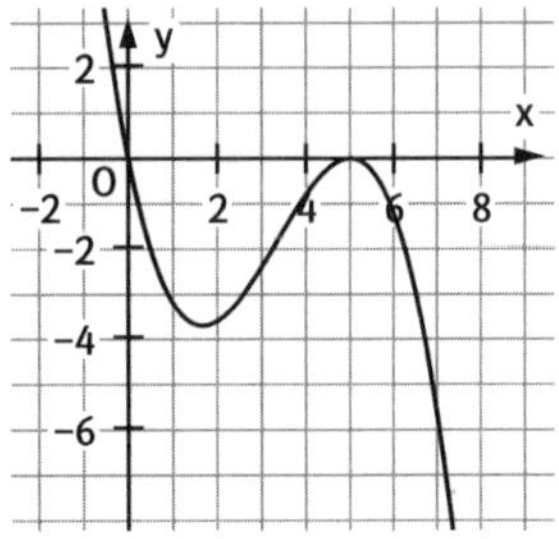

Fig. 3

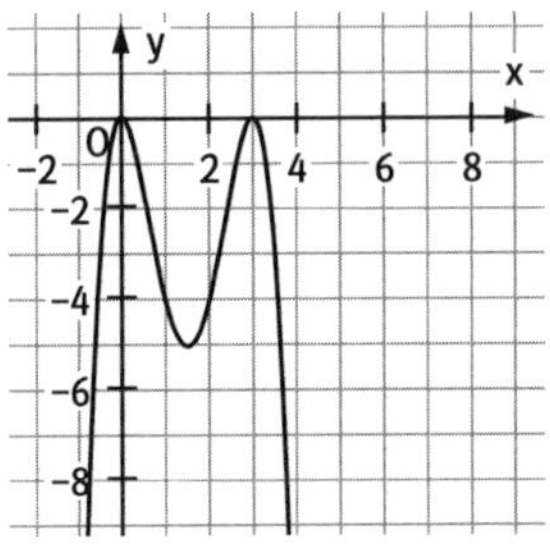

Fig. 4

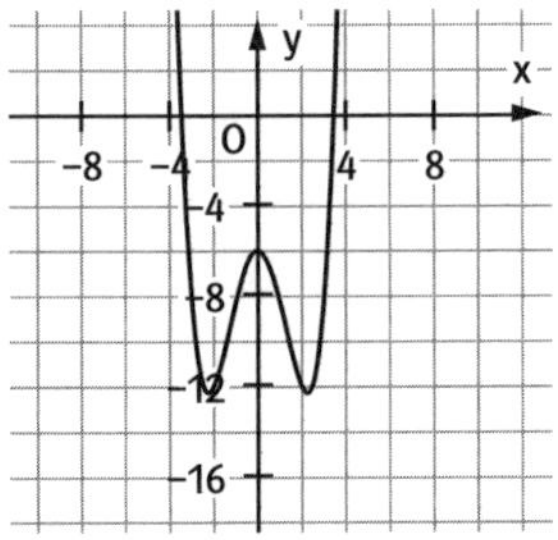

Fig. 5

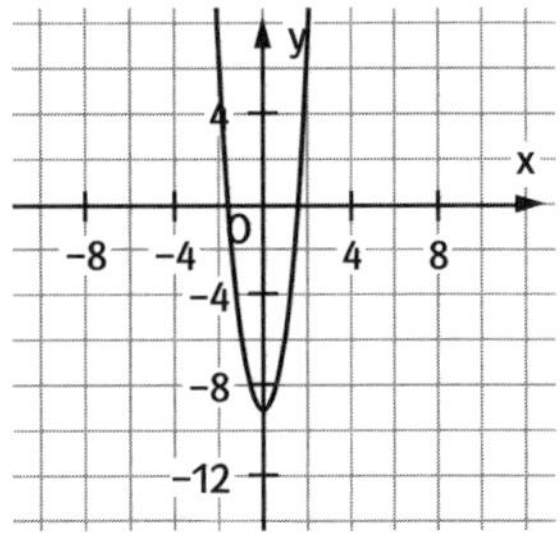

Fig. 6

b) Fig. 2, S. 105; Nullstellen −2 und 3.

$$A = -\int_{-2}^{3}\left(\frac{1}{2}x^2 - \frac{1}{2}x - 3\right)dx = \left[-\frac{1}{6}x^3 + \frac{1}{4}x^2 + 3x\right]_{-2}^{3} = \frac{125}{12}.$$

c) Fig. 3, S. 105; Nullstellen −2, 0 und 2.

$$A = -\int_{-2}^{2}(x^4 - 4x^2)\,dx = \left[-\frac{1}{5}x^5 + \frac{4}{3}x^3\right]_{-2}^{2} = \frac{128}{15}.$$

d) Fig. 1; Nullstellen −2 und 0.

$$A = -\int_{-2}^{0}\left(\frac{1}{2}x^4 + x^3\right)dx = \left[-\frac{1}{10}x^5 - \frac{1}{4}x^4\right]_{-2}^{0} = \frac{4}{5} = 0{,}8$$

e) Fig. 2; Nullstellen −3 und 0.

$$A = -\int_{-3}^{0}\left(6x + 4x^2 + \frac{2}{3}x^3\right)dx = \left[-3x^2 - \frac{4}{3}x^3 - \frac{1}{6}x^4\right]_{-3}^{0} = \frac{9}{2} = 4{,}5$$

f) Fig. 3; Nullstellen 0 und 5.

$$A = -\int_{0}^{5}\left(-\frac{1}{5}x^3 + 2x^2 - 5x\right)dx = \left[\frac{1}{20}x^4 - \frac{2}{3}x^3 + \frac{5}{2}x^2\right]_{0}^{5} = \frac{125}{12}$$

g) Fig. 4; Nullstellen 0 und 3.

$$A = -\int_{0}^{3}(-x^4 + 6x^3 - 9x^2)\,dx = \left[\frac{1}{5}x^5 - \frac{3}{2}x^4 + 3x^3\right]_{0}^{3} = \frac{81}{10} = 8{,}1$$

h) Fig. 5; Nullstellen $-2\sqrt{3} \approx -3{,}4641$ und $2\sqrt{3} \approx 3{,}4641$.

Wegen der Symmetrie zur y-Achse:

$$A = -2\cdot\int_{0}^{2\sqrt{3}}\left(\frac{1}{4}x^4 - \frac{5}{2}x^2 - 6\right)dx = \left[-\frac{2}{20}x^5 + \frac{10}{6}x^3 + 12x\right]_{0}^{2\sqrt{3}} \approx 60{,}9682.$$

S. 148 **3** i) Fig. 6, S. 106; Nullstellen −1,576 477 521 und 1,576 477 521.

Wegen der Symmetrie zur y-Achse:

$$A = -2 \cdot \int_0^{1{,}57648} \left(\tfrac{1}{4}x^4 + 3x^2 - 9\right)dx = \left[-\tfrac{2}{20}x^5 - 2x^3 + 18x\right]_0^{1{,}57648} \approx 19{,}566\,88$$

4 a) $f(x) = x^3 - 4x^2 + 3x$; Schnittstellen mit der x-Achse: 0, 1 und 3.

$$A = \int_0^1 (x^3 - 4x^2 + 3x)\,dx - \int_1^3 (x^3 - 4x^2 + 3x)\,dx = \left[\tfrac{1}{4}x^4 - \tfrac{4}{3}x^3 + \tfrac{3}{2}x^2\right]_0^1 - \left[\tfrac{1}{4}x^4 - \tfrac{4}{3}x^3 + \tfrac{3}{2}x^2\right]_1^3$$

$$= \tfrac{5}{12} - 0 - \left(-\tfrac{9}{4} - \tfrac{5}{12}\right) = \tfrac{37}{12}$$

b) $f(x) = 2x \cdot (x^2 - 1)(x - 2) = 2x^4 - 4x^3 - 2x^2 + 4x$; Schnittstellen sind −1; 0; 1 und 2.

$$A = -\int_{-1}^0 (2x^4 - 4x^3 - 2x^2 + 4x)\,dx + \int_0^1 (2x^4 - 4x^3 - 2x^2 + 4x)\,dx - \int_1^2 (2x^4 - 4x^3 - 2x^2 + 4x)\,dx$$

$$= -(F(0) - F(-1)) + F(1) - F(0) - (F(2) - F(1)) = \tfrac{19}{15} + \tfrac{11}{15} + \tfrac{11}{15} + \tfrac{8}{15} = \tfrac{49}{15} \approx 3{,}266\,67$$

mit der Stammfunktion $F(x) = \tfrac{2}{5}x^5 - x^4 - \tfrac{2}{3}x^3 + 2x^2$.

5 a) $A_1 = -\int_{-2}^2 \left(\tfrac{1}{4}x^2 - 1\right)dx = \left[-\tfrac{1}{12}x^3 + x\right]_{-2}^2 = \tfrac{8}{3}$; $A_2 = \int_2^4 \left(\tfrac{1}{4}x^2 - 1\right)dx = \left[\tfrac{1}{12}x^3 - x\right]_2^4 = \tfrac{8}{3}$

Einfacher: Das Integral $\int_{-2}^4 \left(\tfrac{1}{4}x^2 - 1\right)dx = \left[\tfrac{1}{12}x^3 - x\right]_{-2}^4 = \tfrac{4}{3} - \tfrac{4}{3} = 0.$

b) $A_1 = \int_0^2 \left(-\tfrac{1}{8}x^3 + 1\right)dx = \left[-\tfrac{1}{32}x^4 + x\right]_0^2 = \tfrac{3}{2}$; $A_2 = -\int_2^{2^{(\frac{5}{3})}} \left(-\tfrac{1}{8}x^3 + 1\right)dx = \left[\tfrac{1}{32}x^4 - x\right]_2^{2^{(\frac{5}{3})}} = \tfrac{3}{2}.$

Einfacher: Das Integral $\int_0^{2^{(\frac{5}{3})}} \left(-\tfrac{1}{8}x^3 + 1\right)dx = \left[-\tfrac{1}{32}x^4 + x\right]_0^{2^{(\frac{5}{3})}} = 0 - 0 = 0.$

6 a) $\int_0^a (x^2 - 2)\,dx = \left[\tfrac{1}{3}x^3 - 2x\right]_0^a = \tfrac{1}{3}a^3 - 2a = 0$ ergibt $a = \sqrt{6} \approx 2{,}449\,49$

b) $\int_0^a (x^3 - x^2 - 2)\,dx = \left[\tfrac{1}{4}x^4 - \tfrac{1}{3}x^3 - 2x\right]_0^a = \tfrac{1}{4}a^4 - \tfrac{1}{3}a^3 - 2a = 0$

ergibt mit dem GTR: $a \approx 2{,}55695$

c) $\int_0^a (x^3 - 1)\,dx = \left[\tfrac{1}{4}x^4 - x\right]_0^a = \tfrac{1}{4}a^4 - a = 0$ ergibt $a = 4^{\frac{1}{3}} = \sqrt[3]{4} \approx 1{,}587\,40$

7 a) $\int_{-1}^0 (x^6 + x^3 + x + 2)\,dx \approx 1{,}392\,86$ (Fig. 1) b) $\int_{-1}^0 (x^{10} + x^9 + x^8 + x^7)\,dx \approx -0{,}022\,98$ (Fig. 2)

c) $\int_{-1}^0 (x^{100} - x^{99})\,dx = 0{,}019\,90$ (Integration direkt mit dem MATH-Befehl, Fig. 3)

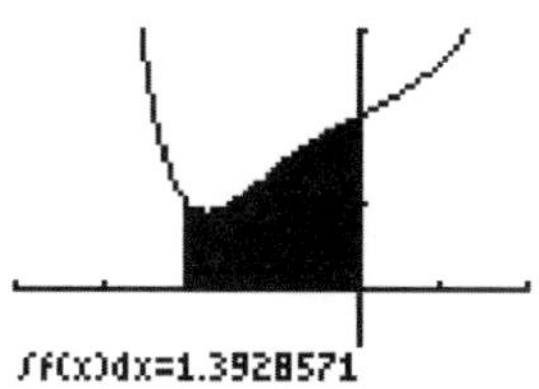

Fig. 1

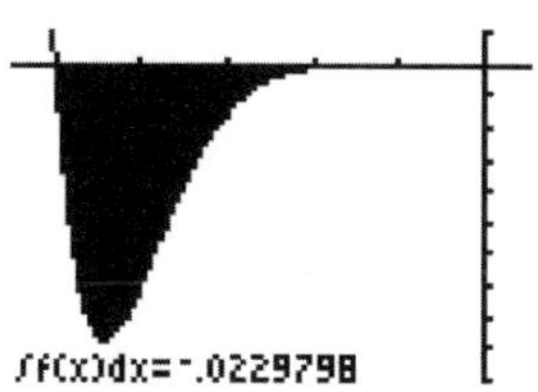

Fig. 2

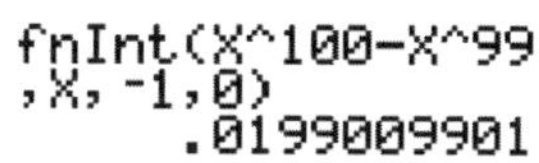

Fig. 3

5 Flächen zwischen zwei Graphen

S. 149 **1** a) $A_1 = \int_a^b f(x)\,dx - \int_a^b g(x)\,dx$; $A_1^* = \int_a^b -f(x)\,dx + \int_a^b (-g(x))\,dx$

b) $A_1 = F(b) - F(a) - (G(b) - G(a)) = F(b) - G(b) - (F(a) - G(a))$

$A_1^* = F(b) - F(a) + (-G(b) - (-G(a))) = F(b) - G(b) - (F(a) - G(a))$

$A_1 = A_1^* = \int_a^b (f(x) - g(x))\,dx$

S. 151 **2** a) $A = \int_{-2}^{2} \left(\frac{1}{2}x^2 - \frac{1}{2} - \left(-\frac{1}{2}x - 1\right)\right)dx = \int_{-2}^{2} \left(\frac{1}{2}x^2 + \frac{1}{2}x + \frac{1}{2}\right)dx = \left[\frac{1}{6}x^3 + \frac{1}{4}x^2 + \frac{1}{2}x\right]_{-2}^{2} = \frac{10}{3} - \left(-\frac{4}{3}\right) = \frac{14}{3}$

b) $A = \int_{-2}^{0} \left(-\frac{3}{4}x - \frac{1}{2}x\right)dx - \int_{0}^{2} \left(-\frac{3}{4}x - \frac{1}{2}x\right)dx = \int_{-2}^{0} \left(-\frac{5}{4}x\right)dx + \int_{0}^{2} \frac{5}{4}x\,dx = \left[-\frac{5}{8}x^2\right]_{-2}^{0} + \left[\frac{5}{8}x^2\right]_{0}^{2}$

$= \frac{5}{2} + \frac{5}{2} = 5$

c) Aus Symmetriegründen ist $A = 2 \cdot \int_{0}^{2} \left(\frac{1}{8}x^3 + \frac{1}{2}x\right)dx = 2 \cdot \left[\frac{1}{32}x^4 + \frac{1}{4}x^2\right]_{0}^{2} = 2 \cdot \left(\frac{1}{2} + 1\right) = 3$

3 a) $A = 2 \cdot \int_{0}^{2} \left(2 - \left(-\frac{1}{8}x^4 + x^2\right)\right)dx = 2 \cdot \left[\frac{1}{40}x^5 - \frac{1}{3}x^3 + 2x\right]_{0}^{2} = 2 \cdot \left(\frac{4}{5} - \frac{8}{3} + 4\right) = \frac{64}{15} \approx 4{,}266\,67$

b) $A = 2 \cdot \int_{0}^{3} \left(2 - \left(-\frac{1}{8}x^3 - x^2\right)\right)dx = 2 \cdot \frac{123}{40} = \frac{123}{20} = 6{,}15$

c) $A = 2 \cdot \int_{0}^{3} \left(-\frac{1}{8}x^4 + x^2 - \left(-\frac{9}{8}\right)\right)dx = 2 \cdot \left[-\frac{1}{40}x^5 + \frac{1}{3}x^3 + \frac{9}{8}x\right]_{0}^{3} = 2 \cdot \frac{63}{10} = \frac{126}{10} = 12{,}6$

4 a) Für $-1 \leqq x \leqq 1$ ist $g(x) \geqq f(x)$

Daher $A = \int_{-1}^{1} (-x^2 + 4 - 0{,}5x)\,dx = \left[-\frac{1}{3}x^3 + 4x - \frac{1}{4}x^2\right]_{-1}^{1} = \frac{41}{12} - \left(-\frac{47}{12}\right) = \frac{22}{3} = 7\frac{1}{3}$

b) Für $0 \leqq x \leqq 1$ ist $g(x) \geqq f(x)$

Daher $A = \int_{0}^{1} (x - x^3)\,dx = \left[\frac{1}{2}x^2 - \frac{1}{4}x^4\right]_{0}^{1} = \frac{1}{2} - \frac{1}{4} = \frac{1}{4} = 0{,}25$

5 a) $A = \int_{0}^{2} (-x^2 + 4 - x^2)\,dx = \int_{0}^{2} (-2x^2 + 4)\,dx = \left[-\frac{2}{3}x^3 + 4x\right]_{0}^{2} = -\frac{16}{3} + 8 = 2\frac{2}{3}$.

b) $A = \int_{0}^{2} (-x^3 + 3x^2 - x^2)\,dx = \left[-\frac{1}{4}x^4 + \frac{2}{3}x^3\right]_{0}^{2} = -4 + \frac{16}{3} = 1\frac{1}{3}$

c) Schnittstellen sind $-\frac{1}{2}$, 0 und 1. Für $-\frac{1}{2} \leqq x \leqq 0$ ist $f(x) \geqq g(x)$, für $0 \leqq x \leqq 1$ ist $g(x) \geqq f(x)$.

$A = \int_{-\frac{1}{2}}^{0} (2x^3 - x^2 - x)\,dx - \int_{0}^{1} (2x^3 - x^2 - x)\,dx = \left[\frac{1}{2}x^4 - \frac{1}{3}x^3 - \frac{1}{2}x^2\right]_{-\frac{1}{2}}^{0} - \left[\frac{1}{2}x^4 - \frac{1}{3}x^3 - \frac{1}{2}x^2\right]_{0}^{1}$

$= \frac{5}{96} + \frac{1}{3} = \frac{37}{96} \approx 0{,}385\,42$

d) Schnittstellen sind -1 und 1. Für $-1 \leqq x \leqq 1$ ist $g(x) \geqq f(x)$.

$A = 2 \cdot \int_{0}^{1} (-x^{10} + 1 - (x^{10} - 1))\,dx = 2 \cdot \int_{0}^{1} (-2x^{10} + 2)\,dx = 2 \cdot \left[-\frac{2}{11}x^{11} + 2x\right]_{0}^{1} = 2 \cdot \left(2 - \frac{2}{11}\right) = \frac{40}{11} = 3\frac{7}{11}$

S. 151 **6** t: $y = 3x - 4{,}5$; $A = \int_0^3 \frac{1}{2}x^2\,dx - \frac{27}{8} = \left[\frac{1}{6}x^3\right]_0^3 - \frac{27}{8} = \frac{9}{2} - \frac{27}{8} = 1\frac{1}{8}$; dabei ist $\frac{27}{8}$ der Inhalt des Dreiecks, den die Tangente mit x-Achse und der negativen y-Achse bildet:
$A = \frac{1}{2} \cdot 1{,}5 \cdot 4{,}5 = \frac{27}{8}$.

7 a) Vgl. Fig. 1
$f(x) = -x^2$; $f'(x) = -2x$, damit $f'(1) = -2$ und Steigung der Normalen ist $m = \frac{1}{2}$.
n: $y = \frac{1}{2}x - 1{,}5$.
$$A = -\int_0^1 (-x^2)\,dx + \frac{1}{2} \cdot 2 \cdot 1 = 1\frac{1}{3}$$
b) Vgl. Fig. 2
$f(x) = x^3$; $f'(x) = 3x^2$, damit $f'(1) = 3$ und Steigung der Normalen ist $m = -\frac{1}{3}$.
n: $y = -\frac{1}{3}x + \frac{4}{3}$.
$$A = \int_0^1 x^3\,dx + \frac{1}{2} \cdot 3 \cdot 1 = 1\frac{3}{4}$$

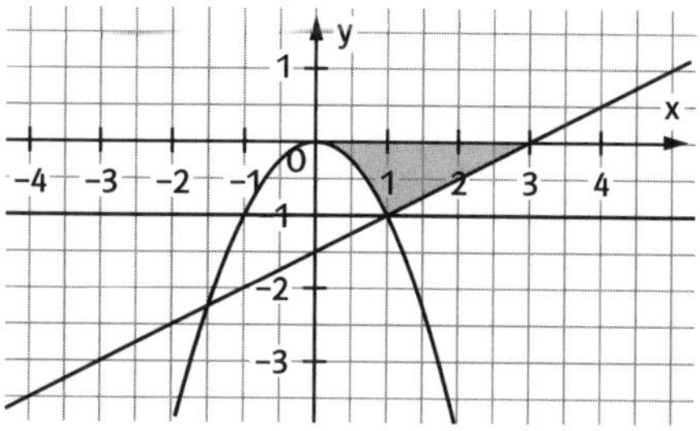

Fig. 1

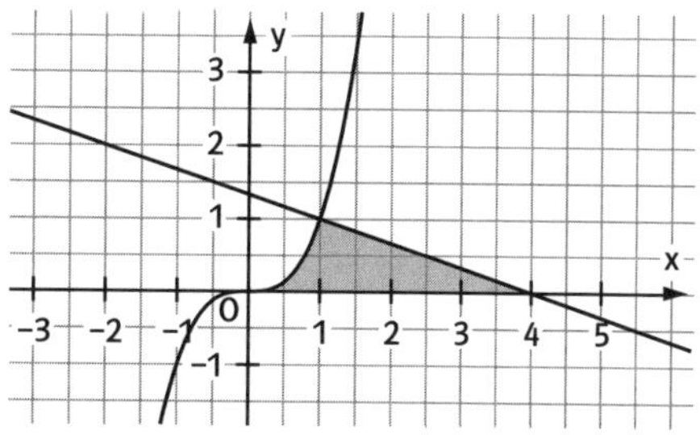

Fig. 2

8 a) Wendepunkt W(0 | 0); $f'(0) = 1$; Normale: $y = -x$. $A = 2 \cdot \int_0^{\sqrt{2}} (f(x) - n(x))\,dx = 2$

b) Wendepunkt W(0 | 0); $f'(0) = 2$; Normale: $y = -\frac{1}{2}x$. $A = 2 \cdot \int_0^{\sqrt{7{,}5}} (f(x) - n(x))\,dx$
$$= 2 \cdot \frac{75}{16} = \frac{75}{8} = 9\frac{3}{8}.$$

9 Man zeichnet die Funktion $h(x) = f(x) - g(x)$, bestimmt die Nullstellen $-1{,}302776$; 1; 2,302776 und berechnet die Integrale $\int_{-1{,}302776}^{1} h(x)\,dx$ (Fig. 3) und $\int_{1}^{2{,}302776} h(x)\,dx$ (Fig. 4).
Ihre Differenz ist der gesuchte Inhalt $A \approx 6{,}08333$

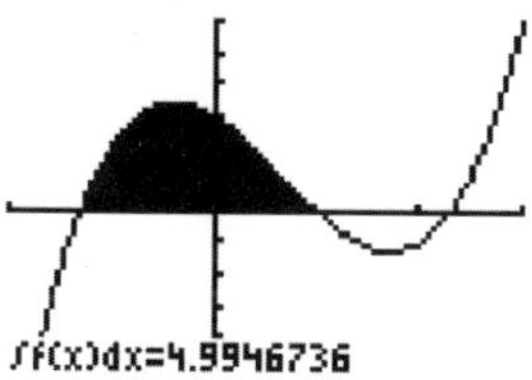

Fig. 3

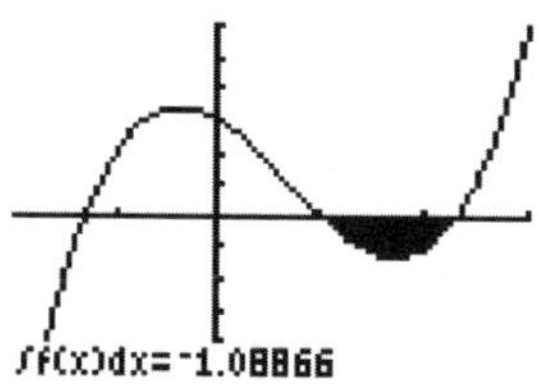

Fig. 4

S. 151 **9** b) Graph der Differenzfunktion mit Nullstellen −1,272 45 und 1,272 45 (Fig. 1).
$A \approx 41{,}290\,38$ (Fig. 2)

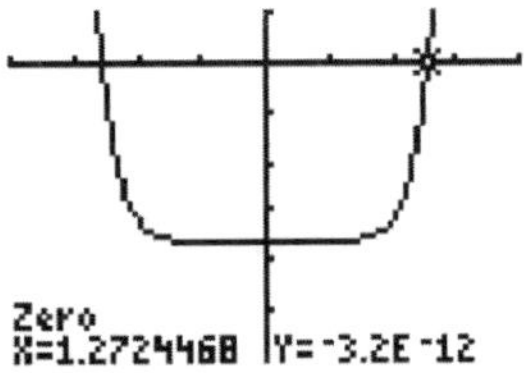

Fig. 1

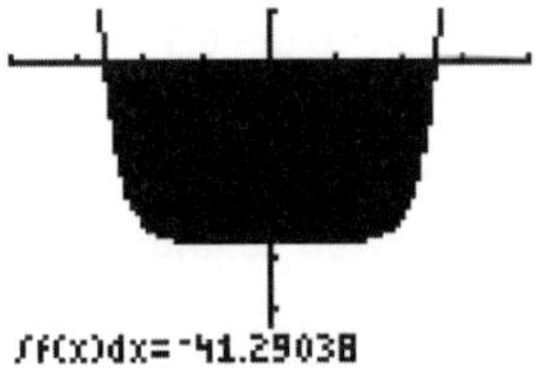

Fig. 2

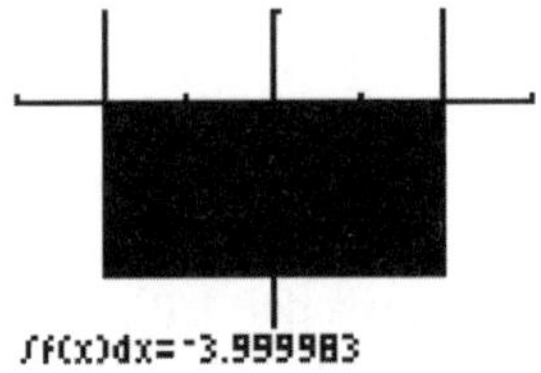

Fig. 3

10 Graph der Differenzfunktion hat die Nullstellen −1 und 1 (Fig. 3).
Flächeninhalt $A = 3{,}999\,98 \approx 4{,}000$

6 *Weitere Anwendungen der Integration*

S. 152 **1** a) Die Grenzkostenfunktion ist die Ableitung der Kostenfunktion.
$K(x) = 2x^3 - 18x^2 + 72x + 200$; $K'(x) = 6x^2 - 36x + 72$.
Aus $K'(x)$ erhält man die Funktion $K_c(x) = 2x^3 - 18x^2 + 72x + c$.
Man kann also aus der Grenzkostenfunktion die Kostenfunktion nicht eindeutig ermitteln; sie ist nur eindeutig bis auf die Fixkosten.

Aus dem naturwissenschaftlichen Bereich

S. 153 **2** Nach dem Beispiel 2 ergibt sich aus $v = 9{,}81 \cdot t$ (t in s; v in $\frac{m}{s}$) bei einer Fallzeit T für die Fallhöhe H:
$H = \int_0^T 9{,}81 \cdot t\,dt = 4{,}905 \cdot T^2$. Aus $300 = 4{,}905 \cdot T^2$ erhält man die Fallzeit in Sekunden:
$T = \sqrt{\frac{300}{4{,}905}} \approx 7{,}82$.

3 a) $v(t) = 20 - 9{,}81 \cdot t$ (t in s; v in $\frac{m}{s}$). Damit gilt bei einer Steigzeit T für die Höhe H:
$H = \int_0^T (20 - 9{,}81 \cdot t)\,dt = 20 \cdot T - 4{,}905 \cdot T^2$. Für $T = 3$ erhält man $H = 15{,}855$.
Höhe nach 3 Sekunden ca. 16 m.
b) $v(t) = v_0 - 9{,}81 \cdot t$; daraus $h(T) = v_0 \cdot T - 4{,}905 \cdot T^2$.
Es muss gelten $h(4) = 0$, d.h. $v_0 \cdot 4 - 4{,}905 \cdot 4^2 = 0$, also $v_0 = 4{,}905 \cdot 4 = 19{,}62$.
An der höchsten Stelle ist $v(t) = h'(t) = 0$. Damit gilt $v(t) = 19{,}62 - 9{,}81 \cdot t = 0$, also $t = 2$.
$H(2) = 19{,}62 \cdot 2 - 4{,}905 \cdot 2^2 = 19{,}62$.
Abwurf mit $19{,}62\,\frac{m}{s}$; damit erreichte Höhe 19,6 m.

S. 153 **4** a) $W = \int\limits_{0}^{0,05} 100 \cdot x \cdot dx = [50x^2]_0^{0,05} = 0,125$ (in Newtonmeter = Joule)

b) $W = \int\limits_{0,1}^{0,15} 100 \cdot x \cdot dx = [50x^2]_{0,1}^{0,15} = 1,125 - 0,5 = 0,625$ (in Joule)

5 a) $z(t) = 0,01t \cdot (t - 10) \cdot (t - 20)$.
Aus Fig. 1 erkennt man: In den ersten 10 Jahren, also für $0 \leqq t \leqq 10$ nimmt der Bestand zu, da dort $z(t) \geqq 0$ ist.
In den folgenden 10 Jahren, also für $10 \leqq t \leqq 20$ nimmt der Bestand ab, da dort $z(t) \leqq 0$ ist. Der Bestand ist damit maximal nach 10 Jahren.

b) $B(t) = 100 + \int\limits_{0}^{t} z(u)\,du$ mit $0 \leqq t \leqq 20$ (Fig. 2).
Minimaler Bestand sind 100 Pflanzen zu Beginn und nach 20 Jahren, maximaler Bestand sind 125 Pflanzen nach 10 Jahren (Fig. 3)

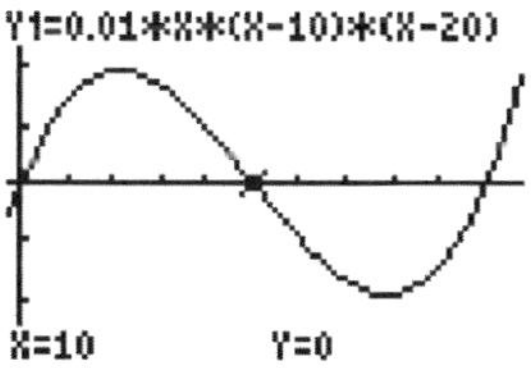

Fig. 1

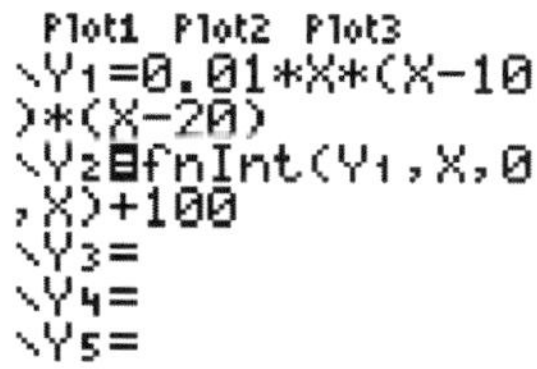

Fig. 2

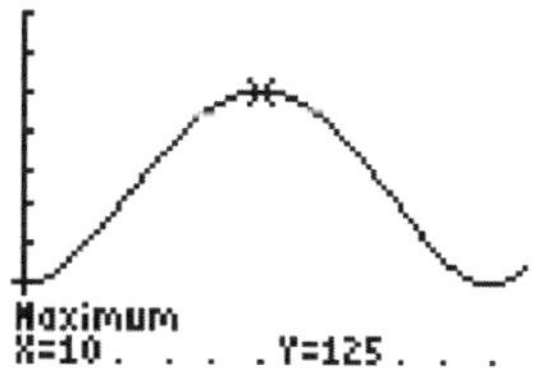

Fig. 3

Aus dem betriebswirtschaftlichen Bereich

6 a) $K'(x) = x^2 - 8x + 40$ ergibt $K(x) = \frac{1}{3}x^3 - 4x^2 + 40x + c$ mit $c = 200$.
Variable Stückkostenfunktion: $k_V(x) = \frac{1}{3}x^2 - 4x + 40$; $k_V'(x) = \frac{2}{3}x - 4$; $k_V''(x) = \frac{2}{3} > 0$.
Minimum der variablen Stückkostenfunktion bei $x = 6$ (ME): $k_V(6) = 28$

7 a) Aus $K'(x) = x^2 - 7x + 13$ ergibt sich $K(x) = \frac{1}{3}x^3 - \frac{7}{2}x^2 + 13x + c$. Erlösfunktion $E(x) = 7x$. Nutzenschwelle ist $x = 3,5$: $\frac{1}{3} \cdot 3,5^3 - \frac{7}{2} \cdot 3,5^2 + 13 \cdot 3,5 + c = 7 \cdot 3,5$
oder $\frac{203}{12} + c = \frac{49}{2}$, also $c = \frac{91}{12} \approx 7,58333$

b) Graphen der Kostenfunktion (Fig. 4), der Grenzkonstenfunktion (Fig. 5) und der Stückkostenfunktion (Fig. 6).

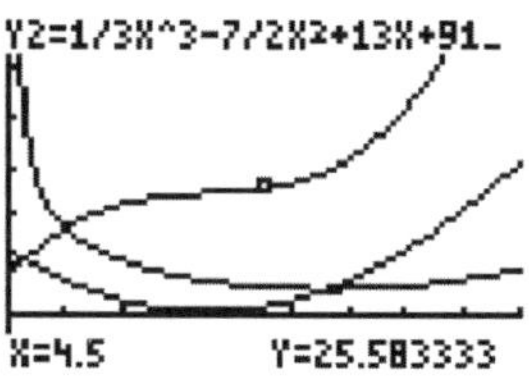

Fig. 4

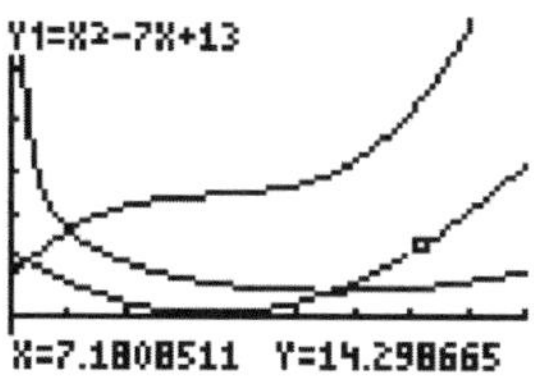

Fig. 5

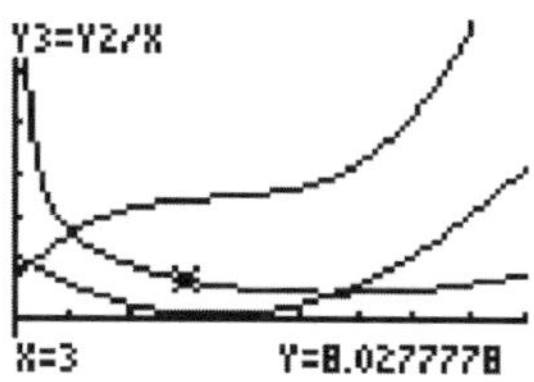

Fig. 6

S. 153 **8** a) Aus $K'(x) = 0{,}06x^2 - 4x + c$ erhält man $K(x) = 0{,}02x^3 - 2x^2 + cx + d$ als Kostenfunktion. Stückkostenfunktion: $k(x) = 0{,}02x^2 - 2x + c + \frac{d}{x}$.

(1) $K(60) = 2120$: $60 \cdot c + d - 2880 = 2120$; $60c + d = 5000$

(2) $k(40) = 42$: $c + \frac{d}{40} - 48 = 42$, $40c + d = 3600$

$c = 70$; $d = 800$: $K(x) = 0{,}02x^3 - 2x^2 + 70x + 800$.

b) $E(x) = m \cdot x$. Aus $E(25) = K(25)$ erhält man $25m = 1612{,}5$, also $m = 64{,}5$.
Erlösfunktion $E(x) = 64{,}5x$.
Nutzengrenze bei $x = 92{,}32928$.

c) Das Betriebsoptimum liegt bei 56,3 ME und beträgt ca. 35 GE

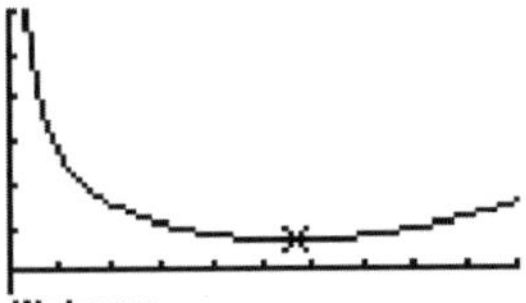

7 *Vermischte Aufgaben*

S. 154 **1** (1) $A = \int_0^2 x^2\,dx = \left[\frac{1}{3}x^3\right]_0^2 = \frac{8}{3}$

(2) $A = 2 \cdot 4 - \int_0^2 x^2\,dx = 8 - \frac{8}{3} = \frac{16}{3} = 5\frac{1}{3}$

(3) $A = \int_0^2 x^2\,dx - \frac{1}{2} \cdot 1 \cdot 4 = \frac{8}{3} - 2 = \frac{2}{3}$

(4) $A = 2 \cdot 4 - \frac{1}{2} \cdot 1 \cdot 4 = 6$

(5) $A = 2 \cdot 4 - \frac{2}{3} = \frac{22}{3} = 7\frac{1}{3}$

(6) $A = 5\frac{1}{3} + 2 \cdot 4 = 13\frac{1}{3}$

2 a) $f(x) = -0{,}5x^3 + 2x$; $g(x) = -0{,}5x^2 + 2$
$f(x) - g(x) = -0{,}5x^3 + 0{,}5x^2 + 2x - 2 = 0$ ergibt die Lösungen $x_1 = -2$; $x_2 = 1$ und $x_3 = 2$. Schnittpunkte $S_1(2\,|\,0)$, $S_2(1\,|\,1{,}5)$, $S_3(2\,|\,0)$.

b) $A_1 = \int_{-2}^{1}(-0{,}5x^2 + 2 - (2x - 0{,}5x^3))\,dx = \int_{-2}^{1}(0{,}5x^3 - 0{,}5x^2 - 2x + 2)\,dx$
$= \left[\frac{1}{8}x^4 - \frac{1}{6}x^3 - x^2 + 2x\right]_{-2}^{1} = \frac{23}{24} - \left(-\frac{14}{3}\right) = 5\frac{5}{8}$

c) $A_2 = \int_{1}^{2}(-0{,}5x^3 + 2x - (-0{,}5x^2 + 2))\,dx = \int_{1}^{2}(-0{,}5x^3 + 0{,}5x^2 + 2x - 2)\,dx =$
$= \left[-\frac{1}{8}x^4 + \frac{1}{6}x^3 + x^2 - 2x\right]_1^2 = -\frac{2}{3} - \left(-\frac{23}{24}\right) = \frac{7}{24}$

$\frac{A_2}{A_1} = \frac{135}{7} \approx 19{,}28571$

d) $A_3 = \int_0^1(-0{,}5x^2 + 2 - (-0{,}5x^3 + 2x))\,dx = \left[\frac{1}{8}x^4 - \frac{1}{6}x^3 - x^2 + 2x\right]_0^1 = \frac{23}{24}$ (blaue Fläche)

$A_4 = \int_0^2(-0{,}5x^3 + 2x)\,dx - A_2 = \left[-\frac{1}{8}x^4 + x^2\right]_0^2 - \frac{7}{24} = 2 - \frac{7}{24} = \frac{41}{24}$ (rote Fläche)

$\frac{A_4}{A_3} = \frac{41}{23} \approx 1{,}78261$

S. 154 **3** a) Graph in Fig. 1. $A = \int_0^6 (6x - x^2)\,dx = \left[3x^2 - \frac{1}{3}x^3\right]_0^6 = 108 - 72 = 36$

b) $f'(x) = 6 - 2x$; $f'(0) = 6$; $f'(6) = -6$.
Tangente in $S_1(0\,|\,0)$: $y = 6x$; Tangente in $S_2(6\,|\,0)$: $y = -6x + 36$;
Schnittpunkt der Tangenten $S(3\,|\,18)$.

$$A = \int_0^3 (6x - (6x - x^2))\,dx + \int_3^6 (-6x + 36 - (6x - x^2))\,dx = \int_0^3 x^2\,dx + \int_3^6 (36 - 12x + x^2)\,dx$$

$$= \left[\frac{1}{3}x^3\right]_0^3 + \left[36x - 6x^2 + \frac{1}{3}x^3\right]_3^6 = 9 + 72 - 63 = 18$$

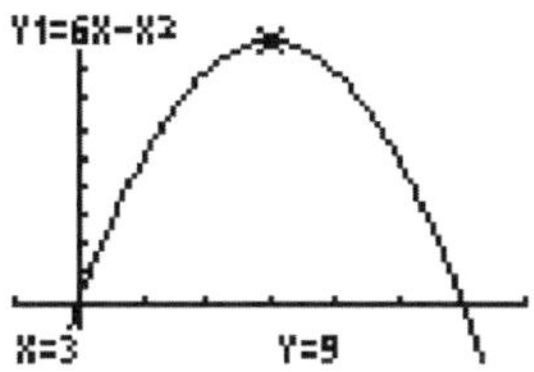

Fig. 1

4 a) $A_1 = \int_0^1 x^3\,dx = \frac{1}{4}$; $A_{\text{Dreieck}} = \frac{1}{2}$, also $A_2 = \frac{1}{2} - \frac{1}{4} = \frac{1}{4}$

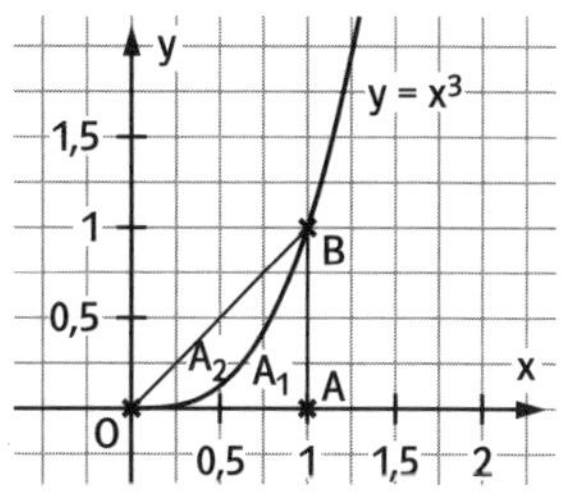

b) $A_1 = \int_{-1}^1 (-1{,}5x^2 + 1{,}5)\,dx = \left[-\frac{1}{2}x^3 + \frac{3}{2}x\right]_{-1}^1 = 1 - (-1) = 2$

Inhalt des Rechtecks ist $A = 4$.
Damit ist $A_2 = 2$.

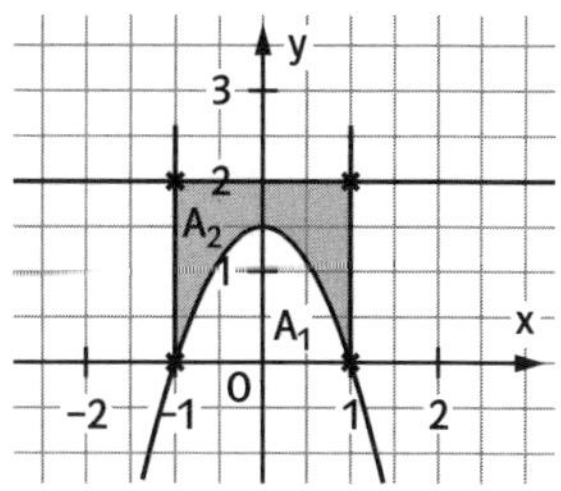

S. 155 **5** a) $A = \int_{-3}^0 -f(x)\,dx = 2\frac{1}{4}$ b) $A = \int_{-4}^0 -f(x)\,dx = 2\frac{2}{3}$

c) $A = \int_{-4}^{-2} \left(f(x) - \frac{1}{3}x\,dx\right) + \int_{-2}^0 \left(\frac{1}{3}x - f(x)\right)dx = 2\frac{2}{3}$

d) Normale in P: n_1: $y = x + \frac{4}{3}$; Normale in O: n_2: $y = -\frac{1}{3}x$
Schnittstelle der Normalen $x_s = -1$.

$$A = \int_{-2}^{-1} \left(x + \frac{4}{3} - f(x)\right)dx + \int_{-1}^0 \left(-\frac{1}{3}x - f(x)\right)dx = \frac{11}{12} + \frac{13}{12} = 2$$

S. 155 **6** a) $\int_0^b x^2 dx = 9$ ergibt $\frac{1}{3}b^3 = 9$; also $b^3 = 27$: $b = 3$

b) $\int_a^5 x^2 dx = 63$ ergibt $\frac{1}{3} \cdot 5^3 - \frac{1}{3}a^3 = 63$ oder $-\frac{1}{3}y^3 = 63 - \frac{125}{3}$ oder $-a^3 = 64$: $a = -4$

c) $\int_1^b 2x^3 dx = 40$ ergibt $\frac{1}{2}b^4 - \frac{1}{2} = 40$ oder $b^4 = 81$: $b = 3$

d) $\int_a^{10} 5x^4 dx = 96875$ ergibt $10^5 - a^5 = 96875$ oder $a^5 = 3125$: $a = 5$

7 a) Ansatz $f(x) = ax^2$. Wegen $f(4) = 2$, also $16a = 2$ erhält man $f(x) = \frac{1}{8}x^2$.

Querschnittsfläche in m^2: $A = 8 \cdot 2 - 2 \cdot \int_0^4 \frac{1}{8}x^2 dx = 16 - 2 \cdot \frac{1}{24} \cdot 4^3 = 16 - 5\frac{1}{3} = 10\frac{2}{3}$

b) Wassermenge in m^3 bei vollem Kanal: $V = 10\frac{2}{3} \cdot 2000 = 21333\frac{1}{3} \approx 21000$

c) Berechnung von x für „halbe Höhe": $\frac{1}{8}x^2 = 1$; also $x = \sqrt{8}$.

zugehörige Querschnittfläche in m^2:

$A = 2 \cdot \sqrt{8} - 2 \cdot \int_0^{\sqrt{8}} \frac{1}{8}x^2 dx = 2\sqrt{8} - \frac{2}{24} \cdot \sqrt{8}^3 = \frac{4}{3}\sqrt{8} \approx 3{,}771.$

Wassermenge in m^3: $V^* = \frac{4}{3}\sqrt{8} \cdot 2000 \approx 7542.$

Da $\frac{7542}{21333} \approx 0{,}35 = 35\,\%$ ist, befindet sich in dem bis zur halben Höhe gefüllten Kanal etwa 35 % der Wassermenge des vollen Kanals.

8 Es handelt sich um eine gleichmäßig beschleunigte Bewegung, da v je Sekunde um $\frac{1}{4}\frac{\frac{m}{s}}{s} = \frac{1}{4}\frac{m}{s^2}$ zunimmt. Weg in m zwischen der 2. und der 7. Sekunde:

$s = \int_2^7 \frac{1}{4}x \cdot dx = \left[\frac{1}{8}x^2\right]_2^7 = \frac{49}{8} - \frac{1}{2} = 5{,}625.$

9 Weg in m in den ersten 10 Sekunden: $s = \int_0^{10} 3t \cdot dt = \frac{3}{2} \cdot 10^2 = 150$

10 $v_0 = 150\frac{km}{h} = 150 \cdot \frac{1000\,m}{3600\,s} = \frac{1500}{36}\frac{m}{s} \approx 41{,}7\frac{m}{s}.$

Es ist $h(t) = v_0 \cdot t - 4{,}905 \cdot t^2$ mit $h'(t) = v(t) = v_0 - 9{,}81 \cdot t$ und $h''(t) = -9{,}81 < 0$.

Maximum wird erreicht für $h'(t) = 0$; also für $v_0 - 9{,}81 \cdot t = 0$, d.h.

$t = \frac{v_0}{9{,}81} \approx \frac{41{,}7}{9{,}81} \approx 4{,}25$, also nach 4,25 Sekunden. Die größte Höhe in Metern ist dann $h(4{,}25) \approx 88{,}63 \approx 88{,}6$.

Exkursion: Rauminhalte von Rotationskörpern

S. 157 **1** a) $V = \pi \cdot \int_0^4 2^2\,dx - \pi \cdot \int_0^4 1^2\,dx = \pi \cdot 16 - \pi \cdot 4 = 12\pi \approx 37{,}70$

b) $V = \pi \cdot \int_0^4 2^2 \cdot dx - \pi \cdot \int_0^4 \left(-\frac{1}{2}x + 2\right)^2 dx = \pi \cdot 16 - \pi \cdot \left[\frac{1}{12}x^3 - x^2 + 4x\right]_0^4$

$= 16\pi - \frac{16}{3}\pi = \frac{32}{3}\pi \approx 33{,}51$

c) $V = \pi \cdot \int_0^4 \left(-\frac{1}{8}x^2 + 2\right)^2 dx - \pi \cdot \int_0^2 \left(-\frac{3}{4}x + \frac{3}{2}\right)^2 dx$

$= \pi \cdot \left[\frac{1}{320}x^5 - \frac{1}{6}x^3 + 4x\right]_0^4 - \pi \cdot \left[\frac{3}{16}x^3 - \frac{9}{8}x^2 + \frac{9}{4}\right]_0^2 = \frac{128}{15}\pi - \frac{3}{2}\pi = \frac{211}{30}\pi \approx 22{,}10$

d) $V = 2\pi \cdot \int_0^3 \left(-\frac{1}{6}x^2 + \frac{3}{2}\right)^2 dx = 2\pi \cdot \left[\frac{1}{180}x^5 - \frac{1}{6}x^3 + \frac{9}{4}x\right]_0^3 = 2\pi \cdot \frac{18}{5} = \frac{36}{5}\pi \approx 22{,}62$

2 Man erhält: Kugel: $V = \pi \int_{-r}^{r} (f(x))^2\,dx = 2\pi \int_0^r (f(x))^2\,dx = 2\pi\left[r^2x - \frac{1}{3}x^3\right]_0^r = \frac{4\pi}{3}r^3$

Kugelabschnitt: $V = \pi \int_{r-a}^{r} (f(x))^2\,dx = \pi\left[r^2x - \frac{1}{3}x^3\right]_{r-a}^{r} = \frac{\pi}{3}a^2(3r - a)$

Dann ist $V = \frac{\pi}{3}a^2(3r - a) = \frac{\pi}{6}a(6ar - 2a^2)$ und nach dem Satz des Pythagoras gilt $r^2 = r_1^2 + (r - a)^2$ und folglich $2ar = r_1^2 + a^2$. Dies ergibt dann

$V = \frac{\pi}{6}a(6ar - 2a^2) = \frac{\pi}{6}a\left(3 \cdot (r_1^2 + a^2) - 2a^2\right) = \frac{\pi}{6}a \cdot 3r_1^2 + a^2.$

V Exponentialfunktionen

1 Die Funktion f mit $f(x) = k \cdot a^x$

S. 160 **1** a) Bei jedem positiven Zeitschritt verdoppelt sich die Anzahl der informierten Personen.

b) Nach 1 Tag kennen das Gerücht 2 Personen, nach 2 Tagen 4 (= 2^2), nach 3 Tagen 8 (= 2^3), nach 4 Tagen 16 (= 2^4) nach 10 Tagen 1024 (= 2^{10}).

c) f mit $f(x) = 2^x$ oder $f: x \mapsto 2^x$.

S. 161 **2** a) $y = 3^x + 1$
Verschiebung um 1 in positiver y-Richtung:

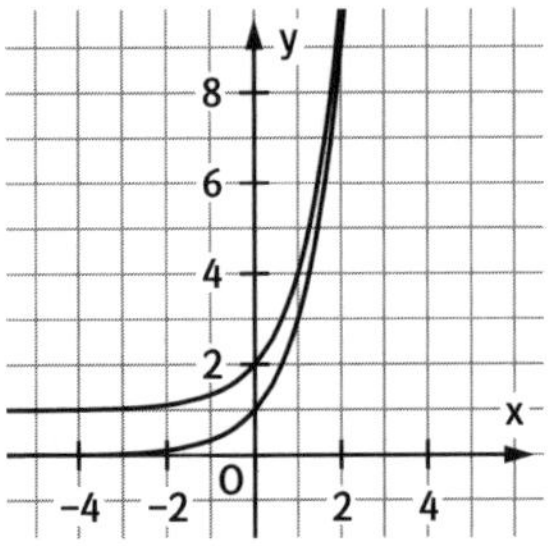

b) $y = -3^x$
Spiegelung von $y = 3^x$ an der x-Achse:

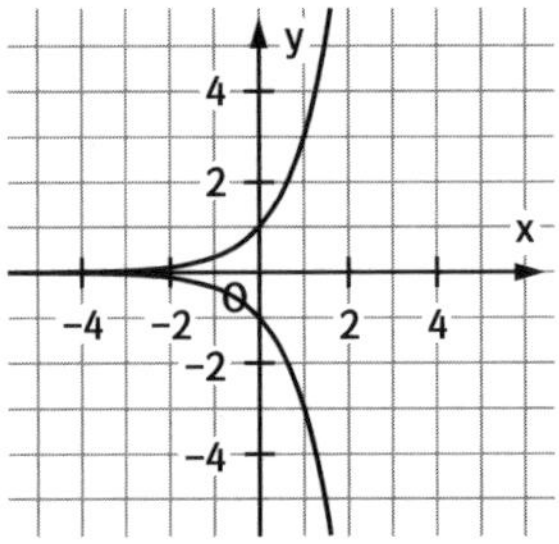

c) = d) $y = 3^{-x}$
Spiegelung von $y = 3^x$ an der y-Achse:

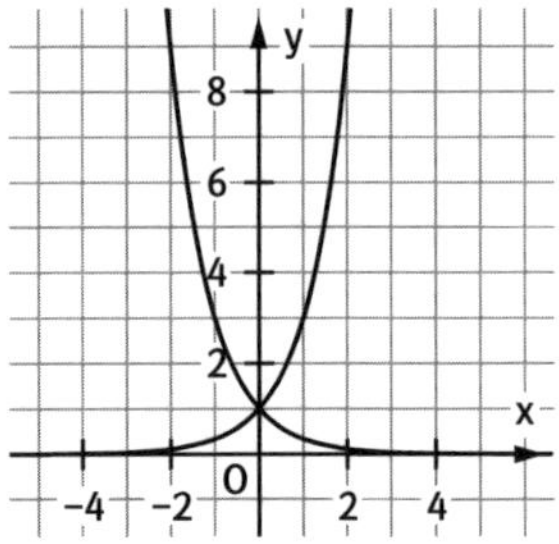

3 a) $a^1 = 3$; $f(x) = 3^x$

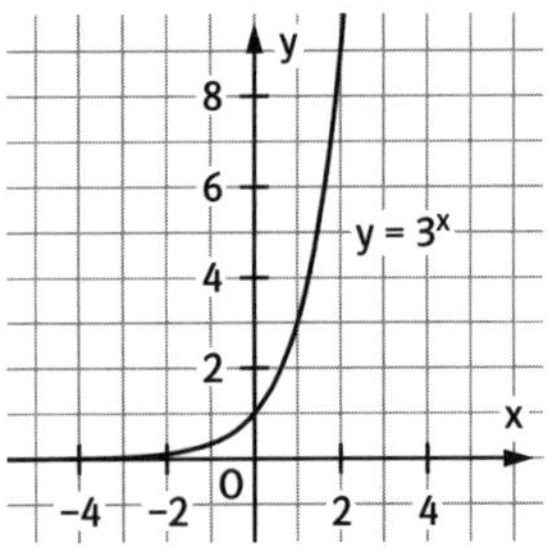

b) $a^1 = 0{,}25$; $f(x) = 0{,}25^x$

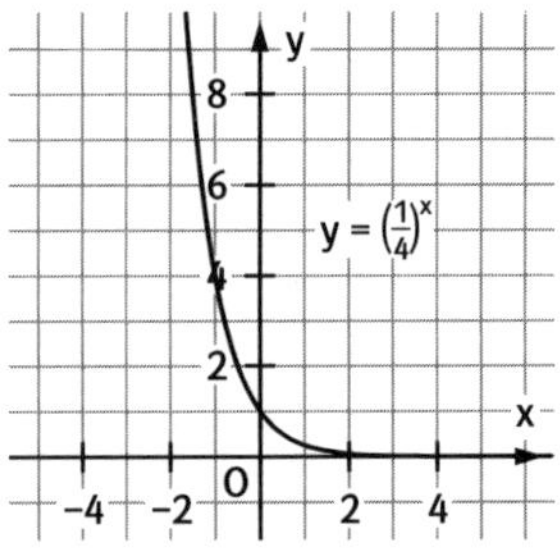

c) $a^{-1} = 3$; $f(x) = \left(\frac{1}{3}\right)^x$

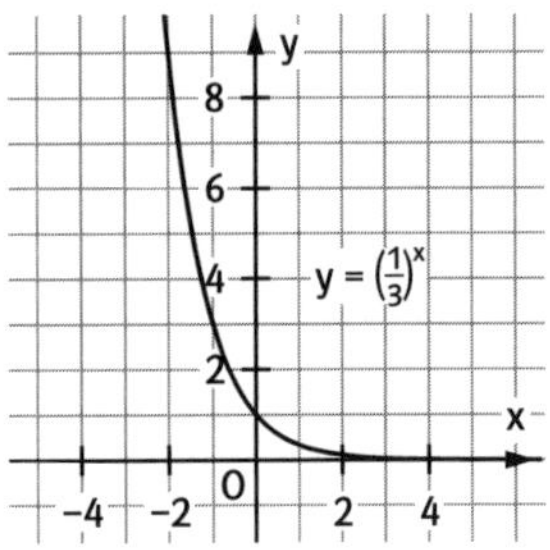

d) $a^{\frac{1}{2}} = 0{,}0625 = \frac{1}{16}$; $a = \frac{1}{256}$; $f(x) = \left(\frac{1}{256}\right)^x$

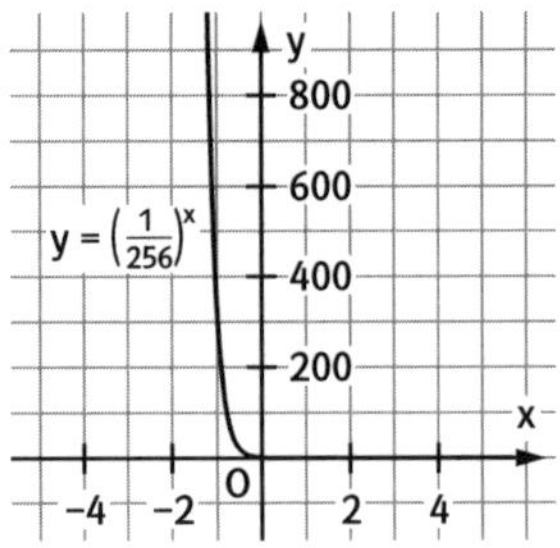

S. 161 **4** a) $c \cdot a^1 = 1$ und $c \cdot a^2 = 2$, $a = 2$, $c = \frac{1}{2}$, $f(x) = \frac{1}{2} \cdot 2^x$

b) $c \cdot a^{-1} = 5$ und $c \cdot a^0 = 7$, $c = 7$, $a = \frac{7}{5}$, $f(x) = 7 \cdot \left(\frac{7}{5}\right)^x$

c) $c \cdot a^4 = 5$ und $c \cdot a^5 = 6$, $a = \frac{6}{5}$, $c = \frac{5^5}{6^4} = \frac{3125}{1296}$, $f(x) = \frac{5^5}{6^4} \cdot \left(\frac{6}{5}\right)^x = 5 \cdot \left(\frac{6}{5}\right)^{x-4}$

5 $K(x) = 100 \cdot 1{,}05^x$ (x in Jahren, K(x) in €). $K(60) \approx 1867{,}92$ (in €)

6 a) $f(3) = 20 \cdot 0{,}95^3 = 17{,}1475$. Die Bestandsabnahme ist also $20 - 17{,}1475 \approx 2{,}85$.
Das sind $\frac{2{,}85}{20} \cdot 100\,\% = 14{,}25\,\%$.

b) $f(7) = 20 \cdot 0{,}95^7 \approx 13{,}9667 \approx 13{,}97$. Die Bestandsabnahme pro Woche in Prozent:
$\frac{20 - 13{,}97}{20} \cdot 100\,\% \approx 30{,}2\,\%$

2 *Die eulersche Zahl e und die e-Funktion*

S. 162 **1** a) Jahreszins im ersten Fall: 6,1%

b) Kapital von 1 Euro nach einem halben Jahr 1,03 Euro.
nach zwei Halbjahren (= 1 Jahr): $1{,}03 + 1{,}03 \cdot 3 = 1{,}03^2 = 1{,}0609$,
dies entspricht einem Jahreszins von 6,09%.

c) Kapital von 1 Euro nach einem Vierteljahr 1,015 Euro,
nach zwei Vierteljahren $1{,}015 + 1{,}015 \cdot 0{,}015 = 1{,}015^2 = 1{,}030225$,
nach drei Vierteljahren $1{,}015^2 + 1{,}015^2 \cdot 0{,}015 = 1{,}015^3 \approx 1{,}045678$
nach vier Vierteljahren $1{,}015^4 \approx 1{,}06136$
dies entspricht einem Jahreszins von etwa 6,14%.
Damit ist das letzte Angebot das günstigste.

S. 163 **2**

a) $e^4 \approx 54{,}5982$ b) $e^{\frac{1}{4}} \approx 1{,}2840$ c) $e^{\sqrt{5}} \approx 9{,}3565$
d) $e^{2{,}67} = 14{,}4400$ g e) $2e^{-1{,}2} \approx 0{,}6024$ f) $0{,}25e^3 \approx 5{,}0214$
g) $e^e \approx 15{,}1543$ h) $3e^3 - 12 \approx 48{,}2566$ i) $3e^3 - e \approx 57{,}5383$
j) $\frac{1}{e} - e \approx -2{,}3504$ k) $\sqrt{e} + e \approx 4{,}3670$ l) $4 \cdot e^{\frac{1}{4}} \approx 5{,}1361$
m) $e^2 + e^3 - 1 \approx 26{,}4746$ n) $e^{2e} \approx 229{,}6517$

3

a) $e^5 \cdot e^3 = e^8$ b) $\frac{e^5}{e^3} = e^2$ c) $(e^5)^3 = e^{15}$
d) $(2e)^2 = 4e^2$ e) $2e^2 \cdot e^{-3} = 2e^{-1} = \frac{2}{e}$ f) $(2e^2 \cdot e)^2 = (2e^3)^2 = 4e^6$
g) $e^{-e} \cdot e^e = e^0 = 1$ h) $e^3 \cdot 2^3 = (2e)^3$
i) $2^3 \cdot 3^3 \cdot e^3 = (2 \cdot 3 \cdot e)^3 = (6e)^3 = 6^3e^3 = 216e^3$ j) $\frac{e^2}{2^2 \cdot 2e^2} = \frac{1}{8}$
k) $\frac{9e^4}{3e^{-4}} = 3e^8$ l) $e^5 \cdot (0{,}5e)^5 = e^5 \cdot 0{,}5^5 \cdot e^5 = 0{,}03125e^{10}$
m) $e^5 \cdot (0{,}5e)^{-5} = 0{,}5^{-5} = 32$ n) $e^{0{,}5} \cdot e^{-0{,}25} = e^{0{,}25}$

S. 163 **4** a) $\frac{e^{0,5} - e^0}{0,5 - 0} = \frac{e^{0,5} - 1}{0,5} \approx 1{,}297\,442\,541$; $\frac{e^{0,1} - 1}{0,1} \approx 1{,}051\,709\,180$; $\frac{e^{0,01} - 1}{0,01} \approx 1{,}005\,016\,708$;
$\frac{e^{0,001} - 1}{0,001} \approx 1{,}000\,500\,166$; $\frac{e^{0,0001} - 1}{0,0001} \approx 1{,}000\,050\,002$

Die lokale Änderungsrate im Punkt P(0 | 1) ist vermutlich 1.
Damit hat die Tangente an den Graphen der Funktion f mit $f(x) = e^x$ im Punkt P(0 | 1) die Steigung 1.
Die Kontrolle mit dem GTR kann über die Tangente in P(0 | 1) oder über die Steigung in P erfolgen:

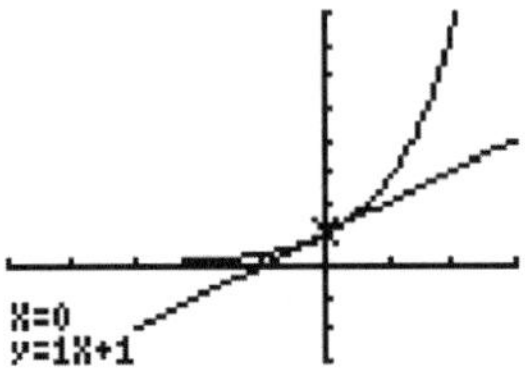

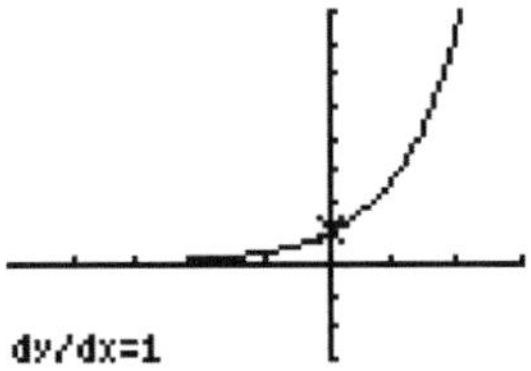

5

a) x = 0	b) x = 1	c) x = −1	d) x = −3
e) x = −2,5	f) x = 0	g) x = 0,5	h) $x = \frac{1}{3}$
i) unlösbar	j) $x = -\frac{1}{3}$	k) x = 0	m) x = 2

6 Vierteljährliche Verzinsung mit 1,45 %: $K_{48} = 1{,}0145^{48} \approx 1{,}9957$;
halbjährliche Verzinsung mit 3,0 %: $K_{24} = 1{,}03^{24} \approx 2{,}0328$.
Bei vierteljähriger Verzinsung verdoppelt sich das Kapital nicht ganz im Gegensatz zur halbjährigen.
Damit ist eine halbjährige Verzinsung mit 3,0 % günstiger.

3 *Ableiten und Integrieren der Exponentialfunktion*

S. 164 **1** a) Es ist $\frac{f'(x)}{f(x)} \approx 0{,}69315$, d.h. $f'(x) = 0{,}69315 \cdot f(x)$, also $f'(x) = 0{,}69315 \cdot 2^x$
b) Es ist $\frac{f'(x)}{f(x)} \approx 1{,}0986$, d.h. $f'(x) = 1{,}0986 \cdot f(x)$, also $f'(x) = 1{,}0986 \cdot 3^x$

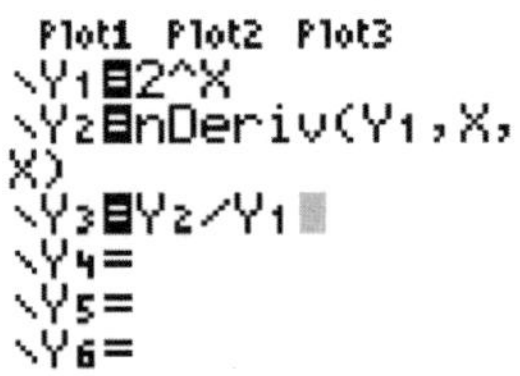

X	Y3
1.0000	.69315
2.0000	.69315
3.0000	.69315
4.0000	.69315
5.0000	.69315
6.0000	.69315
7.0000	.69315

X=7

S. 165 **2** a) $f'(x) = e^x$, also $f'(1) = e$. Gleichung der Tangente in A(1 | e): $\frac{y - e}{x - 1} = e \iff y = e \cdot x$
$f'(-1) = e^{-1}$. Gleichung der Tangente in $B(-1 \mid e^{-1})$: $\frac{y - e^{-1}}{x + 1} = e^{-1} \iff y = \frac{1}{e} \cdot x + \frac{2}{e}$
b) Schnittpunkt mit der x-Achse S(0 | 0)
c) Steigung der Normalen an K in A: $-\frac{1}{e}$; Steigung der Normalen an K in B: −e.

S. 165 **3** a) $A_1 = \int_0^2 e^x\,dx = [e^x]_0^2 = e^2 - e^0 = e^2 - 1 \approx 6{,}3891;$

b) $A_2 = \int_{-1}^1 e^x\,dx = [e^x]_{-1}^1 = e^1 - e^{-1} = \frac{e^2-1}{e} \approx 2{,}3504;$

c) $A_3 = \int_2^4 e^x\,dx = [e^x]_2^4 = e^4 - e^2 = e^2 \cdot (e^2 - 1) \approx 47{,}2091;$

d) $A_4 = \int_{-10}^2 e^x\,dx = [e^x]_{-10}^2 = e^2 - e^{-10} \approx 7{,}3890$

4 a) $A = \int_{-3}^0 1\,dx - \int_{-3}^0 e^x\,dx = \int_{-3}^0 (1 - e^x)\,dx = [x - e^x]_{-3}^0 = (-e^0) - (-3 - e^{-3}) = 2 + e^{-3} = 2 + \frac{1}{e^3}$
$\approx 2{,}0498$

b) $A = \int_{-2}^0 e^x\,dx - \int_{-1}^0 (x+1)\,dx = [e^x]_{-2}^0 - \left[\frac{1}{2}x^2 + x\right]_{-1}^0 = (1 - e^{-2}) - \left(0 - \left(\frac{1}{2} - 1\right)\right)$
$= 1 - e^{-2} - \frac{1}{2} = \frac{1}{2} - \frac{1}{e^2} \approx 0{,}3647$

c) $A = \int_{-2,5}^{1,5} (e^x - 1)\,dx - \int_{-2,5}^{1,5} x\,dx = \left[e^x - x - \frac{x^2}{2}\right]_{-2,5}^{1,5} = e^{\frac{3}{2}} - e^{-\frac{5}{2}} - 2 \approx 2{,}39960$

5

a) $f'(x) = 1 - e^x$	$f''(x) = -e^x$	$F(x) = \frac{1}{2}x^2 - e^x$
b) $f'(x) = x^2 - 3e^x$	$f''(x) = 2x - 3e^x$	$F(x) = \frac{1}{12}x^4 - 3e^x$
c) $f'(x) = e^x + 2e^{2x}$	$f''(x) = e^x + 4e^{2x}$	$F(x) = e^x + \frac{1}{2}e^{2x}$
d) $f'(x) = -2e^{-2x}$	$f''(x) = 4e^{-2x}$	$F(x) = -\frac{1}{2}e^{-2x}$
e) $f'(x) = 3e^{3x+4}$	$f''(x) = 9e^{3x+4}$	$F(x) = \frac{1}{3}e^{3x+4}$
f) $f'(x) = 8e^{2x+5}$	$f''(x) = 16e^{2x+5}$	$F(x) = 2e^{2x+5}$
g) $f'(x) = \frac{1}{5}e^{\frac{1}{2}x+3}$	$f''(x) = \frac{1}{10}e^{\frac{1}{2}x+3}$	$F(x) = \frac{4}{5}e^{\frac{1}{2}x+3}$
h) $f'(x) = -e^{x+1}$	$f''(x) = -e^{x+1}$	$F(x) = e^2 \cdot x - e^{x+1}$

6 a) $\int_0^{\frac{1}{2}} 2 \cdot e^{2x}\,dx = [e^{2x}]_0^{\frac{1}{2}} = e - 1 \approx 1{,}7183$

b) $\int_0^{\frac{1}{2}} 2e^{2x+1}\,dx = [e^{2x+1}]_0^{\frac{1}{2}} = e^2 - e = e \cdot (e - 1) \approx 4{,}6708$

c) $\int_0^1 (x + e^{-x+1})\,dx = \left[\frac{1}{2}x^2 - e^{-x+1}\right]_0^1 = e - \frac{1}{2} \approx 2{,}2183$

d) $\int_{0,25}^{0,75} \left(\frac{1}{2}e^{4t-1} + 1\right)dt = \left[\frac{1}{8}e^{4t-1} + t\right]_{0,25}^{0,75} = \frac{1}{8}e^2 + \frac{3}{4} - \left(\frac{1}{8} + \frac{1}{4}\right) = \frac{1}{8}e^2 + \frac{3}{8}$

S. 165 **7** a) Graph siehe Fig. 1; Nullstellen sind 0,145 55 und 8,210 93.

b) $f'(5) \approx 0{,}175\,64$ (Fig. 2)

c) Maximum bei $x \approx 5{,}386\,30$ ist 3,386 30 (Fig. 3)

d) $A = \int_{0{,}14555}^{8{,}21093} (x - e^{0{,}5x-2})\,dx \approx 17{,}568\,36$ (Fig. 4)

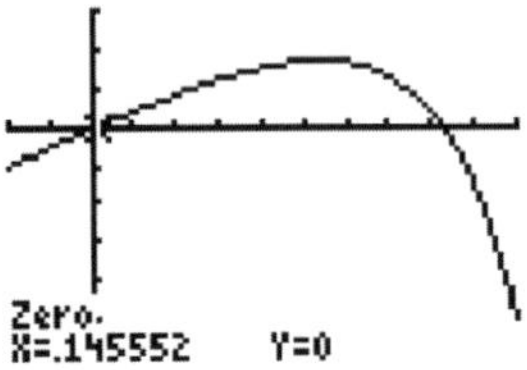

Fig. 1

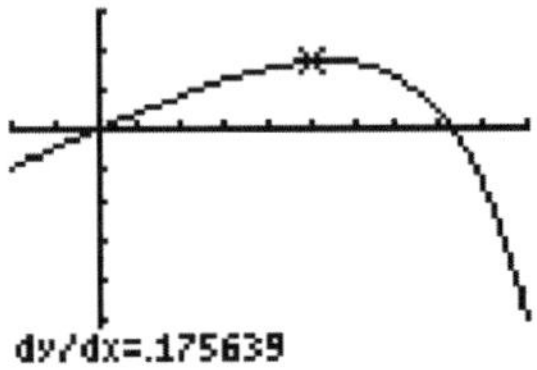

Fig. 2

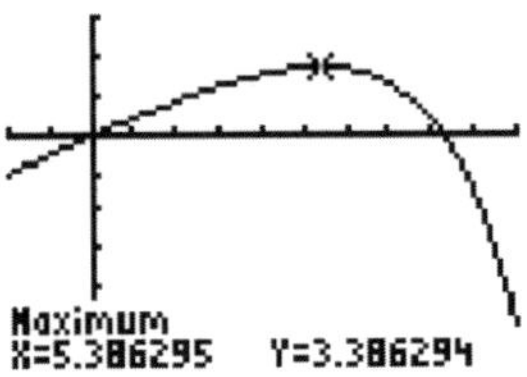

Fig. 3

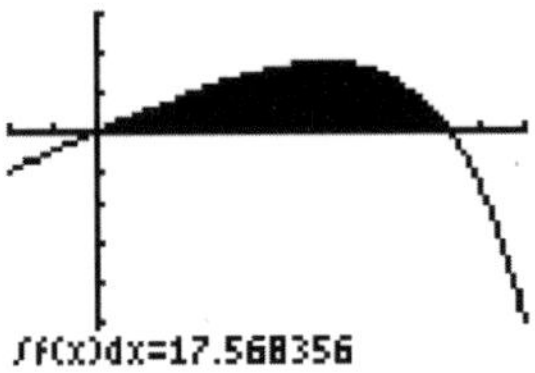

Fig. 4

4 *Natürlicher Logarithmus – Exponentialgleichungen*

S. 166 **1** a) Man bringt die Graphen von f und von g mit $g(t) = 1200$ zum Schnitt (GTR);
Lösung in Jahren $t \approx 13{,}33$ (Lösung $t \approx 36{,}10$).
Kontrolle durch Einsetzen der Werte.

S. 167 **2** a) $e^{\ln(4)} = 4$ b) $e^{-\ln(2)} = \frac{1}{2}$ c) $e^{3 \cdot \ln(2)} = 8$ d) $\ln(e^{1{,}5}) = 1{,}5$

e) $\ln\left(\frac{1}{3}\sqrt{e}\right) = \ln\left(\frac{1}{3} \cdot e^{\frac{1}{2}}\right) = \ln\left(\frac{1}{3}\right) + \ln\left(e^{\frac{1}{2}}\right) = \ln\left(\frac{1}{3}\right) + \frac{1}{2} = \frac{1}{2} - \ln(3)$

f) $\ln\left(\frac{1}{2} \cdot e^3\right) = \ln\left(\frac{1}{2}\right) + \ln(e^3) = \ln(1) - \ln(2) + 3 \cdot \ln(e) = 0 - \ln(2) + 3 \cdot 1 = 3 - \ln(2)$

3 a) $x = \ln\left(\frac{1}{2}\right) = -\ln(2) \approx -0{,}6931$

b) $e^{2x} = 0$ ergibt keine Lösung, da $\ln(0)$ nicht existiert
$e^x - e = 0$; $e^x = e$, also $x = \ln(e) = 1$

c) $e^{5x} = \frac{1}{3}e^{2x+1}$; $5x = \ln\left(\frac{1}{3} \cdot e^{2x+1}\right)$; $5x = -\ln(3) + 2x + 1$; also $3x = 1 - \ln(3)$,
d.h. $x = \frac{1 - \ln(3)}{3} \approx -0{,}0329$

d) $2^x = 3$; $\ln(2^x) = \ln(3)$; $x \cdot \ln(2) = \ln(3)$, also $x = \frac{\ln(3)}{\ln(2)} \approx 1{,}5850$

e) $2^{x-1} - 3^x = 0$; $2^{x-1} = 3^x$, also $\ln(2^{x-1}) = \ln(3^x)$; $(x-1) \cdot \ln(2) = x \cdot \ln(3)$;
$x(\ln(2) - \ln(3)) = \ln(2)$; $x = \frac{\ln(2)}{\ln(2) - \ln(3)} \approx -1{,}7095$

S. 167 **4** a) $\int_0^z e^{0,5x}\,dx = [2\cdot e^{0,5x}]_0^z = 2\cdot e^{0,5z} - 2 = 1$, also $e^{0,5z} = \frac{3}{2}$ oder $z = 2\cdot(\ln(3) - \ln(2)) \approx 0,8109$

b) $e^{2z} = 2^z$ oder $2z = z\cdot\ln(2)$, $z\cdot(2-\ln(2)) = 0$. Damit ist $z = 0$.

c) $g'(x) = 3\cdot e^{3x+1}$. Damit muss sein: $3\cdot e^{3z+1} = e$ oder $3z+1 = \ln\left(\frac{e}{3}\right)$, d.h.
$z = \frac{1}{3}\cdot\left(\ln\left(\frac{e}{3}\right) - 1\right) \approx -0,7653$

5 a) $f(x) = 4^x = e^{x\cdot\ln(4)}$; $f'(x) = \ln(4)\cdot e^{x\cdot\ln(4)} = \ln(4)\cdot 4^x$; $F(x) = \frac{1}{\ln(4)}e^{x\cdot\ln(4)} = \frac{1}{\ln(4)}\cdot 4^x$

b) $f(x) = 1,07^x = e^{x\cdot\ln(1,07)}$; $f'(x) = \ln(1,07)\cdot 1,07^x$; $F(x) = \frac{1}{\ln(1,07)}\cdot 1,07^x$

c) $f(x) = 20,2^x = e^{x\cdot\ln(20,2)}$; $f'(x) = \ln(20,2)\cdot 20,2^x$; $F(x) = \frac{1}{\ln(20,2)}\cdot 20,2^x$

d) $f(x) = 0,5^{2x} = (0,5^2)^x = 0,25^x$; $f'(x) = \ln(0,25)\cdot 0,25^x$; $F(x) = \frac{1}{\ln(0,25)}\cdot 0,25^x$

5 Berühren – Untersuchungen mit Exponentialfunktionen

S. 168 **1** a) Nullstelle $x = \ln(2) \approx 0,69315$

b) $f'(x) = e^x$ kann nicht 0 werden,
da $e^x > 0$ für alle $x \in \mathbb{R}$ ist.
Damit hat der Graph keine Extrempunkte.

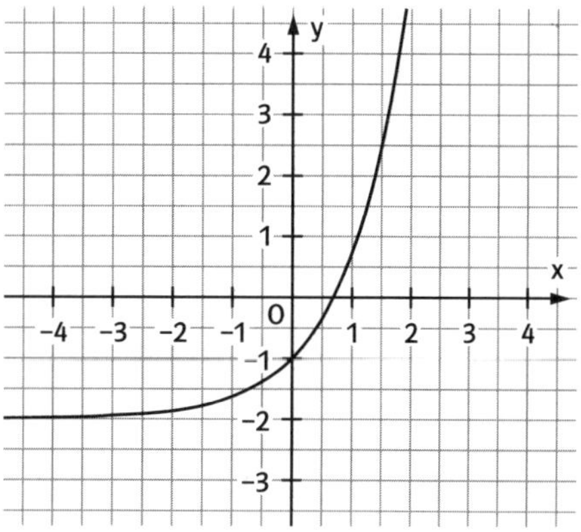

S. 170 **2** a) $x = \ln(4) \approx 1,3863$; $f(0) = 3$
$f(x) \to 4$ für $x \to -\infty$;
$f(x) \to -\infty$ für $x \to +\infty$

b) $x = -\frac{1}{2}\ln(2) \approx -0,34657$; $f(0) = -1$
$f(x) \to -2$ für $x \to +\infty$;
$f(x) \to +\infty$ für $x \to -\infty$

c) $x = -\frac{1}{6}\ln(3) \approx -0,18310$; $f(0) = 4$
$f(x) \to 6$ für $x \to +\infty$;
$f(x) \to -\infty$ für $x \to -\infty$

d) $x = -2\cdot\ln(3) \approx -2,1972$; $f(0) = 8$
$f(x) \to 9$ für $x \to +\infty$;
$f(x) \to -\infty$ für $x \to -\infty$

3 a) $f(x) = x + e^{-x}$; $f'(x) = 1 - e^{-x}$; $f''(x) = e^{-x}$
Extrempunkt aus $f'(x) = 1 - e^{-x} = 0$: $x = 0$;
da $f''(0) = 1 > 0$ und $f(0) = 1$ ist, ist $T(0\,|\,1)$ Tiefpunkt.
Wegen $f''(x) = e^{-x} \neq 0$ für alle $x \in \mathbb{R}$ gibt es keine Wendepunkte.

b) $f(x) = 0,5x - 0,5e^x$; $f'(x) = 0,5 - 0,5e^x$; $f''(x) = -0,5e^x$
Extrempunkt aus $f'(x) = 0,5\cdot(1 - e^x) = 0$: $x = 0$;
da $f''(0) = -0,5 < 0$ und $f(0) = -0,5$ ist, ist $H(0\,|\,-0,5)$ Hochpunkt.
Wegen $f''(x) = -0,5\cdot e^x \neq 0$ für alle $x \in \mathbb{R}$ gibt es keine Wendepunkte.

c) $f(x) = 2x - e^x$; $f'(x) = 2 - e^x$; $f''(x) = -e^x$
Extrempunkt aus $f'(x) = 2 - e^x = 0$: $x = \ln(2)$; da $f''(\ln(2)) = -2 < 0$ und
$f(\ln(2)) = 2\cdot\ln(2) - 2$ ist, ist $H(\ln(2)\,|\,2\cdot\ln(2) - 2)$ Hochpunkt.
Wegen $f''(x) = -e^{-x} \neq 0$ für alle $x \in \mathbb{R}$ gibt es keine Wendepunkte.

S. 170 **3** d) $f(x) = e^x + e^{-x}$; $f'(x) = e^x - e^{-x}$; $f''(x) = e^x + e^{-x}$
Extrempunkt aus $f'(x) = e^x - e^{-x} = 0$: $x = 0$;
da $f''(0) = 2 > 0$ und $f(0) = 2$ ist, ist $T(0\,|\,2)$ Tiefpunkt.
Wegen $f''(x) = e^x + e^{-x} \neq 0$ für alle $x \in \mathbb{R}$ gibt es keine Wendepunkte.

4 Graph rechts.

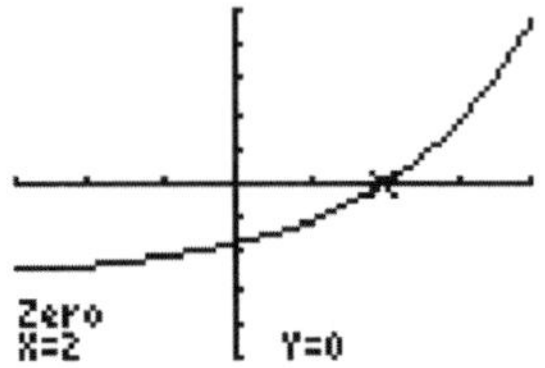

a) Schnittstelle mit der x-Achse: $e^{\frac{1}{2}x} = e$,
also $\frac{1}{2}x = \ln(e)$, damit $x = 2$.
Schnittpunkt mit der y-Achse: $x = 0$ und
$f(0) = 1 - e$, also $S(0\,|\,1 - e)$.
b) $f'(x) = \frac{1}{2}e^{\frac{1}{2}x} \neq 0$ für alle $x \in \mathbb{R}$, also keine Extrempunkte.
$f''(x) = \frac{1}{4}e^{\frac{1}{2}x} \neq 0$ für alle $x \in \mathbb{R}$, also keine Wendepunkte.
c) $A = -\int_0^2 \left(e^{\frac{1}{2}x} - e\right)dx = -\left[2e^{\frac{1}{2}x} + e \cdot x\right]_0^2 = (-2e + 2e) - (-2 + 0) = 2$

5 a) $f(x)$ gehört zu c), da $f'(x) = -\frac{1}{2}e^{-\frac{1}{2}x} + 1 = 0$ ist für
$\frac{1}{2}e^{-\frac{1}{2}x} = 1$; $-\frac{1}{2}x = \ln(2)$; $x = -2\ln(2) \approx -1{,}38629$.
b) $g(x)$ gehört zu b), da $g'(x) = \frac{1}{2}e^{-\frac{1}{2}x} > 0$ ist für alle $x \in \mathbb{R}$,
$g(x)$ ist also streng monoton steigend.
c) $h(x)$ gehört zu a), da $f'(x) = \frac{1}{2}e^{\frac{1}{2}x} - 1 = 0$ ist für
$\frac{1}{2}e^{\frac{1}{2}x} = 1$; $\frac{1}{2}x = \ln(2)$; $x = 2\ln(2) \approx 1{,}38629$.

6 a) $f(0) = -1 + 2e^0 = 1$:

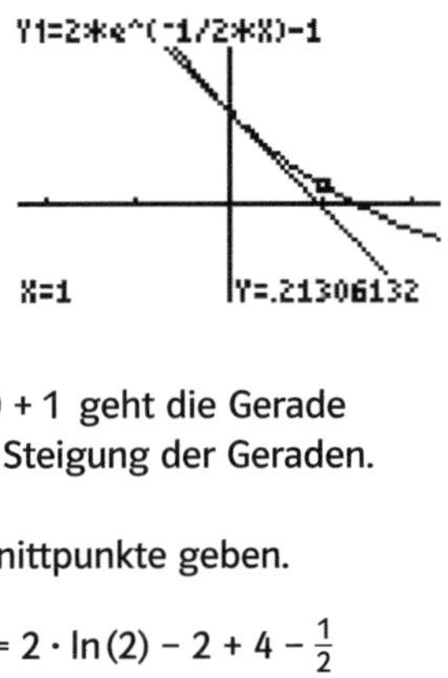

Schnittpunkt mit der y-Achse $S(0\,|\,1)$.
$-1 + 2 \cdot e^{-\frac{1}{2}x} = 0$; $e^{-\frac{1}{2}x} = \frac{1}{2}$; $-\frac{1}{2}x = \ln\left(\frac{1}{2}\right)$;
$x = 2 \cdot \ln(2) \approx 1{,}38629$;
Schnittpunkt mit der x-Achse $T(2 \cdot \ln(2)\,|\,0)$
b) $f'(x) = -e^{-\frac{1}{2}x}$; $f''(x) = \frac{1}{2}e^{-\frac{1}{2}x} > 0$ für alle $x \in \mathbb{R}$,
also keine Wendepunkte; es liegt eine Linkskurve vor.
c) Schnittpunkt von K mit der y-Achse $S(0\,|\,1)$. Wegen $1 = -0 + 1$ geht die Gerade durch S. Steigung von K in S ist $f'(0) = -1$. Dies ist auch die Steigung der Geraden.
Damit berühren sich K und die Gerade in S.
Da die Kurve linksgekrümmt ist, kann es keine weiteren Schnittpunkte geben.
d) $A = \int_0^{2\ln(2)} \left(-1 + 2 \cdot e^{-\frac{1}{2}x}\right)dx - \frac{1}{2} \cdot 1 \cdot 1 = \left[-x - 4 \cdot e^{-\frac{1}{2}x}\right]_0^{2\ln(2)} - \frac{1}{2} = 2 \cdot \ln(2) - 2 + 4 - \frac{1}{2}$
$= 1{,}5 - 2 \cdot \ln(2) \approx 0{,}11371$
e) $P(0\,|\,1)$ liegt auf K (siehe Aufgabenteil a)) und auf dem Graphen von g, da $g(0) = 1$ ist.
$g'(x) = 3x^2 + 1$; damit $g'(0) = 1$. Da $f'(0) = -1$ ist, ergibt sich für das Produkt der Steigungen der Wert -1.
Damit schneiden sich beide Kurven rechtwinklig.
Kontrolle mit dem GTR:

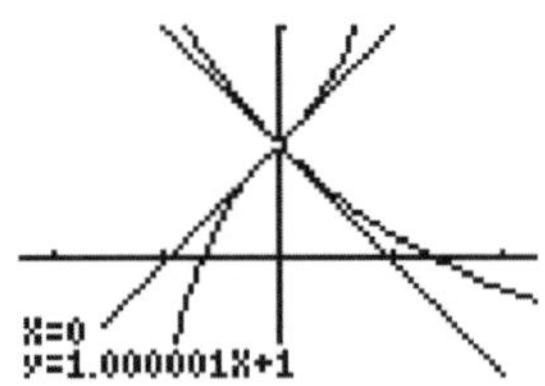

S. 170 **7** a) (1) $f(-1) = 1$: $c \cdot e^{-k} = 1$; (2) $f(0) = 2$: $c = 2$;
also $2e^{-k} = 1$; $-k = \ln\left(\frac{1}{2}\right)$, also $k = \ln(2)$.
$f(x) = 2 \cdot e^{\ln(2) \cdot x} = 2 \cdot 2^x$. Graph rechts.
b) $f'(x) = 2 \cdot \ln(2) \cdot e^{\ln(2) \cdot x} = 2 \cdot \ln(2) \cdot 2^x$;
$f'(-1) = 2 \cdot \ln(2) \cdot 2^{-1} = \ln(2)$
Tangente t: $y - 1 = \ln(2) \cdot (x + 1)$; t: $y = \ln(2) \cdot x + 1 + \ln(2)$
Näherung: $y = 0{,}69315x + 1{,}69315$
Schnittpunkt mit der x-Achse: $\ln(2) \cdot x + 1 + \ln(2) = 0$;
$x = -\frac{1 + \ln(2)}{\ln(2)} \approx -2{,}44270$

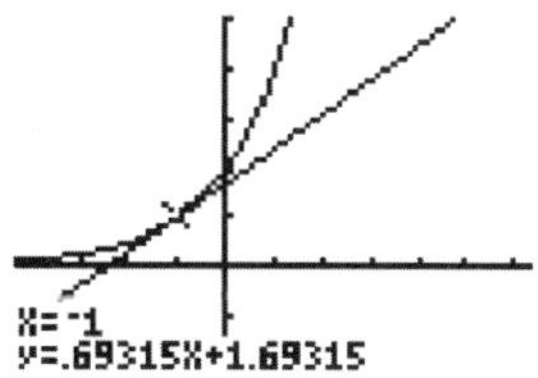

8 a) $f(2) = 2$: $e^{-1} + 2b + 2 = 2$; $b = -\frac{e^{-1}}{2} = -\frac{1}{2e}$
$f(x) = e^{-0,5x} - \frac{1}{2e}x + 2$
b) Nullstelle 10,896 53; $A_1 = 12{,}86447$ (Fig. 1)
c) Tangente: $y = -0{,}36788x + 2{,}73576$ (Fig. 2);
Schnittpunkt mit der y-Achse $S(0\,|\,2{,}73576)$; Schnittpunkt mit der x-Achse $T(7{,}43656\,|\,0)$.
Damit ist $A_2 = \frac{1}{2} \cdot 7{,}43656 \cdot 2{,}73576 \approx 10{,}17232$
$\frac{A_1}{A_2} \approx 1{,}26465$; A_1 ist damit um ca. 26,5 % größer als A_2.
d) Es ist $f'(x) = -0{,}5 \cdot e^{-0,5x} - \frac{1}{2e}$; $f''(x) = 0{,}25 \cdot e^{-0,5x} > 0$ für alle $x \in \mathbb{R}$. Damit ist der Graph überall linksgekrümmt. Damit kann eine Tangente den Graphen nicht ein zweites Mal schneiden.

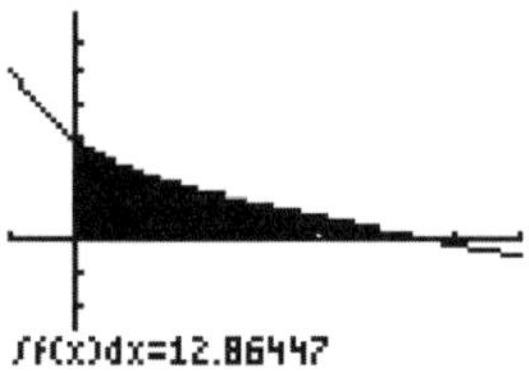

Fig. 1

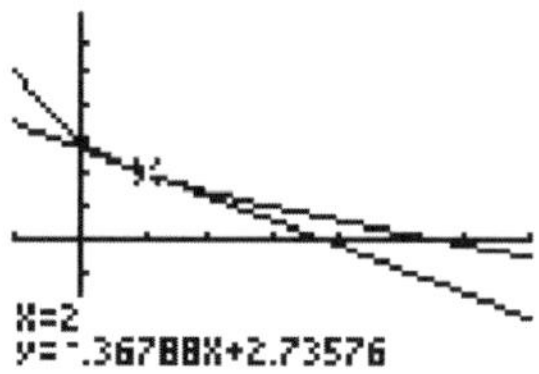

Fig. 2

6 *Exponentielle Wachstums- und Zerfallsprozesse*

S. 171 **1** a) $H(t) = 4000 \cdot 1{,}02^t$. Mit $1{,}02^t = e^{\ln(1,02)^t} = e^{t \cdot \ln(1,02)} = e^{0,0198 \cdot t}$ gilt also $H(t) = e^{0,0198 \cdot t}$.

Aufgaben aus dem sozialen und gesundheitlichen Bereich

S. 172 **2** a) Da nach Tabelle der Quotient aufeinander folgender Werte etwa gleich ist, kann von einem exponentiellen Wachstum ausgegangen werden.

Zeit t (in h)	0	1	2	3	4	5	6
Bakterienanzahl (in Mio.)	7,1	7,7	8,3	9,0	9,7	10,5	11,3
f(t + 1)/f(t)		1,084507	1,077922	1,084337	1,077778	1,082474	1,076190

Mittelwert: 1,080 535

S. 172 **2** b) $f(t) = 7{,}1 \cdot 1{,}0805^t$ oder wegen $\ln(1{,}0805) \approx 0{,}0774$: $f(t) = 7{,}1 \cdot e^{0{,}0774 \cdot t}$
mit f(t) in Millionen, t in Stunden.
c) $f(2{,}5) \approx 8{,}62$; $f(-1) \approx 6{,}57$.

S. 173 **3** a) Mit $f(0) = 400$ gilt $f(t) = 400 \cdot e^{k \cdot t}$.
Aus $f(1) = 3600 = 400 \cdot e^k$ erhält man $k = \ln(9) \approx 2{,}19722$.
also $f(t) = 400 \cdot e^{2{,}19722 \cdot t}$, t in Stunden.
b) $f(10) = 400 \cdot e^{2{,}19772 \cdot 10} \approx 1{,}395 \cdot 10^{12}$
c) $800 = 400 \cdot e^{2{,}19722 \cdot t}$; also $2 = e^{2{,}19722 \cdot t}$; $2{,}19722 \cdot t = \ln(2)$; $t \approx 0{,}315$.
Damit verdoppelt sich die Bakterienzahl nach 0,315 Stunden oder
$0{,}315 \cdot 60$ Minuten ≈ 19 Minuten.

4 Raucherrisiko, an Krebs zu erkranken, ist 38% höher als eines Nichtrauchers. Hat ein Raucher 10 Jahre nicht mehr geraucht, so ist sein Krebsrisiko nur noch 9% höher als das eines Nichtrauchers.
b) Werte von $f(t) = 38 \cdot e^{-0{,}13303 \cdot t}$:

t in Jahren	0	2	4	6	8	10	12
Angabe in Prozent	38	30	22	17	13	10	7,7
f(t) berechnet	38	29,123	22,320	17,106	13,110	10,047	7,700

Die berechneten Werte stimmen sehr gut mit den gegebenen Werten überein.
c) $3{,}8 = 38 \cdot e^{-0{,}13303 \cdot t}$ oder $0{,}1 = e^{-0{,}13303 \cdot t}$; also $-0{,}13303 \cdot t = \ln(0{,}1)$; damit $t \approx 17{,}3$.
Nach gut 17 Jahren ist das Risiko auf 10% des ursprünglichen Risikos gesunken.

5 a) Ansatz $f(t) = 50\,000 \cdot e^{k \cdot t}$; t in Tagen.
Dann gilt nach 7 Tagen:
$40\,000 = 50\,000 \cdot e^{k \cdot 7}$ oder $7k = \ln(0{,}8)$, also $k = \frac{1}{7}\ln(0{,}8) \approx -0{,}03188$.
$f(t) = 50\,000 \cdot e^{-0{,}03188 \cdot t}$.
b) $25\,000 = 50\,000 \cdot e^{-0{,}03188 \cdot t}$ ergibt $0{,}5 = e^{-0{,}03188 \cdot t}$ oder $-0{,}03188\,t = \ln(0{,}5)$, $t \approx 21{,}74$.
Nach ca. 3 Wochen ist das Bienenvolk um die Hälfte reduziert.
c) $1 = 50\,000 \cdot e^{-0{,}03188 \cdot t}$ ergibt $t \approx 339{,}4$.
Die letzte Biene würde nach ca. 340 Tagen, also noch im ersten Jahr sterben.

Aufgaben aus dem kaufmännischen Bereich

6 a) Zerfallsfunktion: $f(t) = (1 - 0{,}15)^t = 0{,}85^t = e^{t \cdot \ln(0{,}85)} = e^{-0{,}16252 \cdot t}$
Ist der Wert des Autos zu Beginn $1 = 100\%$, so ist nach dem Wert $50\% = \frac{1}{2}$ gefragt:
$e^{-0{,}16252 \cdot t} = 0{,}5$ ergibt $t \approx 4{,}26$, d.h. nach 4 Jahren und 3 Monaten ist der Wert des Pkw auf die Hälfte gesunken.
b) $f(t) = e^{k \cdot t}$. Bedingung $f(12) = e^{k \cdot 12} = 2$, also $k \approx 0{,}05776$.
Damit ist $f(t) = e^{0{,}05776 \cdot t} = (e^{0{,}05776})^t \approx 1{,}0595^t = (1 + 0{,}0595)^t$; Zinssatz etwa 5,95%

7 a) $f(t) = 20\,000 \cdot (1 + 0{,}05)^t = 20\,000 \cdot 1{,}05^t = 20\,000 \cdot e^{t \cdot \ln(1{,}05)} = 20\,000 \cdot e^{0{,}04879 \cdot t}$
b) $f(2) \approx 22\,049{,}99$; $f(5) \approx 25\,525{,}61$; $f(10) \approx 32\,577{,}84$; $f(20) \approx 53\,065{,}78$

S. 173 **7** c) $15\,000 = 20\,000 \cdot e^{0,04879 \cdot t}$ ergibt $t \approx -5,896$.

d) Damit betrug vor ca. 6 Jahren der Kontostand 15 000 €.

$f(t+1) - f(t) = 2000$: $20\,000\, e^{0,04879 \cdot (t+1)} - 20\,000\, e^{0,04879 \cdot t} = 2000$ oder

$20\,000\, e^{0,0 \approx 4879 \cdot t} \cdot (e^{0,04879} - 1) = 2000$, also $e^{0,04879} = \frac{0,1}{e^{0,04879} - 1}$;

also $0,04879 \cdot t = 0,69315$ oder $t \approx 14,2$.

Nach etwas mehr als 14 Jahren übersteigt der Jahreszins 2000 €.

8 a) Prozentualer Anstieg: $\frac{375 - 300}{300} \cdot 100\,\% = 25\,\%$

b)

Jahr	2000	2001	2002	2003	2004
Bilanzsumme (in Mio. Euro)	300	375	468,75	585,94	732,42

c) $f(t) = 300 \cdot e^{\ln(1,25) \cdot t}$ (t in Jahren ab 2000, f(t) in Mio. Euro)

aus $f(t) = 650$ folgt $t = \frac{\ln\left(\frac{650}{300}\right)}{\ln(1,25)} \approx 3,46$. Nach etwa 3,5 Jahren.

9 a) $f(t) = k \cdot 1,06^t = k \cdot e^{t \cdot \ln(1,06)} = k \cdot e^{0,05827 \cdot t}$. k ist unbekannt.

Es ist $f(-15) = 23\,965,58$, also $k \cdot e^{0,05827 \cdot 15} = 23\,965,58$; damit k in €: $k = 10\,000$

b) $10\,000 \cdot e^{0,05827 \cdot t} = 30\,000$ ergibt $t \approx 18,85$.

Das Geld muss demnach noch fast 4 Jahre liegen bleiben, bis 30 000 € erreicht werden.

S. 174 **10** a) $f(t) = 2 \cdot e^{k \cdot t}$ (t in Jahren, f(t) in Mio. Euro)

$f(5) = 4$, d.h. $2 \cdot e^{5k} = 4$, also $e^{5k} = 2$, $5k = \ln(2)$. $k = \frac{\ln(2)}{5} \approx 0,138\,63$

Es ist $f(t) = 2 \cdot e^{0,13863 \cdot t} = 2 \cdot (e^{0,13863})^t = 2 \cdot 1,1487^t = 2 \cdot (1 + 0,1487)^t \approx 2 \cdot (1 + 14,9\,\%)^t$.

Durchschnittliche jährliche Wachstumsrate 14,9 %.

b) $f(t) = 60 \cdot 1,095^t$ (t in Jahren, f(t) in Mio. Euro)

$f(t) = 200$, also $200 = 60 \cdot 1,095^t$ oder $\frac{10}{3} = 1,095^t$; $t \approx 13,27$.

c) $f(t) = e^{k \cdot t}$ (t in Jahren, f(t) in 1 = 100 %)

$f(8) = 2$, d.h. $e^{8k} = 2$, $8k = \ln(2)$. $k = \frac{\ln(2)}{8} \approx 0,086\,64$

Es ist $f(t) = e^{0,08664 \cdot t} = (e^{0,08664})^t = 1,0905^t = 2 \cdot (1 + 0,0905)^t \approx 2 \cdot (1 + 9,05\,\%)^t$.

Durchschnittliche jährliche Wachstumsrate ca. 9 %.

11 a) $w(t) = 1 \cdot \left(\frac{100}{104}\right)^t$ (t in Jahren; w(t) in Geldeinheiten)

Da $\ln\left(\frac{100}{104}\right) \approx -0,03922$ ist gilt $w(t) = e^{-0,03922 \cdot t}$.

$w(5) \approx 0,82$; $w(10) \approx 0,68$;

$w(20) \approx 0,46$; $w(40) \approx 0,21$

Graph rechts.

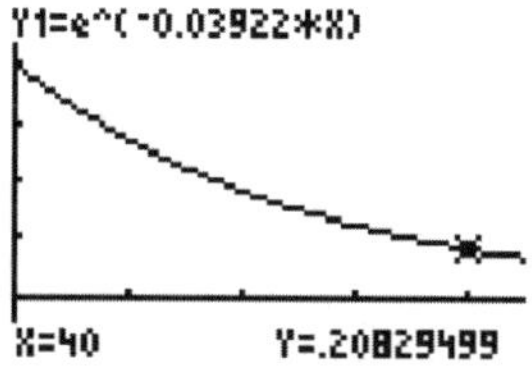

b) $w(t) = 0,5$, also $e^{-0,03922 \cdot t} = 0,5$ ergibt $t \approx 17,7$.

Damit hat sich bei gleichbleibender Inflation der Geldwert nach knapp 18 Jahren halbiert.

Aufgaben aus dem naturwissenschaftlich-technischen Bereich

S. 174 **12** a) $f(x) = 100\,\% \cdot e^{k \cdot x}$ (x in m, f(x) in Prozent)
Es ist $f(x+1) = \frac{1}{4} \cdot f(x)$, also $100\,\% \cdot e^{k \cdot (x+1)} = 25\,\% \cdot e^{k \cdot x} \mid \cdot e^{-k \cdot x}$
$e^k = \frac{1}{4}$, also $k = \ln\left(\frac{1}{4}\right) \approx -1{,}38629$.
$f(x) = 100\,\% \cdot e^{-1{,}38629 \cdot x}$;
$f(1) = 25\,\%$; $f(2) = 6{,}25\,\%$; $f(3) = 1{,}5625\,\%$.
b) $100\,\% \cdot e^{-1{,}38629 \cdot x} = 1\,\%$ ergibt $-1{,}38629 \cdot x = \ln(0{,}01)$ ergibt $x \approx 3{,}32$.
Damit ist in einer Tiefe von etwa 3,3 m die Lichtintensität nur noch 1 % der Intensität an der Wasseroberfläche.

13 a)

t	0	1	2	3	4	5	6
Anzahl in Mio.	7	6,3	5,7	5	4,5	4	3,6
f(t) (berechnet)	7	6,27	5,61	5,02	4,49	4,02	3,6

Wachstumsfunktion f auf den Wertepaaren (0 | 7) und (6 | 3,6) ergibt $f(t) = 7 \cdot e^{-0{,}1108t}$.
Abweichung der berechneten von den abgelesenen Werten ist nur gering – exponentielle Annahme scheint gerechtfertigt.
b) Heutige Population 3,6 Mio.
$0{,}36 = 7 \cdot e^{-0{,}1108t}$ ergibt $t \approx 26{,}78$.
Damit sind in knapp 21 Jahren nur noch 10 % der heutigen Population verhanden.

14 a) $m(t) = C \cdot e^{k \cdot t}$;
$m(0) = 20$, also $C = 20$;
$m(21) = 2{,}5$, also $20 \cdot e^{21k} = 2{,}5$; $k = \frac{1}{21} \cdot \ln\left(\frac{1}{8}\right) \approx -0{,}09902$.
$m(t) = 20 \cdot e^{-0{,}09902 \cdot t}$.
b) $m(t) = 0{,}2$ ergibt in Tagen: $t \approx 46{,}5$
$m(t) = 0{,}02$ ergibt in Tagen: $t \approx 69{,}8$
c) Es ist nachzuweisen, dass gilt: $m(14) = 0{,}25 \cdot m(0)$.
Dies ist richtig, da $\frac{m(14)}{m(0)} = \frac{20 \cdot e^{-0{,}9902 \cdot 14}}{20} = e^{-0{,}9902 \cdot 14} \approx 0{,}25000$ ist.

15 a) $f(t) = k \cdot e^{-1{,}2097 \cdot 10^{-4} \cdot t}$ (t in Jahren; f(t) Anzahl der Zerfälle pro Minute)
Dabei ist $k = 15{,}3$. Die Gleichung $15{,}3 \cdot e^{-1{,}2097 \cdot 10^{-4} \cdot t} = 13{,}84$ hat die Lösung $t \approx 829{,}05$.
Das Turiner Grabtuch ist somit ca. 830 Jahre alt.
b) Hier ist $k = 100\,\%$. Die Gleichung $100\,\% \cdot e^{-1{,}2097 \cdot 10^{-4} \cdot t} = 53{,}3\,\%$ hat die Lösung $t \approx 5201{,}57$.
„Ötzi" starb also vor ca. 5200 Jahren.

7 Vermischte Aufgaben

S. 175 **1** a) $\sqrt{e} - e^{\frac{1}{2}} = e^{\frac{1}{2}} - e^{\frac{1}{2}} = 0$

b) $\left(e + \frac{1}{e}\right) \cdot e^2 - e^1 = e^3 + e - e = e^3$

c) $\frac{e^2}{e} + \frac{e^4}{e^3} - \sqrt{e^2} = e + e - e = e$

d) $(e + e^{-1})^2 = e^2 + 2 + e^{-2} = e^2 + 2 + \frac{1}{e^2}$

2 a) $e^{3x-2} = e;\ 3x - 2 = 1;\ x = 1$

b) $200 \cdot e^{2x} = 2000;\ e^{2x} = 10;\ 2x = \ln(10);\ x = \frac{\ln(10)}{2} \approx 1{,}15129$

c) $2 \cdot e^x = 3;\ x = \ln\left(\frac{3}{2}\right) = \ln(3) - \ln(2) \approx 0{,}40547$

d) $2 \cdot e^x = 3 \cdot e^{0{,}5x-1};\ \ln(2) + x = \ln(3) + 0{,}5x - 1;\ 0{,}5x = \ln(3) - \ln(2) - 1;$
$x = 2 \cdot \ln\left(\frac{3}{2}\right) - 2 = -1{,}18907$

e) $e^x \cdot (e^x - 1) = 0$; da $e^x \neq 0$ für alle $x \in \mathbb{R}$, bleibt $e^x - 1 = 0$; $x = 0$ (einzige Lösung)

f) $e^{2x} \cdot (e^{0{,}5x} + 1) = 0$; $e^{2x} = 0$ und $e^{0{,}5x} + 1 = 0$ nicht möglich, daher keine Lösung.

g) $e^{2x} - e^x = 0;\ e^x \cdot (e^x - 1) = 0$; einzige Lösung $x = 0$

h) $(e^{0{,}2x} - e)(e^{0{,}2x} - 2) = 0$; $e^{0{,}2x} - e = 0$ oder $e^{0{,}2x} - 2 = 0$; $e^{0{,}2x} = e$ oder $e^{0{,}2x} = 2$;
$x_1 = 5;\ x_2 = 5 \cdot \ln(2) \approx 3{,}46574$

3 a) $f'(x) = 2 - e^x;\ f''(x) = -e^x$

b) $f'(x) = 2x + 2e^{2x};\ f''(x) = 2 + 4e^{2x}$

c) $f'(x) = 1 + 1{,}6e^{0{,}4x};\ f''(x) = 0{,}64e^{0{,}4x}$

d) $f'(x) = 3e \cdot e^{3x-6} = 3e^{3x-5};\ f''(x) = 9e \cdot e^{3x-6} = 9e^{3x-5}$

4 a) $F^*(x) = 2x + e^x + c$ mit $F^*(0) = 2$: $1 + c = 2;\ c = 1;\ F(x) = 2x + e^x + 1$

b) $F^*(x) = e \cdot x + e^{-2x} + c$ mit $F^*(1) = e^{-2}$: $e + e^{-2} + c = e^{-2};\ c = -e;\ F(x) = e \cdot x + e^{-2x} - e$

c) $F^*(x) = 4 \cdot e^{\frac{1}{4}x+1} + c$ mit $F^*(-4) = 5$: $4 \cdot e^0 + c = 5;\ c = 1;\ F(x) = 4 \cdot e^{\frac{1}{4}x+1} + 1$

5 a) $f(x) = x - e^{2x+1};\ f'(x) = 1 - 2e^{2x+1};\ f''(x) = -4e^{2x+1}$

Extrempunkte:
$1 - 2e^{2x+1} = 0;\ 2e^{2x+1} = 1;\ e^{2x+1} = \frac{1}{2};\ 2x + 1 = -\ln(2);\ x = -\frac{1 + \ln(2)}{2} \approx -0{,}84657.$

Da $f''(x) = -4e^{2x+1} < 0$ für alle $x \in \mathbb{R}$ ist, also auch für $-\frac{1 + \ln(2)}{2}$, liegt ein Maximum vor.
$f\left(-\frac{1 + \ln(2)}{2}\right) = -\frac{2 + \ln(2)}{2} \approx -1{,}34657;\ H(-0{,}84657 \mid -1{,}34657)$

Keine Wendepunkte, da $f''(x) = -4e^{2x+1} < 0$ für alle $x \in \mathbb{R}$.

b) $f(x) = e^{-\frac{1}{2}x+1} + \frac{1}{2}x + 1;\ f'(x) = -\frac{1}{2}e^{-\frac{1}{2}x+1} + \frac{1}{2};\ f''(x) = \frac{1}{4}e^{-\frac{1}{2}x+1} > 0$ für alle $x \in \mathbb{R}$.

Extrempunkte: $-\frac{1}{2}e^{-\frac{1}{2}x+1} + \frac{1}{2} = 0;\ e^{-\frac{1}{2}x+1} = 1;\ -\frac{1}{2}x + 1 = 0;\ x = 2.$

Da $f''(x) = \frac{1}{4}e^{-\frac{1}{2}x+1} > 0$ für alle $x \in \mathbb{R}$ ist, also auch für 2, liegt ein Minimum vor.
$f(2) = 1 + 1 + 1 = 3;\ T(2 \mid 3)$

Keine Wendepunkte.

c) $f(x) = 4e^x - e^{2x} - 2;\ f'(x) = 4e^x - 2e^{2x};\ f''(x) = 4e^x - 4e^{2x};\ f'''(x) = 4e^x - 8e^{2x}$

Extrempunkte: $4e^x - 2e^{2x} = 0;\ 2e^{2x} = 4e^x;\ e^x = 2;\ x = \ln(2) \approx 0{,}69315.$

Da $f''(\ln(2)) = -8 < 0$ ist, liegt ein Maximum vor.
$f(\ln(2)) = 4 \cdot e^{\ln(2)} - e^{2 \cdot \ln(2)} - 2 = 8 - 4 - 2 = 2;\ H(\ln(2) \mid 2)$

Wendepunkte: $4e^x - 4e^{2x} = 0;\ 4e^x = 4e^{2x};\ e^x = 1;\ x = 0.$

Da $f'''(0) = -4 \neq 0$ und $f(0) = 1$ ist, ist $W(0 \mid 1)$ Wendepunkt.

S. 175 **6** a) $f(x) = 2 + e^{-0{,}1x+2}$; $f'(x) = -0{,}1 \cdot e^{-0{,}1x+2}$; $f''(x) = 0{,}01 \cdot e^{-0{,}1x+2} > 0$, also Linkskrümmung in $\mathbb{R}$.

b) $f(x) = 5x + 5 + e^{5x}$; $f'(x) = 5 + 5e^{5x}$; $f''(x) = 25e^{5x} > 0$, also Linkskrümmung in $\mathbb{R}$.

c) $f(x) = 3x - \frac{1}{2} - 2e^{-3x}$; $f'(x) = 3 + 6e^{-3x}$; $f''(x) = -18e^{-3x} < 0$, also Rechtskrümmung in $\mathbb{R}$.

7 a) Nullstellen sind $x_1 \approx -2{,}93530$ und $x_2 \approx 12{,}21908$;
Schnittpunkt mit der y-Achse $S(0\,|\,5)$

b) $f'(12{,}21908) \approx -1{,}31589$; t: $y = -1{,}31589x + 16{,}07897$

c) Hochpunkt $H(3{,}49722\,|\,6{,}74540)$

d) Flächeninhalt links von der y-Achse: $A_L \approx 8{,}29621$;
Flächeninhalt rechts von der y-Achse: $A_R \approx 59{,}23266$; Verhältnis $\frac{A_L}{A_R} \approx 0{,}14$.

8 a) Nullstellen sind $x_1 \approx -1{,}20097$ und $x_2 \approx 12{,}45192$;
Schnittpunkt mit der y-Achse $S(0\,|\,-5)$

b) $f'(12{,}45192) \approx 1{,}17611$; t: $y = -1{,}17611x - 14{,}64483$

c) Tiefpunkt $H(2{,}99124\,|\,-8{,}51196)$

d) Flächeninhalt links von der y-Achse: $A_L \approx 3{,}32164$;
Flächeninhalt rechts von der y-Achse: $A_R \approx 69{,}73339$; Verhältnis $\frac{A_L}{A_R} \approx 0{,}048$.

9 a) $f(x) = 2e^{2x} - 1$; $g(x) = -x^4 + 4x + 1$; $f(0) = 2 - 1 = 1$; $g(0) = 1$. Schnittpunkt $S(0\,|\,1)$.
$f'(x) = 4e^{2x}$; $g'(x) = -4x^3 + 4$; $f'(0) = 4$; $g'(0) = 4$; damit Berührung in S.
t: $y = 4x + 1$

10 a) $f(x) = e^{-0{,}5x} + 1$. Die Wertetafel zeigt, dass f(x) gegen 1 strebt.

b) Es ist $f'(x) = -0{,}5 \cdot e^{-0{,}5x}$.
Ist $B(u\,|\,e^{-0{,}5u} + 1)$ der Berührpunkt, so ist die Steigung der Geraden PB mit $P(4\,|\,0)$
einerseits $f'(u) = -0{,}5 \cdot e^{-0{,}5u}$, andererseits $\frac{e^{-0{,}5u} + 1 - 0}{u - 4}$.
$\frac{e^{-0{,}5u} + 1}{u - 4} = -0{,}5 \cdot e^{-0{,}5u}$ ergibt $\frac{e^{-0{,}5u} + 1}{u - 4} + 0{,}5 \cdot e^{-0{,}5u} = 0$.
Bestimmung der Nullstelle der Funktion $h(u) = \frac{e^{-0{,}5u} + 1}{u - 4} + 0{,}5 \cdot e^{-0{,}5u}$
mit dem GTR: $u = 0$.
Damit ist $B(0\,|\,2)$ der Berührpunkt. Da $f'(0) = -0{,}5$ ist, lautet die
Gleichung der Tangente t: $y = -0{,}5x + 2$.

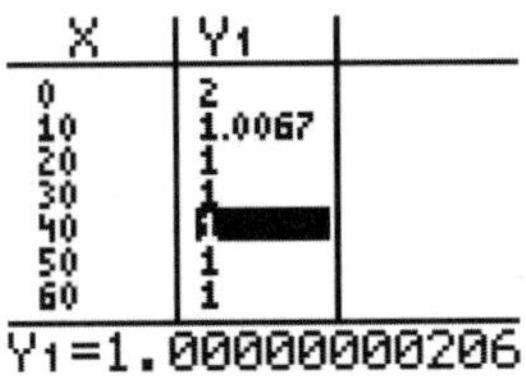

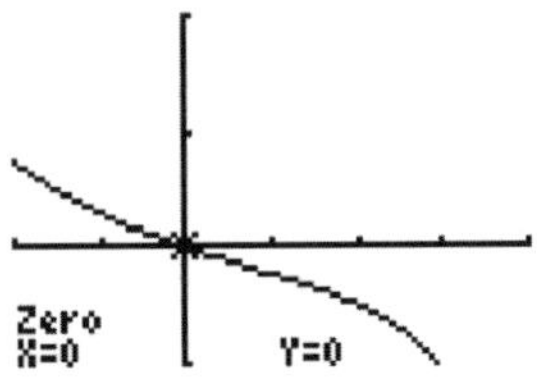

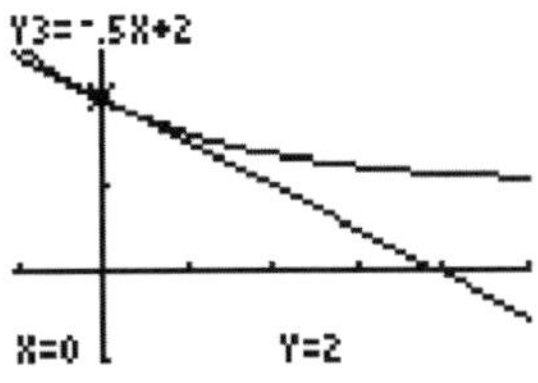

11 a) $f'(x) = -\frac{1}{2} \cdot e^{-\frac{1}{2}x - \frac{3}{2}}$; $f''(x) = \frac{1}{4} \cdot e^{-\frac{1}{2}x - \frac{3}{2}}$.
Bedingung: $\frac{f(u) - 0}{u - 3} = f'(u)$ ergibt $e^{-\frac{1}{2}u - \frac{3}{2}} + 2 - (u - 3) \cdot \left(-\frac{1}{2} \cdot e^{-\frac{1}{2}u - \frac{3}{2}}\right) = 0$.
Nullstelle mit dem GTR: $u = -3$.
Berührpunkt $B(-3\,|\,3)$. $f'(-3) = -\frac{1}{2}$. Tangentengleichung: $y = -\frac{1}{2}x + \frac{3}{2}$.

S. 175 **11** b) Es gibt nur eine einzige Tangente, da der Graph streng monoton fallend ist und die x-Achse nicht unterschreitet.

S. 176 **12** $f(t) = 2 \cdot (1 + 0{,}2)^t = 2 \cdot 1{,}2^t = 2 \cdot e^{\ln(1{,}2) \cdot t}$; t in Wochen, f(t) Personenzahl
$80\,000 = 2 \cdot 1{,}2^t$; $1{,}2^t = 40\,000$; $t = \frac{\ln(40\,000)}{\ln(1{,}2)} \approx 58{,}1$.
Es dauert ein gutes Jahr.

13 a) $f(t) = 1000 \cdot 1{,}5^t = 1000\, e^{\ln(1{,}5) \cdot t} = 1000 \cdot e^{0{,}4055 \cdot t}$; t in Stunden, f(t) Anzahl
b) $1000 \cdot e^{0{,}4055 \cdot t} = 1\,000\,000$ ergibt $t \approx 17{,}04$.
Bakterienzahl bei 1 Million nach ca. 17 Stunden.

14 a) Mittlere Änderungsrate $\frac{0{,}09 - 0{,}50}{10} = -0{,}041$, d.h. pro Stunde werden durchschnittlich 0,041 g abgebaut.
b) $f(t) = 0{,}5 \cdot e^{k \cdot t}$ mit $f(10) = 0{,}09$, also $0{,}5 \cdot e^{10k} = 0{,}09$, also $k = \frac{\ln(0{,}18)}{10} \approx -0{,}171\,48$.
$f(t) = 0{,}5 \cdot e^{-0{,}17148t}$; $0{,}25 = 0{,}5 \cdot e^{-0{,}17148t}$ ergibt $t \approx 4{,}04$.
Nach ca. 4 Stunden ist die Hälfte abgebaut.
c) Abbau in den ersten 6 Stunden: $f(6) = 0{,}5 \cdot e^{-0{,}17148 \cdot 6} \approx 0{,}178\,70$.
Es kommt 1 g hinzu; Funktion daher $g(t) = 1{,}178\,70 \cdot e^{-0{,}17148 \cdot t}$.
Damit ist um 20 Uhr $g(5) = 1{,}178\,70 \cdot e^{-0{,}17148 \cdot 5} \approx 0{,}500\,08$.
Damit sind um 20.00 Uhr noch ca. 0,5 g nicht abgebaut.

15 a) $50 \cdot e^{-0{,}027x} = 40$ ergibt $x \approx 8{,}26$.
Nach gut 8 Minuten ist die Temperatur auf 40 °C gesunken.
b) $f(10) = 50 \cdot e^{-0{,}027 \cdot 10} \approx 38{,}2$; $f(20) = 50 \cdot e^{-0{,}027 \cdot 20} \approx 29{,}1$.
Die Temperatur sank in den ersten 10 Minuten um 11,8 °C, in den folgenden 10 Minuten nur noch um 9,1 °C.
c) $f'(x) = -1{,}35 \cdot e^{-0{,}027x}$; $f'(5) \approx -1{,}18$.
Damit sank die Temperatur in der 5. Minute um rund 1,2 °C je Minute.

16 a) $f(t) = c \cdot a^t$ mit $f(0) = 550$ und $f(100) = 5100$ ergibt:
$c = 550$; $550a^{100} = 5100$; $a = 1{,}02252$.
$f(t) = 550 \cdot 1{,}02252^t = 550 \cdot e^{\ln(1{,}02252) \cdot t} = 550 \cdot e^{0{,}02227 \cdot t}$.
b) Die jährliche Zunahme beträgt ca. 2,25 %.
c) $m = \frac{5100 - 550}{100} = \frac{4550}{100} = 45{,}5$ (in $\frac{km^3}{a}$), d.h. in den letzten 100 Jahren sind von Jahr zu Jahr im Durchschnitt ca. 45,5 km³ Wasser mehr verbraucht worden.

17 a) $f(x) = 8 - 3e^{-0{,}02x}$; Anfangsbestand $f(0) = 5$
b) $f(x) \to 8$ für $x \to \infty$.

Exkursion: Bevölkerungsentwicklung

S. 177 **1** a) Verdopplungszeit für Afghanistan in Jahren: $T \approx 14{,}88 \approx 15$.
Verdopplungszeit für Gambia in Jahren: $T \approx 24$
b) Halbierungszeit von Bulgarien in Jahren: $T \approx 77{,}5 \approx 78$
Bevölkerung auf 10% geschrumpft nach $T \approx 258$ Jahren.
Dabei wird vorausgesetzt, dass es keine Veränderung bzgl. der jährlichen prozentualen Bevölkerungszunahme gibt.
c) Bevölkerungszuwachs derzeit in Deutschland 0,02% bei 82 424 000 Einwohnern (Januar 2008).
Einwohnerzahl 2010: 82 456 970 ≈ 82 457 000
Einwohnerzahl 2030: 82 787 430 ≈ 82 787 000
Einwohnerzahl 2050: 83 119 208 ≈ 83 119 000
Die Übereinstimmung mit einem exponentiellen Wachstum ist außerordentlich kritisch, da der Wachstumsfaktor mit 1,0002 sehr klein ist und damit leicht Schwankungen ausgesetzt ist.

S. 178 **2** a) Da im Jahr 2000 ca. 6 Mrd. Menschen lebten, erhält man für 2100 in Mrd.:
$B(100) = 6 \cdot 1{,}012^{100} \approx 19{,}8$
b) Maximale Bevölkerungszahl um 2040 mit ca. 7,3 Mrd. Menschen.
c) Maximum bei der mittleren Schätzung etwa 2095 mit 11,5 Mrd.
d) Unrealistisch ist sicher der lineare Anstieg. Auch der exponentielle Anstieg erweist sich als unrealistisch. Ebenfalls scheint die niedrigste Schätzung zu optimistisch zu sein, so dass die zur blauen Kurve gehörige Schätzung die wohl akzeptabelste sein könnte.

VI Trigonometrische Funktionen

1 Die Funktionen sin und cos

S. 182 **1** a) $\frac{3\,\text{km}}{2\pi \cdot 1\,\text{km}} = \frac{\alpha}{360°}$; also $\alpha = 360° \cdot \frac{3}{2\pi} = \frac{540°}{\pi} \approx 172°$.
Es ist damit fast eine halbe Runde gefahren.
$\frac{3\,\text{km}}{2\pi \cdot 2\,\text{km}} = \frac{\beta}{360°}$; also $\beta = 360° \cdot \frac{3}{4\pi} = \frac{270°}{\pi} \approx 86°$.
Es ist damit nur knapp eine Viertelrunde gefahren.
b) $\frac{1}{2}$ Runde oder $5\frac{1}{2}$ Runden: $s = \frac{1}{2} \cdot 2\pi \cdot 1\,\text{km} = \pi\,\text{km} \approx 3{,}14\,\text{km}$;
$6\frac{1}{4}$ Runden: $s = \frac{1}{4} \cdot 2\pi \cdot 1\,\text{km} = \frac{\pi}{2}\,\text{km} \approx 1{,}57\,\text{km}$; $1\frac{3}{4}$ Runden: $s \approx 3{,}14\,\text{km} + 1{,}57\,\text{km} = 4{,}71\,\text{km}$

S. 183 **2** a) $\sin(0{,}5236) \approx 0{,}5000$ b) $\cos(\sqrt{2}) \approx 0{,}1559$
c) $\cos(0{,}1 \cdot \pi + 1) \approx 0{,}2538$ d) $\sin(5\pi + 1) \approx -0{,}8415$

3 a) $\sin(3\pi) = \sin(\pi) = 0$ b) $\sin\left(\frac{1}{2}\pi\right) = 1$ c) $\sin(2{,}5\pi) = 1$
d) $\cos(-\pi) = -1$ e) $\cos(8\pi) = 1$ f) $\cos\left(\frac{9}{2}\pi\right) = 0$

4 a) $\sin(x) = -0{,}5$; $x_1 = \frac{7}{6}\pi \approx 3{,}6652$; $x_2 = \frac{11}{6}\pi \approx 5{,}7596$
b) $\cos(x) = 0$; $x_1 = \frac{1}{2}\pi \approx 1{,}5708$; $x_2 = \frac{3}{2}\pi \approx 4{,}7124$
c) $\sin(x) = 0{,}9453$; $x_1 \approx 1{,}2385$; $x_2 \approx 1{,}9031$
d) $\cos(x) = 0{,}6321$; $x_1 \approx 0{,}8865$; $x_2 \approx 5{,}3966$
e) $2\sin(x) = -1{,}23$; $x_1 \approx 3{,}8040$; $x_2 \approx 5{,}6208$
f) $\cos(x) = 4$; keine Lösung
g) $4\sin(x) = -4$; $\sin(x) = -1$; $x_1 = \frac{3}{2}\pi$
h) $4{,}2 \cdot \cos(x) = 2{,}34$: $\cos(x) = \frac{2{,}34}{4{,}2}$; $x_1 \approx 0{,}9799$; $x_2 \approx 5{,}3033$

5 Bestimmen Sie ohne GTR die Lösungen der Gleichung in $0 \leq x < 2\pi$.
a) $\sin(x) = \frac{1}{2}$; $x_1 = \frac{1}{6}\pi$; $x_2 = \frac{5}{6}\pi$
b) $\cos(x) = -\frac{1}{2}$; $x_1 = \frac{2}{3}\pi$; $x_2 = \frac{4}{3}\pi$
c) $\cos(x) = \frac{1}{2}\sqrt{3}$; $x_1 = \frac{1}{6}\pi$; $x_2 = \frac{11}{6}\pi$
d) $\sin(x) = -\frac{1}{2}\sqrt{2}$; $x_1 = \frac{5}{4}\pi$; $x_2 = \frac{7}{4}\pi$

2 Amplituden und Perioden von Sinusfunktionen

S. 184 **1** a) a bewirkt eine Streckung oder Stauchung (ev. mit Spiegelung an der x-Achse) in y-Richtung.
b bewirkt eine Streckung oder Stauchung in x-Richtung; dabei verändert sich die Periode.
b) $f(x) = 1{,}5 \cdot \sin(x)$ gehört zu (2), da die Amplitude 1,5 ist; Periode ist 2π.
$g(x) = \sin(2x)$ gehört zu (3), da die Amplitude 1 ist; Periode ist π.
$h(x) = \frac{1}{2}\sin\left(\frac{\pi}{2}x\right)$ gehört zu (2), da die Amplitude 0,5 ist; Periode ist 4.

S. 185 **2** a) Periode ist π; Amplitude ist 1; $f(x) = \sin(2x)$

b) Periode ist $6 = \frac{2\pi}{b}$, also $b = \frac{2\pi}{6}$; Amplitude ist 1; $f(x) = \sin\left(\frac{\pi}{3}x\right)$

c) Periode ist $4 = \frac{2\pi}{b}$, also $b = \frac{2\pi}{4}$; Amplitude ist 1,5; $f(x) = 1{,}5 \cdot \sin\left(\frac{\pi}{2}x\right)$

3 a) $f(x) = \sin(2x)$ b) $f(x) = 4 \cdot \sin(4x)$ c) $f(x) = 100 \cdot \sin(200x)$

d) $f(x) = 0{,}5 \cdot \sin\left(\frac{2}{5}x\right)$ e) $f(x) = \sin(2\pi \cdot x)$ f) $f(x) = 2 \cdot \sin\left(\frac{\pi}{2}x\right)$

g) $f(x) = 100 \cdot \sin(20\pi \cdot x)$ h) $f(x) = 5 \cdot \sin\left(\frac{\pi}{12} \cdot x\right)$

3 *Verschieben von Graphen von Funktionen*

S. 186 **1** (1) Verschiebung um d in positive y-Richtung, falls $d > 0$, in negative y-Richtung, falls $d < 0$ ist.

(2) Verschiebung um c in positive x-Richtung, falls $c > 0$, in negative x-Richtung, falls $c < 0$ ist.

(3) Verschiebung um c in positive x-Richtung, falls $c > 0$, in negative x-Richtung, falls $c < 0$ ist, und anschließende Verschiebung um d in positive y-Richtung, falls $d > 0$, in negative y-Richtung, falls $d < 0$ ist.

2 (1) Verschiebung des Graphen von f mit $f(x) = \sin(x)$ um d in positive y-Richtung, falls $d > 0$, in negative y-Richtung, falls $d < 0$ ist.

(2) Verschiebung des Graphen von f mit $f(x) = \sin(x)$ um c in positive x-Richtung, falls $c > 0$, in negative x-Richtung, falls $c < 0$ ist.

(3) Verschiebung des Graphen von f mit $f(x) = \sin(x)$ um c in positive x-Richtung, falls $c > 0$, in negative x-Richtung, falls $c < 0$ ist, und anschließende Verschiebung um d in positive y-Richtung, falls $d > 0$, in negative y-Richtung, falls $d < 0$ ist.

S. 187 **3** a) blauer Graph: $g(x) = \sin(x + 1)$; roter Graph: $h(x) = \sin(x + 1) - 1$

b) blauer Graph: $g(x) = 2\cos(x + 2) + 1$; roter Graph: $h(x) = 2\cos(x - 2) - 1$

c) blauer Graph: $g(x) = e^{x-2} - 1$; roter Graph: $h(x) = e^{x-2} - \frac{1}{2}$

4 a) $g(x) = (x - 4)^2 + 1$ b) $g(x) = 2\sin(x + 1) + 6$ c) $g(x) = e^{2(x+1)} - 1$

d) $g(x) = \sin(2 \cdot (x - 2)) + 2$ e) $g(x) = (x - 1) + 3 = x + 2$ f) $2^{x+3} + 2$

5 a) $g(x) = \sin(x)$; $f(x) = \sin(x - 2) - 1$.

Nullstellen: $x_1 = 2 + \frac{\pi}{2} \approx 3{,}5708$

Extrempunkte: $H\left(2 + \frac{\pi}{2} \mid 0\right)$; $T\left(2 - \frac{1}{2}\pi \mid -2\right)$

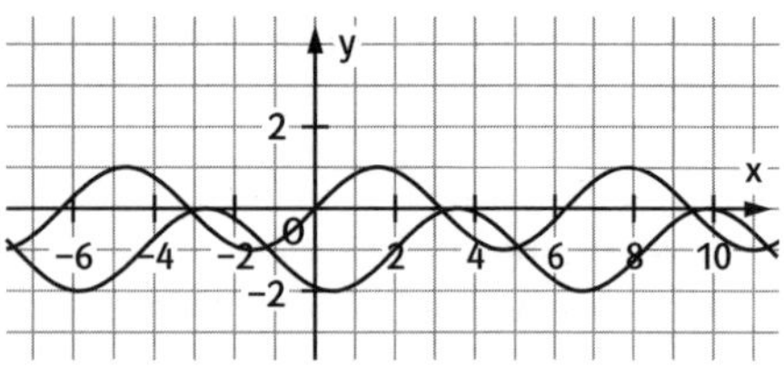

S. 187 **5** b) $g(x) = \sin(x)$; $f(x) = \sin\left(x - \frac{\pi}{2}\right) - 2$
keine Nullstellen;
Extrempunkte: $H\left(\frac{\pi}{2} + \frac{\pi}{2} \mid -1\right) = H(\pi \mid -1)$; $T(0 \mid -3)$

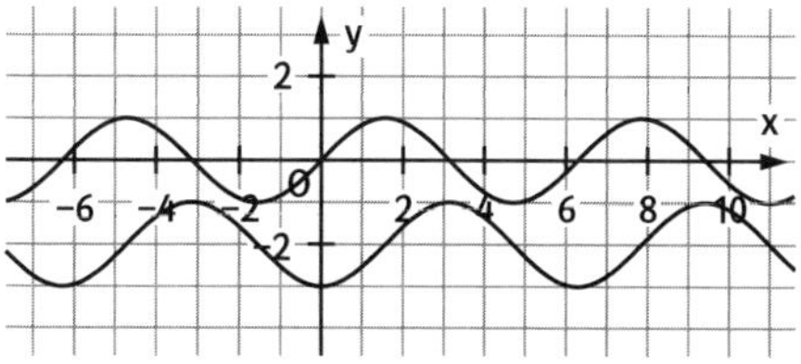

c) $g(x) = \sin(x)$; $f(x) = -\sin(x + 1) + 2$
keine Nullstellen;
Extrempunkte: $H\left(-1 + \frac{3}{2}\pi \mid 3\right) = H(3{,}7124 \mid 3)$; $T\left(-1 + \frac{\pi}{2} \mid 1\right) = T(0{,}5708 \mid 1)$

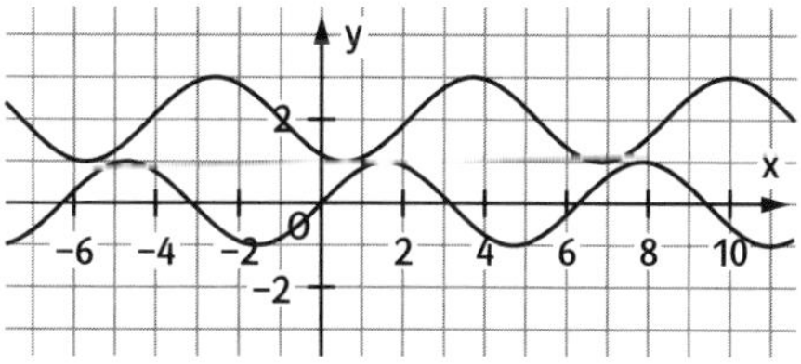

d) $g(x) = 2\cos(x)$ $f(x) = 2\cos(x) + 2$
Nullstellen: $x_1 = \pi \approx 3{,}1416$
Extrempunkte: $H(0 \mid 4)$; $T(\pi \mid 0)$

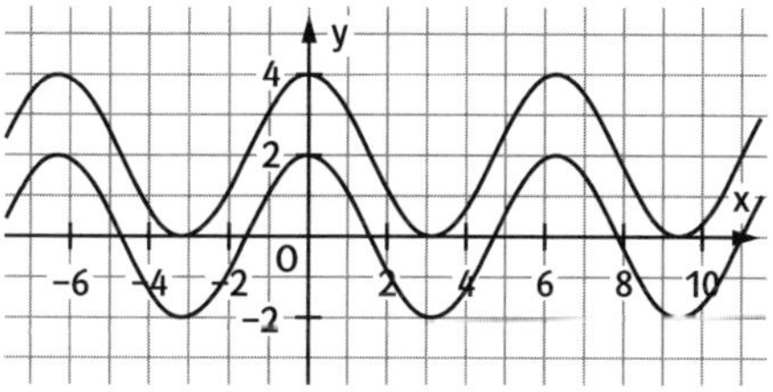

e) $g(x) = \cos(2x)$; $f(x) = \cos(2(x + 1)) - 3$
keine Nullstellen;
Extrempunkte: $T_1\left(\frac{\pi}{2} - 1 \mid -4\right) \approx T_1(0{,}5708 \mid -4)$; $H_1(\pi - 1 \mid -2) \approx H_1(2{,}1416 \mid -2)$;
$T_2\left(-1 + \frac{3}{2}\pi \mid -4\right) \approx T_2(3{,}7124 \mid -4)$; $H_2(2\pi - 1 \mid -2) \approx H_2(5{,}2832 \mid -2)$

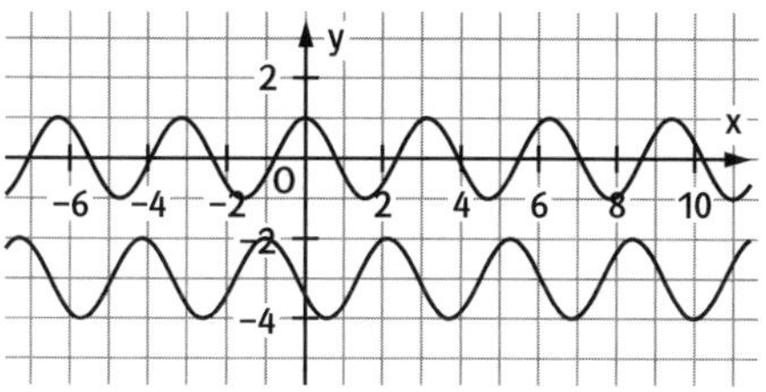

S. 187 **5** f) $g(x) = \cos(x)$; $f(x) = \cos(x - 5) - 2$
keine Nullstellen;
Extrempunkte: $H(0 + 5\,|\,-1) = H(5\,|\,1)$; $T(-\pi + 5\,|\,-3) \approx T(1{,}8584\,|\,-3)$

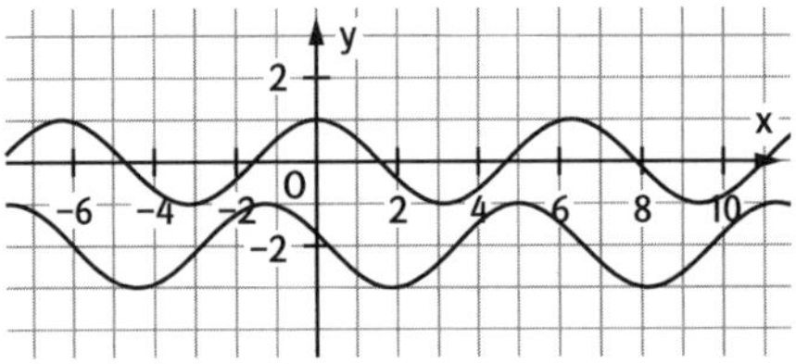

4 Trigonometrische Gleichungen

S. 188 **1** (1) Man kann einen Graphen zu $f(x) = 2\cos(3x) - 1$ erstellen (ev. mit dem GTR) und die Nullstellen im gegebenen Intervall näherungsweise ablesen.
(2) Man kann einen Graphen von $f(x) = 2\cos(3x)$ erstellen und ihn mit $y = 1$ zum Schnitt bringen.
(3) Da aus $2\cos(3x) - 1 = 0$ folgt $\cos(3x) = 0{,}5$, kann man einen Graphen von $f(x) = \cos(3x)$ (in x-Richtung gestauchter Graph des Kosinus) erstellen und ihn mit $y = 0{,}5$ zum Schnitt bringen.
(4) Man kann die Gleichung mit dem GTR und dort mit dem „SOLVER" lösen.
(5) Man kann die Gleichung auch exakt nach Umformung in $\cos(3x) = 0{,}5$ lösen:
Da $\cos(y) = 0{,}5$ für $y_1 = \frac{\pi}{3}$ und $y_2 = \frac{5\pi}{3}$ ist, folgt $3x_1 = \frac{\pi}{3}$, also $x_1 = \frac{\pi}{9}$, und $3x_2 = \frac{5\pi}{3}$, also $x_2 = \frac{5\pi}{9}$.
a) $2\sin(x) = 1$; $\sin(x) = \frac{1}{2}$, also $x_1 = \frac{\pi}{6}$; $x_2 = \frac{5\pi}{6}$
b) $2\cos(x) = 1$: Zeichnen des Graphen von $f(x) = 2 \cdot \cos(x)$ und mit Graph von $g(x) = 1$ schneiden:

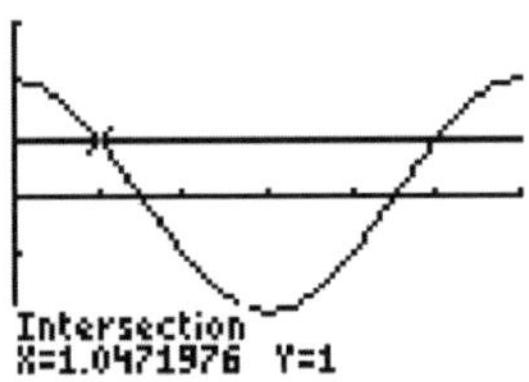

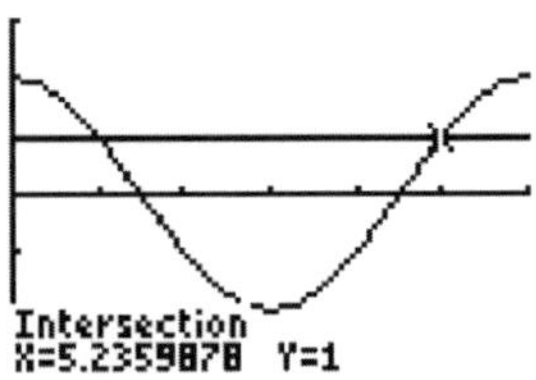

S. 189 **2**

a) $0; \frac{\pi}{2}; \pi$
b) $0; 4\pi$
c) $\frac{7}{6}\pi; \frac{11}{6}\pi$
d) π
e) $\frac{1}{4}; \frac{3}{4}$
f) $0; 5\pi; 10\pi$
g) $0; 0{,}4\pi$
h) $0; 0{,}2\pi$
i) keine Lösung

3

a) 0,205758; 1,365038
b) keine Lösung
c) 3,368536; 6,056242
d) 1,287002; 4,996183
e) 0,045167; 0,954833
f) 0,478717; 11,521283; 24,478717
g) keine Lösung
h) 0,096255; 0,532063
i) 0,008054; 0,117609

S. 189 **4** a) $x + \cos(2x) = 4$

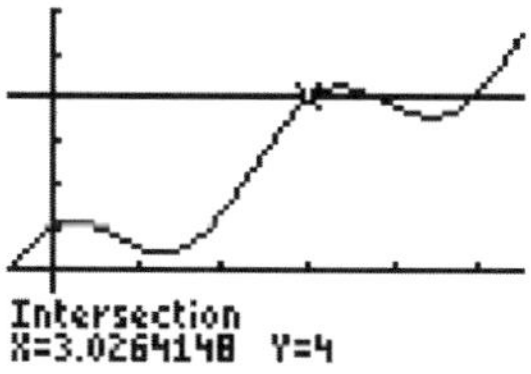

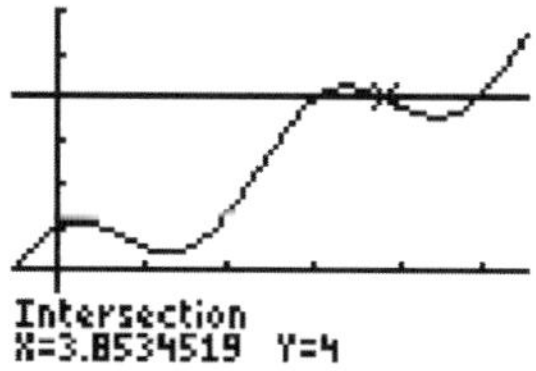

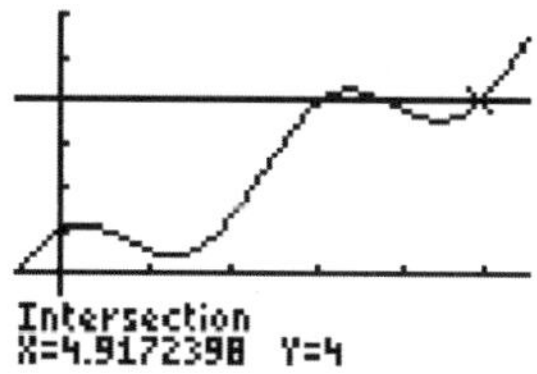

b) $2x + \cos(3x) = -1$

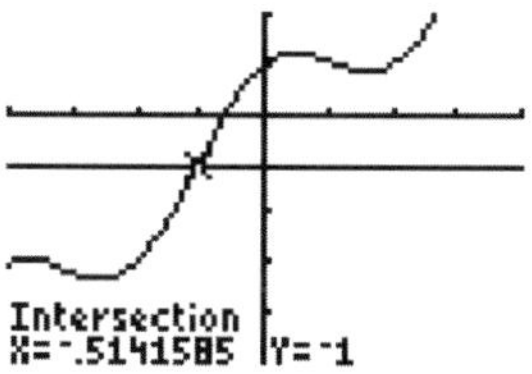

c) $\sin(x) + \cos(x) = 1$

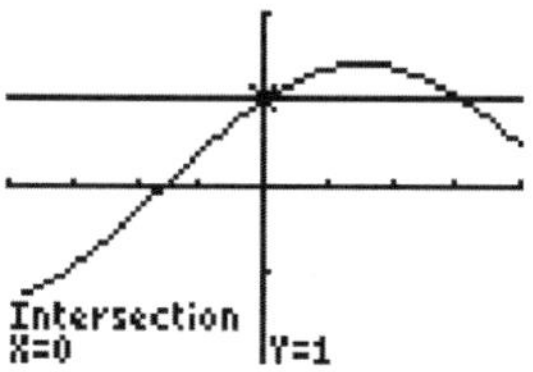

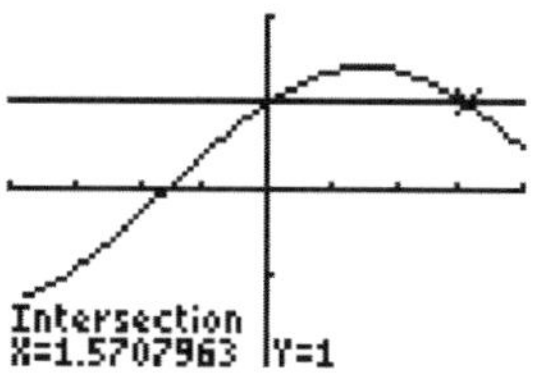

5 *Ableiten trigonometrischer Funktionen*

S. 190 **1** a) $P_1(0\,|\,0) : m(0) = 1$; $P_2\left(\frac{\pi}{2}\,|\,1\right) : m\left(\frac{\pi}{2}\right) = 0$; $P_3\left(\frac{2}{3}\pi\,|\,\frac{1}{2}\sqrt{3}\right) : m\left(\frac{2}{3}\pi\right) = -0{,}5$;
$P_4(\pi\,|\,0) : m(\pi) = -1$; $P_5\left(\frac{3}{2}\pi\,|\,-1\right) : m\left(\frac{3}{2}\pi\right) = 0$

b)

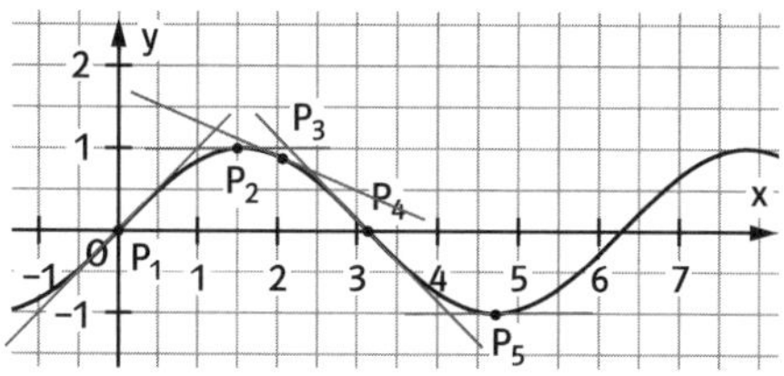

c) Die Ableitungsfunktion könnte $\sin'(x) = \cos(x)$ sein.

d) Die Behauptung lässt sich mit dem GTR im Graph-Menu erhärten, indem man sich die Sinus-Funktion, ihre vom GTR berechnete Ableitungsfunktion und die Kosinus-Funktion zeichnen lässt. Der zweite und dritte Graph sollten dann nicht unterscheidbar sein.

S. 191 **2** a) $f(x) = -6\sin(x)$; $f'(x) = -6\cos(x)$; $f''(x) = 6\sin(x)$; $F(x) = 6\cos(x)$
$f'(\pi) = 6$; $f''(\pi) = 0$; $F(\pi) = -6$
b) $f(x) = 5 + \cos(x)$; $f'(x) = -\sin(x)$; $f''(x) = -\cos(x)$; $F(x) = 5x + \sin(x)$
$f'(\pi) = 0$; $f''(\pi) = 1$; $F(\pi) = 5\pi$
c) $f(x) = 5 - \cos(x)$; $f'(x) = \sin(x)$; $f''(x) = \cos(x)$; $F(x) = 5x - \sin(x)$
$f'(\pi) = 0$; $f''(\pi) = -1$; $F(\pi) = 5\pi$
d) $f(x) = \cos(x) - \sin(x)$; $f'(x) = -\sin(x) - \cos(x)$; $f''(x) = -\cos(x) + \sin(x)$;
$F(x) = \sin(x) + \cos(x)$
$f'(\pi) = 1$; $f''(\pi) = 1$; $F(\pi) = -1$
e) $f(x) = \sin(2x)$; $f'(x) = 2\cos(2x)$; $f''(x) = -4\sin(2x)$; $F(x) = -\frac{1}{2}\cos(2x)$
$f'(\pi) = 2$; $f''(x) = 0$; $F(\pi) = -\frac{1}{2}$
f) $f(x) = 3\cdot\cos\left(\frac{1}{2}x\right)$; $f'(x) = -\frac{3}{2}\sin\left(\frac{1}{2}x\right)$; $f''(x) = -\frac{3}{4}\cos\left(\frac{1}{2}x\right)$; $F(x) = 6\cdot\sin\left(\frac{1}{2}x\right)$
$f'(\pi) = -\frac{3}{2}$; $f''(\pi) = 0$; $F(\pi) = 6$
g) $f(x) = 0{,}2\cdot\sin(0{,}2x)$; $f'(x) = 0{,}04\cdot\cos(0{,}2x)$; $f''(x) = -0{,}008\cdot\sin(0{,}2x)$;
$F(x) = -\cos(0{,}2x)$
$f'(\pi) \approx 0{,}032361$; $f''(\pi) \approx -0{,}004702$; $F(\pi) \approx -0{,}809017$
h) $f(x) = \cos(3x) + 3\cos(x)$; $f'(x) = -3\sin(3x) - 3\sin(x)$;
$f''(x) = -9\cos(3x) - 3\cos(x)$; $F(x) = \frac{1}{3}\cdot\sin(3x) + 3\sin(x)$
$f'(\pi) = 0$; $f''(\pi) = 12$; $F(\pi) = 0$
i) $f(x) = x^2 + e^x + \cos(2x)$; $f'(x) = 2x + e^x - 2\sin(2x)$; $f''(x) = 2 + e^x - 4\cos(2x)$;
$F(x) = \frac{1}{3}x^3 + e^x + \frac{1}{2}\sin(2x)$
$f'(x) = 2\pi + e^\pi \approx 29{,}423878$; $f''(\pi) = e^\pi - 2 \approx 21{,}140693$; $F(\pi) = \frac{1}{3}\pi^3 + e^\pi \approx 33{,}476118$

3 a) $p = \frac{2\pi}{2} = \pi$. $A = \int_0^{\frac{\pi}{2}} \sin(2x)\,dx = \left[-\frac{1}{2}\cos(2x)\right]_0^{\frac{\pi}{2}} = \frac{1}{2} - \left(-\frac{1}{2}\right) = 1$
b) $p = \frac{2\pi}{2} = \pi$. $A = \int_0^{\frac{\pi}{2}} (5\sin(2x))\,dx = 5\cdot\int_0^{\frac{\pi}{2}} \sin(2x)\,dx = 5\cdot\left[-\frac{1}{2}\cos(2x)\right]_0^{\frac{\pi}{2}} = 5\cdot\left(\frac{1}{2} - \left(-\frac{1}{2}\right)\right) = 5$
c) $p = \frac{2\pi}{\pi} = 2$. $A = \int_0^1 (3\sin(\pi x))\,dx = \left[-\frac{3}{\pi}\cos(\pi x)\right]_0^1 = \frac{3}{\pi} - \left(-\frac{3}{\pi}\right) = \frac{6}{\pi} \approx 1{,}909859$

4 a) Wegen $p = \frac{2\pi}{b}$ ist $b = \frac{2\pi}{4} = \frac{\pi}{2}$, also $f(x) = 4\cdot\sin\left(\frac{\pi}{2}x\right)$; $f'(x) = 2\pi\cdot\cos\left(\frac{\pi}{2}x\right)$;
$F(x) = -\frac{8}{\pi}\cdot\cos\left(\frac{\pi}{2}x\right)$
b) Wegen $p = \frac{2\pi}{b}$ ist $b = \frac{2\pi}{24} = \frac{\pi}{12}$, also $f(x) = 2\sin\left(\frac{\pi}{12}x\right)$; $f'(x) = \frac{\pi}{6}\cdot\cos\left(\frac{\pi}{12}x\right)$;
$F(x) = -\frac{24}{\pi}\cdot\cos\left(\frac{\pi}{12}x\right)$
c) Wegen $p = \frac{2\pi}{b}$ ist $b = \frac{2\pi}{1000} = \frac{\pi}{500}$, also $f(x) = 100\cdot\sin\left(\frac{\pi}{500}x\right)$; $f'(x) = \frac{\pi}{5}\cdot\cos\left(\frac{\pi}{500}x\right)$;
$F(x) = -\frac{50\,000}{\pi}\cdot\cos\left(\frac{\pi}{500}x\right)$

6 Untersuchungen an Sinusfunktionen

S. 192 **1** a) Extrempunkte des Graphen von f in $[0;\ 2\pi[$: Hochpunkt $H\left(\frac{\pi}{2}\,|\,1\right)$; Tiefpunkt $T\left(\frac{3\pi}{2}\,|\,-1\right)$; Wendepunkte $W_1(0\,|\,0)$ und $W_2(\pi\,|\,0)$.
Alle weiteren Hochpunkte erhält man durch Addition bzw. Subtraktion von ganzzahligen Vielfachen von 2π zu $\frac{\pi}{2}$ bei gleichbleibendem y-Wert 1, also $H_k\left(\frac{\pi}{2} + k \cdot 2\pi\,|\,1\right)$; $k = \pm 1, \pm 2, \pm 3, \ldots$
Dasselbe gilt für die Tiefpunkte $T_k\left(\frac{3\pi}{2} + k \cdot 2\pi\,|\,-1\right)$; $k = \pm 1, \pm 2, \pm 3, \ldots$ und für die Wendepunkte $W_{1,k}(k \cdot 2\pi\,|\,0)$ und $W_{2,k}(\pi + k \cdot 2\pi\,|\,0)$; $k = \pm 1, \pm 2, \pm 3, \ldots$
b) Da der Graph von g durch Stauchen in x-Richtung um den Faktor 2 aus dem Graphen von g entsteht, ist die Periode π. Extrempunkte des Graphen von g in $[0;\ \pi[$: Hochpunkt $H\left(\frac{\pi}{4}\,|\,1\right)$; Tiefpunkt $T\left(\frac{3\pi}{4}\,|\,-1\right)$; Wendepunkte $W_1(0\,|\,0)$ und $W_2\left(\frac{\pi}{2}\,|\,0\right)$.
Alle weiteren Hochpunkte erhält man durch Addition bzw. Subtraktion von ganzzahligen Vielfachen von π zu $\frac{\pi}{4}$ bei gleichbleibendem y-Wert 1, also $H_k\left(\frac{\pi}{4} + k \cdot 2\pi\,|\,1\right)$; $k = \pm 1, \pm 2, \pm 3, \ldots$
Dasselbe gilt für die Tiefpunkte $T_k\left(\frac{3\pi}{4} + k \cdot 2\pi\,|\,-1\right)$; $k = \pm 1, \pm 2, \pm 3, \ldots$ und für die Wendepunkte $W_{1,k}(k \cdot \pi\,|\,0)$ und $W_{2,k}\left(\frac{\pi}{2} + k \cdot 2\pi\,|\,0\right)$; $k = \pm 1, \pm 2, \pm 3, \ldots$

S. 195 **2** Zu $f(x) = 2\sin(2x)$ gehören die Graphen (a) oder (b), da die Amplitude 2 ist. Da die Periode $p = \pi$ ist, kommt nur der Graph (a) in Frage.
Zu $f(x) = -1{,}5\sin(2x)$ gehört der Graph (c), da nur dieser eine Amplitude von 1,5 hat.
Zu $f(x) = 2\sin\left(\frac{2\pi}{3}x\right)$ gehört der Graph (b), da die Amplitude 2 und die Periode $p = \frac{2\pi}{\frac{2\pi}{3}}$ ist.

3 $f(x) = 2\cos(2x) - 1$. Da $f(0) = 1$ ist, scheidet der Graph (2) aus.
Da $f\left(\frac{\pi}{2}\right) = 2 \cdot \cos\left(2 \cdot \frac{\pi}{2}\right) - 1 = 2 \cdot \cos(\pi) - 1 = -3$ ist, liegt der Punkt $P\left(\frac{\pi}{2}\,|\,-3\right) \approx P(1{,}57\,|\,-3)$ auf dem Graphen von f. Dies ist nur bei dem Graphen (3) der Fall, nicht beim Graphen (1). Damit gehört zur Funktion f der Graph (3).

4 a) $b = 2$; $\pi = \frac{2\pi}{c}$, also $c = 2$: $f(x) = 2\sin(2x)$
b) Wenn $H(\pi\,|\,3)$ Hochpunkt ist, ist $a = 3$ (oder $a = -3$). $4\pi = \frac{2\pi}{c}$, also $c = \frac{1}{2}$: $f(x) = 3\sin\left(\frac{1}{2}x\right)$.
c) $1 = \frac{2\pi}{c}$, also $c = 2\pi$. $a = 2$ (wegen y-Koordinate des Tiefpunkts): $f(x) = 2\sin(2\pi x)$.
d) $a = 5$ (y-Koordinaten der Extrempunkte). $\frac{p}{2} = 2$ (die x-Werte der Extrempunkte unterscheiden sich um 2), also $p = 4$; damit $4 = \frac{2\pi}{c}$, also $c = \frac{\pi}{2}$: $f(x) = 5\sin\left(\frac{\pi}{2}x\right)$.

5 a) $f(x) = -1 + 2\cos(x)$ b) $f(x) = 1 + \frac{1}{2}\cos(x)$ c) $f(x) = -1{,}5 + 1{,}5\cos(x)$

S. 195 **6** $f(x) = x - 2\sin(x);\ x \in [-2;\ 4]$.

a) Schnittpunkte mit der x-Achse $S_1(-1{,}8955\,|\,0)$, $S_2(0\,|\,0)$ und $S_3(1{,}8955\,|\,0)$.

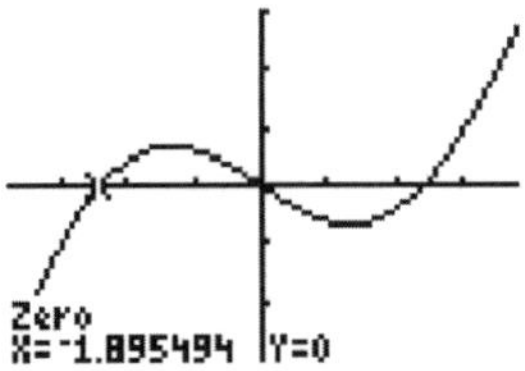

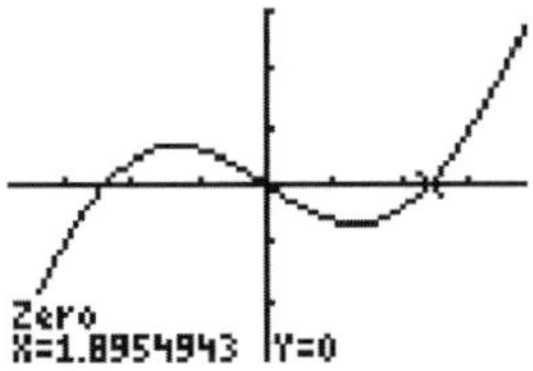

b) $f'(x) = 1 - 2\cos(x);\ f''(x) = 2\sin(x);\ f'''(x) = 2\cos(x)$.

Extrempunkte: $f'(x) = 0$ ergibt $\cos(x) = \frac{1}{2}$, also $x_1 = -\frac{\pi}{3};\ x_2 = \frac{\pi}{3}$.

Wegen $f''\left(-\frac{\pi}{3}\right) = 2 \cdot \sin\left(-\frac{\pi}{3}\right) = 2 \cdot \left(-\frac{1}{2}\sqrt{3}\right) = -\sqrt{3} < 0$ und

$f\left(-\frac{\pi}{3}\right) = -\frac{\pi}{3} - 2\sin\left(-\frac{\pi}{3}\right) = -\frac{\pi}{3} + 2 \cdot \frac{1}{2}\sqrt{3} = -\frac{\pi}{3} + \sqrt{3} \approx 0{,}68485$

ist $H\left(-\frac{\pi}{3}\,|\,-\frac{\pi}{3} + \sqrt{3}\right)$ exakter Hochpunkt.

Da $f(-x) = -x - 2\sin(-x) = -x + 2\sin(x) = -f(x)$ ist, ist der Graph von f punktsymmetrisch zum Nullpunkt. Damit ist $T\left(\frac{\pi}{3}\,|\,\frac{\pi}{3} - \sqrt{3}\right)$ exakter Tiefpunkt.

Wendepunkte: $f''(x) = 2\sin(x) = 0$ ergibt $x_3 = 0$ und $x_4 = \pi$.

Wegen $f'''(0) = 2\cos(0) \neq 0$ und $f(0) = 0$ ist $W_1(0\,|\,0)$ ein Wendepunkt.

Wegen $f'''(\pi) = 2\cos(\pi) \neq 0$ und $f(\pi) = \pi - 2\sin(\pi) = \pi$ ist $W_2(\pi\,|\,\pi)$ ein zweiter Wendepunkt.

c) $A = -\int_0^{1{,}8954943} (x - 2\sin(x))\,dx = \left[-\frac{1}{2}x^2 + 2\cos(x)\right]_0^{1{,}8954943} \approx 0{,}84160$.

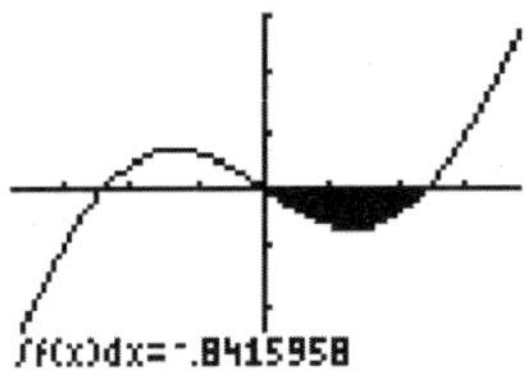

7 $f(x) = 2 \cdot \sin\left(\frac{\pi}{2}x\right) + 2$

a) Periode $p = \frac{2\pi}{\frac{\pi}{2}} = 4$

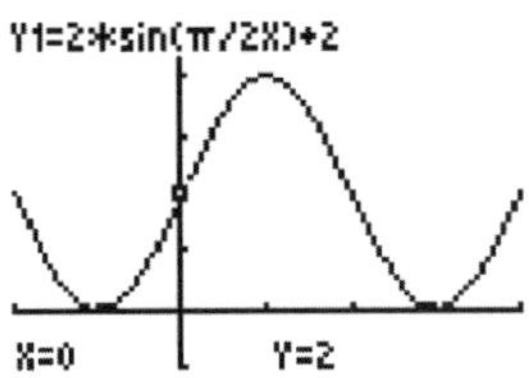

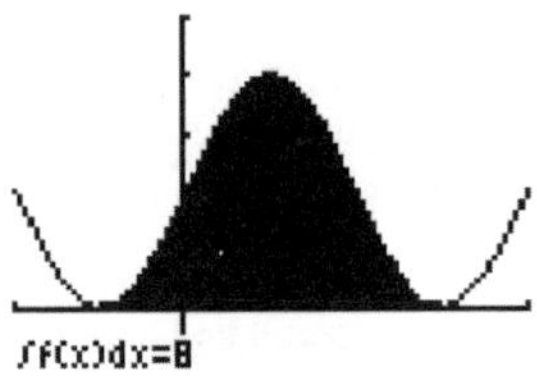

b) $A = \int_{-1}^{3}\left(2\sin\left(\frac{\pi}{2}x\right) + 2\right)dx = \left[-\frac{4}{\pi} \cdot \cos\left(\frac{\pi}{2}x\right) + 2x\right]_{-1}^{3}$

$= \left(-\frac{4}{\pi} \cdot \cos\left(\frac{3\pi}{2}\right) + 6\right) - \left(-\frac{4}{\pi}\cos\left(-\frac{\pi}{2}\right) - 2\right) = 8$

S. 196 **8** $f(x) = -\frac{1}{2}x - 2\sin(x);\ g(x) = -\frac{1}{2}x + \sin(x);\ x \in [-0{,}5;\ 4]$.

a) Mit GTR: Schnittpunkt mit der x-Achse: $S(0\,|\,0)$ (Fig. 1);
Tiefpunkt $T(1{,}823\,48\,|\,-2{,}848\,23)$ (Fig. 2)

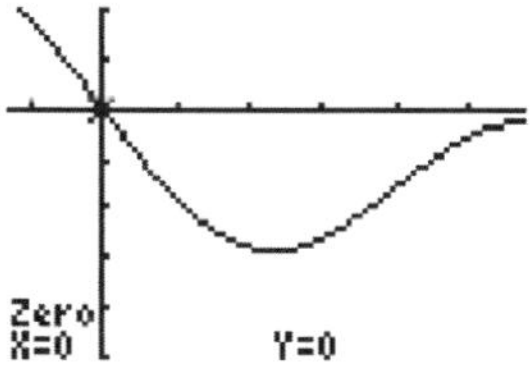

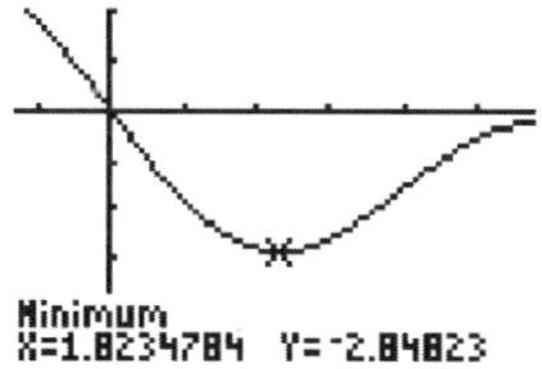

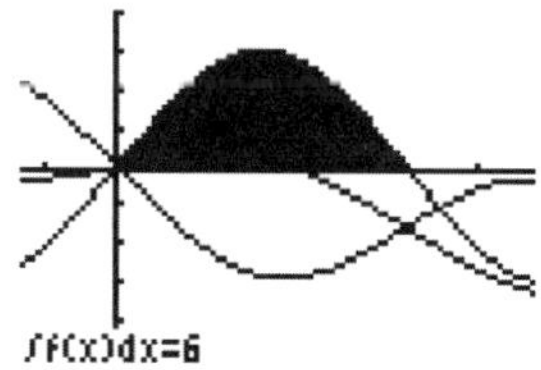

b) $f(x) = g(x)$ ergibt $\sin(x) = 0$, also $x_1 = 0;\ x_2 = \pi$.
Schnittpunkte $S_1(0\,|\,0)$ und $S_2\left(\pi\,|\,-\frac{\pi}{2}\right)$.

c) $A = \int_0^{\pi}(g(x) - f(x))\,dx = \int_0^{\pi} 3\sin(x)\,dx = [-3\cos(x)]_0^{\pi} = 6$ (Kontrolle mit dem GTR in Fig. 3).

d) $g(x) = -\frac{1}{2}x + \sin(x);\ g'(x) = -\frac{1}{2} + \cos(x)$.
Die Gerade hat die Steigung $-\frac{3}{2}$; also muss es eine Stelle x geben mit $-\frac{3}{2} = -\frac{1}{2} + \cos(x)$,
also $\cos(x) = -1$. Dies ergibt $x = \pi$.
Da $g(\pi) = -\frac{1}{2}\pi$ ist und der Punkt $B\left(\pi\,|\,-\frac{1}{2}\pi\right)$ auf der Geraden liegt, erfolgt eine Berührung in B.
Kontrolle Fig. 4.

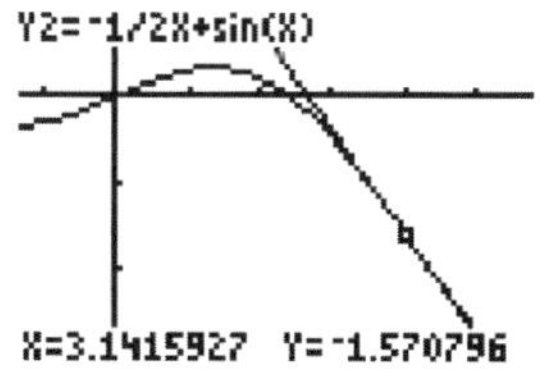

e) $d(x) = g(x) - f(x) = 3\sin(x)$ hat das Maximum in $[-0{,}5;\ 4]$ bei $\frac{\pi}{2}$, nämlich 3. Maximale Differenz ist 3 bei $x = \frac{\pi}{2}$.

9 $f(x) = 2\sin(x);\ g(x) = -\cos(2x);\ x \in [-1;\ 4]$

a) $f(x) = 0$, also $\sin(x) = 0$ für $x_1 = 0;\ x_2 = \pi$: $S_1(0\,|\,0);\ S_2(\pi\,|\,0)$
$g(x) = 0$, also $\cos(2x) = 0$ für $2x_3 = -\frac{\pi}{2};\ 2x_4 = \frac{\pi}{2};\ 2x_5 = \frac{3\pi}{2};\ 2x_6 = \frac{5\pi}{2}$:
$S_3\left(-\frac{\pi}{4}\,|\,0\right);\ S_4\left(\frac{\pi}{4}\,|\,0\right);\ S_5\left(\frac{3\pi}{4}\,|\,0\right);\ S_6\left(\frac{5\pi}{4}\,|\,0\right)$.

b) $P(0\,|\,0)$: $f'(0) = 2\cos(0) = 2$
$Q\left(\frac{\pi}{4}\,|\,0\right)$: $g'\left(\frac{\pi}{4}\right) = 2\sin\left(2\cdot\frac{\pi}{4}\right) = 2\cdot 1 = 2$
Da beide Steigungen gleich sind, sind die Tangenten parallel.

c) $f(x) = 2\sin(x);\ f'(x) = 2\cos(x)$
Tangente in $P(0\,|\,0)$ an K_f hat Steigung $m = f'(0) = 2$, also $y = 2x$
Tangente in $R(\pi\,|\,0)$ an K_f hat Steigung $m = f'(\pi)$, also $y = -2(x - \pi) = -2x + 2\pi$.
Schnittpunkt: $2x = -2x + 2\pi;\ x = \frac{\pi}{2};\ y = \pi$: $S\left(\frac{\pi}{2}\,|\,\pi\right)$.

d) Länge von $\overline{S_1S_2}$ ist π. Höhe des Dreiecks ist π. Inhalt $A = \frac{1}{2}\pi\cdot\pi = \frac{1}{2}\pi^2 \approx 4{,}934\,80$.

e) Gelbe Fläche: $A_1 = \int_0^{\pi} 2\sin(x)\,dx = [-2\cos(x)]_0^{\pi} = 4$
Restfläche im Dreieck: $A_2 = \frac{1}{2}\pi^2 - 4 = \frac{\pi^2 - 8}{2}$
Damit gilt $A_1 : A_2 = \frac{A_1}{A_2} = \frac{4}{\frac{\pi^2 - 8}{2}} = \frac{8}{\pi^2 - 8} \approx 4{,}27899 : 1$, d.h. A_1 ist ca. viermal größer als A_2.

S. 196 **10** $f(x) = 3\cos\left(\frac{\pi}{2}x\right)$; $g(x) = -3x + 3\sin\left(\frac{\pi}{2}x\right)$; $x \in [-2; 2]$.

a) Graphen in Fig. 1. Schnittpunkte sind $S_1(-1\,|\,0)$; $S_2(1\,|\,0)$; $S_3(1{,}395\,03\,|\,-1{,}744\,37)$

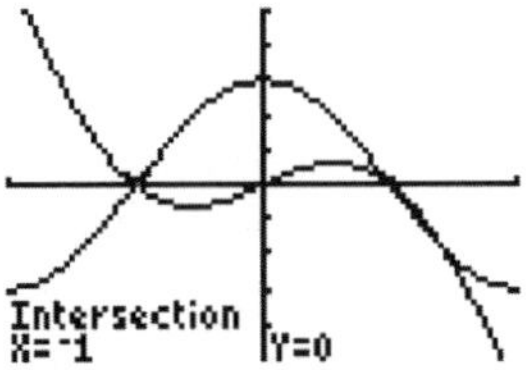

Fig. 1

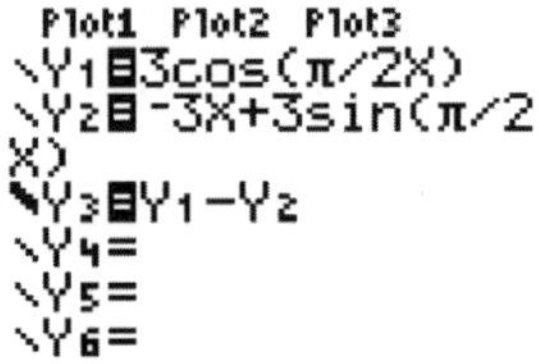

Fig. 2

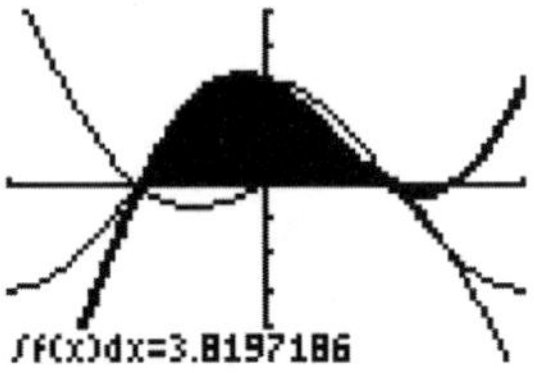

Fig. 3

b) Flächeninhalt ist näherungsweise 3,819 72 (Fig. 2 und Fig. 3).

c) $g(-1) = 0$, also $P(-1\,|\,0)$; $g'(x) = -3 + \frac{3}{2}\pi\cos\left(\frac{\pi}{2}x\right)$, $m = g'(-1) = -3$:

Tangente: $y = -3(x+1)$ oder $y = -3x - 3$

Schnittpunkt mit der y-Achse $T(0\,|\,-3)$. Kontrolle oder auch Bestimmung in Fig. 4.

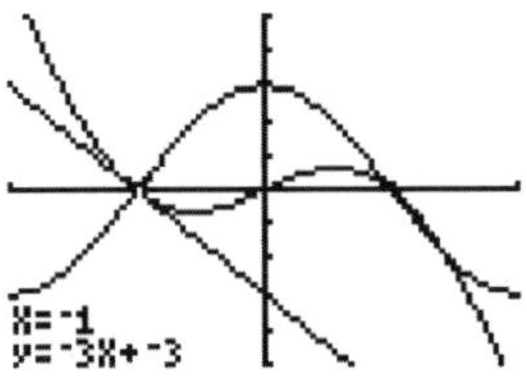

Fig. 4

Aufgaben aus dem naturwissenschaftlich technischen Bereich

11 a) Graph von $f(t) = 0{,}15 \cdot \sin(\pi \cdot t)$ in Fig. 5.

b) $T = 3$ ist die Periode, also $3 = \frac{2\pi}{\frac{\pi}{\sqrt{l}}} = 2\sqrt{l}$, also $\sqrt{l} = 1{,}5$ und damit Pendellänge in Meter: $l = 2{,}25$.

c) $s(t) = 0{,}15 \cdot \sin\left(\frac{\pi}{\sqrt{l}} \cdot t\right)$; $s'(t) = \frac{0{,}15 \cdot \pi}{\sqrt{l}} \cdot \cos\left(\frac{\pi}{\sqrt{l}} \cdot t\right)$.

Die Ableitung gibt die Momentangeschwindigkeit des Pendels in Abhängigkeit von der Zeit an. Für $l = 1\,\text{m}$ erhält man $s'(t) = 0{,}15\pi \cdot \cos(\pi t)$. Graph in Fig. 6.

Es ist $s'(0) = 0{,}15 \cdot \pi \approx 0{,}471\,24$. Dies ist die Momentangeschwindigkeit beim Durchlauf durch den tiefsten Punkt des Pendels.

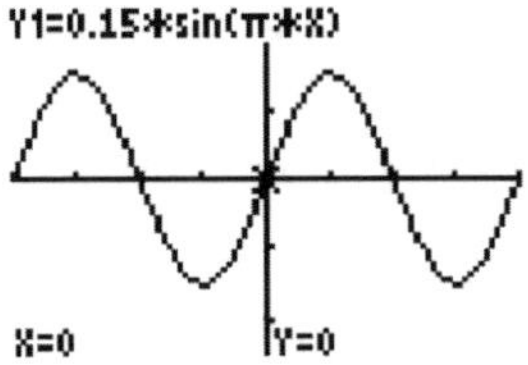

Fig. 5

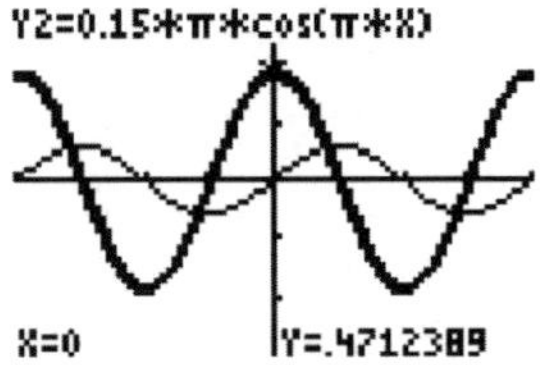

Fig. 6

S. 196 **11** d) $s'(t) = \frac{0{,}15 \cdot \pi}{\sqrt{l}} \cdot \cos\left(\frac{\pi}{\sqrt{l}} \cdot t\right)$; $s''(t) = \frac{-0{,}15 \cdot \pi^2}{l} \sin\left(\frac{\pi}{\sqrt{l}} \cdot t\right)$
oder für $l = 1\,\text{m}$:
$s'(t) = 0{,}15\pi \cdot \cos(\pi t)$; $s''(t) = -0{,}15\pi^2 \cdot \sin(\pi t)$.
$s'(t) = 0$ ergibt $\cos(\pi t) = 0$, also $\pi t_1 = \frac{\pi}{2}$; $\pi t_2 = \frac{3\pi}{2}$: $t_1 = \frac{1}{2}$; $t_2 = \frac{3}{2}$.
Wegen $s''\left(\frac{1}{2}\right) = -0{,}15\pi^2 \cdot \sin\left(\pi \cdot \frac{1}{2}\right) = -0{,}15\pi^2 < 0$ liegt für $t = \frac{1}{2}$ (t in Sekunden) ein Maximum vor. Maximale Geschwindigkeit in $\frac{m}{s}$ ist $v = 0{,}15 \cdot \pi \approx 0{,}47$ (beim 1. Durchgang durch den tiefsten Punkt).
Wegen $s''\left(\frac{3}{2}\right) = -0{,}15\pi^2 \cdot \sin\left(\pi \cdot \frac{3}{2}\right) = 0{,}15\pi^2 > 0$ liegt für $t = \frac{3}{2}$ (t in Sekunden) ein Minimum vor. Minimale Geschwindigkeit in $\frac{m}{s}$ ist $v = -0{,}15 \cdot \pi \approx -0{,}47$ (beim 2. Durchgang durch den tiefsten Punkt).
Im Umkehrpunkt des Pendels ist die Geschwindigkeit 0 (Vgl. dazu Fig. 1).

7 *Vermischte Aufgaben*

S. 197 **1** a) $f(x) = 5\sin(x)$; $f'(x) = 5\cos(x)$; $f''(x) = -5\sin(x)$; $F(x) = -5\cos(x)$
b) $f(x) = \sin(3x) + 3\cos(x)$; $f'(x) = 3\cos(3x) - 3\sin(x)$; $f''(x) = -9\sin(3x) - 3\cos(x)$;
$F(x) = -\frac{1}{3}\cos(3x) + 3\sin(x)$
c) $f(x) = \frac{1}{2}\cos\left(\frac{1}{2}x\right)$; $f'(x) = -\frac{1}{4}\sin\left(\frac{1}{2}x\right)$; $f''(x) = -\frac{1}{8}\cos\left(\frac{1}{2}x\right)$; $F(x) = \sin\left(\frac{1}{2}x\right)$
d) $f(x) = \sin(\pi x) - \pi$; $f'(x) = \pi \cdot \cos(\pi x)$; $f''(x) = -\pi^2 \cdot \sin(\pi x)$; $F(x) = -\frac{1}{\pi}\cos(\pi x) - \pi x$

2 a) falsch, da $f''(x) = -\sin(x)$ ist.
b) richtig
c) richtig
d) richtig

3 a) $f'(x) = \cos(x)$; $f'(x) = 1$, also $\cos(x) = 1$ für $x_1 = 0$; $x_2 = 2\pi$.
Zugehörige Punkte $P_1(0\,|\,0)$, $P_2(2\pi\,|\,0)$.
b) $f'(x) = \cos(x)$; $f'(x) = 0$, also $\cos(x) = 0$ für $x_1 = \frac{\pi}{2}$; $x_2 = \frac{3\pi}{2}$.
Zugehörige Punkte $P_1\left(\frac{\pi}{2}\,|\,1\right)$, $P_2\left(\frac{3\pi}{2}\,|\,-1\right)$.
c) $f'(x) = \cos(x)$; $f'(x) = \frac{1}{2}$, also $\cos(x) = \frac{1}{2}$ für $x_1 = \frac{\pi}{3}$; $x_2 = \frac{5\pi}{3}$.
Zugehörige Punkte $P_1\left(\frac{\pi}{3}\,|\,\frac{\sqrt{3}}{2}\right)$, $P_2\left(\frac{5\pi}{3}\,|\,-\frac{\sqrt{3}}{2}\right)$.
d) $f'(x) = \cos(x)$; $f'(x) = -1$, also $\cos(x) = -1$ für $x_1 = \pi$.
Zugehöriger Punkt $P(\pi\,|\,0)$.

4 a) $f(x) = \sin(x) - 2$; $x \in [0;\ 2\pi]$.
$f'(x) = \cos(x) = 0$ für $x_1 = \frac{\pi}{2}$; $x_2 = \frac{3\pi}{2}$.
b) Da $-1 \leqq \cos(x) \leqq 1$ ist, gibt es keine Stellen x_0 mit $f'(x_0) > 1$.

5 a) $f\left(\frac{\pi}{4}\right) = \cos\left(\frac{\pi}{2}\right) = 0$, also $P\left(\frac{\pi}{4}\,|\,0\right)$;
$f'(x) = -2\sin(2x)$; $f'\left(\frac{\pi}{4}\right) = -2\sin\left(\frac{\pi}{2}\right) = -2$;
Tangente t: $y = -2x + \frac{\pi}{2}$; Normale n: $y = \frac{1}{2}x - \frac{\pi}{8}$

S. 197 **5** b) $f(2) = \sin(\pi) + 1 = 1$, also $P(2\,|\,1)$;

$f'(x) = \frac{\pi}{2}\cos\left(\frac{\pi}{2}x\right)$; $f'(2) = \frac{\pi}{2}\cos(\pi) = -\frac{\pi}{2}$;

Tangente t: $y = -\frac{\pi}{2}x + \pi + 1$ $\quad (y = -1{,}570\,80 \cdot x + 4{,}141\,59)$;

Normale n: $y = \frac{2}{\pi}x + 1 - \frac{4}{\pi}$ $\quad (y = 0{,}636\,62 \cdot x - 0{,}273\,24)$

6 $f'(x) = 1 + \cos(x) \geqq 0$, da $-1 \leqq \cos(x) \leqq 1$ ist.

Graph von f:

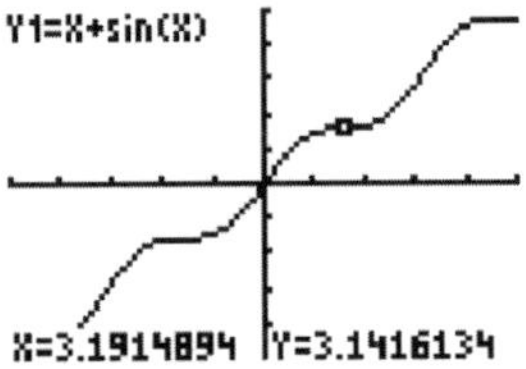

7 a) $p = 20$, also $20 = \frac{2\pi}{b}$, damit $b = \frac{\pi}{10}$; $a = 20$; $c = 0$: $f(x) = 20 \cdot \sin\left(\frac{\pi}{10}x\right)$

b) $p = 50$, also $50 = \frac{2\pi}{b}$, damit $b = \frac{\pi}{25}$; $a = 15$; $c = 5$: $f(x) = 15 \cdot \sin\left(\frac{\pi}{25}x\right) + 5$

c) $p = 6$, also $6 = \frac{2\pi}{b}$, damit $b = \frac{\pi}{3}$; $a = 4$; $c = 1$: $f(x) = 4 \cdot \sin\left(\frac{\pi}{3}x\right) + 1$

8 a) Man sucht die Nullstellen der Temperaturkurve von Jakutsk.
In Jakutsk ist etwa ab der letzen Maiwoche bis in die erste Oktoberwoche hinein mit positven Temperaturen zu rechnen (Fig. 1; Fig. 2)

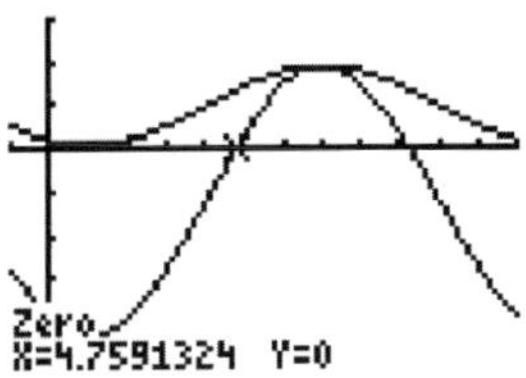

Fig. 1

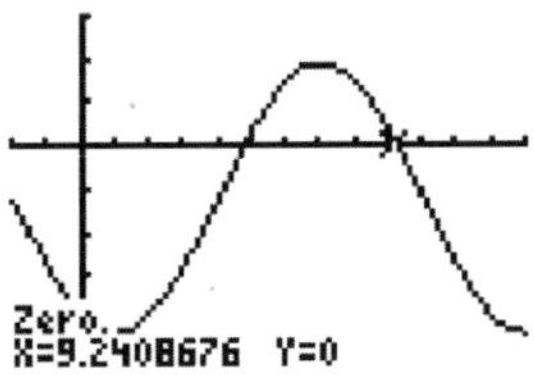

Fig. 2

b) Man bildet die Differenz $d(x) = f(x) - g(x)$ (Fig. 3) und bestimmt das Maximum von $d(x)$ (Fig. 4). Man erhält Ende Januar/Anfang Februar mit 44 °C die höchste Temperaturdifferenz.

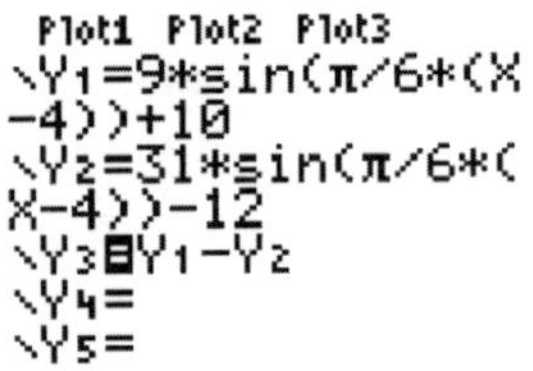

Fig. 3

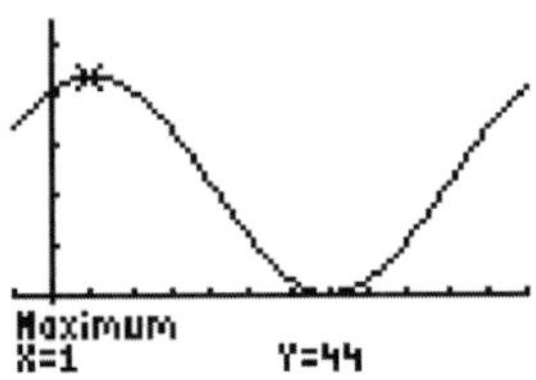

Fig. 4

9 a) $1 = \frac{2\pi}{b}$, also $b = 2\pi$: $f(x) = 4 \cdot \sin(2\pi x)$

b) $100\pi = \frac{2\pi}{b}$; also $b = 0{,}02$: $f(x) = 0{,}8 \cdot \sin(0{,}02x)$

S. 198 **10** a) $f(x) = 3 \cdot \sin\left(\frac{\pi}{3}x\right)$; $p = \frac{2\pi}{\frac{\pi}{3}} = 6$.
Graph (Fig.1):

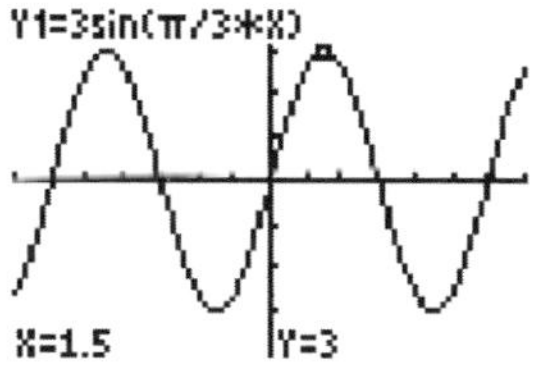

Fig. 1

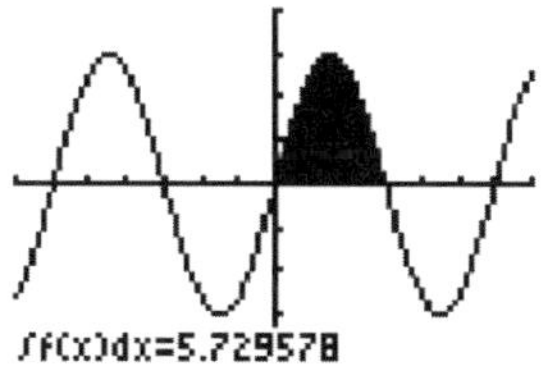

Fig. 2

b) Hochpunkt $H(1{,}5 \mid 3)$; Tiefpunkt $T(4{,}5 \mid -3)$; Wendepunkte $W_1(0 \mid 0)$, $W_2(3 \mid 0)$.

c) $A = \int_0^3 3\sin\left(\frac{\pi}{3}x\right)dx = \left[-\frac{9}{\pi}\cos\left(\frac{\pi}{3}x\right)\right]_0^3 = -\frac{9}{\pi}\cos(\pi) - \left(-\frac{9}{\pi}\cos(0)\right) = \frac{9}{\pi} + \frac{9}{\pi} = \frac{18}{\pi} \approx 5{,}729\,58$

(mit GTR in Fig. 2).

11 a) $f(x) = \cos(x)$, $g(x) = 3\cos(x) - 2$, $x \in [-1;\ 7]$:
Graphen in Fig. 3.

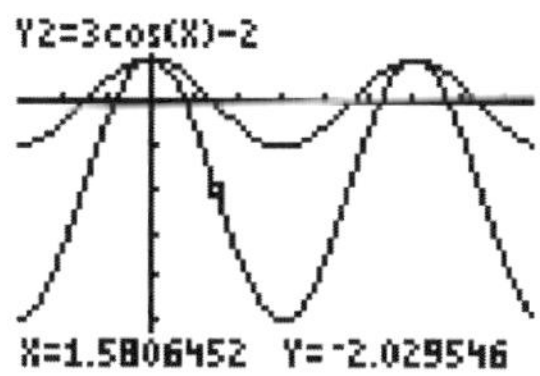

Fig. 3

b) $f'(x) = -\sin(x)$; $g'(x) = -3\sin(x)$.
Hochpunkte von K_f sind $H_1(0 \mid 1)$ und $H_2(2\pi \mid 1)$.
Da $f(0) = g(0) = 1$ und $f'(0) = g'(0) = 0$ ist, berühren sich beide Kurven im Hochpunkt H_1.
Da $f(2\pi) = g(2\pi) = 1$ und $f'(2\pi) = g'(2\pi) = 0$ ist, berühren sich beide Kurven auch im Hochpunkt H_2.

c) $A = \int_0^{2\pi} (\cos(x) - (3\cos(x) - 2))\,dx = \int_0^{2\pi} (-2\cos(x) + 2)\,dx = [-2\sin(x) + 2x]_0^{2\pi} \approx 12{,}566\,37$.

d) Fehler in der 1. Auflage: Steigung ist -3.
$g'(x) = -3\sin(x)$; $g''(x) = -3\cos(x)$; $g'''(x) = 3\sin(x)$
Es ist $g''\left(\frac{\pi}{2}\right) = -3\cos\left(\frac{\pi}{2}\right) = 0$ und $g'''\left(\frac{\pi}{2}\right) = 3\sin\left(\frac{\pi}{2}\right) = 3 \neq 0$. Damit liegt bei $x = \frac{\pi}{2}$ ein Wendepunkt vor. Wegen $g'\left(\frac{\pi}{2}\right) = -3\sin\left(\frac{\pi}{2}\right) = -3$ ist die Gleichung der Wendetangente in $P\left(\frac{\pi}{2} \mid -2\right)$: $y = -3x + \frac{3\pi}{2} - 2$ $(y = -3x + 2{,}712\,39)$

12 $f(x) = 3 \cdot \cos\left(\frac{\pi}{4}x\right)$; $x \in [-3;\ 3]$

a) Schnittpunkt mit der y-Achse wegen $f(0) = 3$: $T(0 \mid 3)$
Schnittpunkte mit der x-Achse: $3 \cdot \cos\left(\frac{\pi}{4}x\right) = 0$, also $\cos\left(\frac{\pi}{4}x\right) = 0$ und damit
$\frac{\pi}{4}x_1 = \frac{\pi}{2}$; $\frac{\pi}{4}x_2 = -\frac{\pi}{2}$.
$x_1 = 2$; $x_2 = -2$: $S_1(2 \mid 0)$; $S_2(-2 \mid 0)$
Graph (Fig. 4)

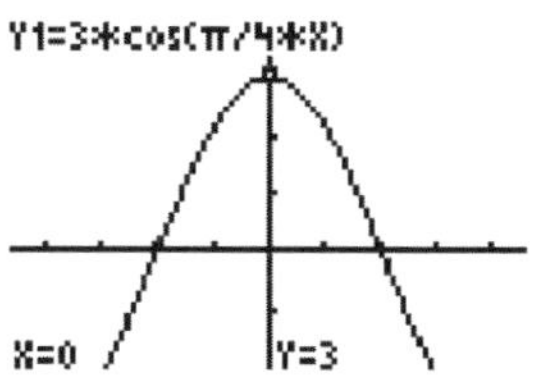

Fig. 4

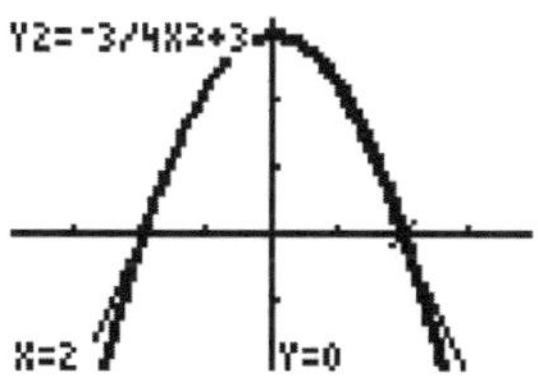

Fig. 5

S. 198 **12** b) Ansatz: $p(x) = ax^2 + bx + c$.

$p(0) = 3$: $c = 3$

$p(2) = 0$: $4a + 2b + c = 0$

$p(-2) = 0$: $4a - 2b + c = 0$.

$c = 3;\ b = 0;\ a = -\frac{3}{4}$

Gesuchte Polynomfunktion ist p mit $p(x) = -\frac{3}{4}x^2 + 3$ (Graph in Fig. 5)

c) Von $d(x) = f(x) - p(x)$ sind die Extremwerte zu bestimmen in $[-3;\ 3]$.

Die maximale Differenz tritt bei $x = 3$ und $x = -3$ auf und beträgt 1,628 68 (Fig. 1).

Im Intervall $[-2;\ 2]$ beträgt die minimale Differenz 0,168 03 (Fig. 2).

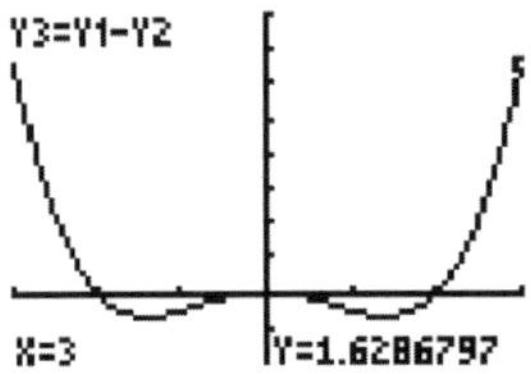

Fig. 1

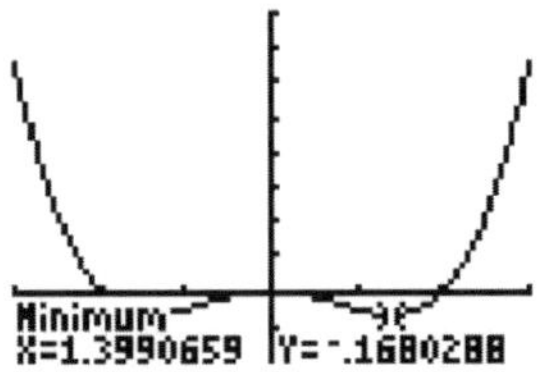

Fig. 2

d) Die Aufgabe kann mit dem GTR oder von Hand ausgeführt werden.

$$A_1 = 2 \cdot \int_0^2 3 \cdot \cos\left(\frac{\pi}{4}x\right)dx = \left[\frac{24}{\pi}\sin\left(\frac{\pi}{4}x\right)\right]_0^2 = \frac{24}{\pi}\sin\left(\frac{\pi}{2}\right) - \frac{24}{\pi}\sin(0) = \frac{24}{\pi} \approx 7{,}639\,44$$

$$A_2 = 2 \cdot \int_0^2 \left(-\frac{3}{4}x^2 + 3\right)dx = \left[-\frac{1}{2}x^3 + 6x\right]_0^2 = -4 + 12 = 8$$

Es ist $\frac{A_2 - A_1}{A_1} = \frac{8 - \frac{24}{\pi}}{\frac{24}{\pi}} = \frac{1}{3}\pi - 1 \approx 0{,}047\,20 \approx 4{,}7\,\%$.

Damit ist die Aussage bestätigt.

13 a) $f(x) = 0{,}5 \cdot \sin(2x);\ f'(x) = \cos(2x);\ g(x) = \cos(x);\ g'(x) = -\sin(x)$

Es ist $f\left(\frac{\pi}{2}\right) = 0{,}5 \cdot \sin(\pi) = 0;\ g\left(\frac{\pi}{2}\right) = \cos\left(\frac{\pi}{2}\right) = 0$, also Schnittpunkt $S\left(\frac{\pi}{2}\,|\,0\right)$.

Wegen $f'\left(\frac{\pi}{2}\right) = \cos(\pi) = -1$ und $g'\left(\frac{\pi}{2}\right) = -\sin\left(\frac{\pi}{2}\right) = -1$ sind in S die Steigungen gleich, also Berührung.

b) $f(x) = 0{,}5 \cdot \sin(2x);\ f'(x) = \cos(2x);\ h(x) = -\cos(x);\ h'(x) = \sin(x)$

Es ist $f\left(\frac{\pi}{2}\right) = 0{,}5 \cdot \sin(\pi) = 0;\ h\left(\frac{\pi}{2}\right) = -\cos\left(\frac{\pi}{2}\right) = 0$, also Schnittpunkt $S\left(\frac{\pi}{2}\,|\,0\right)$.

Wegen $f'\left(\frac{\pi}{2}\right) = \cos(\pi) = -1$ und $h'\left(\frac{\pi}{2}\right) = \sin\left(\frac{\pi}{2}\right) = 1$ hat das Produkt der Steigungen in S den Wert -1, also senkrechter Schnitt.

14 a) $P(t\,|\,0);\ P_1(t\,|\,4\cos(t));\ P_2(-t\,|\,4\cos(-t));\ P_3(-t\,|\,0)$

b) $U(t) = 4t + 4\cos(t) + 4\cos(-t) = 4t + 8\cos(t)$, da $\cos(-t) = \cos(t)$ ist.

c) $U(0) = 8;\ U\left(\frac{\pi}{4}\right) = \pi + 8\cos\left(\frac{\pi}{4}\right) = \pi + 8 \cdot \frac{1}{2}\sqrt{2} = \pi + 4\sqrt{2} \approx 8{,}798\,45;\ U\left(\frac{\pi}{2}\right) = 2\pi \approx 6{,}283\,19$.

d) $U'(t) = 4 - 8\sin(t);\ U''(t) = -8\cos(t)$.

$U'(t) = 0$ führt auf $\sin(t) = \frac{1}{2}$, also $t = \frac{\pi}{4}$. Hier liegt ein lokales Maximum, da $U''\left(\frac{\pi}{6}\right) < 0$ ist.

Es ist $U_{max} = U\left(\frac{\pi}{6}\right) = \frac{2}{3}\pi + 8 \cdot \frac{1}{2}\sqrt{3} \approx 9{,}022\,60$.

Dies ist auch ein absolutes Maximum, da $U(0)$ und $U\left(\frac{\pi}{2}\right)$ kleiner sind.

Das Maximum des Umfangs liegt also bei $t = \frac{\pi}{6}$.

S. 198 **15** Lösung nur mit dem GTR.

a) Maximale Sonnenscheindauer ist im Monat 6, also im Juni mit ca. 222 Stunden (Fig. 1).

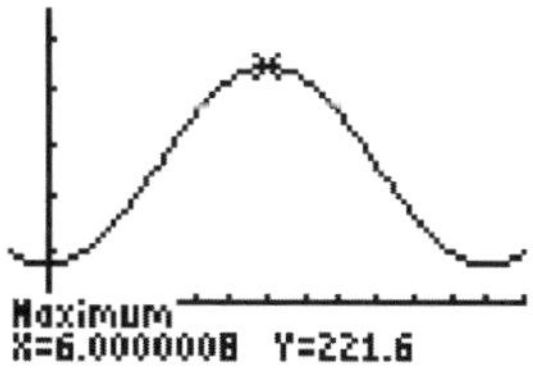

Fig. 1

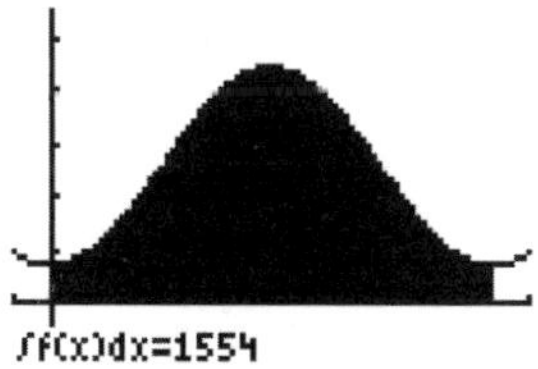

Fig. 2

b) $\int_0^{12} s(t)\,dt = 1554 \approx 1550$. Dieses Integral gibt die Sonnenscheindauer über das ganze Jahr an. Es sind also rund 1550 Stunden.

Exkursion: Funktionsanpassung bei Sinusfunktionen mit dem GTR

Zur Tabelle Luftfeuchtigkeit und Wassertemperatur in Berlin

S. 199 $f(x) = 9{,}58185 \cdot \sin(0{,}54773 \cdot x + 1{,}62488) + 76{,}62074$ modelliert etwa den Verlauf der mittleren relativen Luftfeuchtigkeit in Berlin.

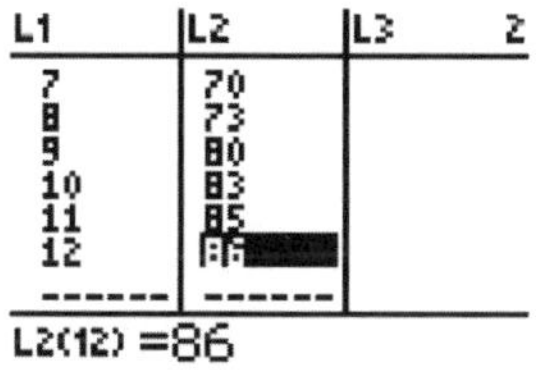

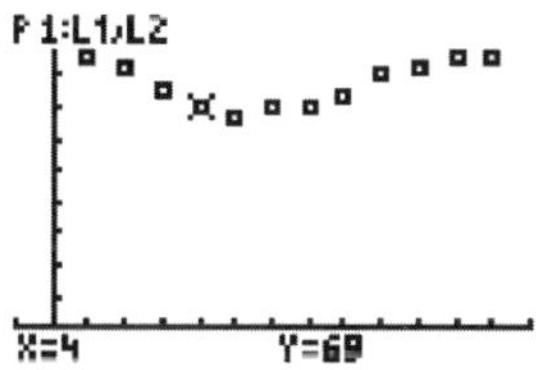

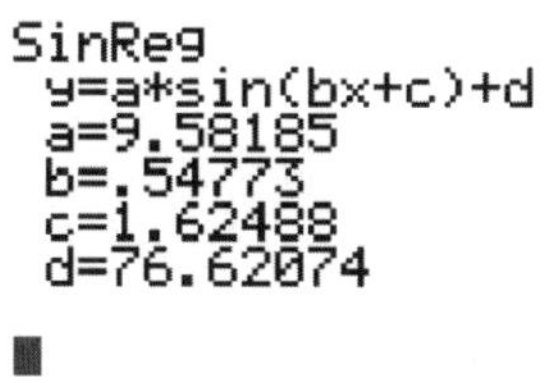

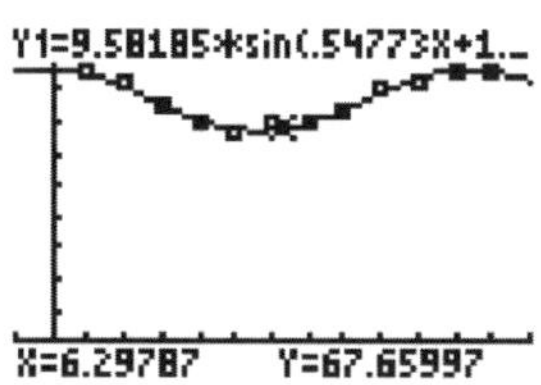

S. 199 f(x) = 9,815 23 · sin(0,544 53 · x − 2,361 47) + 12,426 89 modelliert sehr gut den Verlauf der Wassertemperatur der Havel in Berlin über ein Jahr.

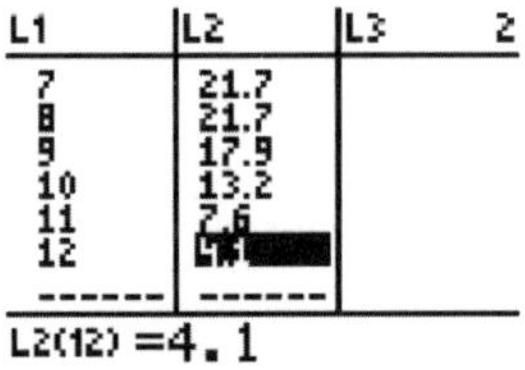

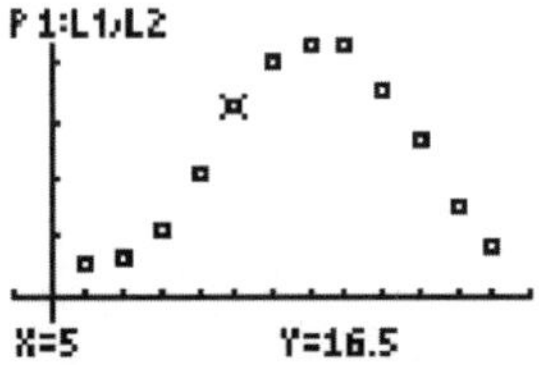

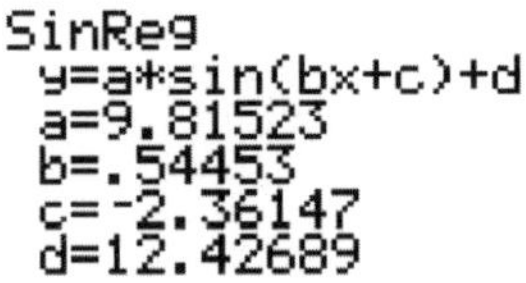

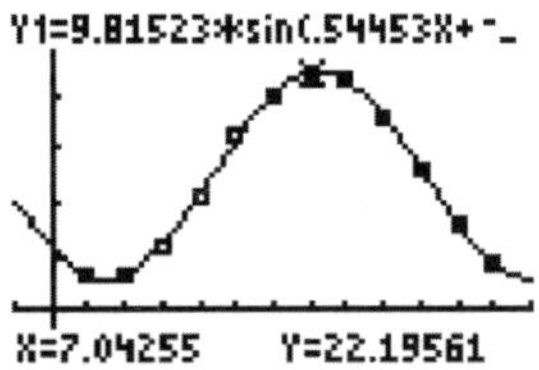

VII Gebrochenrationale Funktionen

1 Potenzfunktionen mit negativen Exponenten

S. 202 **1** a) Mögliche Tabelle:

Anzahl der 1-€-Münzen	1	2	3	4	5	6	7
Überstand des Lineals in cm	12	10	8,7	7,7	7	6,4	5,8

b) Liniendiagramm mit dem GTR:

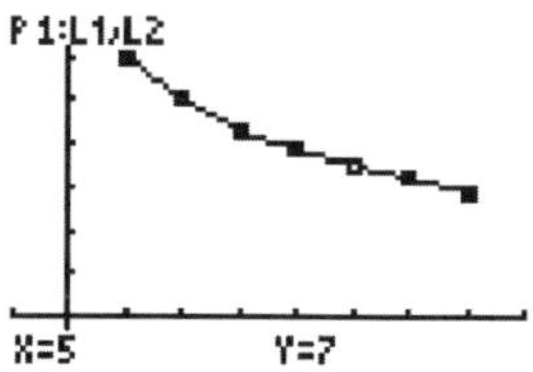

Der Überstand wird mit zunehmender Münzenzahl kürzer und geht gegen 0.

S. 203 **2** a) $f(x) = \frac{2}{x^3}$; Definitionslücke ist $x = 0$; damit $D = \mathbb{R} \setminus \{0\}$.
Der Graph hat die waagerechte Asymptote $y = 0$ und die senkrechte Asymptote $x = 0$.
Er verläuft im 3. und im 1. Quadranten (Fig. 1).
b) $f(x) = 0{,}01 \cdot \cdot \frac{1}{x^6}$; Definitionslücke ist $x = 0$; damit $D = \mathbb{R} \setminus \{0\}$.
Der Graph hat die waagerechte Asymptote $y = 0$ und die senkrechte Asymptote $x = 0$.
Er verläuft im 2. und im 1. Quadranten (Fig. 1).
c) $f(x) = 0{,}001 \cdot x^{-5}$; Definitionslücke ist $x = 0$; damit $D = \mathbb{R} \setminus \{0\}$.
Der Graph hat die waagerechte Asymptote $y = 0$ und die senkrechte Asymptote $x = 0$.
Er verläuft im 3. und im 1. Quadranten (Fig. 2).
d) $f(x) = 10^{-4} \cdot x^{-4}$; Definitionslücke ist $x = 0$; damit $D = \mathbb{R} \setminus \{0\}$.
Der Graph hat die waagerechte Asymptote $y = 0$ und die senkrechte Asymptote $x = 0$.
Er verläuft im 2. und im 1. Quadranten (Fig. 2).

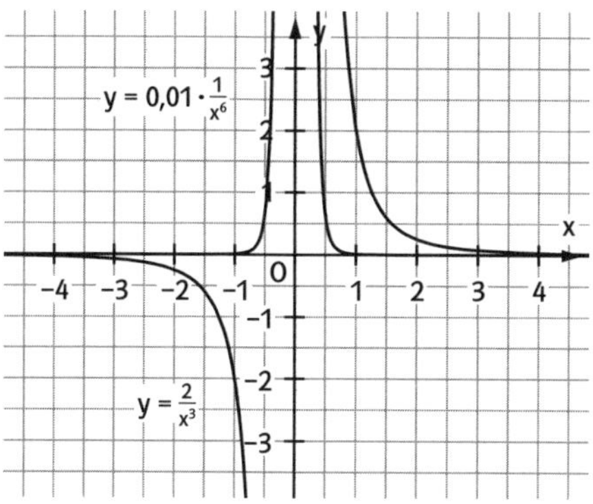

Fig. 1

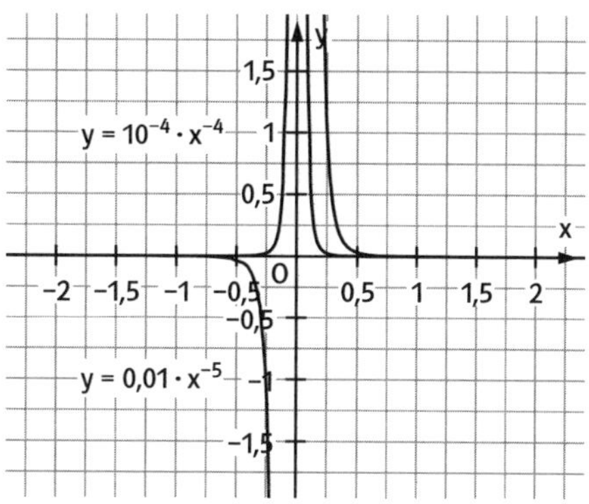

Fig. 2

S. 203 **3** a) $f(x) = \frac{1}{2x}$. Definitionslücke ist $x = 0$.
Für $x < 0$ und $x \to 0$ gilt: $f(x) \to -\infty$;
für $x > 0$ und $x \to 0$ gilt: $f(x) \to \infty$.
Senkrechte Asymptote $x = 0$;
waagerechte Asymptote $y = 0$.
Graph rechts.

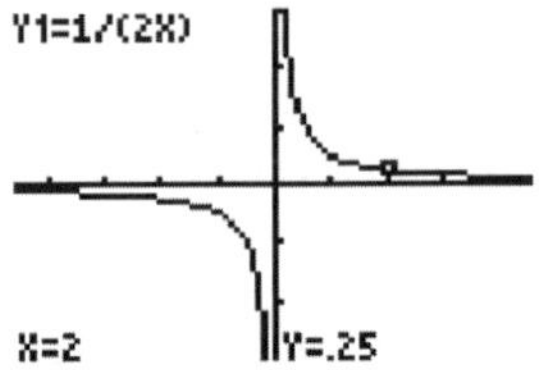

b) $f(x) = \frac{1}{50x} + 2$. Definitionslücke ist $x = 0$.
Für $x < 0$ und $x \to 0$ gilt: $f(x) \to -\infty$;
für $x > 0$ und $x \to 0$ gilt: $f(x) \to \infty$.
Senkrechte Asymptote $x = 0$;
waagerechte Asymptote $y = 2$.
Graph rechts.

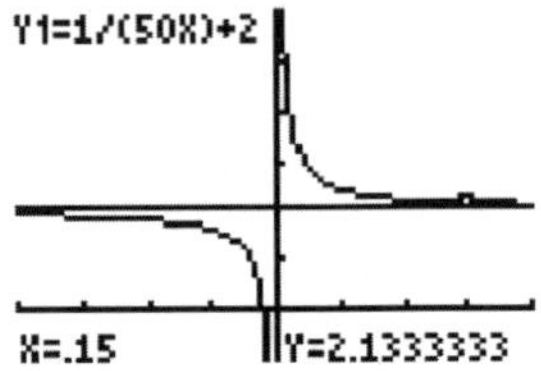

c) $f(x) = 0{,}001 \cdot \frac{1}{(x-3)^2}$. Definitionslücke ist $x = 3$.
Für $x < 3$ und $x \to 3$ gilt: $f(x) \to \infty$;
für $x > 3$ und $x \to 3$ gilt: $f(x) \to \infty$.
Senkrechte Asymptote $x = 3$;
waagerechte Asymptote $y = 0$.
Graph rechts.

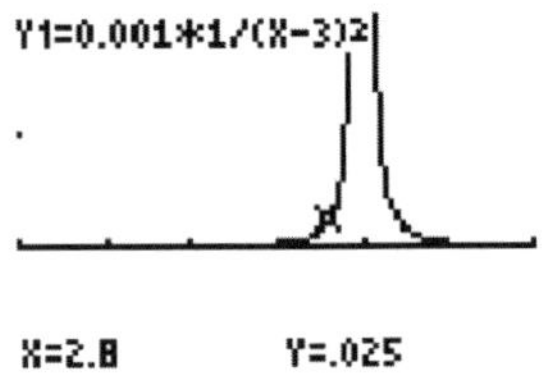

d) $f(x) = \frac{1}{2(x-2)^3}$. Definitionslücke ist $x = 2$.
Für $x < 2$ und $x \to 2$ gilt: $f(x) \to -\infty$;
für $x > 2$ und $x \to 2$ gilt: $f(x) \to \infty$.
Senkrechte Asymptote $x = 2$;
waagerechte Asymptote $y = 0$.
Graph rechts.

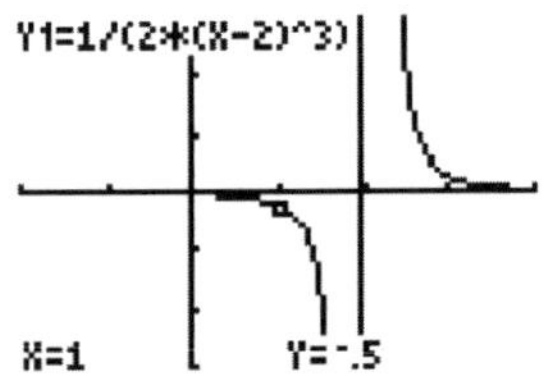

e) $f(x) = 0{,}1(x+1)^{-1} = \frac{0{,}1}{x+1}$. Definitionslücke ist $x = -1$.
Für $x < -1$ und $x \to -1$ gilt: $f(x) \to -\infty$;
für $x > -1$ und $x \to -1$ gilt: $f(x) \to \infty$.
Senkrechte Asymptote $x = -1$;
waagerechte Asymptote $y = 0$.
Graph rechts.

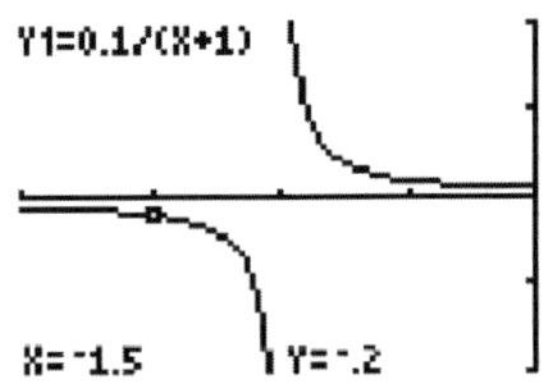

f) $f(x) = \frac{2}{(x+1{,}5)} - 3$. Definitionslücke ist $x = -1{,}5$.
Für $x < -1{,}5$ und $x \to -1{,}5$ gilt: $f(x) \to -\infty$;
für $x > -1{,}5$ und $x \to -1{,}5$ gilt: $f(x) \to \infty$.
Senkrechte Asymptote $x = -1{,}5$;
waagerechte Asymptote $y = -3$.
Graph rechts.

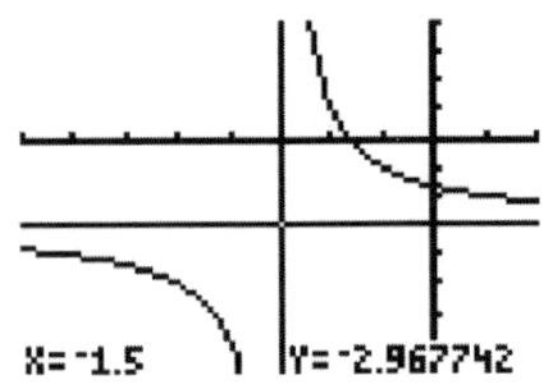

S. 203 **3** g) $f(x) = 3(x + 3)^{-3} - 3 = \frac{3}{(x + 3)^3} - 3$.
Definitionslücke ist $x = -3$.
Für $x < -3$ und $x \to -3$ gilt: $f(x) \to -\infty$;
für $x > -3$ und $x \to -3$ gilt: $f(x) \to \infty$.
Senkrechte Asymptote $x = -3$;
waagerechte Asymptote $y = -3$.
Graph rechts.

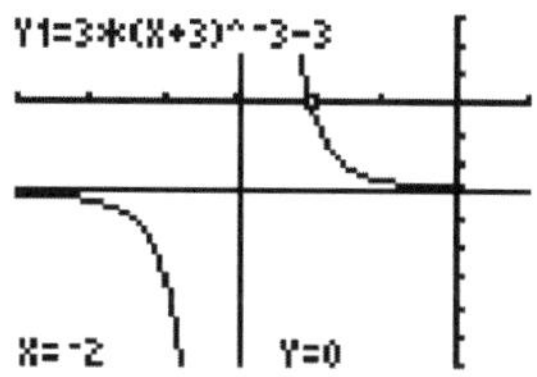

h) $f(x) = \frac{4}{(x + 4)^4} + \frac{1}{4}$. Definitionslücke ist $x = 4$.
Für $x < 4$ und $x \to 4$ gilt: $f(x) \to \infty$;
für $x > 4$ und $x \to 4$ gilt: $f(x) \to \infty$.
Senkrechte Asymptote $x = 4$;
waagerechte Asymptote $y = \frac{1}{4}$.
Graph rechts.

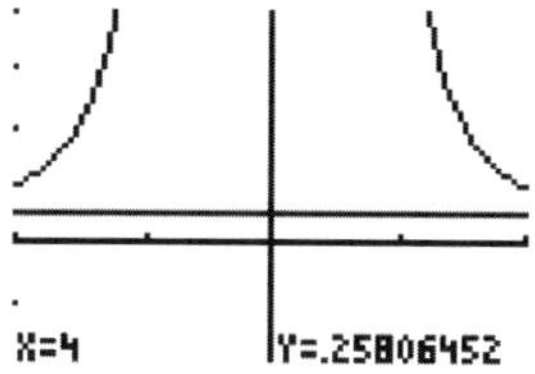

2 *Eigenschaften gebrochenrationaler Funktionen*

S. 204 **1** a) Kosten in €: $f(x) = 400 + 3{,}50 \cdot x$.
Graph rechts.

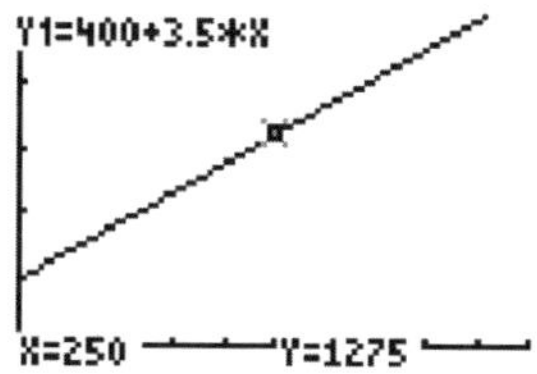

b) Durchschnittliche Kosten:
$g(x) = \frac{400 + 3{,}5x}{x} = \frac{400}{x} + 3{,}5$
Graph rechts.

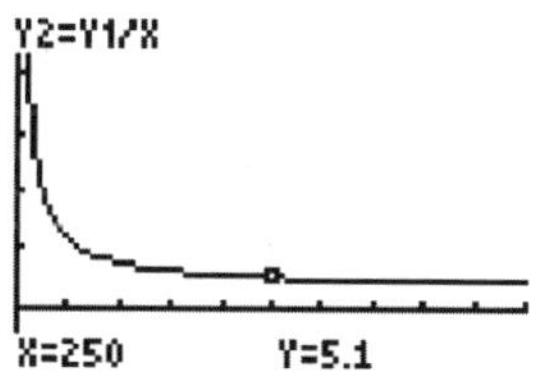

c) Die Funktion g ist eine gebrochenrationale Funktion;
f ist eine ganzrationale Funktion.
Während f auf ganz $\mathbb{R}$ definiert ist, hat g in $x = 0$ eine Definitionslücke.

S. 205 **2** (1) gehört zu c), da z. B. $f(0) = \frac{1}{3}$ nur für c) zutrifft.
(2) gehört zu b), da z. B. $g(0) = 0$ ist.
(3) gehört damit zu a) oder da z. B. $y = -1$ waagerechte Asymptote ist.

3 a) $f(x) = \frac{-2}{x - 4}$; $D = \mathbb{R} \setminus \{4\}$; Polstelle ist $x = 4$.
Schnittpunkt mit der y-Achse $T(0 \mid f(0)) = T(0 \mid 0{,}5)$; kein Schnittpunkt mit der x-Achse.
Senkrechte Asymptote ist $x = 4$; waagerechte Asymptote ist $y = 0$.
b) $f(x) = \frac{4}{x - 2}$; $D = \mathbb{R} \setminus \{2\}$; Polstelle ist $x = 2$.
Schnittpunkt mit der y-Achse $T(0 \mid f(0)) = T(0 \mid -2)$; kein Schnittpunkt mit der x-Achse.
Senkrechte Asymptote ist $x = 2$; waagerechte Asymptote ist $y = 0$.

S. 205 **3** c) $f(x) = \frac{1}{(x-2)^2}$; $D = \mathbb{R}\setminus\{2\}$; Polstelle ist $x = 2$.
Schnittpunkt mit der y-Achse $T(0\,|\,f(0)) = T(0\,|\,0{,}25)$; kein Schnittpunkt mit der x-Achse.
Senkrechte Asymptote ist $x = 2$; waagerechte Asymptote ist $y = 0$.
d) $f(x) = \frac{x}{x-3}$; $D = \mathbb{R}\setminus\{3\}$; Polstelle ist $x = 3$.
Schnittpunkt mit der y-Achse $T(0\,|\,f(0)) = T(0\,|\,0)$; Schnittpunkt mit der x-Achse ist $T(0\,|\,0)$.
Senkrechte Asymptote ist $x = 3$; waagerechte Asymptote ist $y = 1$.
e) $f(x) = \frac{x+2}{x}$; $D = \mathbb{R}\setminus\{0\}$; Polstelle ist $x = 0$.
Kein Schnittpunkt mit der y-Achse; Schnittpunkt mit der x-Achse $S(-2\,|\,0)$
Senkrechte Asymptote ist $x = 0$; waagerechte Asymptote ist $y = 1$.
f) $f(x) = \frac{x+2}{x+4}$; $D = \mathbb{R}\setminus\{-4\}$; Polstelle ist $x = -4$.
Schnittpunkt mit der y-Achse $T(0\,|\,f(0)) = T(0\,|\,0{,}5)$; Schnittpunkt mit der x-Achse ist $S(-2\,|\,0)$.
Senkrechte Asymptote ist $x = -4$; waagerechte Asymptote ist $y = 1$.
g) $f(x) = \frac{x+1}{x}$; $D = \mathbb{R}\setminus\{0\}$; Polstelle ist $x = 0$.
Kein Schnittpunkt mit der y-Achse; Schnittpunkt mit der x-Achse $S(-1\,|\,0)$
Senkrechte Asymptote ist $x = 0$; waagerechte Asymptote ist $y = 1$.
h) $f(x) = \frac{x+2}{x-4}$; $D = \mathbb{R}\setminus\{4\}$; Polstelle ist $x = 4$.
Schnittpunkt mit der y-Achse $T(0\,|\,f(0)) = T(0\,|\,-0{,}5)$; Schnittpunkt mit der x-Achse ist $S(-2\,|\,0)$.
Senkrechte Asymptote ist $x = 4$; waagerechte Asymptote ist $y = 1$.
i) $f(x) = \frac{x-1}{(x-4)^2}$; $D = \mathbb{R}\setminus\{4\}$; Polstelle ist $x = 4$.
Schnittpunkt mit der y-Achse $T(0\,|\,f(0)) = T\left(0\,|\,-\frac{1}{16}\right)$; Schnittpunkt mit der x-Achse ist $S(1\,|\,0)$.
Senkrechte Asymptote ist $x = 4$; waagerechte Asymptote ist $y = 0$.
j) $f(x) = \frac{x^2}{2(x-3)}$; $D = \mathbb{R}\setminus\{3\}$; Polstelle ist $x = 3$.
Schnittpunkt mit der y-Achse $T(0\,|\,f(0)) = T(0\,|\,0)$; Schnittpunkt mit der x-Achse ist $T(0\,|\,0)$.
Senkrechte Asymptote ist $x = 3$.
Da Polynomdivision $x^2 : (2x-6) = \frac{x}{2} + \frac{3}{2} + \frac{9}{2x-6}$;
Näherungskurve (Asymptote) für $x \to \pm\infty$: $n(x) = \frac{1}{2} \cdot x + \frac{3}{2}$.

4 a) $f(x) = x + \frac{1}{x}$; $x \in \mathbb{R}\setminus\{0\}$
senkrechte Asymptote $x = 0$;
Näherungskurve für $x \to \pm\infty$: $n(x) = x$
Graph rechts.

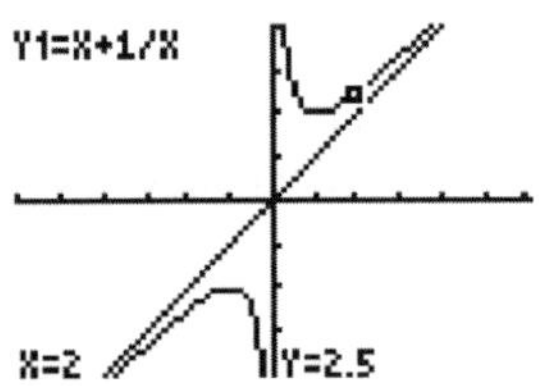

b) $f(x) = \frac{x^3+4}{x^2} = \frac{x^3}{x^2} + \frac{4}{x^2} = x + \frac{4}{x^2}$; $x \in \mathbb{R}\setminus\{0\}$
senkrechte Asymptote $x = 0$;
Näherungskurve für $x \to \pm\infty$: $n(x) = x$
Graph rechts.

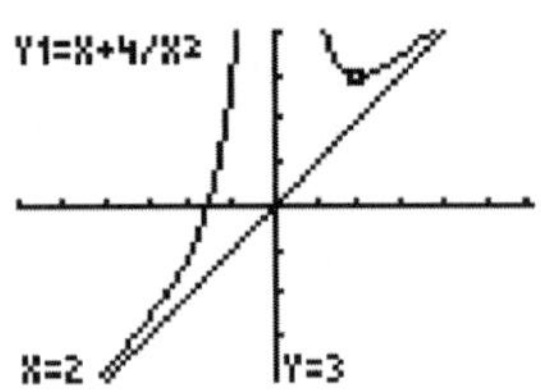

S. 205 **4** c) $f(x) = \frac{x^2 - x}{x + 1}$; $x \in \mathbb{R} \setminus \{-1\}$

senkrechte Asymptote $x = -1$;

Da $(x^2 - x) : (x + 1) = x - 2 + \frac{2}{x + 1}$

$\underline{-(x^2 + x)}$

$-2x$

$\underline{-(-2x - 2)}$

2

Näherungskurve für $x \to \pm\infty$: $n(x) = x - 2$

Graph rechts.

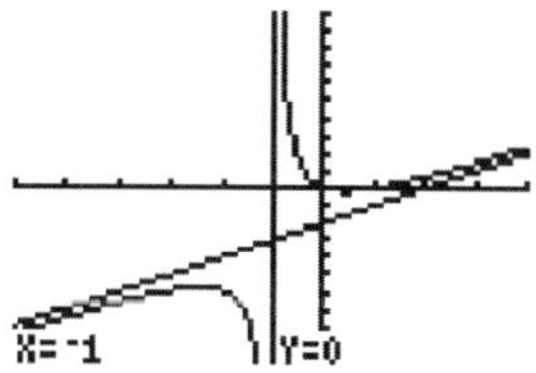

d) $f(x) = \frac{2x^4 - 32}{x^2} = \frac{2x^4}{x^2} - \frac{32}{x^2}$; $x \in \mathbb{R} \setminus \{0\}$

senkrechte Asymptote $x = 0$;

Näherungskurve für $x \to \pm\infty$: $n(x) = 2x^2$

Graph rechts.

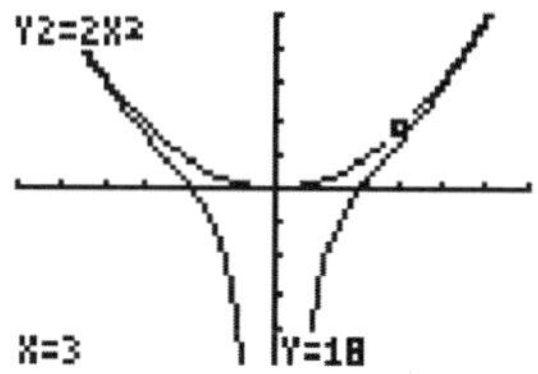

e) $f(x) = \frac{x^3 + 2x^2}{x + 4}$; $x \in \mathbb{R} \setminus \{-4\}$

senkrechte Asymptote $x = -4$;

Da $(x^3 + 2x^2) : (x + 4) = x^2 - 2x + 8 - \frac{32}{x + 4}$

$\underline{-(x^3 + 4x^2)}$

$-2x^2$

$\underline{-(-2x^2 - 8x)}$

$8x$

$\underline{-(8x + 32)}$

-32

Näherungskurve für $x \to \pm\infty$: $n(x) = x^2 - 2x + 8$

Graph rechts.

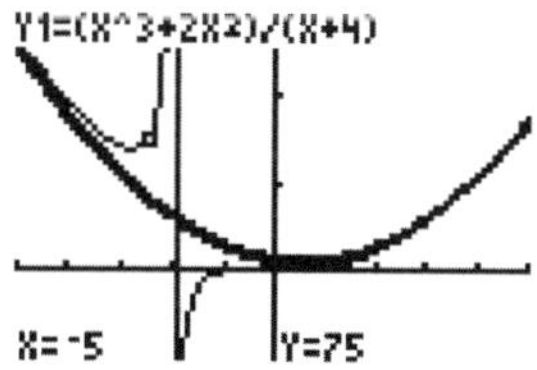

3 *Ableitungen und Anwendungen*

S. 206 **1** a) Mit dem GTR (Fig. 1 bis Fig. 4). Die Ableitungsfunktion ist fett gezeichnet in Fig. 4.

Die Ableitung an der Stelle 2, also $f'(2) = -0{,}125$.

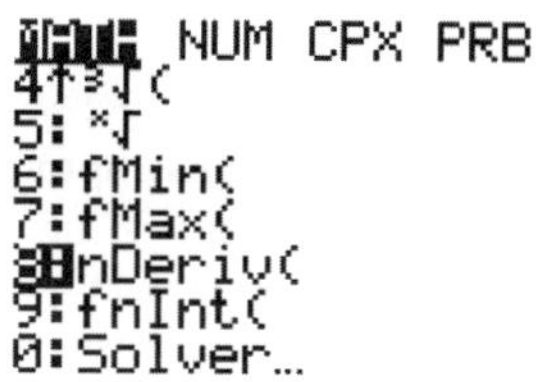

Fig. 1

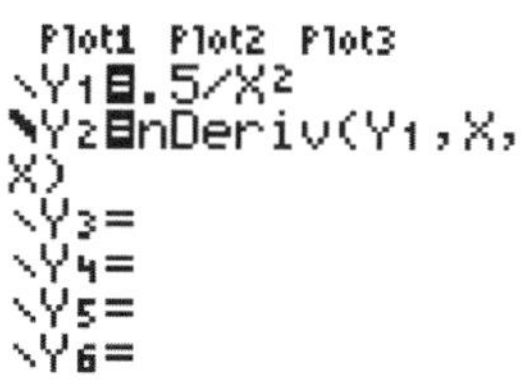

Fig. 2

Fig. 3

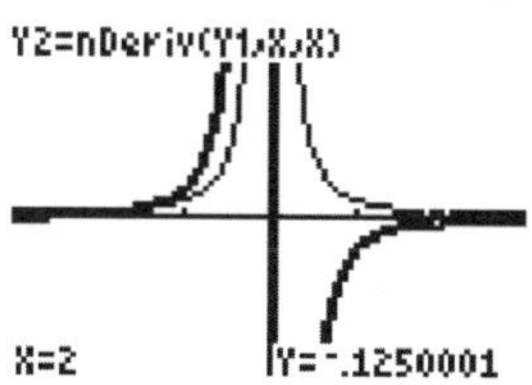

Fig. 4

S. 207 **2** a) $f(x) = \frac{x}{x-1}$; $D = \mathbb{R}\setminus\{1\}$; Graph rechts.

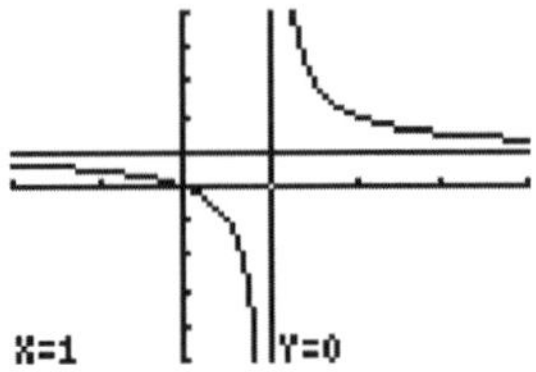

$x = 1$ ist Polstelle; Nullstelle $x = 0$
Senkrechte Asymptote ist $x = 1$;
waagerechte Asymptote ist $y = 1$.
Es ist $x:(x-1) = 1 + \frac{1}{x-1}$.
$\underline{-(x-1)}$
1
Damit ist $f(x) = 1 + (x-1)^{-1}$; $f'(x) = 0 - 1 \cdot (x-1)^{-2} = -\frac{1}{(x-1)^2}$.
Da $f'(x) = 0$ nicht möglich ist (1 im Zähler), hat f keine Extremwerte.
Graph rechts.

b) $f(x) = \frac{2x+1}{x-2}$; $D = \mathbb{R}\setminus\{2\}$; Graph rechts.

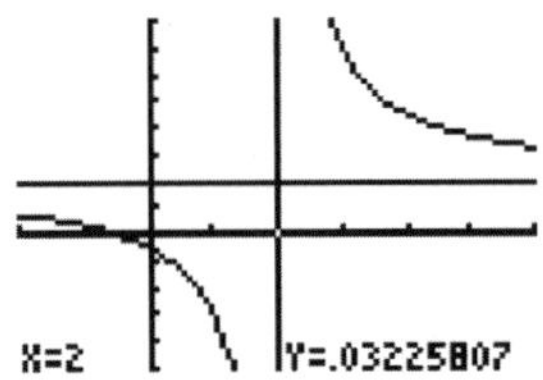

$x = 2$ ist Polstelle; Nullstelle $x = -0,5$
Senkrechte Asymptote ist $x = 2$;
waagerechte Asymptote ist $y = 2$.
Es ist $(2x+1):(x-2) = 2 + \frac{5}{x-2}$.
$\underline{-(2x-4)}$
5
Damit ist $f(x) = 2 + 5(x-2)^{-1}$; $f'(x) = 0 - 5 \cdot (x-2)^{-2} = -\frac{5}{(x-2)^2}$.
Da $f'(x) < 0$ ist für alle $x \in \mathbb{R}$, ist f in D streng monoton fallend.

c) $f(x) = \frac{x^2+2x+5}{2(x+1)}$; $D = \mathbb{R}\setminus\{-1\}$; Graph rechts.

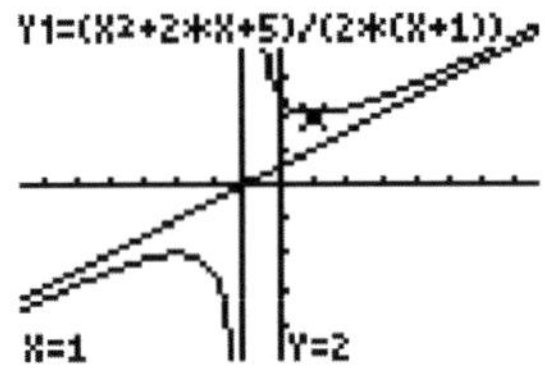

$x = -1$ ist Polstelle; keine Nullstelle
Senkrechte Asymptote ist $x = -1$.
Es ist $(x^2+2x+5):(2x+2) = \frac{1}{2}x + \frac{1}{2} + \frac{4}{2(x+1)}$.
$\underline{-(x^2+x)}$
$x + 5$
$\underline{-(x+1)}$
4
Näherungsfunktion für große $|x|$: $n(x) = \frac{1}{2}x + \frac{1}{2}$
$f(x) = \frac{x^2+2x+5}{2(x+1)} = \frac{1}{2}x + \frac{1}{2} + 2(x+1)^{-1}$; $f'(x) = \frac{1}{2} - 2 \cdot (x+1)^{-2}$; $f''(x) = 4(x+1)^{-3} = 4 \cdot \frac{1}{(x+1)^3}$.
$f'(x) = 0$ ergibt: $\frac{1}{2} - \frac{2}{(x+1)^2} = \frac{(x+1)^2 - 4}{2(x+1)^2} = 0$ und damit $x_1 = -3$; $x_2 = 1$.
Wegen $f''(-3) = \frac{4}{-8} < 0$ und $f(-3) = -2$ ist $H(-3|-2)$ einziger Hochpunkt.
Wegen $f''(1) = \frac{4}{8} > 0$ und $f(1) = 2$ ist $T(1|2)$ einziger Tiefpunkt.

d) $f(x) = \frac{2-x^3}{2x}$; $D = \mathbb{R}\setminus\{0\}$; Graph rechts.

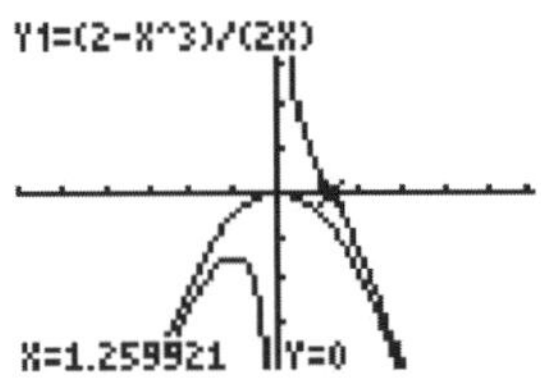

$x = 0$ ist Polstelle; Nullstelle ist $x = x^{\frac{1}{3}} = \sqrt[3]{2} \approx 1,25992$
Senkrechte Asymptote ist $x = 0$.
Es ist $\frac{2-x^3}{2x} = \frac{2}{2x} - \frac{x^3}{2x} = -\frac{1}{2}x^2 + \frac{1}{x}$.
Näherungsfunktion für große $|x|$: $n(x) = -\frac{1}{2}x^2$.
$f'(x) = -x - \frac{1}{x^2}$; $f''(x) = -1 + \frac{2}{x^3}$; $f'''(x) = -\frac{6}{x^4}$.
$f''(x) = 0$ ergibt: $x^3 = 2$ ergibt $x = 2^{\frac{1}{3}} = \sqrt[3]{2} \approx 1,25992$.
Wegen $f'''(2^{\frac{1}{3}}) \neq 0$ und $f(2^{\frac{1}{3}}) = 0$ ist $W(2^{\frac{1}{3}}|-0)$ einziger Wendepunkt.

S. 207 **3** Graph rechts.

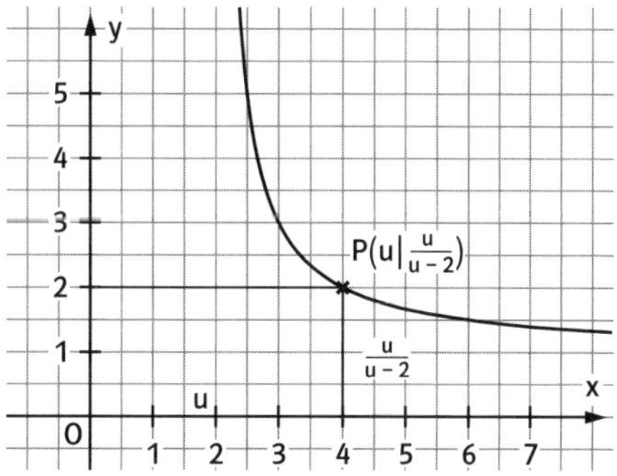

$A = u \cdot \frac{u}{u-2} = \frac{u^2}{u-2}$.

Der Inhalt ist eine Funktion von u.

Es ist

$u^2 : (u - 2) = u + 2 + \frac{4}{u-2}$

$\underline{-(u^2 - 2u)}$

$2u$

$\underline{-(2u - 4)}$

4

damit ist $A(u) = u + 2 + \frac{4}{u-2}$;

$A'(u) = 1 - \frac{4}{(u-2)^2}$; $A''(u) = \frac{8}{(u-2)^3}$.

Aus $A'(u) = 1 - \frac{4}{(u-2)^2} = 0$ folgt $(u-2)^2 = 4$

also $u = 4$ ($u = 0$ entfällt wegen $u > 2$!)

Da $A''(4) = 1 > 0$ ist, liegt ein lokales Minimum vor.

$A_{min} = A(4) = 8$

Dies ist auch ein absolutes Minimum,

da $A(u) \to \infty$ sowohl für $x \to 2$ als auch für $x \to \infty$.

4 a) $f(100) = 25$; also $\frac{100a}{b + 10000} = 25$: $100a - 25b = 250000$

$f(600) = 20$; also $\frac{600a}{b + 360000} = 20$: $600a - 20b = 7200000$

Daraus $a = \frac{175000}{13} \approx 13462$; $b = \frac{570000}{13} \approx 43846$

Damit gilt $f(x) = \frac{13462x}{x^2 + 43846}$.

b) Graph und Maximum mit dem GTR; optimale Düngerzugabe von ca. 210 kg pro Hektar, ergibt einen zusätzlichen (optimalen) Ertrag von gut $3200 \frac{kg}{ha}$.

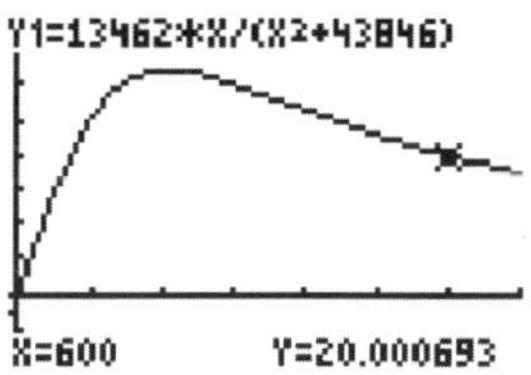

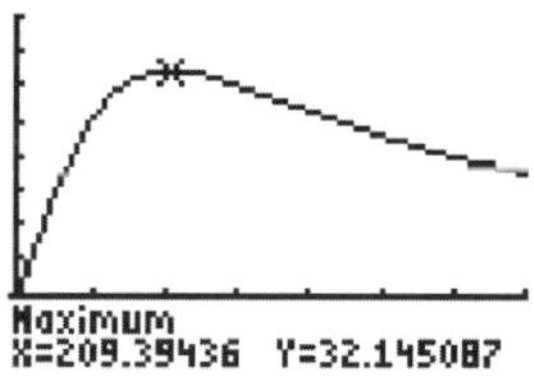

5

Text: $360 = x \cdot y$; also $y = \frac{360}{x}$. Papierbreite $x + 2$, Papierhöhe $y + 4$.

Papierverbrauch $A = (x + 2) \cdot (y + 4) = (x + 2) \cdot \left(\frac{360}{x} + 4\right) = 368 + \frac{720}{x} + 4x$.

$A'(x) = 4 - \frac{720}{x^2}$; $A''(x) = \frac{1440}{x^3}$.

$A'(x) = 4 - \frac{720}{x^2} = 0$ für $x^2 = 180$; also $x = \sqrt{180} \approx 13{,}4$; $y = 2 \cdot \sqrt{180} \approx 26{,}8$.

Damit hat das optimale Blatt eine Breite von 15,4 cm und eine Höhe von 30,8 cm.

Exkursion: Weitere Ableitungsregeln

Kettenregel

S. 208 **1** a) $f'(x) = 2 \cdot \left(\frac{1}{3}x + 2\right)^1 \cdot \frac{1}{3} = \frac{2}{3} \cdot \left(\frac{1}{3}x + 2\right)$

b) $f'(x) = \frac{6}{18} \cdot (3x + 2)^5 \cdot 3 = (3x + 2)^5$

c) $f'(x) = \frac{7}{8} \cdot \left(\frac{1}{2} - x^2\right)^6 \cdot (-2x) = -\frac{7}{4}x \cdot \left(\frac{1}{2} - x^2\right)^6$

d) $f'(x) = 2 \cdot (3 - x)^1 \cdot (-1) = -2 \cdot (3 - x)$

e) $f'(x) = 2 \cdot (x + x^2)^1 \cdot (1 + 2x) = 2 \cdot (x + x^2) \cdot (1 + 2x)$

f) $f'(x) = 3 \cdot (2 - 3x + x^2)^2 \cdot (-3 + 2x) = 3 \cdot (2x - 3) \cdot (2 - 3x + x^2)^2$

g) $f'(x) = 2 \cdot (1 - x + x^3) \cdot (-1 + 3x^2) = 2 \cdot (3x^2 - 1) \cdot (1 - x + x^3)$

h) $f'(x) = 2 \cdot (x\sqrt{2} - x^2) \cdot (\sqrt{2} - 2x) = 2 \cdot (-2x + \sqrt{2}) \cdot (x\sqrt{2} - x^2)$

2 a) $f'(x) = -(8x - 7)^{-2} \cdot 8 = -8 \cdot (8x - 7)^{-2}$

b) $f'(x) = -2(5 - x)^{-2} \cdot (-1) = 2 \cdot (5 - x)^{-2}$

c) $f'(x) = -2(15x - 3)^{-3} \cdot 15 = -30 \cdot (15x - 3)^{-3}$

d) $f'(x) = -3\left(\frac{1}{2}x - 5x^3\right)^{-4} \cdot \left(\frac{1}{2} - 15x^2\right) = \left(-\frac{3}{2} + 45x^2\right) \cdot \left(\frac{1}{2}x - 5x^3\right)^{-4}$

e) $f'(x) = \frac{-2}{(x - 2)^3}$ f) $f'(x) = \frac{6}{(5 - t)^3}$

g) $f'(x) = \frac{-3}{2(x - 7)^4}$ h) $g'(t) = \frac{-10}{(t^2 - 1)^3} \cdot 2t = \frac{-20t}{(t^2 - 1)^3}$

3 a) $f'(x) = \cos(2x) \cdot 2 = 2 \cdot \cos(2x)$

b) $f'(x) = \cos(2x - \pi) \cdot 2 = 2 \cdot \cos(2x - \pi)$

c) $f'(x) = -2\sin(1 - x) \cdot (-1) = 2\sin(1 - x)$

d) $f'(x) = \frac{1}{3}\cos(x^2) \cdot 2x = \frac{2x}{3} \cdot \cos(x^2)$

e) $f'(x) = e^{(x^2)} \cdot 2x = 2x \cdot e^{(x^2)}$

f) $f'(x) = \cos(e^x + 1) \cdot e^x = e^x \cdot \cos(e^x + 1)$

g) $f'(x) = 2 \cdot (e^x - x)^1 \cdot (e^x - 1) = 2 \cdot (e^x - 1) \cdot (e^x - x)$

h) $f'(x) = -(\sin(x) + x)^{-2}(\cos(x) + 1) = -\frac{\cos(x) + 1}{(\sin(x) + x)^2}$

4 a) $f'(x) = 12(4x - 7)^2$; $f''(x) = 24 \cdot (4x - 7)^1 \cdot 4 = 96(4x - 7)$

b) $f'(x) = \frac{3}{(5 - x)^2}$; $f''(x) = \frac{6}{(5 - x)^3}$

c) $f'(x) = \frac{-3}{(x - 5)^4}$; $f''(x) = \frac{12}{(x - 5)^5}$

d) $f'(x) = \frac{1}{4}\cos(2x + 1) \cdot 2 = \frac{1}{2}\cos(2x + 1)$; $f''(x) = -\sin(2x + 1)$

S. 209 **5** a) $f'(x) = \frac{1 \cdot (x + 1) - x \cdot 1}{(x + 1)^2} = \frac{1}{(x + 1)^2}$

b) $f'(x) = \frac{1 \cdot (2x + 3) - x \cdot 2}{(2x + 3)^2} = \frac{3}{(2x + 3)^2}$

c) $f'(x) = \frac{2 \cdot (1 + 3x) - 2x \cdot 3}{(1 + 3x)^2} = \frac{2}{(1 + 3x)^2}$

d) $f'(x) = \frac{(-1) \cdot (3 + x) - (3 - x) \cdot 1}{(3 + x)^2} = \frac{-3 - x - 3 + x}{(3 + x)^2} = \frac{-6}{(3 + x)^2}$

e) $f'(x) = -\frac{e^x \cdot (x + 4) - e^x \cdot 1}{(x + 4)^2} = -\frac{x \cdot e^x + 3e^x}{(x + 4)^2} = \frac{-e^x(x + 3)}{(x + 4)^2}$

f) $f'(x) = \frac{e^x \cdot (e^x + 1) - (e^x - 1) \cdot e^x}{(e^x + 1)^2} = \frac{e^{2x} + e^x - e^{2x} + e^x}{(e^x + 1)^2} = \frac{2e^x}{(e^x + 1)^2}$

g) $f(x) = (\sin(x))^{-1}$; $f'(x) = (-1) \cdot (\sin(x))^{-2} \cdot \cos(x) = -\frac{\cos(x)}{(\sin(x))^2}$

h) $f'(t) = \frac{1 \cdot \cos(t) - t \cdot (-\sin(t))}{(\cos(t))^2} = \frac{\cos(t) + t \cdot \sin(t)}{(\cos(t))^2}$

S. 209 **6** a) $f'(x) = \frac{e^x \cdot x^2 - e^x \cdot 2x}{x^4} = \frac{x-2}{x^3} e^x$; Fehler beim Quadrieren im Nenner $(x^2)^2 = x^4$ und nicht x^3.

b) $f'(x) = \frac{1 \cdot (x+1)^2 - (x-1) \cdot 2(x+1)}{(x+1)^4} = \frac{(x+1) - 2(\mathbf{x - 1})}{(x+1)^3} = \frac{-x+3}{(x+1)^3}$; Fehler bei der Vereinfachung nach dem zweiten Gleichheitszeichen (Korrektur fett).

c) $f'(x) = \frac{1 \cdot (2x+1)^2 - x \cdot 2(2x+1) \cdot \mathbf{2}}{(2x+1)^4} = \frac{(2x+1) - 4x}{(2x+1)^3} = \frac{1-2x}{(2x+1)^3}$; Fehler beim „Nachdifferenzieren" von $(2x+1)^2$ (Korrektur fett).

VIII Stochastik

1 Zufallsexperimente

S. 210 **1** a) Beim Mensch-ärgere-dich-nicht spielt der Zufall den größten Einfluss (Würfeln), beim Skat spielt er beim Mischen der Karten eine große Rolle und beim Schachspiel spielt er keine nennenswerte Rolle.
b) Augenzahl 6

2 Es sind 4 Ergebnisse möglich bei Berücksichtigung der Reihenfolge (WW, WZ, ZW, ZZ), sonst nur 3 (WW, WZ, ZZ).

S. 212 **3** E = {0; 1; 2; 3; 4; 5; 6; 7; 8; 9}

4 E_1 = {Pfeil bleibt stecken; Pfeil prallt ab; Pfeil geht an der Scheibe vorbei};
E_2 = {1; 2; 3; 4; 5; 6; 10; trifft kein Feld}

5 E_1 = {einwandfrei; nicht einwandfrei}; E_2 = {einwandfrei; leichte Mängel; Ausschuss}

6 E = {000; 001; 010; 011; 100; 101; 110; 111}

7 a) $E = \{V_1H_1; V_1H_2; V_1H_3; V_1H_4; V_2H_1; V_2H_2; V_2H_3; V_2H_4; V_3H_1; V_3H_2; V_3H_3; V_3H_4\}$
b) Es gibt dann $3 \cdot 4 \cdot 2 = 24$ Möglichkeiten.

8 E = {11; 12; 13; 21; 22; 23; 31; 32; 33}

9 a) $3 \cdot 5 = 15$ Möglichkeiten
b) $3 \cdot 5 \cdot 4 = 60$ Möglichkeiten
c) $4 \cdot 5 \cdot 3 = 60$ Möglichkeiten
d) $3 \cdot 5 \cdot 4 \cdot 4 \cdot 5 \cdot 3 = 3600$ Möglichkeiten
e) $3 \cdot 5 \cdot 4 \cdot 3 \cdot 4 \cdot 2 = 1440$ Möglichkeiten

10 a) ++++; +++0; ++0+; ++00; +0++; +0+0; +00+; +000;
0+++; 0++0; 0+0+; 0+00; 00++; 00+0; 000+; 0000
b) 4-maliges Drehen eines Glücksrades mit 2 Feldern (+ und 0)
c) $3 \cdot 3 \cdot 3 \cdot 3 = 3^4 = 81$ Möglichkeiten.
(pro Patient 3 Möglichkeiten, d.h. Baum mit 4 Astreihen mit jeweils 3 Verzweigungen)

2 *Ereignisse – Zufallsvariable*

S. 213 **1** a) E = {2; 4; 6} b) E = {5; 6} c) E = {2; 3; 5} d) E = { }

S. 215 **2** a) A = {2; 3; 5; 7}; B = {0; 5}, C = {1; 3; 5; 7; 9}
D = {9}; E = {0; 1; 2; 3}; F = {0; 1; 4; 9}
b) $\overline{A}$: keine Primzahl, $\overline{A}$ = {0; 1; 4; 6; 8; 9};
$\overline{B}$: Zahl nicht durch 5 teilbar, $\overline{B}$ = {1; 2; 3; 4; 6; 7; 8; 9};
$\overline{C}$: gerade Zahl, $\overline{C}$ = {0; 2; 4; 6; 8};
$\overline{D}$: Zahl kleiner oder gleich 8, $\overline{D}$ ={0; 1; 2; 3; 4; 5; 6; 7; 8};
$\overline{E}$: Zahl größer oder gleich 4, $\overline{E}$ = {4; 5; 6; 7; 8; 9};
$\overline{F}$: Zahl ist nicht Quadratzahl; $\overline{F}$ = {2; 3; 5; 6; 7; 8}

3 a) A = {11; 22; 33; 44; 55; 65; 66}; B = {55; 56; 65; 66};
C = {22; 24; 26; 42; 44; 46; 62; 64; 66}
D = {26; 35; 44; 53; 62}; E = {11; 12; 13; 21; 22; 31};
F = {11; 12; 13; 14; 15; 16; 21; 22; 23; 24, 31; 32; 33; 41; 42; 51; 61}
b) Es sind eingetreten A, B und C.

4 a) E = {000; 001; 010; 011; 100; 101; 110; 111}
b) A = {011; 101; 110}; B = {011; 101; 110; 111};
C = {000; 001; 010; 011; 100; 101; 110} = E\{111}
c) X = Anzahl der defekten Triebwerke
A: X = 1; B: X ≦ 1; C: X ≧ 1.

5 a) X = 4: Das Glücksrad bleibt bei 4 stehen: {4}
b)

Y	4	6	8	10	12
E	{22}	{24; 42}	{26; 44; 62}	{46; 64}	{66}

c) Y = 8: A = {26; 44; 62}; Y = 10: B = {46; 64}

6

X in €	2	1	−3
E	{AUS; ASU}	{UAS; SAU}	{USA; SUA}

X = 2: A = {AUS; ASU}; X = 1: B = {UAS; SAU}; X = −3: C = {USA; SUA}

7 a) 2^5 = 32 Möglichkeiten
b) A = {00000}; B = {10000; 01000; 00100; 00010; 00001};
C = {11110; 11101; 11011; 10111; 01111}
D = {11100; 11010; 11001; 10110; 10101; 10011; 01110; 01101; 01011; 00111}
c) F: X ≧ 4; G: X ≧ 4

3 Relative Häufigkeiten und ihre Darstellung

S. 216 **1** a) Es kamen insgesamt 5298 Verkehrsteilnehmer ums Leben.

Verkehrstote	Radfahrer	Motorradfahrer	Pkw-Fahrer	Güterfahrzeuglenker	Businsassen	Fußgänger	Summe
absolute Häufigkeit	575	982	2833	213	9	686	5298
relative Häufigkeit	0,109	0,185	0,535	0,040	0,002	0,129	1,000
re. H. in Prozent	10,9	18,5	53,5	4,0	0,2	12,9	100

b)

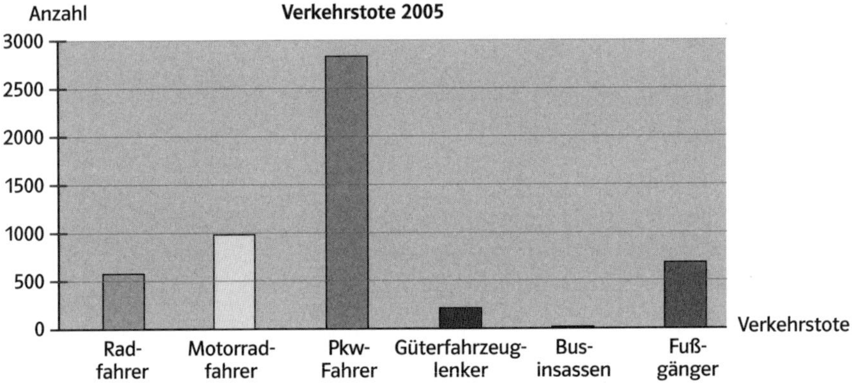

c) Es kamen vergleichsweise sehr viele Motorradfahrer ums Leben. Das Busfahren hingegen scheint relativ sicher zu sein.

S. 219 **2** a) $\frac{24}{100} = 0{,}24 = 24\,\%$ b) $\frac{12}{48} = \frac{1}{4} = \frac{25}{100} = 0{,}25 = 25\,\%$

c) $\frac{60}{200} = \frac{30}{100} = 0{,}30 = 30\,\%$ d) $\frac{456}{10\,000} = 0{,}0456 = 4{,}56\,\%$

e) $\frac{3}{1000} = 0{,}003 = 0{,}3\,\%$

3 a)

Ergebnis	1	2	3	4	Summe
absolute Häufigkeit	7	4	6	8	25
relative Häufigkeit	0,28	0,16	0,24	0,32	1

b) $h(A) = 0{,}16 + 0{,}32 = 0{,}48$

$h(B) = 0{,}24 + 0{,}32 = 0{,}56$

S. 219 **4** a)

Note	1	2	3	4	5	6	Summe
Anzahl	2	8	15	10	2	3	40
relative Häufigkeit	0,05	0,2	0,375	0,25	0,05	0,075	1

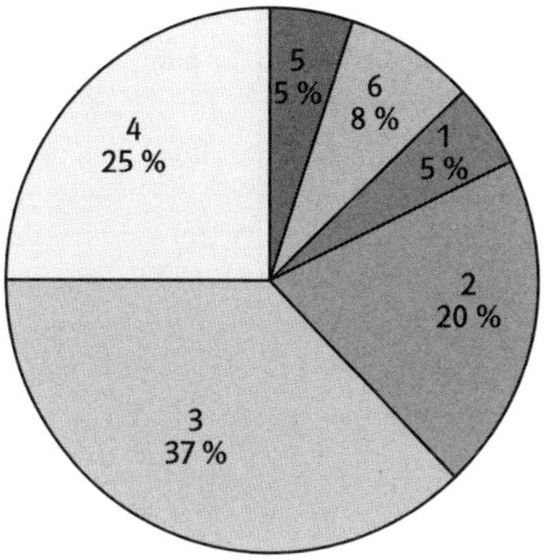

5 a)

Berufsgruppe	Arbeiter	Angestellte	Beamte	Selbständige	Summe
Anzahl	7	4	2	4	17
relative Häufigkeit	0,412	0,235	0,118	0,235	1,000

b) h(„nicht selbständig“) = 1 − 0,235 = 0,765 = 76,5%

6 h(Fußgänger) = $\frac{1}{15}$ ≈ 0,06666 ≈ 6,7%;
h(PKW) = $\frac{7}{10}$ = 0,7 = 70%;
h(Fahrrad) = $\frac{8}{100}$ = 0,08 = 8%
h(öffentliche Verkehrsmittel) = $1 - \frac{1}{15} - \frac{7}{10} - \frac{8}{100} = \frac{23}{150}$ ≈ 0,15333 ≈ 15,3%

7 a) 57% von 1800 = 0,57 · 1800 = 1026 Bürger hatten Februar 2007 wenig Vertrauen in den Euro.
b) 65% von 1800 = 0,65 · 1800 = 1170 Bürger hatten im Juli 2005 wenig Vertrauen in den Euro.

8

Dauer	1	2	3	4	5	6	7	8	9	10	über 10	Summe
Anzahl	4	9	16	28	40	36	42	30	26	18	21	270
rel. H.	0,0148	0,0333	0,0593	0,1037	0,1481	0,1333	0,1556	0,1111	0,0963	0,0667	0,0778	1,0000

a) h(X < 3) = 0,0148 + 0,0333 = 0,0481 ≈ 4,8%
b) h(X < 5) = 0,0148 + 0,0333 + 0,0593 + 0,1037 = 0,2111 ≈ 21,1%
c) h(X ≦ 9) = 1 − 0,0667 − 0,0778 = 0,8555 ≈ 85,6%
d) h(4 < X < 10) = 0,1481 + 0,1333 + 0,1556 + 0,1111 + 0,0963 = 0,6444 ≈ 64,4%
e) h(X > 5) = 1 − h(X ≦ 5) = 1 − 0,2111 − 0,1481 = 0,6408 ≈ 64,1%

S.219 **9**

Ereignis	e_1	e_2	e_3
rel. H.	0,18	0,48	0,34

$h(\{\ \}) = 0;$
$h(\{e_1\}) = 0{,}18;\ h(\{e_{12}\}) = 0{,}48;\ h(\{e_{13}\}) = 0{,}34;$
$h(\{e_1;\ e_2\}) = 0{,}18 + 0{,}48 = 0{,}66;\ h(\{e_1;\ e_3\}) = 0{,}18 + 0{,}34 = 0{,}52;$
$h(\{e_2;\ e_3\}) = 0{,}48 + 0{,}34 = 0{,}82;$
$h(S) = h(\{e_1;\ e_2;\ e_3\}) = 0{,}18 + 0{,}48 + 0{,}34 = 1.$

10 a) Säulendiagramm:

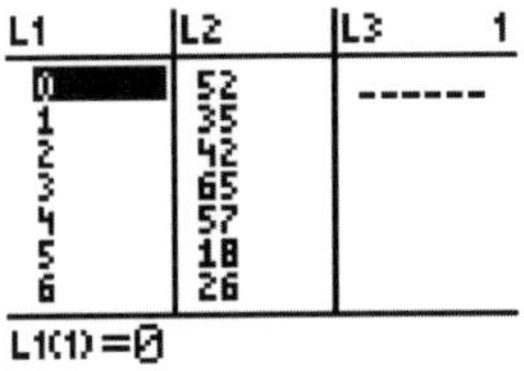

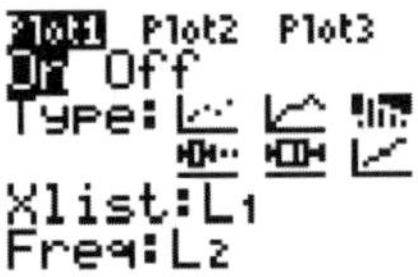

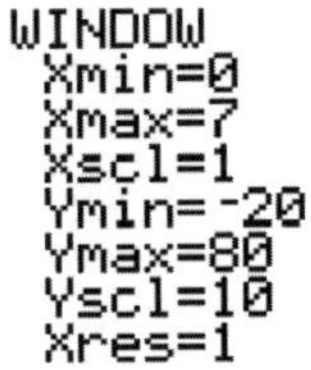

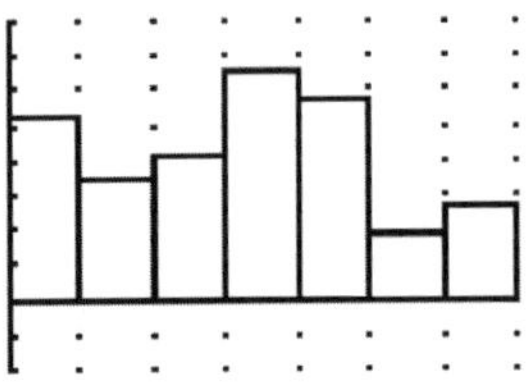

b) Liniendiagramm:

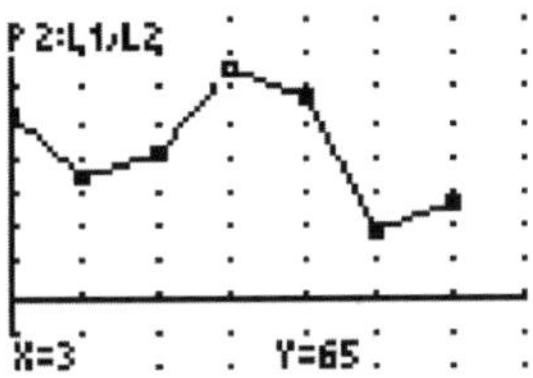

4 Das Gesetz der großen Zahlen

S. 220 **1** a)

Anzahl der Würfe	Absolute Häufigkeit von „Kopf“ in			Relative Häufigkeit von „Kopf“ in		
	Serie 1	Serie 2	Serie 3	Serie 1	Serie 2	Serie 3
50	22	18	21	0,4400	0,3600	0,4200
100	46	43	35	0,4600	0,4300	0,3500
150	63	57	62	0,4200	0,3800	0,4133
200	76	79	81	0,3800	0,3950	0,4050
250	94	103	99	0,3760	0,4120	0,3960
300	118	122	119	0,3933	0,4067	0,3967
350	142	140	139	0,4057	0,4000	0,3971
400	165	161	158	0,4125	0,4025	0,3950
450	178	181	175	0,3956	0,4022	0,3889
500	198	201	199	0,3960	0,4020	0,3980

b) Die Chance für „Kopf“ liegt vermutlich bei 0,4.

S. 221 **2** a) Das ist nicht richtig.
b) Auch diese Behauptung ist falsch.
c) Diese Behauptung ist richtig, sofern es sich um eine korrekte Münze handelt.

3 Die Seite umfasst 2190 Buchstaben; e tritt dabei 371-mal auf, t tritt 130-mal auf.
Damit ist $h(e) = \frac{371}{2190} \approx 16{,}94\,\%$; $h(t) = \frac{130}{2190} \approx 5{,}94\,\%$.
Die beiden Häufigkeiten stimmen sehr gut mit denen des Mannheimer Instituts überein.

4 Die Seite umfasst 367 Wörter, von denen 69 mit d, 27 mit s, 29 mit e, 16 mit i und 31 mit w beginnen.
Damit gilt $h(d) = \frac{69}{367} \approx 18{,}80\,\%$; $h(s) = \frac{27}{367} \approx 7{,}346\,\%$; $h(e) = \frac{29}{367} \approx 7{,}90\,\%$;
$h(i) = \frac{16}{367} \approx 4{,}36\,\%$; $h(w) = \frac{31}{367} \approx 8{,}45\,\%$.
Man sieht, dass hier größere Abweichungen von den „offiziellen Angaben“ auftreten. Dies hat zwei Ursachen: Erstens ist der Stichprobenumfang mit 367 Wörtern relativ klein und zweitens handelt es sich um einen speziellen mathematischen Text.

5 $h(\text{Wähler der CSF}) = \frac{850}{2120} \approx 0{,}4009 \approx 40{,}1\,\%$.
Die Behauptung ist realistisch, da der Umfang der Stichprobe mit 2120 relativ groß ist und 5 % mehr als behauptet sich für die CSF entschieden haben. Dabei ist zu beachten, dass die Behauptung „mindestens 35 %“ lautet. Bei einer Abweichung von 5 % nach unten wäre die Behauptung als unrealistisch anzusehen.

5 Bestimmung von Wahrscheinlichkeiten

S. 222 **1** Es gibt unter den 32 Karten 8 Herz-Karten und 12 Personen-Karten.
Beim „blinden Ziehen" ist also die Chance größer, eine Personen-Karte zu erhalten als eine Herz-Karte. Es wird davon ausgegangen, dass man für das Ziehen egal welcher Karte, gleiche Chancen hat. Dies ist meist der Fall.

S. 223 **2** $P(\text{Dieb}) = \frac{1}{3} \approx 33{,}3\,\%$

3 $P(\text{erste Zahl gerade}) = \frac{24}{49} \approx 0{,}4898 \approx 49{,}0\,\%$

4 Die Lostrommel enthält 200 Nieten, 80 % von 200 = 160 Trostpreise und 40 Gewinne.
a) $P(\text{Gewinn}) = \frac{40}{400} = 0{,}1 = 10\,\%$
b) $P(\text{Trostpreis}) = \frac{160}{400} = 0{,}40 = 40\,\%$
c) $P(\text{Niete}) = \frac{200}{400} = 0{,}5 = 50\,\%$
d) $P(\text{keine Niete}) = 1 - P(\text{Niete}) = 50\,\%$

5

Ereignis e_1	rot	weiß	schwarz
$P(e_1)$	$\frac{3}{12} = 0{,}25$	$\frac{2}{12} = \frac{1}{6} = 0{,}1\overline{6}$	$\frac{7}{12} = 0{,}58\overline{3}$

S. 224 **6** $P(A) = 0$; $P(B) = P(\{16; 17; 18; 19\}) = \frac{4}{11} \approx 36{,}36\,\%$
$P(C) = P(\{10; 12; 14; 15; 16; 18; 20\}) = \frac{7}{11} \approx 63{,}64\,\%$
$P(D) = P(\{11; 13; 17; 19\}) = \frac{4}{11} \approx 36{,}36\,\%$
$P(E) = P(\{15\}) = \frac{1}{11} \approx 9{,}09\,\%$

7 $P(\text{Schüler spielt kein Blasinstrument}) = \frac{775 - 158}{775} = \frac{617}{775} \approx 79{,}61\,\%$

8 a) $P(\text{As}) = \frac{4}{32} = \frac{1}{8} = 12{,}5\,\%$;
b) $P(\text{Pik}) = \frac{8}{32} = \frac{1}{4} = 25\,\%$
c) $P(\text{Pik-As}) = \frac{1}{32} \approx 3{,}13\,\%$
d) $P(\text{Pik ohne As}) = \frac{7}{32} \approx 21{,}88\,\%$
e) $P(\text{weder Pik noch As}) = \frac{21}{32} \approx 65{,}63\,\%$
f) $P(\text{Pik oder As}) = \frac{11}{32} \approx 34{,}38\,\%$
g) $P(\text{As ohne Pik-As}) = \frac{3}{32} \approx 9{,}38\,\%$

9 Hier wird vorausgesetzt, dass die Geburtstage in der Klasse gleichmäßig über das ganze Jahr verteilt sind.
a) $P(\text{März}) = \frac{1}{12} \approx 8{,}33\,\%$
b) $P(\text{nicht im Winter}) = \frac{3}{4} = 75\,\%$
c) $P(\text{30. März}) = \frac{1}{365}$ (oder $\frac{1}{366}$) $\approx 0{,}27\,\%$
d) $P(\text{Montag}) = \frac{1}{52}$ (oder $\frac{1}{53}$) $\approx 0{,}019\,23$ (oder $0{,}018\,87$) $\approx 1{,}9\,\%$

S. 224 **10** a) $P(\text{R siegt}) = \frac{1}{3}$ b) $P(\text{B wird dritter}) = \frac{1}{3}$ c) $P(\text{F wird nicht Sieger}) = \frac{2}{3}$
d) $P(\text{weder R noch F Sieger}) = \frac{1}{3}$ e) $P(\text{B siegt vor F}) = \frac{1}{6}$ f) $P(\text{F zweiter, B dritter}) = \frac{1}{6}$

11 Das gelbe Feld nimmt nur $\frac{1}{4}$ der Gesamtfläche des Glücksrades ein. Es ist also
$P(g) = \frac{1}{4}$ und $P(gg) = \frac{1}{16} \neq \frac{1}{4}$.
a) $P(gg) = P(00) = \frac{1}{16} = 6{,}25\,\%$
b) $P(\text{1 rot und 1 gelb}) = P(01;\ 02;\ 03;\ 10;\ 20;\ 30\} = \frac{6}{16} = \frac{3}{8} = 37{,}5\,\%$
c) $P(\{\ \}) = 0$
d) $P(\text{mindestens einmal rot}) = 1 - P(gg) = 1 - \frac{1}{16} = \frac{15}{16} = 93{,}75\,\%$
e) $P(\text{höchstens einmal gelb}) = P(01;\ 02;\ 03;\ 10;\ 20;\ 30;\ 11;\ 12;\ 13;\ 21;\ 22;\ 23;\ 31;\ 32;\ 33\}$
$= \frac{15}{16} = 93{,}75\,\%$
oder $P(\text{höchstens einmal gelb}) = P(\text{mindestens einmal rot}) = 93{,}75\,\%$
f) $P(\text{gelb oder rot}) = P(S) = 1$

12 a) $P(z) = 1 - \frac{1}{3} - \frac{1}{4} - \frac{1}{5} = \frac{13}{60} = 0{,}21\overline{6}$
b) $P(A) = 1 - \frac{13}{60} = \frac{47}{60} = 0{,}78\overline{3}$; $P(B) = 1 - \frac{1}{5} = \frac{4}{5} = 0{,}8$
$P(\overline{A}) = 1 - \frac{47}{60} = \frac{13}{60} = 0{,}21\overline{6} = P(z)$
$P(\overline{B}) = 1 - \frac{4}{5} = \frac{1}{5} = 0{,}2 = P(y)$

6 *Die Pfadregel*

S. 225 **1** Mithilfe eines Baumdiagramms erkennt man, dass es für die Wahl des Herrn 6 (Äste) Möglichkeiten gibt, für die Wahl der Dame (für jeden Herrn) ebenfalls 6 (Äste) Möglichkeiten, so dass 36 Paare möglich sind. Damit ist $P(\text{Sebastian-Sabine}) = \frac{1}{36}$.

2 Hier gibt es 6 Möglichkeiten, also ist $P(\text{FCK}) = \frac{1}{6}$.

S. 227 **3** a) $P(ggg) = \frac{1}{4} \cdot \frac{1}{4} \cdot \frac{1}{4} = \frac{1}{64} \approx 0{,}0156$
b) $P(\text{genau einmal blau}) = 3 \cdot \frac{3}{4} \cdot \frac{1}{4} \cdot \frac{1}{4} = \frac{9}{64} \approx 0{,}1406$
c) $P(\text{mindestens einmal gelb}) = 1 - P(bbb) = 1 - \frac{3}{4} \cdot \frac{3}{4} \cdot \frac{3}{4} = 1 - \frac{27}{64} = \frac{37}{64} \approx 0{,}5781$
d) $P(\text{mindestens zweimal blau}) = \frac{3}{4} \cdot \frac{3}{4} \cdot \frac{3}{4} + 3 \cdot \frac{3}{4} \cdot \frac{3}{4} \cdot \frac{1}{4} = \frac{54}{64} = \frac{27}{32} \approx 0{,}8438$

4 Mit Zurücklegen:
a) $P(rr) = \frac{4}{7} \cdot \frac{4}{7} = \frac{16}{49} \approx 0{,}3265$ b) $P(rb;\ br) = 2 \cdot \frac{4}{7} \cdot \frac{3}{7} = \frac{24}{49} \approx 0{,}4898$
c) $P(\text{mindestens eine Kugel r}) = \frac{4}{7} \cdot \frac{4}{7} + 2 \cdot \frac{4}{7} \cdot \frac{3}{7} = \frac{40}{49} \approx 0{,}8163$
d) $P(\text{höchstens ein Kugel b}) = \frac{4}{7} \cdot \frac{4}{7} + 2 \cdot \frac{3}{7} \cdot \frac{4}{7} = \frac{40}{49} \approx 0{,}8163 = P(\text{mindestens eine Kugel r})$
Ohne Zurücklegen:
a) $P(rr) = \frac{4}{7} \cdot \frac{3}{6} = \frac{12}{42} = \frac{2}{7} \approx 0{,}2857$ b) $P(rb;\ br) = \frac{4}{7} \cdot \frac{3}{6} + \frac{3}{7} \cdot \frac{4}{6} = \frac{24}{42} = \frac{4}{7} \approx 0{,}5714$
c) $P(\text{mindestens eine Kugel r}) = \frac{4}{7} \cdot \frac{3}{6} + \frac{4}{7} \cdot \frac{3}{6} + \frac{3}{7} \cdot \frac{4}{6} = \frac{36}{42} = \frac{6}{7} \approx 0{,}8571$
d) $P(\text{höchstens ein Kugel b}) = \frac{4}{7} \cdot \frac{3}{6} + \frac{4}{7} \cdot \frac{3}{6} + \frac{3}{7} \cdot \frac{4}{6} = \frac{36}{42} = \frac{6}{7} \approx 0{,}8571$
$= P(\text{mindestens eine Kugel r})$

S. 227 **5** Ohne Zurücklegen (siehe Baum).

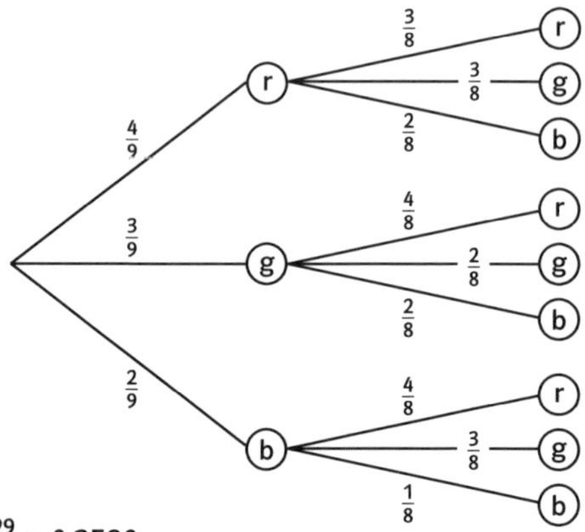

a) $P(rr) = \frac{4}{9} \cdot \frac{3}{8} = \frac{12}{72} = \frac{1}{6} \approx 0{,}1667$

b) $P(rb;\, br) = \frac{4}{9} \cdot \frac{2}{8} + \frac{2}{9} \cdot \frac{4}{8} = \frac{16}{72} = \frac{2}{9} \approx 0{,}2222$

c) P(2 gleiche Farben)
$= \frac{4}{9} \cdot \frac{3}{8} + \frac{3}{9} \cdot \frac{2}{8} + \frac{2}{9} \cdot \frac{1}{8} = \frac{20}{72} = \frac{5}{18} \approx 0{,}2778$

d) P(2 verschiedene Farben)
= 1 − P(2 gleiche Farben)
$= 1 - \frac{20}{72} = \frac{52}{72} = \frac{13}{18} \approx 0{,}7222$

Mit Zurücklegen:

a) $P(rr) = \frac{4}{9} \cdot \frac{4}{9} = \frac{16}{81} \approx 0{,}1975$

b) $P(rb;\, br) = 2 \cdot \frac{4}{9} \cdot \frac{2}{9} = \frac{16}{81} \approx 0{,}1975$

c) P(2 gleiche Farben) $= \frac{4}{9} \cdot \frac{4}{9} + \frac{3}{9} \cdot \frac{3}{9} + \frac{2}{9} \cdot \frac{2}{9} = \frac{29}{81} \approx 0{,}3580$

d) P(2 verschiedene F.) = 1 − P(2 gleiche Farben) $= 1 - \frac{29}{81} = \frac{52}{81} \approx 0{,}6420.$

6 1: 1. Wahl; 2: 2. Wahl; 0: Ausschuss

a) P(mind. eine Vase 1.Wahl) = P(11; 12; 10; 21; 01) $= 0{,}4 + 0{,}5 \cdot 0{,}4 + 0{,}1 \cdot 0{,}4 = 0{,}64$

b) P(höchst. eine Vase Ausschuss) = P(12; 21; 11; 22; 01; 02; 10; 20)
$= 0{,}4 \cdot 0{,}5 + 0{,}5 \cdot 0{,}4 + 0{,}4 \cdot 0{,}4 + 0{,}5 \cdot 0{,}5 + 2 \cdot 0{,}1 \cdot 0{,}5 + 2 \cdot 0{,}1 \cdot 0{,}4 = 0{,}99 = 1 - P(00)$

S. 228 **7** P(höchstens eine Flasche Ausschuss) $= 0{,}96^4 + 4 \cdot 0{,}96^3 \cdot 0{,}04 \approx 0{,}9909$

8 P(beide Dosen zu schwer) $= \frac{3}{12} \cdot \frac{2}{11} = \frac{1}{22} \approx 0{,}0455$

9 P(3 Söhne und 1 Tochter) $= 4 \cdot 0{,}514^3 \cdot 0{,}486 \approx 0{,}2640$

10 1: geheilt; 0: nicht geheilt

a) P(11111) $= 0{,}90^5 \approx 0{,}5905$

b) P(00000) $= 0{,}1^5 = 0{,}00001$

c) P(11110) $= 0{,}90^4 \cdot 0{,}10 \approx 0{,}0656$

d) P(01111; 10111; 11011; 11101; 11110) $= 5 \cdot 0{,}90^4 \cdot 0{,}1 \approx 0{,}3281$

e) P(01111; 10111; 11011; 11101; 11110; 11111) $= 5 \cdot 0{,}90^4 \cdot 0{,}1 + 0{,}90^5 \approx 0{,}9185$

11 a) P(11111) $= 0{,}95^5 \approx 0{,}7738$

b) P(11110) $= 0{,}95^4 \cdot 0{,}05 \approx 0{,}0407$

c) P(mindestens 4 Treffer) $= 0{,}95^5 + 4 \cdot 0{,}95^4 \cdot 0{,}05 \approx 0{,}9367$

12 0: keine Wirkung; 1: bis halbe Stunde Wirkung; 2: bis 1 Stunde Wirkung;
3: volle Wirkung

a) Wahrscheinlichkeitstabelle

$X = x_i$	0	1	2	3
$P(X = x_i)$	$\frac{5}{500} = 0{,}01$	$\frac{70}{500} = 0{,}14$	$\frac{130}{500} = 0{,}26$	$\frac{295}{500} = 0{,}59$

b) P(bei wenigstens einem Patienten wirkt das Mittel nicht)
$= 0{,}01 + 0{,}14 \cdot 0{,}01 + 0{,}26 \cdot 0{,}01 + 0{,}59 \cdot 0{,}01 = 0{,}0199$

c) P(22; 23; 32; 33) $= 0{,}26^2 + 2 \cdot 0{,}26 \cdot 0{,}59 + 0{,}59^2 = (0{,}26 + 0{,}59)^2 = 0{,}85^2 = 0{,}7225.$

S. 228 **13** 1: Schwarzfahrer; 0: regulärer Fahrer

a) $P(0000) = 0{,}98^4 \approx 0{,}922 = 92{,}2\,\%$

b) $P(1111) = 0{,}02^4 = 0{,}00000016 \approx 0{,}000\,\%$ (fast unmöglich)

c) $P(0000;\ 0001;\ 0010;\ 0100;\ 1000) = 0{,}98^4 + 4 \cdot 0{,}98^3 \cdot 0{,}02 \approx 0{,}998 = 99{,}8\,\%$

d) $P(\text{mindestens ein Schwarzfahrer}) = 1 - P(0000) = 1 - 0{,}98^4 \approx 0{,}0776 \approx 7{,}8\,\%$

14 Der Baum rechts zeigt die möglichen Wege, die nach 3 Sekunden in Null enden. Damit ist der Floh nach 3 Sekunden in 0 mit der Wahrscheinlichkeit
$P = 6 \cdot 0{,}2^2 \cdot 0{,}6 + 0{,}2^3 = 0{,}152 = 15{,}2\,\%$.

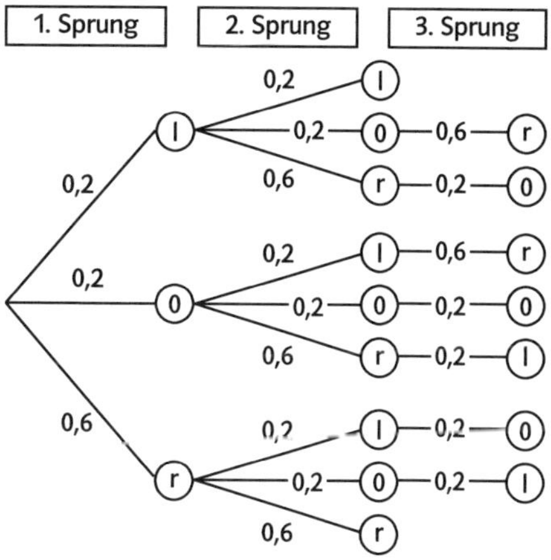

15 X = Anzahl der Treffer bei 3 Schüssen

$X = x_i$	0	1	2	3
$P(X = x_i)$	$0{,}6^3 = 0{,}216$	$3 \cdot 0{,}6^2 \cdot 0{,}4 = 0{,}432$	$3 \cdot 0{,}6 \cdot 0{,}4^2 = 0{,}288$	$0{,}4^3 = 0{,}064$

Summe der Wahrscheinlichkeiten ist 1.

7 *Mittelwert – Erwartungswert*

S. 229 **1** a) Schon aus den Werten scheint die Aussage, dass die großen Kugeln doppelt so schwer sind wie die kleinen, nicht haltbar.
Bildet man den Mittelwert der kleinen Kugeln, so erhält man 35,25 g. Bei den großen erhält man 56,5 g.
Damit ist der erste Eindruck bestätigt.
b) Drei große Kugeln ergeben $3 \cdot 56{,}5\,g = 169{,}5\,g$ als Mittelwert, fünf kleine hingegen $5 \cdot 35{,}25\,g = 176{,}25\,g$.
Damit wird man in der Regel mit 3 großen Kugeln weniger Eis erhalten als mit 5 kleinen Kugeln.

S. 231 **2** a) $\overline{x} = \frac{1}{4} \cdot 1600 + \frac{1}{5} \cdot 2100 + \frac{2}{5} \cdot 200 + u \cdot 3000$ mit $\frac{1}{4} + \frac{1}{5} + \frac{2}{5} + u = 1$; also $u = \frac{3}{20} = 0{,}15$.
Mittlerer Monatsverdienst in €: $\overline{x} = \frac{1}{4} \cdot 1600 + \frac{1}{5} \cdot 2100 + \frac{2}{5} \cdot 2400 + \frac{3}{20} \cdot 3000 = 2230$
b) $P(\text{mehr als } 2200\,€ \text{ Verdienst}) = \frac{2}{5} + \frac{3}{20} = 0{,}4 + 0{,}15 = 0{,}55$

S. 232 **3** X = Gewinn für Paul in ct

a)

$X = x_i$	10	5	-50
zu x_i gehörendes Ereignis	{WW}	{WZ; ZW}	{ZZ}
$H(X = x_i)$	7	13	5
$h(X = x_i)$	$\frac{7}{25} = 0{,}28$	$\frac{13}{25} = 0{,}52$	$\frac{5}{25} = 0{,}20$

Mittelwert $\overline{x} = \frac{1}{25} \cdot (7 \cdot 10 + 5 \cdot 13 - 50 \cdot 5) = \frac{-115}{25} \approx -4{,}6$.

Paul hat bei den 25 Spielen 115 ct verloren, d.h. pro Spiel im Durchschnitt 4,6 ct.

b)

$X = x_i$	10	5	-50
zu x_i gehörendes Ereignis	{WW}	{WZ; ZW}	{ZZ}
$P(X = x_i)$	$\frac{1}{4}$	$\frac{1}{2}$	$\frac{1}{4}$

c) $E(X) = \frac{1}{4} \cdot 10 + \frac{1}{2} \cdot 5 - \frac{1}{4} \cdot 50 = -7{,}5$.

Paul muss im Durchschnitt mit einem Verlust von 7,5 ct je Spiel rechnen.

d)

$X = x_i$	10	5	s
zu x_i gehörendes Ereignis	{WW}	{WZ; ZW}	{ZZ}
$P(X = x_i)$	$\frac{1}{4}$	$\frac{1}{2}$	$\frac{1}{4}$

$E(X) = \frac{1}{4} \cdot 10 + \frac{1}{2} \cdot 5 + \frac{1}{4} \cdot s = 0$ ergibt $\frac{s}{4} = -5$, also $s = -20$.

Das Spiel wird fair, wenn Paul bei dem Ereignis E = {ZZ} an Selma 20 ct bezahlt.

4 X = Gewinn für die SMV

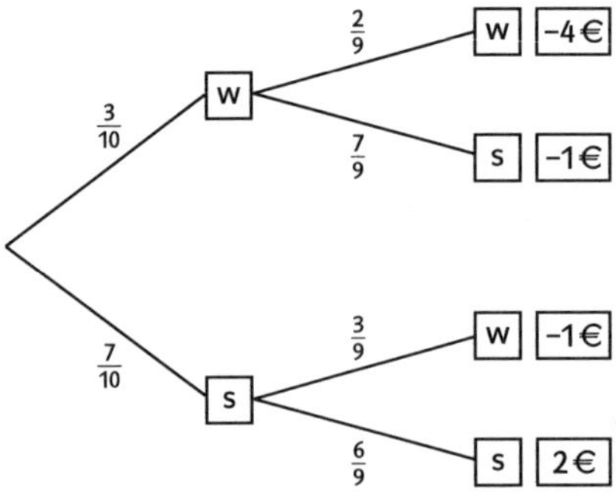

a)

$X = x_i$	-4	-1	2
$P(X = x_i)$	$\frac{3}{10} \cdot \frac{2}{9} = \frac{6}{90}$	$2 \cdot \frac{3}{10} \cdot \frac{7}{9} = \frac{42}{90}$	$\frac{7}{10} \cdot \frac{6}{9} = \frac{42}{90}$

Erwartungswert pro Spiel in €:

$E(X) = (-4) \cdot \frac{6}{90} + (-1) \cdot \frac{42}{90} + 2 \cdot \frac{42}{90} = \frac{18}{90} = 0{,}20$.

Bei 300 Spielen sind $300 \cdot 0{,}20$ ct = 60 € zu erwarten.

b) Das Ziehen einer schwarzen Kugel bringt der SMV s € ein:

$X = x_i$	-4	-2 + s	2 · s
$P(X = x_i)$	$\frac{6}{90}$	$\frac{42}{90}$	$\frac{42}{90}$

Erwartungswert pro Spiel in €:

$E(X) = (-4) \cdot \frac{6}{90} + (-2 + s) \cdot \frac{42}{90} + 2s \cdot \frac{42}{90} = 0{,}50$;

$-24 - 84 + 42s + 84s = 45$;

$126s = 153$; also $s = \frac{153}{126} \approx 1{,}214$.

Der Spieler müsste für das Ziehen einer schwarzen Kugel ca. 1,22 € bezahlen.

S. 232 **5** X = Gewinn für den Betreiber

$X = x_i$	-8	-3	1	2
zugehöriges Ereignis	{11}	{22}	{33}	{12, 13, 21, 23, 31, 32}
$P(X = x_i)$	$\frac{1}{8} \cdot \frac{1}{8} = \frac{1}{64}$	$\frac{3}{8} \cdot \frac{3}{8} = \frac{9}{64}$	$\frac{4}{8} \cdot \frac{4}{8} = \frac{16}{64}$	$1 - \frac{1}{64} - \frac{9}{64} - \frac{16}{64} = \frac{38}{64}$

Erwartungswert je Spiel in €: $E(X) = -8 \cdot \frac{1}{64} - 3 \cdot \frac{9}{64} + 1 \cdot \frac{16}{64} + 2 \cdot \frac{38}{64} = \frac{57}{64} \approx 0{,}8906$.

Damit ergibt sich bei 500 Spielen ein Betrag in € von: $500 \cdot \frac{57}{60} = 445{,}3125 \approx 450$ €.

6 Lösung mit dem GTR:

a) Eingabe der Daten:

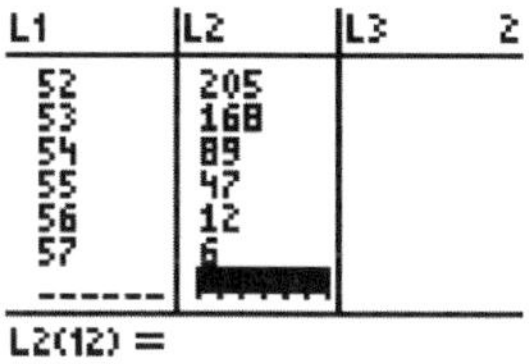

Berechnung der relativen Häufigkeiten:

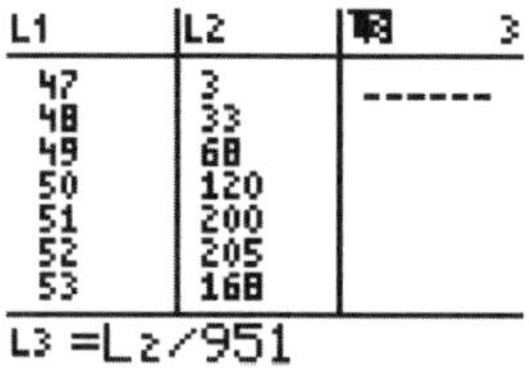

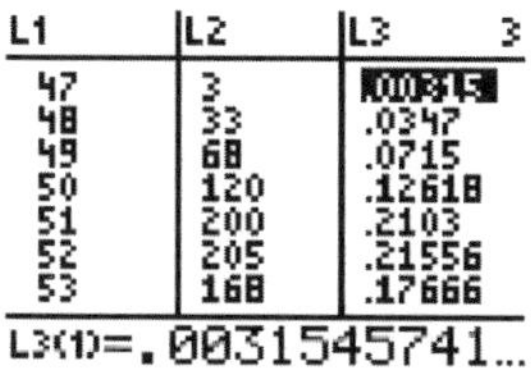

b) arithmetisches Mittel: 51,76

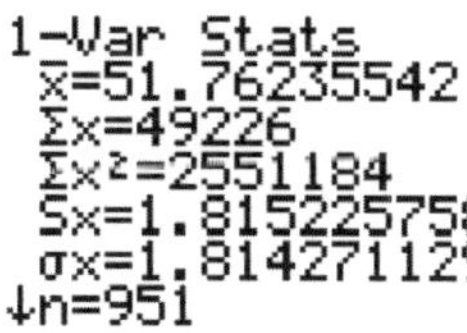

c) Säulendiagramm:

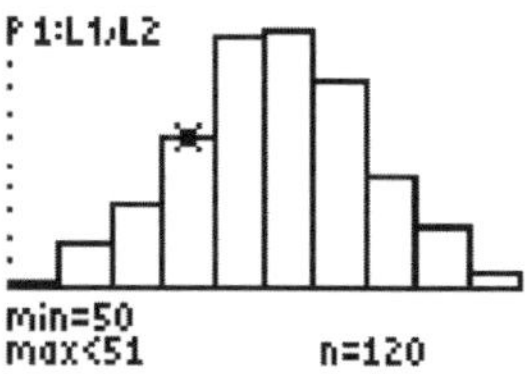

d) $PX(X < 50) = 0{,}0032 + 0{,}0347 + 0{,}0715 = 0{,}1094 \approx 10{,}9\,\%$.

S. 232 **7** a) $\bar{x} = 1 \cdot 44{,}8\,\% + 2 \cdot 33{,}5\,\% + 3 \cdot 16{,}0\,\% + 4 \cdot 2{,}1\,\% + 5 \cdot 1{,}5\,\% = 1{,}757$.
In einem Pkw saßen durchschnittlich 1,76 Personen.
b) Da die Gleichung $\frac{4}{1{,}757} = \frac{100}{x}$ den Wert $x = 43{,}925$ ergibt, würde der Verkehr auf ca. 44 % des heutigen Verkehrs abnehmen, also um rund 56 %.

8 *Varianz und Standardabweichung*

S. 233 **1** a) In beiden Fällen ist der Mittelwert $\bar{x} = 3{,}50$.
Der Mittelwert berücksichtigt kleine und große Abweichungen nicht.

S. 235 **2** a) Häufigkeitstabelle:

x_i	1	0
$H(x_i)$	12	8
$h(x_i)$	0,6	0,4

Mittelwert $\bar{x} = 1 \cdot 0{,}6 + 0 \cdot 0{,}4 = 0{,}6$
Varianz: $V_X = (1 - 0{,}6)^2 \cdot 0{,}6 + (0 - 0{,}6)^2 \cdot 0{,}4 = 0{,}16 \cdot 0{,}6 + 0{,}36 \cdot 0{,}4 = 0{,}24$
Standardabweichung: $s_X = \sqrt{0{,}24} \approx 0{,}4899 \approx 0{,}49$
b) Wahrscheinlichkeitstabelle:

$X = x_i$	1	0
$P(X = x_i)$	0,5	0,5

Erwartungswert: $E(x) = 1 \cdot 0{,}5 + 0 \cdot 0{,}5 = 0{,}5$
Varianz: $V_X = (1 - 0{,}5)^2 \cdot 0{,}5 + (0 - 0{,}5)^2 \cdot 0{,}5 = 2 \cdot 0{,}5^3 = 0{,}25$
Standardabweichung: $\sigma_X = \sqrt{0{,}25} = 0{,}50$

3 a) Mittelwert in kg ist 56,55.
Standardabweichung in kg vom Mittelwert ist 0,108.

```
1-Var Stats
 x̄=56.55083333
 Σx=678.61
 Σx²=38376.1015
 Sx=.1130131395
 σx=.1082018433
↓n=12
```

b) Die Abweichung beträgt $\frac{0{,}108}{56{,}55} \approx 0{,}00191 = 0{,}191\,\% > 0{,}1\,\%$.
Die gemessene Abweichung ist höher als sie nach den Angaben sein soll.

4 a) Häufigkeitsverteilung

x_i	1	2	3	4
$H(x_i)$	14	8	6	2
$h(x_i)$	$\frac{7}{15}$	$\frac{4}{15}$	$\frac{3}{15}$	$\frac{1}{15}$

Mittelwert $\bar{x} = \frac{28}{15} \approx 1{,}8667$; Standardabweichung $s_x \approx 0{,}9568$.

S. 235 **4** b) Wahrscheinlichkeitsverteilung

x_i	1	2	3	4
$P(X = x_i)$	$\frac{3}{8}$	$\frac{2}{8}$	$\frac{2}{8}$	$\frac{1}{8}$

Erwartungswert $E(X) = \frac{17}{8} = 2{,}125$; Standardabweichung $\sigma_x \approx 1{,}0533$.
Bei dem Experiment in a) war die Streuung geringer als theoretisch zu erwarten war.
c) Y = echter Gewinn für Spieler in € (abzüglich 1€ für Einsatz).
Wahrscheinlichkeitsverteilung von Y

y_i	0	1	−1	−2
$P(Y = y_i)$	$\frac{3}{8}$	$\frac{2}{8}$	$\frac{2}{8}$	$\frac{1}{8}$

Erwartungswert $E(Y) = 0 \cdot \frac{3}{8} + 1 \cdot \frac{2}{8} - 1 \cdot \frac{2}{8} - 2 \cdot \frac{1}{8} = -\frac{2}{8} = -0{,}25$;
d.h. pro Spiel verliert der Spieler 0,25€. Dies sind bei 100 Spielen 25€.

5 a) Mittelwert in g über alle Eiergewichte: $\overline{x} = 68{,}275 \approx 68{,}3$.
Die Standardabweichung in g ist mit $s_x \approx 5{,}7271$ relativ groß.
b) Gruppierung in Gewichtsklassen 1 bis 3:

y_i	1 (bis 64 g)	2 (über 64 bis 70)	3 (über 70)
$H(y_i)$	8	17	15
$h(y_i)$	$\frac{8}{40}$	$\frac{17}{40}$	$\frac{15}{40}$

Mittelwert $y = 1 \cdot \frac{8}{40} + 2 \cdot \frac{17}{40} + 3 \cdot \frac{15}{40} = \frac{87}{40} = 2{,}175$, d.h. das Eiergewicht liegt durchschnittlich oberhalb der Gewichtsklasse 2.
Die Standardabweichung beträgt $s_x \approx 0{,}7378$.

9 *Hilfsmittel zum Bestimmen von Anzahlen – Kombinatorik*

S. 236 **1** a)

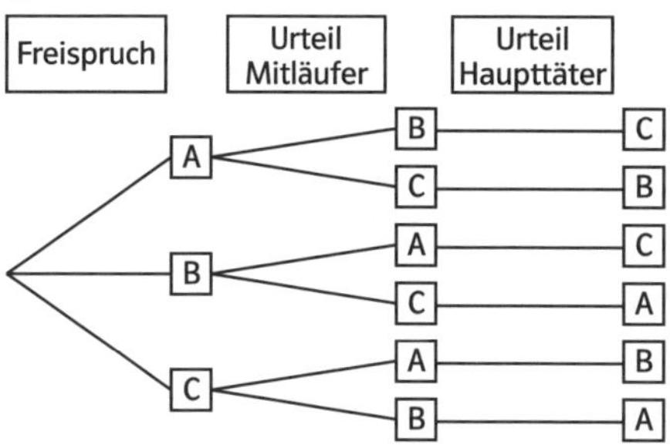

Damit gibt es 6 Möglichkeiten, die drei entsprechend ihrer Taten zu verurteilen.

S. 236 **1** b)

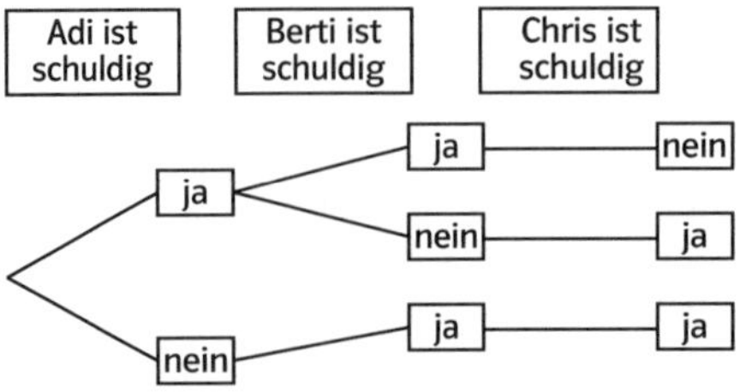

Es gibt 3 Möglichkeiten, die Täter zu erwischen.

S. 239 **2** a) Die Lösung ist individuell

b) Es gibt 3^4 mögliche Tipps:

0000 *0001* *0002* *0010* 0011 0012 *0020* 0021 0022
0100 0101 0102 0110 **0111** **0112** 0120 **0121** **0122**
0200 0201 0202 0210 **0211** **0212** 0220 **0221** **0222**
1000 1001 1002 1010 **1011** **1012** 1020 **1021** **1022**
1100 **1101** **1102** **1110** 1111 1112 **1120** 1121 1122
1200 **1201** **1202** **1210** 1211 1212 **1220** 1221 1222
2000 2001 2002 2010 **2011** **2012** 2020 **2021** **2022**
2100 **2101** **2102** **2110** 2111 2112 **2120** 2121 2122
2200 **2201** **2202** **2210** 2211 2212 **2220** 2221 2222

c) Die hier angegebene Aufstellung kann von jedem Schüler nachvollzogen werden. Es gibt auch andere Möglichkeiten.

Angenommen, es wurde 0000 gezogen, dann gibt es für Gewinnklasse 1 genau eine Möglichkeit.

Für Gewinnklasse 2 sind alle Tipps mit 3 Nullen zu suchen (kursiv). Es ergeben sich 8 Möglichkeiten.

Für Gewinnklasse 3 (unterstrichen) sind alle Tipps mit 2 Nullen zu suchen: 24 mögliche Tipps. Zur Gewinnklasse 4 (fett) gehören alle Tipps mit genau einer 0: 32 mögliche Tipps. Damit bleiben 16 Zahlen übrig, die keine null enthalten.

d) Wahrscheinlichkeiten

Klasse	I	II	III	IV	V
Möglichkeiten	1	8	24	32	16
Wahrscheinlichkeit	$\frac{1}{81}$	$\frac{8}{81}$	$\frac{24}{81}$	$\frac{32}{81}$	$\frac{16}{81}$

e) Da unter 81 Tipps 1-mal Gewinnklasse 1 auftritt, müssten pro Durchführung 81 Tipps abgegeben werden. Sind 27 Schüler in der Klasse, so müsste also jeder Schüler 3 Tipps abgeben. Sind n Schüler in der Klasse, so wären $\frac{81}{n}$ Tipps pro Schüler abzugeben.

3 **Glücksrad I**

a) Es gibt für jede Ziffer 4 Möglichkeiten, also gibt es $4^3 = 64$ mögliche 3-stellige Zahlen. Damit ist $P(234) = \frac{1}{64}$.

b) Da die Zahlen 111, 222, 333, 444 die Zahlen mit gleichen Ziffern sind, es also 4 Möglichkeiten gibt, ist $P(\text{gleiche Ziffern}) = \frac{4}{64} = \frac{1}{16}$.

S. 239 **3** c) Da es $2^3 = 8$ mögliche Ausgänge mit geraden Ziffern gibt, gilt
P(nur gerade Ziffern) $= \frac{8}{64} = \frac{1}{8}$.
d) P(nicht 234; nicht 243) $= 1 - \frac{2}{64} = \frac{62}{64} = \frac{31}{32}$
Glücksrad II
a) Es gibt für jede Ziffer 9 Möglichkeiten, also gibt es $9^3 = 729$ mögliche 3-stellige Zahlen.
Damit ist $P(234) = \frac{1}{729}$.
b) Da die Zahlen 111, 222, 333, 444, 555, 666, 777, 888, 999 die Zahlen mit gleichen Ziffern sind, es also 9 Möglichkeiten gibt, ist P(gleiche Ziffern) $= \frac{9}{729} = \frac{1}{81}$.
c) Da es $4^3 = 64$ mögliche Ausgänge mit geraden Ziffern gibt, gilt
P(nur gerade Ziffern) $= \frac{64}{729} \approx 8{,}78\,\%$.
d) P(nicht 234; nicht 243) $= 1 - \frac{2}{729} \approx 0{,}27\,\%$

4 a) Es gibt $2^{10} = 1024$ Möglichkeiten. Es gibt 2 Möglichkeiten, nur Münzbilder gleicher Sorte zu erhalten. Damit ist P(nur Münzbilder gleicher Sorte) $= \frac{2}{2^{10}} = \frac{1}{2^9} = \frac{1}{512}$.
b) P(ZKZKZKZKZK; KZKZKZKZKZ) $= \frac{2}{2^{10}} = \frac{1}{512}$ c) P(KKKKKZZZZZ) $= \frac{1}{2^{10}} = \frac{1}{1024}$

S. 240 **5** a) In einer Urne liegen 5 Kugeln mit den Nummern 4, 5, 6, 7, 8. Es werden nacheinander drei Kugeln ohne Zurücklegen gezogen unter Beachtung der Reihenfolge. Man kann $5 \cdot 4 \cdot 3 = 60$ erschiedene 3-stellige Zahlen schreiben.
b) In einer Urne liegen 4 verschiedenfarbige Kugeln. Es werden die vier Kugeln nacheinander ohne Zurücklegen gezogen unter Beachtung der Reihenfolge. Man hat damit $4! = 4 \cdot 3 \cdot 2 \cdot 1 = 24$ Möglichkeiten der Bemalung.
c) In einer Urne liegen 6 Kugeln mit den Nummern 1, 2, 3, 4, 5, 6. Es werden nacheinander drei Kugeln ohne Zurücklegen gezogen unter Beachtung der Reihenfolge. Man hat $6 \cdot 5 \cdot 4 = 120$ verschiedene Möglichkeiten für die ersten drei Plätze.

6 a) Es gibt $6 \cdot 5 \cdot 4 = 120$ verschiedene Möglichkeiten für die Flaggen.
b) Oberstes Feld: 6 mögliche Farben; mittleres Feld: 5 mögliche Farben; unteres Feld: 5 mögliche Farben.
Es gibt $6 \cdot 5 \cdot 5 = 150$ verschiedene Varianten.

7 a) $4! = 4 \cdot 3 \cdot 2 \cdot 1 = 24$ mögliche Wörter.
b) $4 \cdot 3 \cdot 2 = 24$ mögliche Wörter.

8 a) Es gibt $6 \cdot 5 \cdot 4 \cdot 3 \cdot 2 = 720$ Möglichkeiten bei 5 Würfen 5 verschiedene Augenzahlen zu erhalten. Die Gesamtzahl der möglichen Ausgänge ist $6^5 = 7776$.
P(verschiedene Augenzahlen) $= \frac{720}{7776} \approx 0{,}0926 \approx 9{,}3\,\%$
b) P(fünfmal die Fünf) $= \frac{1}{7776} \approx 0{,}000\,128\,6 \approx 0{,}013\,\%$
c) Man muss die Augenzahlen 1; 2; 3; 4; 5 oder 2; 3; 4; 5; 6 würfeln, ohne die Reihenfolge zu berücksichtigen. Da es 5! mögliche Anordnungen von 1; 2; 3; 4; 5 und dasselbe für 2; 3; 4; 5; 6 gilt, erhält man
P(„große Straße") $= \frac{5! + 5!}{6^5} = \frac{5}{162} \approx 0{,}030\,86 \approx 3{,}1\,\%$
d) P(gleiche Augenzahlen) $= \frac{6}{6^5} = \frac{1}{6^4} = \frac{1}{1296} \approx 0{,}000\,772 \approx 0{,}077\,\%$

S. 240 **9** $12 \cdot 11 \cdot 10 = 1320$ Möglichkeiten.

10 Gewinnklasse I: Es gibt $15 \cdot 14 \cdot 13 = 2730$ Möglichkeiten.
P(Gewinnklasse I) $= \frac{1}{2730} \approx 0{,}037\,\%$.
Gewinnklasse II: Es gibt $\frac{15 \cdot 14 \cdot 13}{3!} = 455$ Möglichkeiten.
P(Gewinnklasse II) $= \frac{1}{455} \approx 0{,}220\,\%$

11 a) $5! = 120$ Möglichkeiten
b) P(Felix zuletzt) $= \frac{1}{5} = 0{,}2$
c) P(Sarah; Elisa) $= \frac{1}{5 \cdot 4} = \frac{1}{20} = 0{,}05 = 5\,\%$

12 $6 \cdot 5 \cdot 4 \cdot 3 = 360$ Möglichkeiten

13 a) P(6 Richtige) $= \frac{1}{\binom{45}{6}} = \frac{1}{\frac{45 \cdot 44 \cdot 43 \cdot 42 \cdot 41 \cdot 40}{1 \cdot 2 \cdot 3 \cdot 4 \cdot 5 \cdot 6}} = \frac{1}{8\,145\,060} \approx 0{,}000012\,\%$
b) Die Gläser klingen $\binom{5}{2} = 10$ mal.
c) Anzahl der Verbindungen: $\binom{1000}{2} = 499\,500$.

10 *BERNOULLI-Experimente, BERNOULLI-Kette*

S. 241 **1** Die Trefferwahrscheinlichkeit ändert sich nicht bei jedem Ziehen, wenn die Kugel zurückgelegt wird. Wird sie nicht zurückgelegt, so ändert sich die Wahrscheinlichkeit bei jedem Zug.

S. 242 **2** a) BERNOULLI-Kette der Länge 10 und $p = 0{,}5$.
b) Keine BERNOULLI-Kette, da ohne Zurücklegen gezogen wird.
c) Streng genommen handelt es sich nicht um eine BERNOULLI-Kette. Näherungsweise kann das Experiment jedoch als BERNOULLI-Kette der Länge 20 aufgefasst werden. In diesem Fall geht man davon aus, dass es sich um eine große Grundgesamtheit handelt und die Wahrscheinlichkeit, dass ein Artikel nicht in Ordnung ist, bei allen Artikeln gleich ist.
BERNOULLI-Kette der Länge 20 mit $p = 0{,}03$.
d) Keine BERNOULLI-Kette, da die Wahrscheinlichkeiten nicht unabhängig sind.
e) BERNOULLI-Kette der Länge 10 mit $p = \frac{1}{6}$ für Treffer.

3 a) Keine BERNOULLI-Kette, da die Wahrscheinlichkeiten nicht unabhängig sind.
b) $P(A) = 0{,}996^7 \cdot 0{,}004 \approx 0{,}003\,889\,335 \approx 0{,}39\,\%$
c) $P(B) = 0{,}92^5 \cdot 0{,}08 \approx 0{,}052\,726\,52 \approx 5{,}27\,\%$

11 Formel von BERNOULLI – Binomialverteilung

S. 243 **1** a) $P(rrrss) = \frac{2}{5} \cdot \frac{2}{5} \cdot \frac{2}{5} \cdot \frac{3}{5} \cdot \frac{3}{5} = \frac{72}{3125} = 0{,}02304 \approx 2{,}3\,\%$

$P(rsrsr) = \frac{2}{5} \cdot \frac{3}{5} \cdot \frac{2}{5} \cdot \frac{3}{5} \cdot \frac{2}{5} = \frac{72}{3125} \approx 2{,}3\,\%$

b) $10 = \frac{5 \cdot 4 \cdot 3}{1 \cdot 2 \cdot 3} = \binom{5}{3}$ Möglichkeiten:

rrrss; rrsrs; rrssr; rsrrs; rsrsr; rssrr; srrrs; srrsr; srsrr; ssrrr

$P(3r; 2s) = 10 \cdot \frac{2}{5} \cdot \frac{2}{5} \cdot \frac{2}{5} \cdot \frac{3}{5} \cdot \frac{3}{5} = 10 \cdot \frac{72}{3125} = \frac{720}{3125} = \frac{144}{625} = 0{,}2304 \approx 23{,}0\,\%$

S. 244 **2** a) $n = 4;\ p = \frac{1}{6}$

b) $n = 8;\ p = 0{,}5$

c) $n = 10;\ p = 0{,}05$

d) $n = 10;\ p = \frac{1}{40} = 0{,}025$

3 a) $P(5\ \text{Primzahlen}) = \binom{10}{5} \cdot 0{,}5^5 \cdot 0{,}5^5 \approx 0{,}2461 = 24{,}61\,\%$

b) $P(1\ \text{bis}\ 10\ \text{Primzahlen}) = 1 - P(\text{keine Primzahl}) = 1 - \binom{10}{0} \cdot 0{,}5^{10} \approx 0{,}9990234 \approx 99{,}90\,\%$

c) $P(\text{keine Primzahl oder 1 Primzahl}) = \binom{10}{0} \cdot 0{,}5^{10} + \binom{10}{1} \cdot 0{,}5^9 \cdot 0{,}5^1 \approx 0{,}01074 \approx 1{,}07\,\%$

S. 245 **4** 1 (Treffer), wenn Patient geheilt wird mit $p = 0{,}7$. $n = 6$.

a) $P(X = 6) = \binom{6}{6} \cdot 0{,}7^6 \cdot 0{,}3^0 = 0{,}7^6 = 0{,}117649 \approx 0{,}118$

b) $P(X = 1) = \binom{6}{1} \cdot 0{,}7^1 \cdot 0{,}3^5 = 6 \cdot 0{,}7 \cdot 0{,}3^5 = 0{,}010206 \approx 0{,}010$

c) $P(X \geqq 1) = 1 - P(X = 0) = 1 - \binom{6}{0} \cdot 0{,}7^0 \cdot 0{,}3^6 = 1 - 0{,}3^6 = 0{,}999271 \approx 0{,}999$

d) $P(X \geqq 5) = P(X = 5) + P(X = 6) = 0{,}420175 \approx 0{,}420$

5 1 (Treffer), wenn ein Artikel schadhaft ist mit $p = 0{,}02$. $n = 15$.

$P(X > 2) = 1 - P(X = 0) - P(X = 1) - P(X = 2)$

$= 1 - \binom{15}{0} \cdot 0{,}02^0 \cdot 0{,}98^{15} - \binom{15}{1} \cdot 0{,}02^1 \cdot 0{,}98^{14} - \binom{15}{2} \cdot 0{,}02^2 \cdot 0{,}98^{13}$

$\approx 0{,}0030393746 \approx 0{,}0030.$

Die Wahrscheinlichkeit, dass ein Paket nicht berechnet wird, liegt bei ca. 0,3 %.

6 1 (Treffer), wenn eine Person Linkshänder ist mit $p = 0{,}125$. $n = 8$.

a) $P(X = 1) = \binom{8}{1} \cdot 0{,}125^1 \cdot 0{,}875^7 = 0{,}3926959037 \approx 39{,}3\,\%$

b) $P(X = 0) = \binom{8}{0} \cdot 0{,}125^0 \cdot 0{,}875^8 = 0{,}3436089158 \approx 34{,}4\,\%$

c) $P(X \leqq 1) = P(X = 0) + P(X = 1) \approx 0{,}7363 \approx 73{,}6\,\%$

d) $P(X > 6) = P(X = 7) + P(X = 8) \approx 0{,}000003397 \approx 0{,}00\,\%$

e) $P(X > 6) + P(X < 2) \approx 0{,}00\,\% + 73{,}6\,\% = 73{,}6\,\%$

7 1 Treffer, wenn Antwort richtig ist mit $p = \frac{1}{3}$. $n = 10$

a) $P(X = 4) = \binom{10}{4} \cdot \left(\frac{1}{3}\right)^4 \cdot \left(\frac{2}{3}\right)^6 \approx 0{,}2276 \approx 22{,}8\,\%$

b) $P(X \geqq 4) = 1 - P(X \leqq 3) = 1 - P(X = 0) - P(X = 1) - P(X = 2) - P(X = 3) \approx 0{,}4407 \approx 44{,}1\,\%.$

Die Wahrscheinlichkeit für das Bestehen des Tests, wenn man nur rät, liegt bei ca. 44 %. Dies ist sehr hoch, sodass man den Test so nicht akzeptieren kann.

S. 245 **7** c) $P(X \geqq 7) = P(X = 7) + P(X = 8) + P(X = 9) + P(X = 10) \approx 0{,}01966 \approx 2{,}0\,\%$.
So kann man den Test akzeptieren, da von 100 Teilnehmern im Durchschnitt 2 den Test bestehen, obwohl sie nur raten.
d) $P(X = 0) \approx 0{,}0173 \approx 1{,}7\,\%$.

8 X: Anzahl der Ablenkungen nach rechts; $p = 0{,}5$; $n = 4$.
a) Eine Kugel fällt in das Fach 1, wenn Sie insgesamt 1-mal nach rechts und 3-mal nach links abgelenkt wird. Sie fällt ins Fach 3, wenn sie 1-mal nach links und 3-mal nach rechts abgelenkt wird.
$P(X = 1) = \binom{4}{1} \cdot 0{,}5^1 \cdot 0{,}5^3 = 4 \cdot 0{,}5^4 = 0{,}25$; $P(X = 3) = \binom{4}{3} \cdot 0{,}5^3 \cdot 0{,}5^1 = 4 \cdot 0{,}5^4 = 0{,}25$.
Die Wahrscheinlichkeiten sind gleich.
b) $P(X = 0) = \binom{4}{0} \cdot 0{,}5^0 \cdot 0{,}5^4 = 0{,}5^4 = 0{,}0625$; $P(X = 4) = \binom{4}{4} \cdot 0{,}5^4 \cdot 0{,}5^0 = 0{,}5^4 = 0{,}0625$.
Auch diese Wahrscheinlichkeiten sind gleich.
c) $P(X = 2) = \binom{4}{2} \cdot 0{,}5^2 \cdot 0{,}5^2 = 6 \cdot 0{,}5^4 = 0{,}375$.
d) Wahrscheinlichkeitsverteilung:

x_i	0	1	2	3	4
$P(X = x_i)$	0,0625	0,25	0,375	0,25	0,0625

Säulendiagramm mit dem GTR:

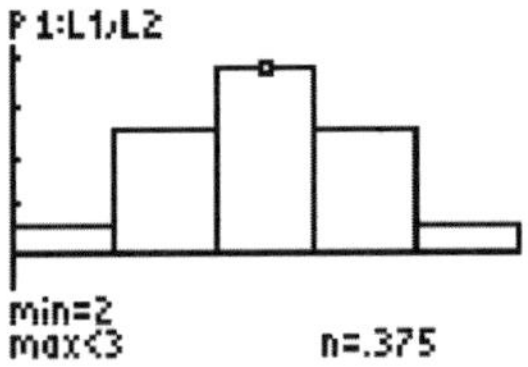

Die Verteilung ist also symmetrisch.

12 *Hilfsmittel bei Binomialverteilungen*

S. 246 **1** a) $P(X = 15) = \binom{100}{15} \cdot \left(\frac{1}{6}\right)^{15} \cdot \left(\frac{5}{6}\right)^{85} \approx 0{,}100\,237$;
$P(X = 16) = \binom{100}{16} \cdot \left(\frac{1}{6}\right)^{16} \cdot \left(\frac{5}{6}\right)^{84} \approx 0{,}106\,501$;
$P(X = 17) \approx 0{,}105\,248$; $P(X = 18) \approx 0{,}097\,062$; $P(X = 19) \approx 0{,}083\,780$; $P(X = 20) \approx 0{,}067\,862$
b) $P(15 \leqq X \leqq 20) \approx 0{,}560\,690$

S. 248 **2** a) $P(X = 6) \approx 0{,}1244$
b) $P(X < 6) = P(X \leqq 5) \approx 0{,}1256$
c) $P(X \leqq 6) \approx 0{,}2500$
d) $P(X > 6) = 1 - P(X \leqq 6) \approx 0{,}7500$
e) $P(X = 8) \approx 0{,}1797$
f) $P(X > 11) = 1 - P(X \leqq 11) \approx 0{,}0565$
g) $P(4 < X < 10) = P(X \leqq 9) - P(X \leqq 4) \approx 0{,}7044$
h) $P(4 \leqq X \leqq 10) = P(X \leqq 10) - P(X \leqq 3) \approx 0{,}8565$

S. 248 **3** Treffer „6" mit $p = \frac{1}{6}$; $n = 100$.

a) $P(X = 10) \approx 0{,}0214$

b) $P(X > 25) = 1 - P(X \leqq 25) \approx 0{,}0119$

c) $P(15 \leqq X \leqq 25) = P(X \leqq 25) - P(X \leqq 14) \approx 0{,}7007$

d) $P(X \leqq 15) + P(X \geqq 25) = P(X \leqq 15) + 1 - P(X \leqq 24) \approx 0{,}4094$

4 Treffer 1 für Vorderseite: $p = 0{,}4$; $n = 10$.

a) $P(1110000000) = 0{,}4^3 \cdot 0{,}6^7 \approx 0{,}0018$

b) $P(0000100001) = 0{,}4^2 \cdot 0{,}6^8 \approx 0{,}0027$

c) $P(X \leqq 3) \approx 0{,}3823$

5 Treffer = „Linkshänder" mit $p = 0{,}20$; $n = 15$.

a) $P(X = 1) = 0{,}1319$

b) $P(X \geqq 1) = 1 - P(X = 0) \approx 1 - 0{,}0352 \approx 0{,}9648$

c) $P(X \leqq 2) \approx 0{,}3980$

d) $P(X > 3) = 1 - P(X \leqq 3) \approx 1 - 0{,}6482 \approx 0{,}3518$

6 Treffer = „Ausschuss" mit $p = 0{,}05$; $n = 20$.

$P(X \geqq 2) = 1 - P(X \leqq 1) \approx 1 - 0{,}7358 \approx 0{,}2642$

Es ist zu erwarten, dass die Lieferung in ca. 26,5 % der Fälle zurückgesendet wird.

7 Treffer = „Fischgericht" mit $p = \frac{1}{3}$; $n = 100$.

$P(X > 33) = 1 - P(X \leqq 33) \approx 1 - 0{,}5188 \approx 0{,}4812$.

Mit 48 % Wahrscheinlichkeit müssen weitere Fischgerichte zubereitet werden.

8 Treffer = „defekter Haartrockner" mit $p = 0{,}025$; $n = 10$.

$P(X \geqq 2) = 1 - P(X \leqq 1) \approx 1 - 0{,}9754 \approx 0{,}0246 \approx 2{,}5\,\%$.

Damit lehnt der Großabnehmer in rund 2,5 % aller Fälle die Lieferung ab.

9 Treffer = „unerwünschte Nebenwirkungen" mit $p = 0{,}037$; $n = 200$.

$P(X > 8) = 1 - P(X \leqq 8) \approx 1 - 0{,}6772 \approx 0{,}3228 \approx 32{,}3\,\%$

13 *Erwartungswert, Standardabweichung, Sigmaregeln*

S. 249 **1** Im Mittel beurteilt der Kontrolleur unter 100 Teilen 1 Teil falsch. Man kann also bei 1000 Teilen mit 10 falschen Entscheidungen rechnen.

S. 251 **2** a)

x_i	0	1
$P(X = x_i)$	$\frac{14}{16} = \frac{7}{8}$	$\frac{2}{16} = \frac{1}{8}$

$E(X) = \mu = 800 \cdot \frac{1}{8} = 100$

Man kann 100 Gewinne zu je 1 € erwarten. Damit betragen die Ausgaben 100 €.

b) Da mit Einnahmen von ca. $800 \cdot 0{,}20\,€ = 160\,€$ zu rechnen ist, ist ein Gewinn von 60 € zu erwarten.

S. 251 **2** c) $\sigma = \sqrt{800 \cdot \frac{1}{8} \cdot \frac{7}{8}} = 5 \cdot \sqrt{3{,}5} \approx 9{,}4$.
Damit gilt nach der 3σ-Regel mit $\mu = 100$: $P(100 - 3 \cdot 9{,}4 \leqq X \leqq 100 + 3 \cdot 9{,}4) \approx 0{,}997$, also $100 - 28 \leqq X \leqq 100 + 28$. Damit sind mit der Wahrscheinlichkeit 99,7% zwischen 72 und 128 Gewinne zu erwarten. Der Gewinn liegt also mit sehr großer Wahrscheinlichkeit zwischen 160€ – 128€ und 160€ – 72€, also zwischen 32€ und 88€.

3 a) $\mu = E(X) = n \cdot p$, also $108 = 120 \cdot p$, d.h. $p = 0{,}9$
b) $\sigma = \sqrt{120 \cdot 0{,}9 \cdot 0{,}1} \approx 3{,}29$
c) $n = 450$; $\mu = E(X) = 450 \cdot 0{,}9 = 405$; $\sigma = \sqrt{450 \cdot 0{,}9 \cdot 0{,}1} = \frac{9}{\sqrt{2}} \approx 6{,}36$
Damit: $P(405 - 1{,}96 \cdot 6{,}36 \leqq X \leqq 405 + 1{,}96 \cdot 6{,}36) \approx 0{,}95$, also $P(392{,}5 \leqq X \leqq 417{,}5) \approx 0{,}95$.
Damit hatte das Mittel eine bessere Wirkung als mit 95%-iger Wahrscheinlichkeit zu erwarten war.

4 a) Treffer = „Aufklärung Vergewaltigung" mit
p = „Mittelwert von 0,837 und 0,830" = 0,8335; $n = 8300$.
$\mu = E(X) = 8300 \cdot 0{,}8335 = 6918{,}05 \approx 6900$.
Es ist mit 6900 Fällen zu rechnen, in denen eine Aufklärung erfolgt.
b) Treffer = „Aufklärung Mord und Totschlag"
mit p = „Mittelwert von 0,958 und 0,961" = 0,9595; $n = 2500$.
$\mu = E(X) = 2500 \cdot 0{,}9595 = 2398{,}75 \approx 2400$; $\sigma = \sqrt{2500 \cdot 0{,}9595 \cdot 0{,}0405} \approx 9{,}86$
$P(2400 - 2{,}58 \cdot 9{,}86 \leqq X \leqq 2400 + 2{,}58 \cdot 9{,}86) \approx 0{,}99$; also $P(2374{,}6 \leqq X \leqq 2425{,}4) \approx 0{,}99$.
Damit werden mit 99% Wahrscheinlichkeit mindestens 2375 und höchstens 2425 Fälle von „Mord und Totschlag" im Jahre 2009 aufgeklärt.

5 Treffer = „Abnahme von 5 kg in 4 Wochen" mit $p = 0{,}85$; $n = 80$.
a) Es können $\mu = E(X) = 80 \cdot 0{,}85 = 68$ Personen mit einem Erfolg rechnen.
b) $\sigma = \sqrt{80 \cdot 0{,}85 \cdot 0{,}15} \approx 3{,}19$.
$P(68 - 2 \cdot 3{,}19 \leqq X \leqq 68 + 2 \cdot 3{,}19) \approx 0{,}955$ oder $P(61{,}6 \leqq X \leqq 74{,}4) \approx 0{,}955$.
Da 62 im 95,5%-Intervall liegt, kann die Behauptung aufrecht erhalten werden.

6 Treffer = „Kind mit Legasthenie" mit $p = 0{,}0139$; $n = 350$
a) $\mu = E(X) = 350 \cdot 0{,}0139 = 4{,}865 \approx 5$
b) $\sigma = \sqrt{350 \cdot 0{,}0139 \cdot 0{,}9861} \approx 2{,}19$.
$P(4{,}865 - 2{,}58 \cdot 2{,}19 \leqq X \leqq 4{,}865 + 2{,}58 \cdot 2{,}1) \approx 0{,}99$ oder $P(-0{,}79 \leqq X \leqq 10{,}52) \approx 0{,}99$.
Damit müsste man zwischen 0 und 10 Schülern mit Legasthenie rechnen. Diese Aussage ist aber mit Vorsicht zu behandeln, da $\sigma < 3$ ist.

7 Treffer = „Person wählt AGU" mit $p = 0{,}12$; $n = 500$.
$\mu = E(X) = 500 \cdot 0{,}12 = 60$; $\sigma = \sqrt{500 \cdot 0{,}12 \cdot 0{,}88} \approx 7{,}27$
Mit 99%-iger Wahrscheinlichkeit liegt 45 im Bereich
$60 - 2{,}58 \cdot 7{,}27 \leqq X \leqq 60 + 2{,}58 \cdot 7{,}27$, also in $41{,}2 \leqq X \leqq 78{,}8$.
Geht man jedoch von 90%-iger Wahrscheinlichkeit aus, so liegt 45 nicht im entsprechenden Bereich:
$60 - 1{,}64 \cdot 7{,}27 \leqq X \leqq 60 + 1{,}64 \cdot 7{,}27$, also in $48{,}1 \leqq X \leqq 71{,}9$.
Damit ist mit hoher Wahrscheinlichkeit der behauptete Stimmenanteil von 12% nicht zu halten.

14 Vermischte Aufgaben

Ereignisse – Pfadregel

S. 252 ***1*** a)

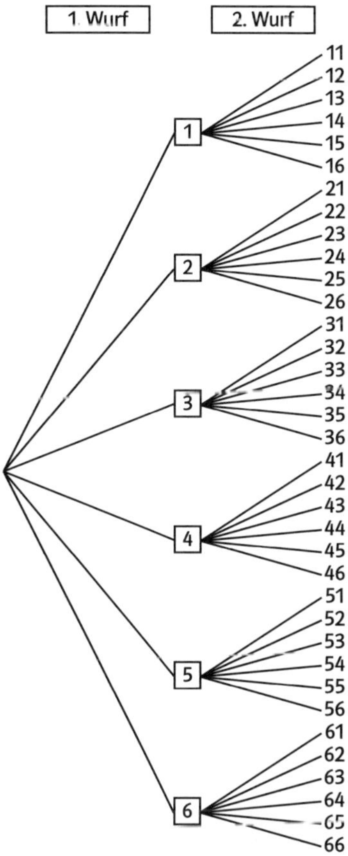

b) A = {26; 35; 44; 53; 62}
B = {46; 55; 56; 64; 65; 66}
C = {26; 34; 43; 62}
D = {21; 42; 63}
E = {16; 26; 36; 46; 56; 66}

2 a) $P(\text{AUS}) = \frac{1}{3} \cdot \frac{1}{2} \cdot \frac{1}{1} = \frac{1}{6} \approx 0{,}1667$

b) $P(\text{WAHL}) = \frac{1}{4} \cdot \frac{1}{3} \cdot \frac{1}{2} \cdot \frac{1}{1} = \frac{1}{24} \approx 0{,}0417$

c) $P(\text{A}) = \frac{1}{2} \cdot \frac{1}{3} + \frac{1}{2} \cdot \frac{1}{4} = \frac{7}{24} \approx 0{,}2917$

d) $P(\text{LAUS}) = \frac{1}{7} \cdot \frac{2}{7} \cdot \frac{1}{7} \cdot \frac{1}{7} = \frac{2}{2401} \approx 0{,}0008$

3 a)

Redakteur	A	B	C	D
rel. Häufigkeit der Fehler pro Beitrag	$\frac{16}{120} = \frac{2}{15}$	$\frac{24}{80} = \frac{3}{10}$	$\frac{19}{190} = \frac{1}{10}$	$\frac{6}{120} = \frac{1}{20}$

S. 252 **3** b) f: fehlerbehaftet; o: ohne Fehler

$P(E) = P(o;o;o) = \frac{56}{80} \cdot \frac{55}{79} \cdot \frac{54}{78} \approx 0{,}3374$

$P(F) = P(f;o;o) + P(o;f;o) + P(o;o;f)$

$= 3 \cdot \frac{24}{80} \cdot \frac{56}{79} \cdot \frac{55}{78} \approx 0{,}4499$

$P(G) = 1 - P(f;f;f) = 1 - \frac{24}{80} \cdot \frac{23}{79} \cdot \frac{22}{78} \approx 0{,}9754$

$P(H) = P(f;f;f) + P(o;f;f) + P(f;o;f) + P(f;f;o)$

$= \frac{24}{80} \cdot \frac{23}{79} \cdot \frac{22}{78} + 3 \cdot \frac{56 \cdot 24 \cdot 23}{80 \cdot 79 \cdot 80} \approx 0{,}2128$

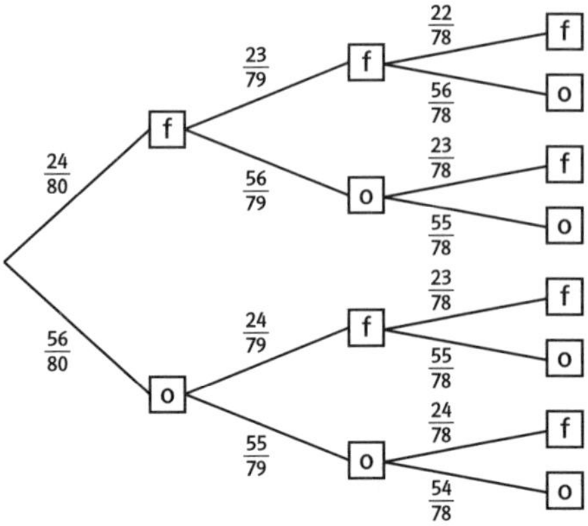

4 a) Baumdiagramm rechts

$X = x_i$	0	1	2	5
$P(X = x_i)$	$\frac{8}{16}$	$\frac{4}{16}$	$\frac{2}{16}$	$\frac{2}{16}$

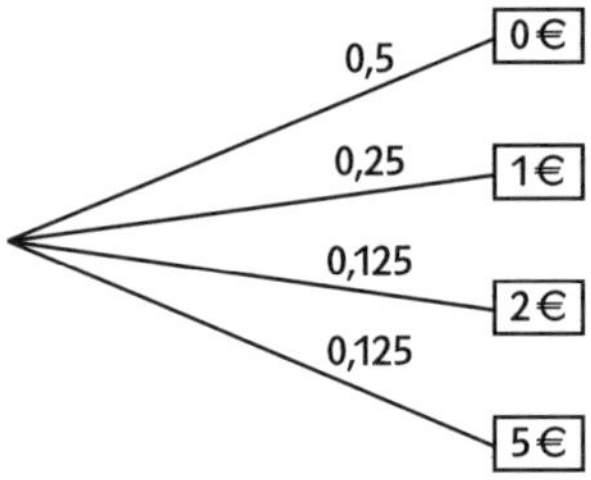

b) $E(X) = 1{,}125$ €

Da der Einsatz pro Spiel 2,00 € beträgt, werden pro Spiel langfristig 2,00 € − 1,125 € = 0,875 € verloren.

Bei 1000 Spielen kann der Betreiber mit einem Gewinn von 1000 · 0,875 € = 875 € rechnen.

c) Es muss gelten: $0 \cdot \frac{8}{16} + 1 \cdot \frac{4}{16} + 2 \cdot \frac{2}{16} + x \cdot \frac{2}{16} = 2$, da der Einsatz gewonnen werden soll.

Daraus ergibt sich $x = 12$, d.h. statt 5 € müssten 12 € ausbezahlt werden.

d) $P(A) = 0{,}5^2 = 0{,}25$;

$P(B) = 0{,}125^2 = 0{,}015625 \approx 0{,}0156$;

C: Hans gewinnt beim 1. Spiel 1 € und beim 2. Spiel nichts oder umgekehrt:

$P(C) = 0{,}5 \cdot 0{,}25 + 0{,}25 \cdot 0{,}5 = 0{,}25$;

D: Hans gewinnt beim 1. Spiel nicht und beim 2. Spiel 5 € oder umgekehrt; er gewinnt beim 1. Spiel 1 € und beim 2. Spiel 5 € oder umgekehrt; er gewinnt beim 1. Spiel 2 € ebenso wie beim 2. Spiel; er gewinnt beim 1. Spiel 2 € und beim 2. Spiel 5 € oder umgekehrt; er gewinnt beim 1. Spiel 5 € ebenso wie beim 2. Spiel

$P(D) = 2 \cdot 0{,}5 \cdot 0{,}125 + 2 \cdot 0{,}25 \cdot 0{,}125 + 0{,}125 \cdot 0{,}125 + 2 \cdot 0{,}125 \cdot 0{,}125 + 0{,}125 \cdot 0{,}125 = 0{,}25$

Kombinatorik

S. 253 **5** Es gibt $6! = 720$ mögliche Reihenfolgen des Erscheinens.

6 Es gibt $5 \cdot 4 \cdot 3 = 60$ verschiedene Möglichkeiten zu sitzen.

7 a) Es gibt $9 \cdot 9 \cdot 8 = 648$ dreistellige Zahlen mit ungleichen Ziffern.

b) Es gibt $9 \cdot 9 \cdot 8 \cdot 7 = 4536$ vierstellige Zahlen mit ungleichen Ziffern.

c) Es gibt $9 \cdot 9 \cdot 8 \cdot 7 \cdot 6 = 27216$ fünfstellige Zahlen mit ungleichen Ziffern.

d) Es gibt solche Zahlen nicht, da sich mindestens eine Ziffer wiederholen muss.

S. 253 **8** a) Es gibt $5 \cdot 4 \cdot 3 = 60$ „Wörter“ ohne Buchstabenwiederholung.
b) Es gibt $5^3 = 125$ „Wörter“ mit Buchstabenwiederholung.

9 Da es 26 Buchstaben gibt und 10 Ziffern, gibt es $9 \cdot 10 \cdot 10$ verschiedenen dreistellige Zahlen (023 gilt als zweistellige Zahl!)
Es gibt $26 \cdot 26 \cdot 9 \cdot 10 \cdot 10 = 608\,400$ verschiedene Kennzeichen.
Dies reicht nicht aus für Berlin, da man dann 1,15 Millionen Kennzeichen benötigt.
Man macht die Zahl vierstellig, wodurch sich die Anzahl der Zeichen um den Faktor 10 auf 6 084 000 erhöht.

BERNOULLI-Ketten – Binomialverteilung

10 $X = 1$ für Zahl, 0 für Wappen.
a) $P(A) = 0{,}5 \cdot 0{,}5^9 = 0{,}000\,976\,562\,5 \approx 0{,}0010$
$P(5) = \binom{10}{5} \cdot 0{,}5^5 \cdot 0{,}5^5 \approx 0{,}2461$
$P(X \geqq 3) = 1 - P(X \leqq 2) \approx 0{,}9453$
b) $E(X) = 1000 \cdot 0{,}5 = 500$; $\sigma_X = \sqrt{1000 \cdot 0{,}5 \cdot (1 - 0{,}5)} = 0{,}5 \cdot 10 \cdot \sqrt{10} \approx 15{,}81 \approx 16$
Die 1-σ-Regel besagt, dass bei 1000 Würfen die Anzahl von „Zahl“ mit der Wahrscheinlichkeit 68 % zwischen 484 und 516 liegt.
c) Nach der 99 %-Regel liegt die Anzahl von Treffer (= Zahl) bei
$500 - 2{,}58 \cdot 15{,}81 \leqq X \leqq 500 + 2{,}58 \cdot 15{,}81$, also zwischen 460 und 540.

11 Man geht davon aus, dass die Stadt so groß ist, dass man ein Bernoulli-Experiment annehmen kann.
Vereinsmitglied $X = 1$; $p = 0{,}1$; $n = 100$
a) $P(X \geqq 1) = 1 - P(X = 0) \approx 0{,}999973 \approx 1{,}0000$ (Fig. 1)
b) $P(X \leqq 1) = 0{,}000322 \approx 0{,}0003$ (Fig. 1)
c) $E(X) = 100 \cdot 0{,}1 = 10$; $\sigma_X = \sqrt{100 \cdot 0{,}1 \cdot 0{,}9} = 3$.
Damit sind mit 99 %-iger Wahrscheinlichkeit zwischen
$10 - 2{,}58 \cdot 3 \leqq X \leqq 10 + 2{,}58 \cdot 3$ oder $10 - 7{,}74 \leqq X \leqq 10 + 7{,}74$
3 und 17 Vereinsmitglieder unter den ausgewählten Personen.

```
1-binomcdf(100,.
1,0)
          .9999734386
binomcdf(100,0.1
,1)
       3.216880532E-4
```

Fig. 1

12 Treffer $X = 1$: Tüte weicht um 2 g oder mehr ab;
$p = 0{,}0115$; $n = 1000$.
a) $P(X \leqq 10) \approx 0{,}4007$ (Fig. 2)
b) $P(X > 15) = 1 - P(X \leqq 15) \approx 0{,}1204$ (Fig. 2)
c) $E(X) = 1000 \cdot 0{,}0115 = 11{,}5$;
$\sigma_X = \sqrt{1000 \cdot 0{,}0115 \cdot 0{,}9815} \approx 3{,}37$
Maximale Abweichung mit 99,7 %-iger Wahrscheinlichkeit:
$11{,}5 - 3 \cdot 3{,}37 \leqq X \leqq 11{,}5 + 3 \cdot 3{,}37$; $1{,}4 \leqq X \leqq 21{,}6$.
Es ist somit sehr unwahrscheinlich, dass bei einer Kontrolle von 100 Tüten 24 davon ein zu kleines Gewicht haben.
Man wird der Firma mitteilen, dass offensichtlich ein Fehler bei der Abfüllanlage vorliegt.

```
binomcdf(1000,0.
0115,10)
          .4007488327
1-binomcdf(1000,
0.0115,15)
          .1204282071
```

Fig. 2

IX Vektorgeometrie

1 Räumliche Darstellungen

S. 258 **1** a) Quader (grün), Zylinder (orange) und Kegel (blau)

b)

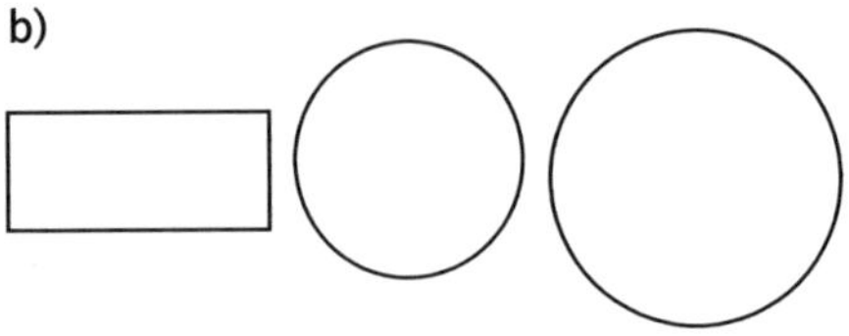

c)

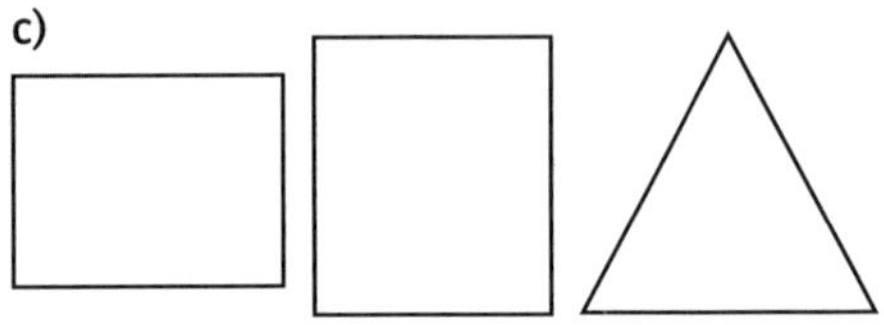

d) Durch zwei Darstellungen z. B. von oben und von vorne (Grund- und Aufriss) oder durch Angabe der Lage der entscheidenden Punkte des Körpers im Raum durch 3 Koordinaten.

S. 260 **2** a)

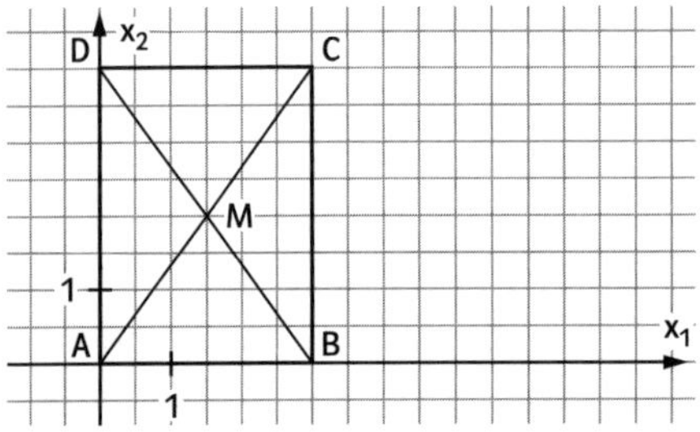

b) A(0 | 0); B(3 | 0); C(3 | 4); D(0 | 4); M(1,5 | 2)

3 a)

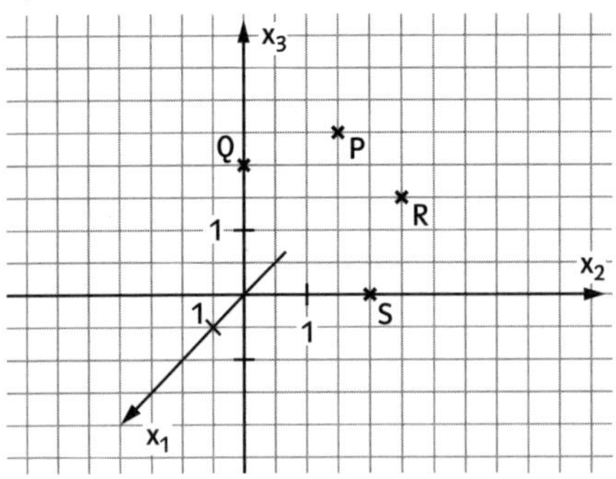

b)

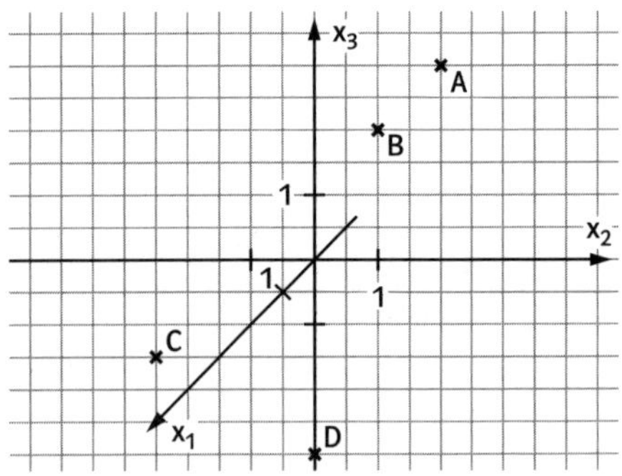

4 a) A und B in x_1x_2-Ebene; C in x_2x_3-Ebene; D in x_1x_3-Ebene;
E auf x_3-Achse; F auf x_1-Achse; G auf x_2-Achse.
b) P liegt in keiner Koordinatenebene; Q in x_1x_3-Ebene; R auf x_1-Achse; S in x_1x_2-Ebene; T auf x_2-Achse; U auf x_3-Achse; V in x_2x_3-Ebene.

S. 261 **5** a) … auf der x_2x_3-Ebene (... auf der x_1x_3-Ebene; ... auf der x_1x_2-Ebene)
b) die x_2- und die x_3-Koordinate sind 0 (die x_1- und die x_3-Koordinate sind 0; die x_1- und die x_2-Koordinate sind 0)
c) Alle drei Koordinaten sind 0, also der Ursprung.

6 A(1|4|0); B(2|−1|0); C(0|1,5|0) R(0|1,5|3,5); S(0|1|−1); T(0|−2|2)
U(2|0|3); V(−5|0|1,5); W(−5|0|−3)

7 a)

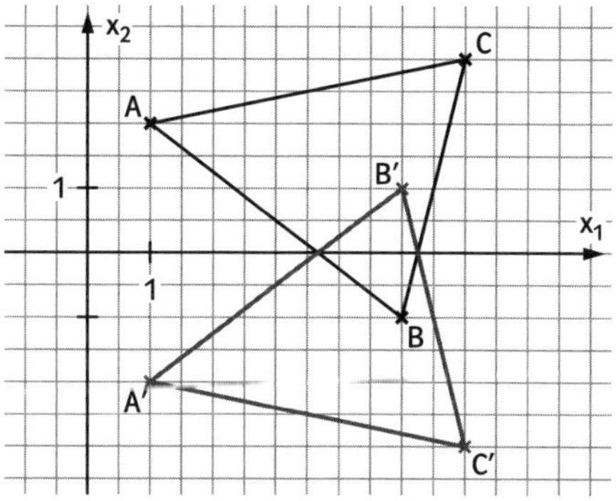

b) A′(1|−2); B′(5|1); C′(6|−3)

8 a) A′(2|0|0) = A; B′(−1|2|1); C′(−2|3|−4); D′(3|4|2)
b) A″(−2|0|0); B″(1|2|−1); C″(2|3|4); D″(−3|4|−2)
c) A‴(2|0|0) = A; B‴(−1|−2|−1); C″(−2|−3|4); D‴(3|−4|−2)

9 a)

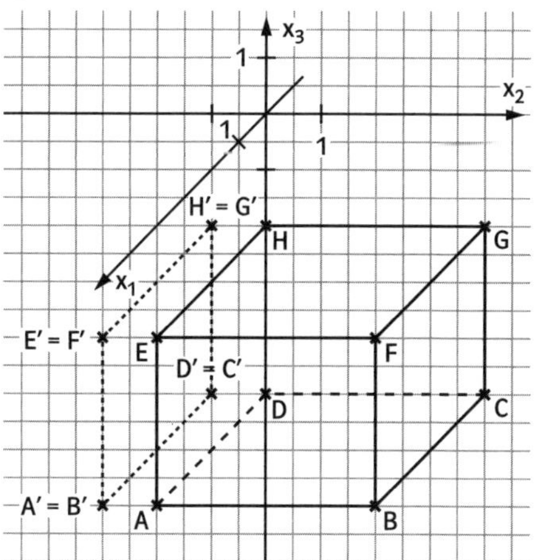

b) Länge = $\overline{AB}$ = Breite = $\overline{AD}$ = 4; Höhe = $\overline{AE}$ = 3.
c) A′(6|0|−4) = B′(6|0|−4); C′(2|0|−4) = D′(2|0|−4);
E′(6|0|−1) = F′(6|0|−1); G′(2|0|−1) = H′(2|0|−1)

S. 261 **10** a)

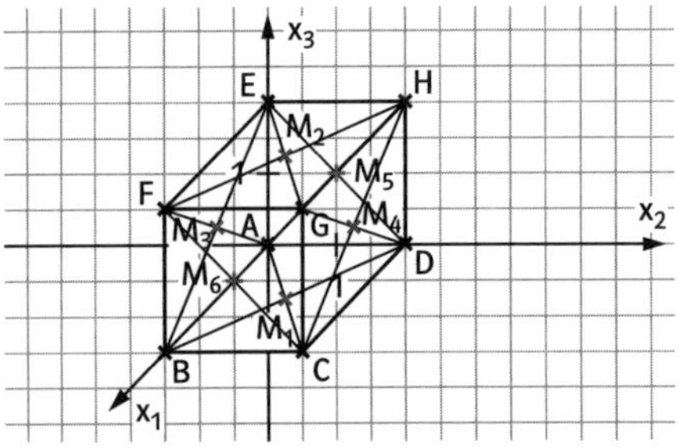

F(3 | 0 | 2); G(3 | 2 | 2); H(0 | 2 | 2)

b) $M_1(1{,}5\,|\,1\,|\,0)$; $M_2(1{,}5\,|\,1\,|\,2)$; $M_3(1{,}5\,|\,0\,|\,1)$; $M_4(1{,}5\,|\,2\,|\,1)$; $M_5(0\,|\,1\,|\,1)$; $M_6(3\,|\,1\,|\,1)$

11 a) A′(2 + 4 | 0 + 3 | 0 + 2) = A′(6 | 3 | 2); B′(3 | 5 | 1); C′(4 | 6 | 6); D′(7 | 7 | 0)

b) A′(2 + 2 | 0 +3 | 0 + 4) = A′(4 | 3 | 4); B′(1 | 5 | 3); C′(0 | 6 | 8); D′(5 | 7 | 2)

12 a) Länge der Grundkante ist wegen $A = a^2$: $a = \sqrt{50\,625}\,\text{m} = 225\,\text{m}$

b) Der Mittelpunkt der Grundfläche hat die Koordinaten M(112,5 | 112,5 | 0). Damit hat die Spitze die Koordinaten S(112,5 | 112,5 | 139).

2 *Punkte und Vektoren*

S. 262 **1** a) Darstellung durch einen Pfeil:

S. 265 **2** a), b), c), d)

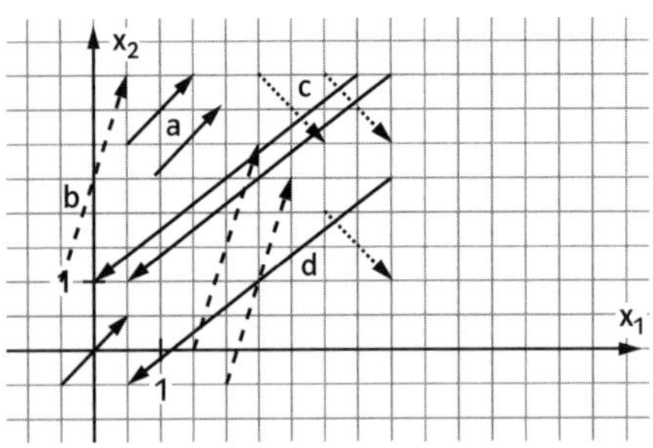

e), f), g)

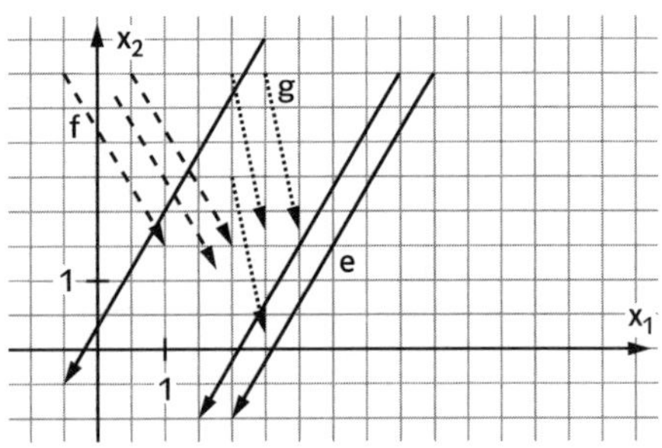

S. 265 **3** a), b), c), d)

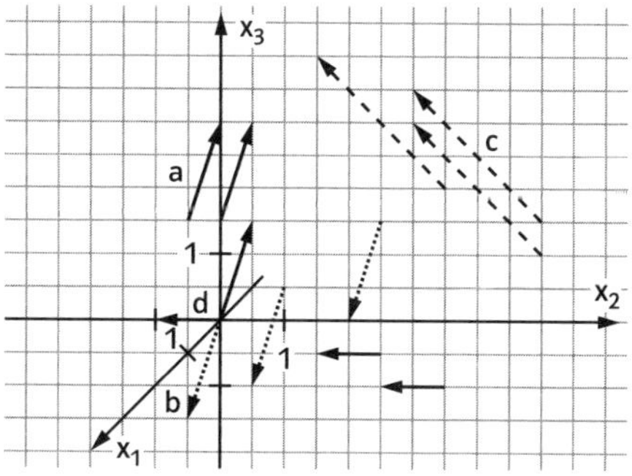

e), f), g)

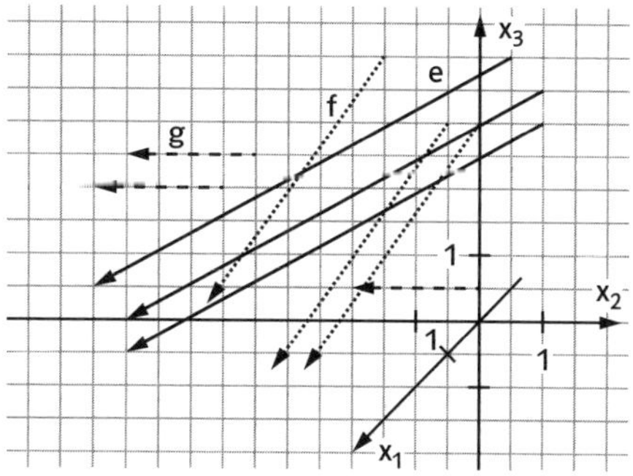

4 a) $\overrightarrow{AB} = \begin{pmatrix} 2 \\ 4 \\ 4 \end{pmatrix}$; $\overrightarrow{BA} = \begin{pmatrix} -2 \\ -4 \\ -4 \end{pmatrix}$ b) $\overrightarrow{AB} = \begin{pmatrix} -1 \\ 1 \\ 0 \end{pmatrix}$; $\overrightarrow{BA} = \begin{pmatrix} 1 \\ -1 \\ 0 \end{pmatrix}$ c) $\overrightarrow{AB} = \begin{pmatrix} 1 \\ 0 \\ 1 \end{pmatrix}$; $\overrightarrow{BA} = \begin{pmatrix} -1 \\ 0 \\ -1 \end{pmatrix}$

d) $\overrightarrow{AB} = \begin{pmatrix} 0 \\ -2 \\ 2 \end{pmatrix}$; $\overrightarrow{BA} = \begin{pmatrix} 0 \\ 2 \\ -2 \end{pmatrix}$ e) $\overrightarrow{AB} = \begin{pmatrix} -2{,}1 \\ -0{,}1 \\ -1{,}1 \end{pmatrix}$; $\overrightarrow{BA} = \begin{pmatrix} 2{,}1 \\ 0{,}1 \\ 1{,}1 \end{pmatrix}$ f) $\overrightarrow{AB} = \begin{pmatrix} 4 \\ 4 \\ 4 \end{pmatrix}$; $\overrightarrow{BA} = \begin{pmatrix} -4 \\ -4 \\ -4 \end{pmatrix}$

5 a) $Q(2 + 3 \mid 5 - 2) = Q(5 \mid 3)$ b) $Q(3 \mid -2)$
c) $Q(0 \mid -2)$ d) $Q(-1 \mid 4)$

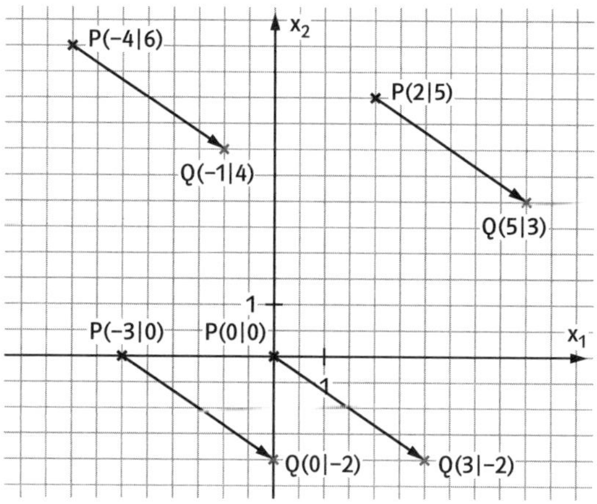

S. 265 **6** a) Q(1 + 3 | 2 + 1 | 0 + 4) = Q(4 | 3 | 4) b) Q(3 | 1 | 4)
c) Q(0 | 1 | 0) d) Q(−1 | 7 | 6)

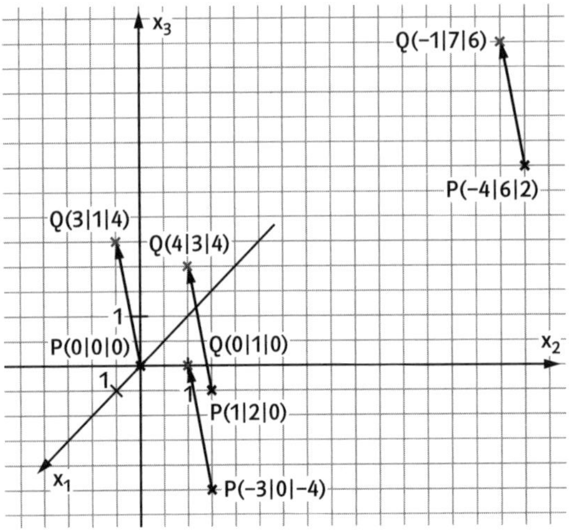

7 a) $\overrightarrow{AB} = \begin{pmatrix} 1 \\ 1 \\ -2 \end{pmatrix}$ ist Ortsvektor von P(1 | 1 | −2)

b) $\overrightarrow{AB} = \begin{pmatrix} 4 \\ -3 \\ 1 \end{pmatrix}$ ist Ortsvektor von P(4 | −3 | 1)

c) $\overrightarrow{AB} = \begin{pmatrix} 1 \\ -2 \\ -5 \end{pmatrix}$ ist Ortsvektor von P(1 | −2 | −5)

8 a) $\overrightarrow{AB} = \begin{pmatrix} 7 \\ 3 \\ 2 \end{pmatrix}$; $\overrightarrow{DC} = \begin{pmatrix} 7 \\ 3 \\ 2 \end{pmatrix}$; damit sind die Seiten AB und CD parallel. Da auch $\overrightarrow{BC} = \begin{pmatrix} 4 \\ 1 \\ 0 \end{pmatrix}$ und $\overrightarrow{AD} = \begin{pmatrix} 4 \\ 1 \\ 0 \end{pmatrix}$ gleich sind, ist auch BC parallel zu AD. Damit liegt ein Parallelogramm vor.

b) $\overrightarrow{AB} = \begin{pmatrix} 2 \\ 4 \\ 1 \end{pmatrix}$; $\overrightarrow{DC} = \begin{pmatrix} 2 \\ 4 \\ 1 \end{pmatrix}$; damit sind die Seiten AB und CD parallel. Da auch $\overrightarrow{BC} = \begin{pmatrix} 7 \\ 3 \\ 5 \end{pmatrix}$ und $\overrightarrow{AD} = \begin{pmatrix} 7 \\ 3 \\ 5 \end{pmatrix}$ gleich sind, ist auch BC parallel zu AD. Damit liegt ein Parallelogramm vor.

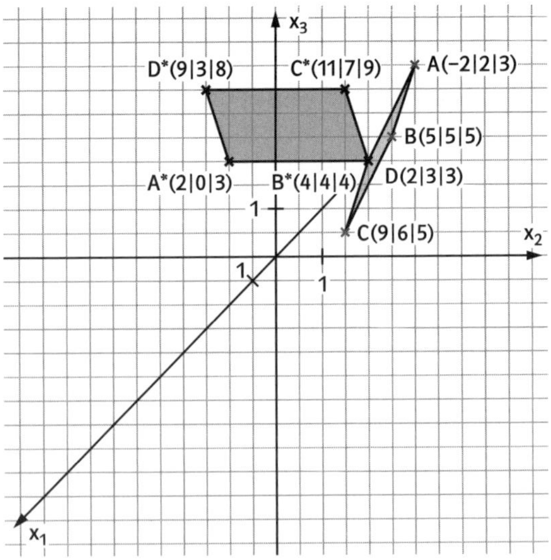

S. 265 **9** $\overrightarrow{FG} = \begin{pmatrix}0\\1\\0\end{pmatrix}$; $\overrightarrow{DB} = \begin{pmatrix}1\\0\\-1\end{pmatrix}$; $\overrightarrow{CA} = \begin{pmatrix}1\\-1\\0\end{pmatrix}$; $\overrightarrow{EB} = \begin{pmatrix}1\\1\\-1\end{pmatrix}$; $\overrightarrow{AD} = \begin{pmatrix}-1\\1\\1\end{pmatrix}$; $\overrightarrow{CF} = \begin{pmatrix}1\\-1\\1\end{pmatrix}$; $\overrightarrow{OG} = \begin{pmatrix}1\\1\\1\end{pmatrix}$

10 C(1 | 6 | −1); D(1 | 2 | −1); E(3 | 2 | 2); F(3 | 6 | 2); G(1 | 6 | 2).

$M_1\left(\frac{3+1}{2} \,|\, \frac{6+2}{2} \,|\, \frac{-1-1}{2}\right) = M_1(2 \,|\, 4 \,|\, -1)$; $M_2\left(\frac{3+1}{2} \,|\, \frac{6+6}{2} \,|\, \frac{-1+2}{2}\right) = M_2\left(2 \,|\, 6 \,|\, \frac{1}{2}\right)$

$M_3\left(\frac{1+1}{2} \,|\, \frac{6+2}{2} \,|\, \frac{-1+2}{2}\right) = M_3\left(1 \,|\, 4 \,|\, \frac{1}{2}\right)$; $M_4\left(\frac{3+1}{2} \,|\, \frac{2+2}{2} \,|\, \frac{-1+2}{2}\right) = M_4\left(2 \,|\, 2 \,|\, \frac{1}{2}\right)$

$\overrightarrow{M_1M_2} = \begin{pmatrix}0\\2\\\frac{3}{2}\end{pmatrix}$; $\overrightarrow{M_2M_3} = \begin{pmatrix}-1\\-2\\0\end{pmatrix}$; $\overrightarrow{M_3M_4} = \begin{pmatrix}1\\-2\\0\end{pmatrix}$; $\overrightarrow{M_4M_1} = \begin{pmatrix}0\\2\\-\frac{3}{2}\end{pmatrix}$

3 *Addieren und Subtrahieren von Vektoren*

S. 266 **1**

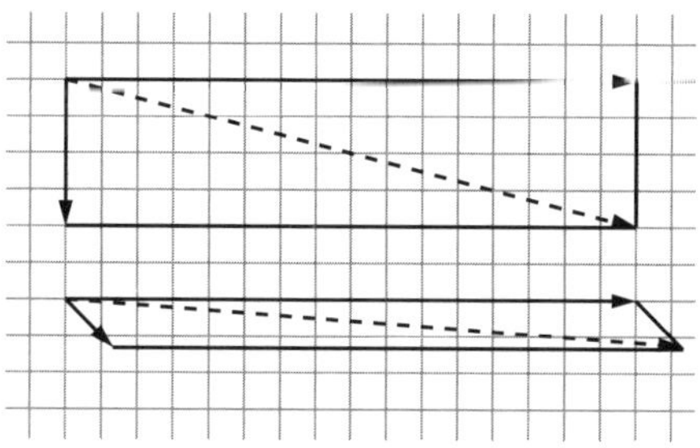

S. 268 **2** a)

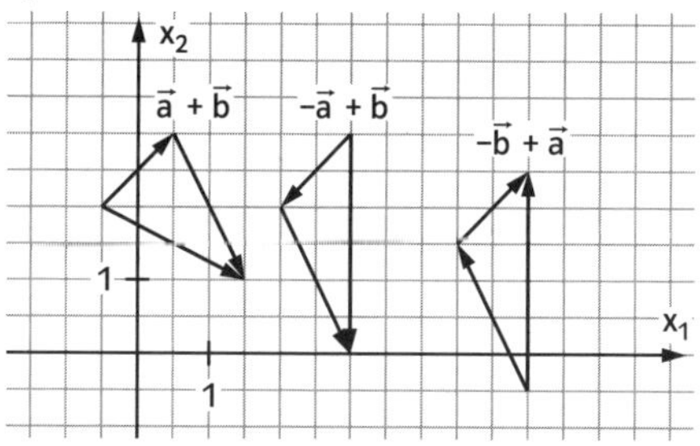

$\vec{a} + \vec{b} = \binom{1}{1} + \binom{1}{-2} = \binom{2}{-1}$; $-\vec{a} + \vec{b} = \binom{0}{-3}$; $-\vec{b} + \vec{a} = \binom{-1}{2} + \binom{1}{1} = \binom{0}{3}$

S. 268 **2** b)

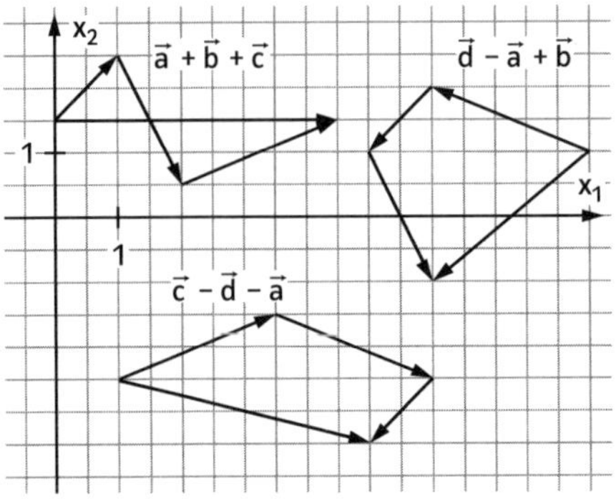

$\vec{a}+\vec{b}+\vec{c}=\binom{1}{1}+\binom{1}{-2}+\binom{2{,}5}{1}=\binom{4{,}5}{0}$; $\vec{d}-\vec{a}+\vec{b}=\binom{-2{,}5}{1}-\binom{1}{1}+\binom{1}{-2}=\binom{-2{,}5}{-2}$;

$\vec{c}-\vec{d}-\vec{a}=\binom{2{,}5}{1}-\binom{-2{,}5}{1}-\binom{1}{1}=\binom{4}{-1}$

c)

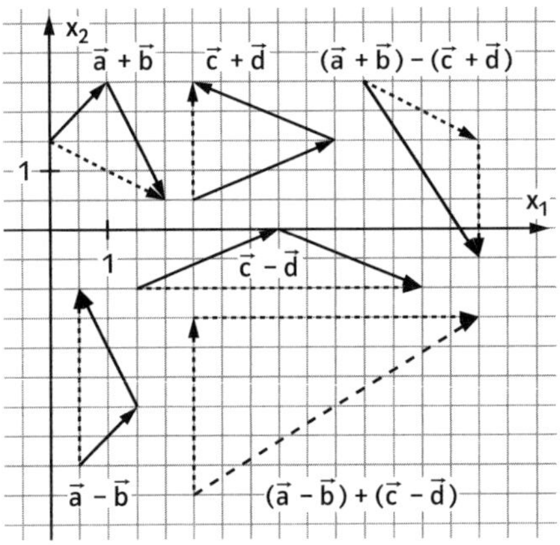

$(\vec{a}+\vec{b})-(\vec{c}+\vec{d})=\binom{2}{-1}-\binom{0}{2}=\binom{2}{-3}$; $(\vec{a}-\vec{b})+(\vec{c}-\vec{d})=\binom{0}{3}+\binom{5}{0}=\binom{5}{3}$.

3

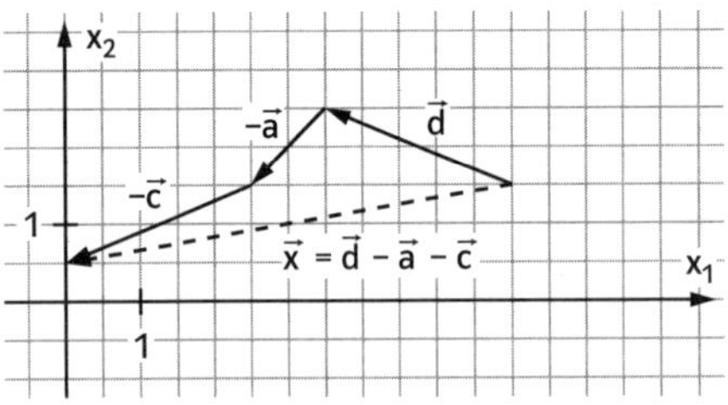

$\binom{1}{1}+\binom{2{,}5}{1}+\binom{x_1}{x_2}=\binom{-2{,}5}{1}$ oder $\binom{3{,}5+x_1}{2+x_2}=\binom{-2{,}5}{1}$ oder $\begin{matrix}3{,}5+x_1=-2{,}5\\2+x_2=1\end{matrix}$ oder $\begin{matrix}x_1=-6\\x_2=-1\end{matrix}$.

Damit ist $\vec{x}=\binom{-6}{-1}$.

S. 268 **4** a) $\vec{x} = \vec{b} - \vec{a} = \begin{pmatrix} 2 \\ -2 \end{pmatrix} - \begin{pmatrix} 2 \\ 0 \end{pmatrix} = \begin{pmatrix} 0 \\ -2 \end{pmatrix}$; $\vec{y} = \vec{a} - \vec{b} + \vec{c} = \begin{pmatrix} 2 \\ 0 \end{pmatrix} - \begin{pmatrix} 2 \\ -2 \end{pmatrix} + \begin{pmatrix} 4 \\ -1 \end{pmatrix} = \begin{pmatrix} 4 \\ 1 \end{pmatrix}$;

$\vec{z} = -\vec{b} + \vec{c} = \begin{pmatrix} -2 \\ 2 \end{pmatrix} + \begin{pmatrix} 4 \\ -1 \end{pmatrix} = \begin{pmatrix} 2 \\ 1 \end{pmatrix}$

b) $\vec{a} = \vec{y} - \vec{z} = \begin{pmatrix} 4 \\ 1 \end{pmatrix} - \begin{pmatrix} 2 \\ 1 \end{pmatrix} = \begin{pmatrix} 2 \\ 0 \end{pmatrix}$; $\vec{b} = \vec{x} + \vec{y} - \vec{z} = \begin{pmatrix} 0 \\ -2 \end{pmatrix} + \begin{pmatrix} 4 \\ 1 \end{pmatrix} - \begin{pmatrix} 2 \\ 1 \end{pmatrix} = \begin{pmatrix} 2 \\ -2 \end{pmatrix}$;

$\vec{c} = \vec{x} + \vec{y} = \begin{pmatrix} 0 \\ -2 \end{pmatrix} + \begin{pmatrix} 4 \\ 1 \end{pmatrix} = \begin{pmatrix} 4 \\ -1 \end{pmatrix}$

5 a) b)

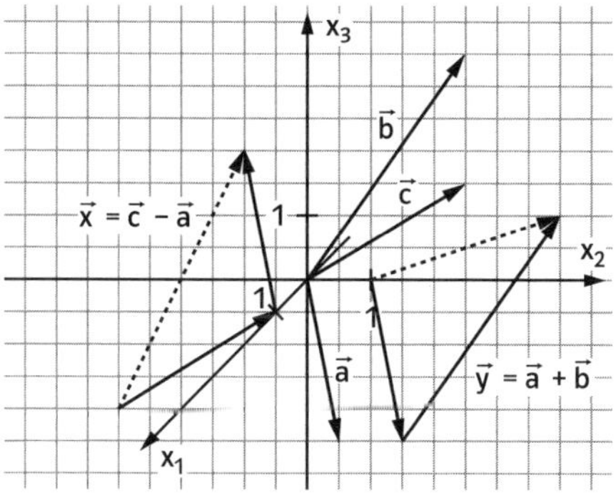

$\vec{x} = \begin{pmatrix} 5 \\ 5 \\ 4 \end{pmatrix} - \begin{pmatrix} 3 \\ 2 \\ -1 \end{pmatrix} = \begin{pmatrix} 2 \\ 3 \\ 5 \end{pmatrix}$; $\vec{y} = \begin{pmatrix} 3 \\ 2 \\ -1 \end{pmatrix} + \begin{pmatrix} -1 \\ 2 \\ 3 \end{pmatrix} = \begin{pmatrix} 2 \\ 4 \\ 2 \end{pmatrix}$

c) $\vec{a} + \vec{b} - \vec{c} = \begin{pmatrix} 3 \\ 2 \\ -1 \end{pmatrix} + \begin{pmatrix} -1 \\ 2 \\ 3 \end{pmatrix} - \begin{pmatrix} 5 \\ 5 \\ 4 \end{pmatrix} = \begin{pmatrix} -3 \\ -1 \\ -2 \end{pmatrix}$; $\vec{a} - \vec{b} + \vec{c} = \begin{pmatrix} 3 \\ 2 \\ -1 \end{pmatrix} - \begin{pmatrix} -1 \\ 2 \\ 3 \end{pmatrix} + \begin{pmatrix} 5 \\ 5 \\ 4 \end{pmatrix} = \begin{pmatrix} 9 \\ 5 \\ 0 \end{pmatrix}$

6 a) E(0|0|1), F(0|3|1), G(−3|3|1), H(−3|0|1)

$\vec{a} = \begin{pmatrix} -3 \\ 0 \\ 0 \end{pmatrix}$; $\vec{b} = \begin{pmatrix} 0 \\ 3 \\ 0 \end{pmatrix}$; $\vec{c} = \begin{pmatrix} 0 \\ 0 \\ 1 \end{pmatrix}$

b) $\overrightarrow{GA} = -\vec{a} - \vec{b} - \vec{c} = \begin{pmatrix} 3 \\ -3 \\ -1 \end{pmatrix}$; $\overrightarrow{FB} = -\vec{c} = \begin{pmatrix} 0 \\ 0 \\ -1 \end{pmatrix}$; $\overrightarrow{DF} = -\vec{a} + \vec{b} + \vec{c} = \begin{pmatrix} 3 \\ 3 \\ 1 \end{pmatrix}$; $\overrightarrow{GE} = -\vec{a} - \vec{b} = \begin{pmatrix} 3 \\ -3 \\ 0 \end{pmatrix}$;

$\overrightarrow{AF} = \vec{b} + \vec{c} = \begin{pmatrix} 0 \\ 3 \\ 1 \end{pmatrix}$

c) $\vec{x} = \vec{c} - \vec{a} - \vec{b} = \begin{pmatrix} 3 \\ -3 \\ 1 \end{pmatrix}$ (= $\overrightarrow{CE}$); $\vec{y} = \vec{b} - \vec{b} - \vec{c} = -\vec{c} = \begin{pmatrix} 0 \\ 0 \\ -1 \end{pmatrix}$ (= $\overrightarrow{FB}$)

7 a) $\overrightarrow{OD} = \overrightarrow{OA} + \overrightarrow{BC} = \begin{pmatrix} 3 \\ 2 \\ 1 \end{pmatrix} + \begin{pmatrix} -2 \\ 0 \\ 0 \end{pmatrix} = \begin{pmatrix} 1 \\ 2 \\ 1 \end{pmatrix}$; damit D(1|2|1).

$M\left(\frac{3+1}{2} \,\middle|\, \frac{2+5}{2} \,\middle|\, \frac{1+1}{2}\right) = M(2|3{,}5|1)$

b) $\overrightarrow{AB} = \begin{pmatrix} 0 \\ 3 \\ 0 \end{pmatrix}$; $\overrightarrow{AS} = \begin{pmatrix} -1 \\ 1{,}5 \\ 2{,}5 \end{pmatrix}$; $\overrightarrow{MS} = \begin{pmatrix} 0 \\ 0 \\ 2{,}5 \end{pmatrix}$; $\overrightarrow{CS} = \begin{pmatrix} 1 \\ -1{,}5 \\ 2{,}5 \end{pmatrix}$

c) $\overrightarrow{AC} = \overrightarrow{AS} + \overrightarrow{SC} = \begin{pmatrix} -1 \\ 1{,}5 \\ 2{,}5 \end{pmatrix} + \begin{pmatrix} -1 \\ 1{,}5 \\ -2{,}5 \end{pmatrix} = \begin{pmatrix} -2 \\ 3 \\ 0 \end{pmatrix}$

S. 269 4 *Multiplikation eines Vektors mit einer Zahl*

1 a) $\vec{b} = \vec{a} + \vec{a} + \vec{a} + \vec{a} + \vec{a}$ oder $b = 5 \cdot \vec{a}$

b) Der blaue Vektor hat die 5-fache Länge des roten Vektors, zeigt aber in die gleiche Richtung.

S. 270 **2** a) $\begin{pmatrix} 10 \\ -5 \\ 25 \end{pmatrix}$ b) $\begin{pmatrix} 2{,}5 \\ 5 \\ 0 \end{pmatrix}$ c) $\begin{pmatrix} 5 \\ 1 \\ -2 \end{pmatrix}$ d) $\begin{pmatrix} 1 \\ 5 \\ 3 \end{pmatrix}$ e) $\begin{pmatrix} 1 \\ 2 \\ -\frac{1}{4} \end{pmatrix}$ f) $\begin{pmatrix} 0 \\ 0 \\ 0 \end{pmatrix}$

3 a) $\frac{1}{2} \cdot \begin{pmatrix} 4 \\ 1 \\ 2 \end{pmatrix}$ b) $\frac{1}{2} \cdot \begin{pmatrix} 10 \\ 1 \\ 3 \end{pmatrix}$ c) $2 \cdot \begin{pmatrix} 1 \\ 3 \\ 4 \end{pmatrix}$ d) $7 \cdot \begin{pmatrix} 2 \\ 4 \\ 1 \end{pmatrix}$ e) $-10 \cdot \begin{pmatrix} 2 \\ 1 \\ -5 \end{pmatrix}$ f) $\frac{1}{5} \cdot \begin{pmatrix} 1 \\ 1 \\ 2 \end{pmatrix}$

4 a) $\begin{pmatrix} 4 \\ 2 \end{pmatrix} + \begin{pmatrix} -3 \\ 3 \end{pmatrix} = \begin{pmatrix} 1 \\ 5 \end{pmatrix}$

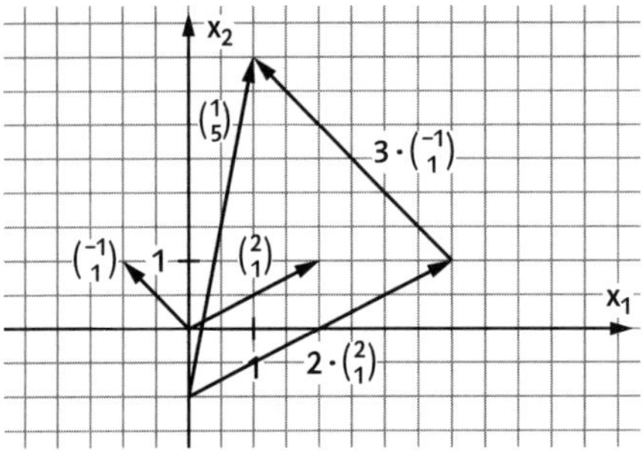

b) $\begin{pmatrix} 4 \\ 4 \end{pmatrix} - \begin{pmatrix} 2 \\ 6 \end{pmatrix} = \begin{pmatrix} 2 \\ -2 \end{pmatrix}$

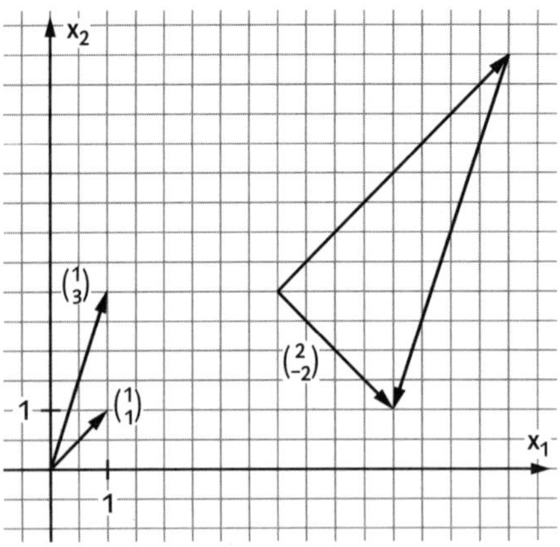

S. 270 **4** c) $\begin{pmatrix}-3\\-6\end{pmatrix} + \begin{pmatrix}-3\\3\end{pmatrix} = \begin{pmatrix}-6\\-3\end{pmatrix}$

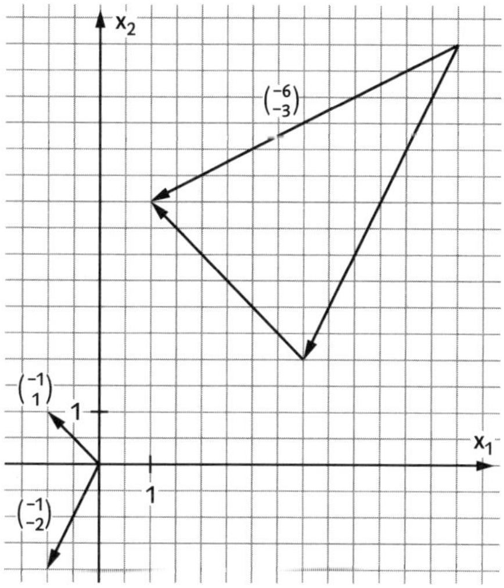

d) $\begin{pmatrix}1\\2\end{pmatrix} - \begin{pmatrix}-1\\2\end{pmatrix} = \begin{pmatrix}2\\0\end{pmatrix}$

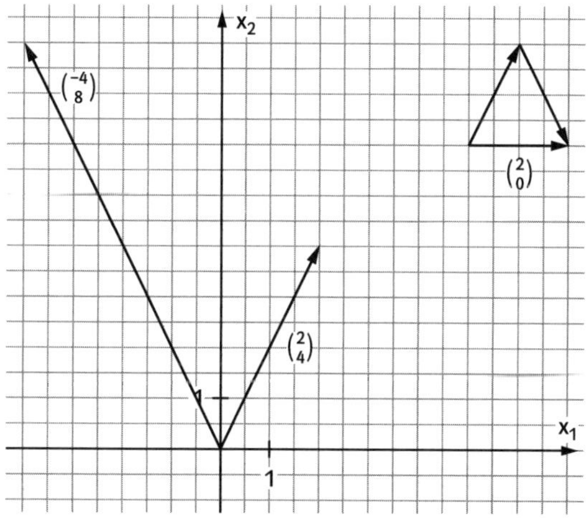

5 a) $\begin{pmatrix}-2\\4\\4\end{pmatrix}$ b) $\begin{pmatrix}7\\5\\3\end{pmatrix}$ c) $\begin{pmatrix}0\\0\\2\end{pmatrix}$ d) $\begin{pmatrix}5\\7\\-2\end{pmatrix}$

6 a) $x = 4$ b) $x = \frac{3}{2}$ c) $\begin{matrix}1 = 2x\\4 = x\end{matrix} \iff \begin{matrix}x = \frac{1}{2}\\x = 4\end{matrix}$ nicht möglich! Es gibt kein x!

d) $x = 0$ e) $x = 2$ f) $\begin{matrix}1 = 3x\\1 = 0 \cdot x\\1 = 3x\end{matrix}$ nicht möglich! Es gibt kein x!

g) $x = \frac{3}{2}$, da $\begin{pmatrix}2\\3\\4\end{pmatrix} = 2 \cdot \begin{pmatrix}1\\\frac{3}{2}\\2\end{pmatrix}$ ist.

h) Es gibt kein x, da $\begin{matrix}9 = 3x\\12 = 6x\\18 = 9x\end{matrix} \iff \begin{matrix}x = 3\\x = 2\\x = 2\end{matrix}$ nicht möglich ist.

S. 270 **7** a) $\begin{matrix} r+s=2 \\ r+2s=5 \end{matrix}$ ergibt $s = 3$; $r = -1$. Probe: $-\binom{1}{1} + 3 \cdot \binom{1}{2} = \binom{2}{5}$

b) $\begin{matrix} 4-3r=s \\ 5+2r=0 \end{matrix}$ ergibt $r = -2{,}5$; $s = 11{,}5$. Probe: $\binom{4}{5} - 2{,}5 \cdot \binom{-3}{2} = 11{,}5 \cdot \binom{1}{0}$.

c) $\begin{matrix} 1+3r=5s \\ 2=s \\ 3-r=0 \end{matrix}$, $s = 2$, $r = 3$ in 1. Gleichung: $1 + 3 \cdot 3 = 10$ richtig; damit $r = 3$ und $s = 2$: $\begin{pmatrix} 1 \\ 2 \\ 3 \end{pmatrix} + 3 \cdot \begin{pmatrix} 3 \\ 0 \\ -1 \end{pmatrix} = 2 \cdot \begin{pmatrix} 5 \\ 1 \\ 0 \end{pmatrix}$.

5 *Betrag eines Vektors*

S. 271 **1** a) Grüne Hexe: 3 cm

b) Blaue Hexe: 4,25 cm

c) $\frac{4{,}25-3}{3} = \frac{1{,}25}{3} = 0{,}41\overline{6} \approx 42\,\%$

S. 273 **2**

a) $\sqrt{29} \approx 5{,}3852$ b) $\sqrt{4} = 2$ c) $\sqrt{5} \approx 2{,}2361$ d) $\sqrt{6} \approx 2{,}4495$

e) $\sqrt{1} = 1$ f) $\sqrt{1{,}25} \approx 1{,}1180$ g) $\sqrt{9} = 3$

3 a) $\overrightarrow{AB} = \binom{1}{-2}$, $|\overrightarrow{AB}| = \sqrt{5}$; $\overrightarrow{BC} = \binom{-8}{-1}$, $|\overrightarrow{BC}| = \sqrt{65}$; $|\overrightarrow{AC}| = \binom{-7}{-3}$, $|\overrightarrow{AC}| = \sqrt{58}$;
das Dreieck ist nicht gleichschenklig.

b) $\overrightarrow{AB} = \binom{9}{-10}$, $\overrightarrow{AB} = \sqrt{181}$; $\overrightarrow{BC} = \binom{-13}{-3}$, $|\overrightarrow{BC}| = \sqrt{178}$; $\overrightarrow{AC} = \binom{-4}{-13}$, $|\overrightarrow{AC}| = \sqrt{185}$;
das Dreieck ist nicht gleichschenklig.

c) $\overrightarrow{AB} = \begin{pmatrix} 2 \\ 4 \\ -1 \end{pmatrix}$, $|\overrightarrow{AB}| = \sqrt{21}$; $\overrightarrow{BC} = \begin{pmatrix} -1 \\ -2 \\ 2 \end{pmatrix}$, $|\overrightarrow{BC}| = 3$; $\overrightarrow{AC} = \begin{pmatrix} 1 \\ 2 \\ 1 \end{pmatrix}$, $|\overrightarrow{AC}| = \sqrt{6}$;
das Dreieck ist nicht gleichschenklig.

d) $\overrightarrow{AB} = \begin{pmatrix} -2 \\ -3 \\ 0 \end{pmatrix}$; $|\overrightarrow{AB}| = \sqrt{13}$; $\overrightarrow{BC} = \begin{pmatrix} -1 \\ 3 \\ 2 \end{pmatrix}$; $|\overrightarrow{BC}| = \sqrt{14}$; $\overrightarrow{AC} = \begin{pmatrix} -3 \\ 0 \\ 2 \end{pmatrix}$; $|\overrightarrow{AC}| = \sqrt{13}$
das Dreieck ist gleichschenklig.

4 a) $\overrightarrow{AB} = \begin{pmatrix} 3 \\ 4 \\ 0 \end{pmatrix}$; $\overrightarrow{BC} = \begin{pmatrix} 0 \\ -4 \\ 4 \end{pmatrix}$; $\overrightarrow{CD} = \begin{pmatrix} 3 \\ 4 \\ 0 \end{pmatrix}$; $\overrightarrow{AD} = \begin{pmatrix} 6 \\ 4 \\ 4 \end{pmatrix}$
$|\overrightarrow{AB}| = \sqrt{25} = 5$; $|\overrightarrow{BC}| = \sqrt{32} = 4\sqrt{2}$; $|\overrightarrow{CD}| = \sqrt{25} = 5$; $|\overrightarrow{AD}| = \sqrt{68} = 2\sqrt{17}$
Die Seiten sind nicht gleich lang.

b) $\overrightarrow{AB} = \begin{pmatrix} 0 \\ 0 \\ 2 \end{pmatrix}$; $\overrightarrow{BC} = \begin{pmatrix} 0 \\ 2 \\ -2 \end{pmatrix}$; $\overrightarrow{CD} = \begin{pmatrix} 0 \\ 0 \\ 2 \end{pmatrix}$; $\overrightarrow{AD} = \begin{pmatrix} 0 \\ 2 \\ 2 \end{pmatrix}$
$|\overrightarrow{AB}| = 2$; $|\overrightarrow{BC}| = \sqrt{8} = 2\sqrt{2}$; $|\overrightarrow{CD}| = 2$; $|\overrightarrow{AD}| = \sqrt{8} = 2\sqrt{2}$
Die Seiten sind nicht gleich lang. Es handelt sich um ein Parallelogramm, da die gegenüberliegenden Seiten gleich lang sind.

S. 273 **5** a)

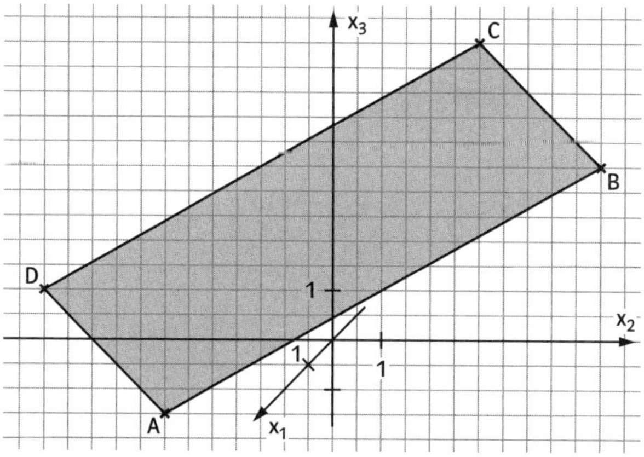

b) $\overrightarrow{AB} = \begin{pmatrix} -2 \\ 8 \\ 4 \end{pmatrix} = \overrightarrow{DC}$; $\overrightarrow{BC} = \begin{pmatrix} -3 \\ -4 \\ 1 \end{pmatrix} = \overrightarrow{AD}$

Damit liegt ein Parallelogramm vor.

c) $|\overrightarrow{AB}| = \sqrt{4 + 64 + 16} = \sqrt{84} = 2\sqrt{21} \approx 9{,}1652$; $|\overrightarrow{BC}| = \sqrt{9 + 16 + 1} = \sqrt{26} \approx 5{,}0990$

$\frac{|\overrightarrow{AB}|}{|\overrightarrow{BC}|} = \frac{\sqrt{84}}{\sqrt{26}} \approx 1{,}7974 \approx 1{,}8.$

6 $\overrightarrow{PQ} = \begin{pmatrix} -1 \\ -2 \\ 5 - z \end{pmatrix}$; $|\overrightarrow{PQ}| = \sqrt{1 + 4 + (5 - z)^2} = \sqrt{5 + (5 - z)^2}$

Aus $\sqrt{5 + (5 - z)^2} = 3$ oder $5 + (5 - z)^2 = 9$ folgt $(5 - z)^2 = 4$,
also $5 - z = -2$ oder $5 - z = 2$, also $z = 7$ oder $z = 3$.
Gesuchte Punkte $P_1(5\,|\,0\,|\,7)$ und $P_2(5\,|\,0\,|\,3)$.

7 a) A(3 | 0 | 0); B(3 | 3 | 0); C(0 | 3 | 0); D(0 | 0 | 3); E(3 | 0 | 3); F(3 | 3 | 3); G(0 | 3 | 3);
Kantenlänge ist $|\overrightarrow{OD}| = 3$.

b) $\overrightarrow{OM} = \overrightarrow{OA} + \frac{1}{2} \cdot \overrightarrow{OC} = \begin{pmatrix} 3 \\ 0 \\ 0 \end{pmatrix} + \frac{1}{2} \cdot \begin{pmatrix} 0 \\ 3 \\ 0 \end{pmatrix} = \begin{pmatrix} 3 \\ 1{,}5 \\ 0 \end{pmatrix}$; M(3 | 1,5 | 0).

$\overrightarrow{ON} = \overrightarrow{OA} + \overrightarrow{AB} + \overrightarrow{BF} + \frac{1}{2}\overrightarrow{FG} = \begin{pmatrix} 3 \\ 0 \\ 0 \end{pmatrix} + \begin{pmatrix} 0 \\ 3 \\ 0 \end{pmatrix} + \begin{pmatrix} 0 \\ 0 \\ 3 \end{pmatrix} + \frac{1}{2} \cdot \begin{pmatrix} -3 \\ 0 \\ 0 \end{pmatrix} = \begin{pmatrix} 1{,}5 \\ 3 \\ 3 \end{pmatrix}$; N(1,5 | 3 | 3)

c) $|\overrightarrow{MN}| = \sqrt{(1{,}5 - 3)^2 + (3 - 1{,}5)^2 + (3 - 0)^2} = \sqrt{13{,}5} \approx 3{,}6742$

d) $M_1(1{,}5\,|\,1{,}5\,|\,0)$, da $\overrightarrow{OM_1} = \frac{1}{2}\overrightarrow{OB} = \begin{pmatrix} 1{,}5 \\ 1{,}5 \\ 0 \end{pmatrix}$ ist.

$M_2(1{,}5\,|\,3\,|\,1{,}5)$, da $\overrightarrow{OM_2} = \overrightarrow{OC} + \frac{1}{2}\overrightarrow{CF} = \begin{pmatrix} 0 \\ 3 \\ 0 \end{pmatrix} + \frac{1}{2} \cdot \begin{pmatrix} 3 \\ 0 \\ 3 \end{pmatrix} = \begin{pmatrix} 1{,}5 \\ 3 \\ 1{,}5 \end{pmatrix}$ ist.

$\overrightarrow{M_1M_2} = \sqrt{(1{,}5 - 1{,}5)^2 + (3 - 1{,}5)^2 + (1{,}5 - 0)^2} = \sqrt{4{,}5} \approx 2{,}1213$

e) S(2 | 2 | 0); D(0 | 0 | 3); $\overrightarrow{SD} = \begin{pmatrix} -2 \\ -2 \\ 3 \end{pmatrix}$ und damit Bohrerlänge: $|\overrightarrow{SD}| = \sqrt{17} \approx 4{,}1231$.

S(2 | 2 | 0); F(3 | 3 | 3); $\overrightarrow{SF} = \begin{pmatrix} 1 \\ 1 \\ 3 \end{pmatrix}$ und damit Länge: $|\overrightarrow{SF}| = \sqrt{11} \approx 3{,}3166$.

Die Bohrung ist damit um 0,8065 LE länger.

S. 273 **8** a) $\vec{a_0} = \frac{1}{\sqrt{5}} \cdot \begin{pmatrix}1\\2\end{pmatrix} \approx \begin{pmatrix}0{,}4472\\0{,}8944\end{pmatrix}$ b) $\vec{a_0} = \frac{1}{10} \cdot \begin{pmatrix}-8\\6\end{pmatrix} = \begin{pmatrix}-0{,}8\\0{,}6\end{pmatrix}$ c) $\vec{a_0} = \frac{1}{3} \cdot \begin{pmatrix}1\\2\\2\end{pmatrix} = \begin{pmatrix}\frac{1}{3}\\\frac{2}{3}\\\frac{2}{3}\end{pmatrix}$

d) $\vec{a_0} = \frac{1}{3} \cdot \begin{pmatrix}-1\\2\\-2\end{pmatrix} = \begin{pmatrix}-\frac{1}{3}\\\frac{2}{3}\\-\frac{2}{3}\end{pmatrix}$ e) $\vec{a_0} = \frac{1}{5\sqrt{2}} \cdot \begin{pmatrix}4\\-3\\5\end{pmatrix} = \frac{\sqrt{2}}{10} \cdot \begin{pmatrix}4\\-3\\5\end{pmatrix} \approx \begin{pmatrix}0{,}5657\\-0{,}4243\\0{,}7071\end{pmatrix}$

f) $\vec{a_0} = \frac{1}{\sqrt{434}} \cdot \begin{pmatrix}11\\-12\\13\end{pmatrix} \approx 0{,}04800 \cdot \begin{pmatrix}11\\-12\\13\end{pmatrix} \approx \begin{pmatrix}0{,}5280\\-0{,}5760\\0{,}6240\end{pmatrix}$

6 *Gleichung der Geraden*

S. 274 **1** Fehler in der 1. Auflage: In der Zeichnung ist P(10 | 723)

a) $P_{20}(20\,|\,727)$; $P_{50}(50\,|\,739)$; $P_{100}(100\,|\,759)$; $P_{200}(200\,|\,799)$; $P_{500}(500\,|\,919)$; $P_{1000}(1000\,|\,1119)$; $P_{5000}(5000\,|\,2719)$.

b) $P_t(t\,|\,719 + t \cdot 0{,}4)$ oder als Ortsvektor: $\overrightarrow{OP_t} = \begin{pmatrix}t\\719 + 0{,}4 \cdot t\end{pmatrix} = \begin{pmatrix}0\\719\end{pmatrix} + t \cdot \begin{pmatrix}1\\0{,}4\end{pmatrix}$

S. 276 **2**

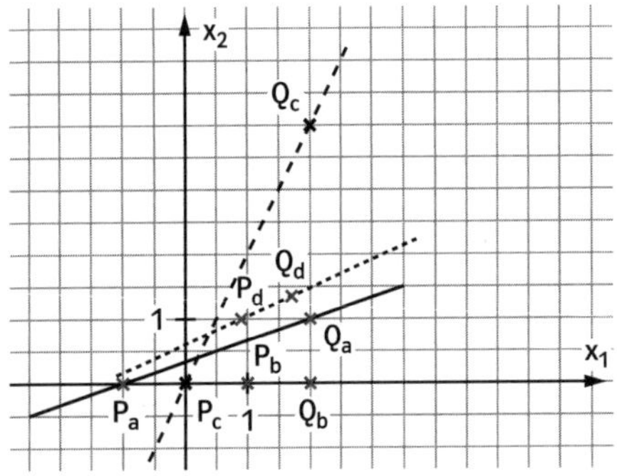

a) g: $\vec{x} = \begin{pmatrix}-1\\0\end{pmatrix} + t \cdot \begin{pmatrix}3\\1\end{pmatrix}$;
mögliche Punkte: $t_1 = 2$: $P_1(5\,|\,2)$; $t_2 = -1$: $P_2(4\,|\,-1)$; $t_3 = 0{,}5$: $P_3(0{,}5\,|\,0{,}5)$.

b) g: $\vec{x} = \begin{pmatrix}1\\0\end{pmatrix} + t \cdot \begin{pmatrix}1\\0\end{pmatrix}$;
mögliche Punkte: $t_1 = 2$: $P_1(3\,|\,0)$; $t_2 = -1$: $P_2(0\,|\,0)$; $t_3 = 0{,}5$: $P_3(1{,}5\,|\,0)$.

c) g: $\vec{x} = \begin{pmatrix}0\\0\end{pmatrix} + t \cdot \begin{pmatrix}2\\4\end{pmatrix}$;
mögliche Punkte: $t_1 = 2$: $P_1(4\,|\,8)$; $t_2 = -1$: $P_2(-2\,|\,-4)$; $t_3 = 0{,}5$: $P_3(1\,|\,2)$.

d) g: $\vec{x} = \begin{pmatrix}0{,}9\\1\end{pmatrix} + t \cdot \begin{pmatrix}0{,}8\\0{,}35\end{pmatrix}$;
mögliche Punkte: $t_1 = 2$: $P_1(2{,}5\,|\,1{,}7)$; $t_2 = -1$: $P_2(0{,}1\,|\,0{,}65)$; $t_3 = 0{,}5$: $P_3(1{,}3\,|\,1{,}175)$.

S. 276 **3** a) b) c)

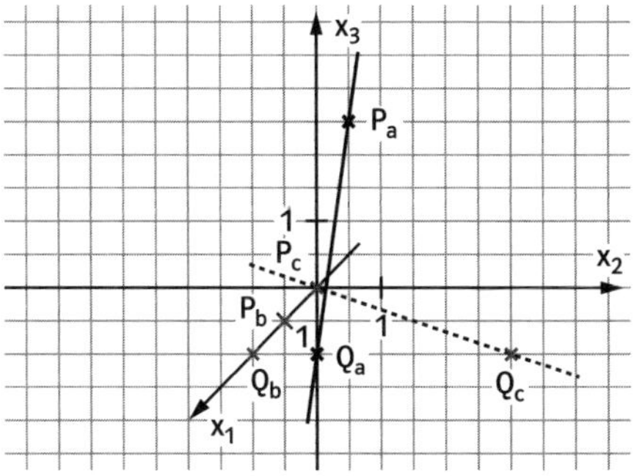

a) $\vec{x} = \begin{pmatrix} -1 \\ 0 \\ 2 \end{pmatrix} + t \cdot \begin{pmatrix} 3 \\ 1 \\ -2 \end{pmatrix}$;

mögliche Punkte: $t_1 = 2$: $P_1(5\,|\,2\,|\,-2)$; $t_2 = -1$: $P_2(-4\,|\,-1\,|\,4)$; $t_3 = 0{,}5$: $P_3(0{,}5\,|\,0{,}5\,|\,1)$

b) $\vec{x} = \begin{pmatrix} 1 \\ 0 \\ 0 \end{pmatrix} + t \cdot \begin{pmatrix} 1 \\ 0 \\ 0 \end{pmatrix}$;

mögliche Punkte: $t_1 = 2$: $P_1(3\,|\,0\,|\,0)$; $t_2 = -1$: $P_2(0\,|\,0\,|\,0)$; $t_3 = 0{,}5$: $P_3(1{,}5\,|\,0\,|\,0)$

c) $\vec{x} = t \cdot \begin{pmatrix} 2 \\ 4 \\ 0 \end{pmatrix}$;

mögliche Punkte: $t_1 = 2$: $P_1(4\,|\,8\,|\,0)$; $t_2 = -1$: $P_2(-2\,|\,-4\,|\,0)$; $t_3 = 0{,}5$: $P_3(1\,|\,2\,|\,0)$

d) e) f)

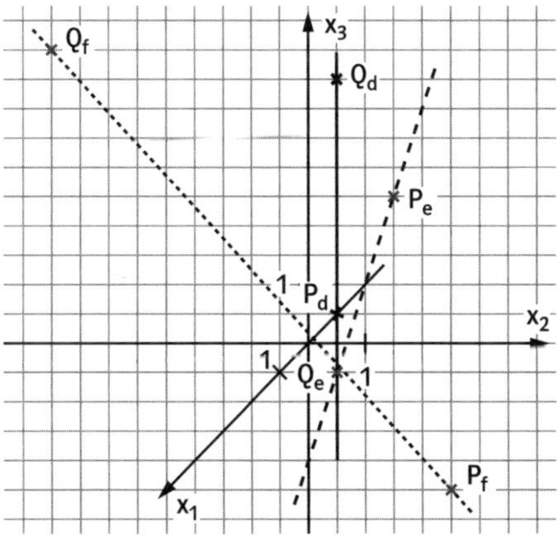

d) $\vec{x} = \begin{pmatrix} 1 \\ 1 \\ 1 \end{pmatrix} + t \cdot \begin{pmatrix} 0 \\ 0 \\ 4 \end{pmatrix}$;

mögliche Punkte: $t_1 = 2$: $P_1(1\,|\,1\,|\,9)$; $t_2 = -1$: $P_2(1\,|\,1\,|\,-3)$; $t_3 = 0{,}5$: $P_3(1\,|\,1\,|\,3)$

e) $\vec{x} = \begin{pmatrix} 1 \\ 2 \\ 3 \end{pmatrix} + t \cdot \begin{pmatrix} 2 \\ 0 \\ -2 \end{pmatrix}$;

mögliche Punkte: $t_1 = 2$: $P_1(5\,|\,2\,|\,-1)$; $t_2 = -1$: $P_2(-1\,|\,2\,|\,5)$; $t_3 = 0{,}5$: $P_3(2\,|\,2\,|\,2)$

f) $\vec{x} = \begin{pmatrix} -1 \\ 2 \\ -3 \end{pmatrix} + t \cdot \begin{pmatrix} 3 \\ -6 \\ 9 \end{pmatrix}$;

mögliche Punkte: $t_1 = 2$: $P_1(5\,|\,-10\,|\,15)$; $t_2 = -1$: $P_2(-4\,|\,8\,|\,-12)$; $t_3 = 0{,}5$: $P_3(0{,}5\,|\,-1\,|\,1{,}5)$

S. 276 **4** a)

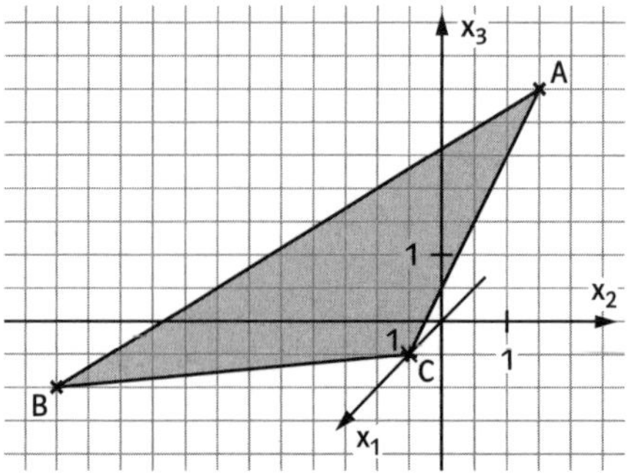

b) AB: $\vec{x} = \begin{pmatrix}1\\2\\4\end{pmatrix} + t \cdot \begin{pmatrix}1\\-7\\-4\end{pmatrix}$; BC: $\vec{x} = \begin{pmatrix}2\\-5\\0\end{pmatrix} + t \cdot \begin{pmatrix}1\\6\\1\end{pmatrix}$; AC: $\vec{x} = \begin{pmatrix}1\\2\\4\end{pmatrix} + t \cdot \begin{pmatrix}2\\-1\\-3\end{pmatrix}$

c) $|\overrightarrow{AB}| = \sqrt{1^2 + (-7)^2 + (-4)^2} = \sqrt{66} \approx 8{,}1240$; $|\overrightarrow{BC}| = \sqrt{1^2 + 6^2 + 1^2} = \sqrt{38} \approx 6{,}1644$;
$|\overrightarrow{AC}| = \sqrt{2^2 + (-1)^2 + (-3)^2} = \sqrt{14} \approx 3{,}7417$.

d) Umfang $U \approx 8{,}1240 + 6{,}1644 + 3{,}7417 = 18{,}0301$

5 a)

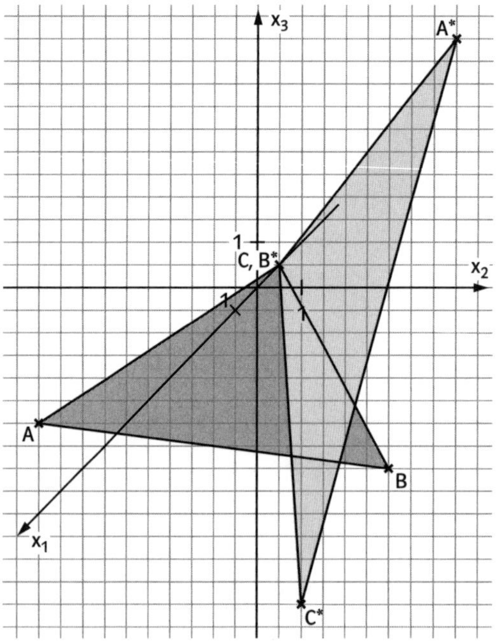

ab) AB: $\vec{x} = \begin{pmatrix}8\\-1\\1\end{pmatrix} + t \cdot \begin{pmatrix}-4\\6\\-3\end{pmatrix}$; BC: $x = \begin{pmatrix}4\\5\\-2\end{pmatrix} + t \cdot \begin{pmatrix}-3\\-4\\3\end{pmatrix}$; AC $= \vec{x} = \begin{pmatrix}8\\-1\\1\end{pmatrix} + t \cdot \begin{pmatrix}-7\\2\\0\end{pmatrix}$

ac) $|\overrightarrow{AB}| = \sqrt{61} \approx 7{,}8102$; $|\overrightarrow{BC}| = \sqrt{34} \approx 5{,}8310$; $|\overrightarrow{AC}| = \sqrt{53} \approx 7{,}2801$.

ad) Umfang $U \approx 7{,}8102 + 5{,}8310 + 7{,}2801 = 20{,}9213$

S. 276 **5** bb) AB: $\vec{x} = \begin{pmatrix}-3\\3\\4\end{pmatrix} + t \cdot \begin{pmatrix}6\\-1\\-2\end{pmatrix}$; BC: $\vec{x} = \begin{pmatrix}3\\2\\2\end{pmatrix} + t \cdot \begin{pmatrix}3\\2\\-6\end{pmatrix}$; AC: $\vec{x} = \begin{pmatrix}-3\\3\\4\end{pmatrix} + t \cdot \begin{pmatrix}9\\1\\-8\end{pmatrix}$

bc) $|\overrightarrow{AB}| = \sqrt{41} \approx 6{,}4031$; $|\overrightarrow{BC}| = \sqrt{49} = 7$; $|\overrightarrow{AC}| = \sqrt{146} \approx 12{,}0830$.

bd) Umfang $U \approx 6{,}4031 + 7 + 12{,}0830 = 25{,}4861$

6 a) $\begin{matrix}1 = 7 - 2t\\1 = 3 + 3t\end{matrix}$ ergibt $t = 3$; in (2) eingesetzt: $1 = 3 + 9$ (falsch). X(1|1) liegt nicht auf g.

b) $\begin{matrix}-1 = -1\\0 = 5 + 5t\end{matrix}$ ergibt $t = -1$; (1) ist wahr. X(−1|0) liegt auf g.

c) $\begin{matrix}(1) & 2 = 7 + 5t\\(2) & 3 = -3t\\(3) & -1 = 4 + 5t\end{matrix}$ (2) ergibt $t = -1$; in (1) eingesetzt: $2 = 7 - 5$ (richtig); in (3) eingesetzt: $-1 = 4 - 5$ (richtig). X(2|3|−1) liegt auf g.

d) $\begin{matrix}(1) & 2 = 1 + t\\(2) & -1 = 3t\\(3) & -1 = 1 + 3t\end{matrix}$ (1) ergibt $t = 1$; in (2) eingesetzt: $-1 = 3$ (falsch). X(2|−1|−1) liegt nicht auf g.

7 a) Gerade ist parallel zur x_1x_2-Ebene.
b) Gerade liegt in der x_1x_2-Ebene und geht durch den Ursprung.
c) Gerade ist parallel zur x_1x_3-Ebene.
d) Gerade liegt in der x_2x_3-Ebene und geht durch den Ursprung.
e) Gerade verläuft parallel zur x_2-Achse.

7 *Spurpunkte von Geraden – Projektionen*

S. 277 **1** a)

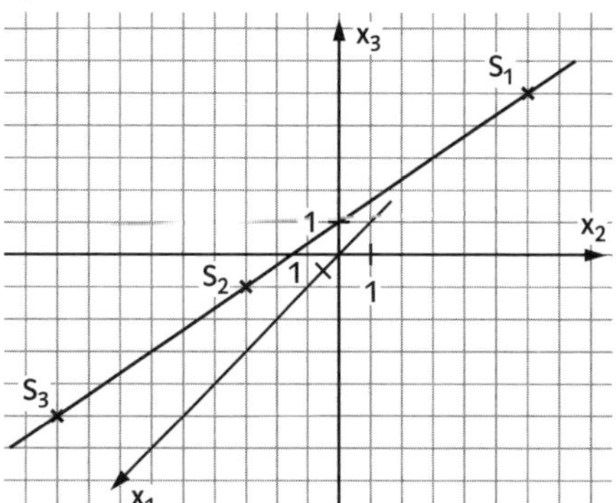

b) Punkt S_1 liegt in der x_2x_3-Ebene; S_2 in der x_1x_3-Ebene und S_3 in der x_1x_2-Ebene.

c) g: $\vec{x} = \begin{pmatrix}0\\6\\5\end{pmatrix} + t \cdot \begin{pmatrix}6\\-6\\-3\end{pmatrix}$; S_3 liegt auf g: $\begin{matrix}(1) & 10 = 6t\\(2) & -4 = 6 - 6t\\(3) & 0 = 5 - 3t\end{matrix}$, da aus (1) folgt $t = \frac{5}{3}$;
in (2) $-4 = 6 - 10$ (richtig) und in (3): $0 = 5 - 5$ (richtig).

d) Auch in der Zeichnung liegen die drei Punkte auf einer Geraden.

S. 278 **2** a) g: $\vec{x} = \begin{pmatrix} 2 \\ 7 \\ -2 \end{pmatrix} + t \cdot \begin{pmatrix} 1 \\ -1 \\ 1 \end{pmatrix}$. Aus $x_1 = 0$ folgt $t = -2$; also $S_1(0|9|-4)$; aus $x_2 = 0$ folgt $t = 7$; also $S_2(9|0|5)$.

b) Aus $x_3 = 0$ folgt $t = 2$; also $S_1(4|5|0)$.

c)

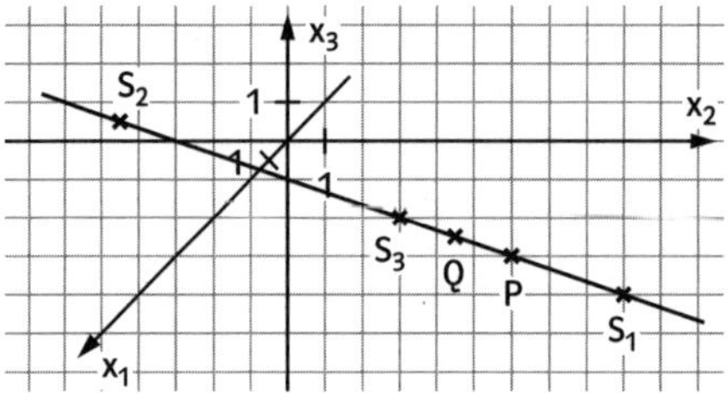

3 g: $\vec{x} = \begin{pmatrix} 1 \\ 0 \\ 2 \end{pmatrix} + t \cdot \begin{pmatrix} 3 \\ 4 \\ -2 \end{pmatrix}$. Aus $x_1 = 0$ folgt $t = -\frac{1}{3}$; also $S_1\left(0 \middle| -\frac{4}{3} \middle| \frac{8}{3}\right)$

4 a) g: $\vec{x} = \begin{pmatrix} 4 \\ 2 \\ -4 \end{pmatrix} + r \cdot \begin{pmatrix} -2 \\ 1 \\ 0 \end{pmatrix}$. Aus $x_1 = 0$ folgt $r = 2$; also $S_1(0|4|-4)$.

Aus $x_2 = 0$ folgt $r = -2$; also $S_2(8|0|-4)$.

Es gibt keinen Spurpunkt mit der x_1x_2-Ebene ($0 = -4 + 0 \cdot r$ ist unlösbar).

g ist parallel zur x_1x_2-Ebene.

b) Projektion g‴ von g in die x_1x_2-Ebene: ················

c) Projektion g′ von g in die x_2x_3-Ebene: - - - - - - - - -

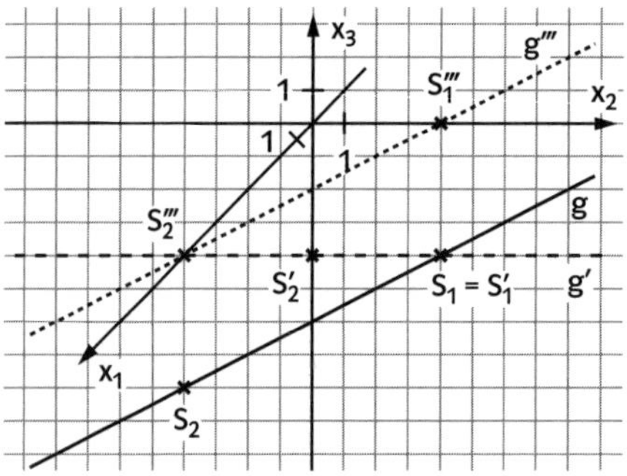

5 a) Gerade parallel zur x_2-Achse

b) Gerade parallel zur x_1-Achse

c) Gerade parallel zur x_3-Achse

d) Gerade parallel zur x_1x_2-Ebene, die nicht parallel zur x_1-Achse und nicht parallel zur x_2-Achse ist.

e) Gerade parallel zur x_1x_3-Ebene, die nicht parallel zur x_1-Achse und nicht parallel zur x_3-Achse ist.

6 g: $x = t \cdot \begin{pmatrix} 0 \\ 1 \\ 0 \end{pmatrix}$. Die Gerade hat nur einen Spurpunkt, nämlich den mit der x_1x_3-Ebene. Spurpunkt ist der Ursprung.

8 Gegenseitige Lage von Geraden

S. 279 **1** a) Die Flugbahnen dürfen sich nicht im Raum schneiden.
b) In der Ebene haben zwei Geraden, die nicht parallel sind, stets einen Schnittpunkt. Damit käme es in der Ebene immer zu einer Kollision.
c) Zwei Kanten (Geraden) im Raum können sich schneiden, parallel sein, zusammenfallen oder aber windschief sein.

S. 282 **2** a) g und h schneiden sich nicht; sie sind parallel, da $\begin{pmatrix}-6\\-3\\3\end{pmatrix} = -3 \cdot \begin{pmatrix}2\\1\\-1\end{pmatrix}$ ist. Weil S(5 | 0 | 1) auf der Geraden g und der Geraden h liegt $\left(\text{für } t = \frac{1}{2}\right)$, fallen g und h zusammen.
b) g und h schneiden sich nicht; sie sind windschief, da $\begin{pmatrix}0\\1\\-1\end{pmatrix} \neq k \cdot \begin{pmatrix}2\\0\\1\end{pmatrix}$ ist.
c) g und h schneiden sich (t = 2; s = −1) in S(2 | 1 | 3).
d) g und h schneiden sich (s = 0; t = −10) in S(−5 | −15 | 1).

3

Da die Stützvektoren von g und h gleich und die Richtungsvektoren unterschiedlich sind, schneiden sich beide Geraden in S(1 | 0 | 1).

4

a) Schnitt von g und h (r = 3; s = −2): A(2 | 1);
Schnitt von h und i (s = −1; t = 1): B(3 | 4);
Schnitt von g und i (r = 4; t = 0): C(5 | −1).
b) Schnitt von g und h (r = −1; s = 0,5): A(2 | −3 | 1);
Schnitt von h und i (s = −1; t = 0): B(5 | 3 | −8);
Schnitt von g und i (r = 3; t = −1): C(−6 | 5 | 5).

5 a) Mögliche Beispiele: h: $\vec{x} = \begin{pmatrix}1\\0\\0\end{pmatrix} + t \cdot \begin{pmatrix}0\\1\\3\end{pmatrix}$; i: $\vec{x} = \begin{pmatrix}2\\0\\1\end{pmatrix} + t \cdot \begin{pmatrix}7\\3\\1\end{pmatrix}$; k: $\vec{x} = \begin{pmatrix}2\\0\\1\end{pmatrix} + t \cdot \begin{pmatrix}0\\1\\3\end{pmatrix}$

b) Mögliche Beispiele: h: $\vec{x} = \begin{pmatrix}2\\2\\1\end{pmatrix} + t \cdot \begin{pmatrix}0\\1\\3\end{pmatrix}$; i: $\vec{x} = \begin{pmatrix}2\\0\\1\end{pmatrix} + t \cdot \begin{pmatrix}1\\2\\0\end{pmatrix}$; k: $\vec{x} = \begin{pmatrix}2\\0\\1\end{pmatrix} + t \cdot \begin{pmatrix}1\\2\\3\end{pmatrix}$

c) Mögliche Beispiele: h: $\vec{x} = \begin{pmatrix}2\\3\\6\end{pmatrix} + t \cdot \begin{pmatrix}0\\1\\3\end{pmatrix}$; i: $\vec{x} = \begin{pmatrix}2\\0\\1\end{pmatrix} + t \cdot \begin{pmatrix}1\\0\\5\end{pmatrix}$; k: $\vec{x} = \begin{pmatrix}2\\0\\2\end{pmatrix} + t \cdot \begin{pmatrix}1\\2\\3\end{pmatrix}$

6 Keiner der Punkte A, B und C liegt auf g.
Da $\overrightarrow{AC} = \begin{pmatrix}1\\-1\\-1\end{pmatrix}$ ist, ist der Richtungsvektor der Geraden gleich $-\overrightarrow{AC}$.
Damit ist die Seite AC des Dreiecks parallel zur Geraden g.

7 a) Beispiel: $\vec{x} = \begin{pmatrix}1\\2\\1\end{pmatrix} + t \cdot \begin{pmatrix}1\\0\\0\end{pmatrix}$ b) Beispiel: $\vec{x} = \begin{pmatrix}1\\2\\1\end{pmatrix} + t \cdot \begin{pmatrix}1\\2\\0\end{pmatrix}$

8 A(3 | 0 | 0); F(0 | 4 | 1); C(0 | 0 | 2); E(1,5 | 4 | 0)
g: $\vec{x} = \begin{pmatrix}3\\0\\0\end{pmatrix} + t \cdot \begin{pmatrix}-3\\4\\1\end{pmatrix}$; h: $\vec{x} = \begin{pmatrix}0\\0\\2\end{pmatrix} + s \cdot \begin{pmatrix}1,5\\4\\2\end{pmatrix}$;
(1) $3 - 3t = 1{,}5s$
(2) $4t = 4s$
(3) $t = 2 - 2s$
aus (2): t = s in (3) $t = s = \frac{2}{3}$; in (1): $3 - 3 \cdot \frac{2}{3} = \frac{3}{2} \cdot \frac{2}{3}$, also 1 = 1 (richtig).
Die Geraden schneiden sich in $S\left(1 \,|\, \frac{8}{3} \,|\, \frac{2}{3}\right)$.

S. 282 **9** A(4|4|1); B(2|8|1); C(2|4|2); Ecke E(0|8|2).

g: $\vec{x} = \begin{pmatrix}4\\4\\1\end{pmatrix} + t\cdot\begin{pmatrix}-4\\4\\1\end{pmatrix}$; h: $\vec{x} = \begin{pmatrix}2\\8\\1\end{pmatrix} + s\cdot\begin{pmatrix}0\\-4\\1\end{pmatrix}$;

(1) $4 - 4t = 2$
(2) $4 + 4t = 8 - 4s$
(3) $1 + t = 1 + s$

aus (1): $t = 0{,}5$ in (3) $s = 0{,}5$; in (2): $4 + 4\cdot 0{,}5 = 8 - 4\cdot 0{,}5$ also $6 = 6$ (richtig).
Die Geraden schneiden sich in S(2|6|1,5).

10 a) (1) $-a - s = 2 + t$, (2) $1 + 4s = 6 - t$, (3) $-2 + 2s = 4a - 2t$ ergibt (1) $-a - s - t = 2$, (2) $4s + t = 5$, (3) $-2a + s + t = 1$ mit $a = -1$; $s = 2$; $t = -3$

Es ist $a = -1$ zu setzen.

b) (1) $3 + 3s = 1 + 2t$, (2) $4 - 6s = 5 + 2a\cdot t$, (3) $2 - 3a\cdot s = 4 + 4t$ ergibt (1) $3s - 2t = -2$, (2) $6s + 2a\cdot t = -1$, (3) $3a\cdot s + 4t = -2$

$2\cdot(1) + (3)$ ergibt: $6s + 3as = -6$ oder $s = -\frac{2}{2+a}$; in (1): $t = -\frac{3}{2+a} + 1 = \frac{-1+a}{2+a}$.
Beides in (2): $-\frac{12}{2+a} + 2a\cdot\frac{-1+a}{2+a} = -1$, also $-12 - 2a + 2a^2 = -2 - a$;
$2a^2 - a - 10 = 0$ ergibt $a = 2{,}5$ ($a = -2$ entfällt wegen 0 im Nenner!)
Damit ist $s = -\frac{4}{9}$; $t = \frac{1}{3}$.
Es ist also $a = 2{,}5$ zu setzen.

9 *Skalarprodukt von Vektoren, Größe von Winkeln*

S. 283 **1** a) Es ist $\cos(37{,}35°) = \frac{x}{3{,}5\,km}$; also $x = 3{,}5\,km\cdot\cos(37{,}35°) \approx 2{,}782\,31\,km$.
$\sin(37{,}35°) = \frac{h}{3{,}5\,km}$; also $h = 3{,}5\,km\cdot\sin(37{,}35°) \approx 2{,}123\,39\,km$.
Damit ist $|\vec{c}|^2 = (2{,}123\,39\,km)^2 + (4{,}8\,km - 2{,}782\,31\,km)^2 \approx 8{,}57986\,km^2$; also $|\vec{c}| \approx 2{,}93\,km$.
b) $\cos(\alpha) = \frac{x}{|\vec{a}|}$; also $x = |\vec{a}|\cdot\cos(\alpha)$. Da nach dem Satz des Pythagoras gilt:
$|\vec{c}|^2 = h^2 + (|\vec{b}| - x)^2$, ergibt sich $|\vec{c}|^2 = h^2 + |\vec{b}|^2 - 2|\vec{b}|\cdot x + x^2$
und wegen $h^2 + x^2 = |\vec{a}|^2$: $|\vec{c}|^2 = |\vec{a}|^2 + |\vec{b}|^2 - 2|\vec{b}|\cdot x$.
Da $x = |\vec{a}|\cdot\cos(\alpha)$ ist erhält man: $|\vec{c}|^2 = |\vec{a}|^2 + |\vec{b}|^2 - 2|\vec{a}|\cdot|\vec{b}|\cdot\cos(\alpha)$.

S. 286 **2** a) $\vec{a}\cdot\vec{b} = \binom{3}{2}\cdot\binom{-3}{-2} = 3\cdot(-3) + 2\cdot(-2) = -13$;
$\vec{a}\cdot\vec{c} = 0$; $\vec{a}\cdot\vec{d} = 12$; $\vec{b}\cdot\vec{c} = 0$; $\vec{b}\cdot\vec{d} = -12$; $\vec{c}\cdot\vec{d} = -5$
b) $\vec{a} + \vec{b} = \binom{0}{0}$; $(\vec{a} + \vec{b})\cdot\vec{c} = \binom{0}{0}\cdot\binom{2}{-3} = 0\cdot 2 + 0\cdot(-3) = 0$
c) $\vec{c} + \vec{d} = \binom{4}{0}$; $(\vec{c} + \vec{d})\cdot(\vec{c} + \vec{d}) = \binom{4}{0}\cdot\binom{4}{0} = 16$

3 a) $\vec{a}\cdot\vec{b} = -3$ b) $\vec{b}\cdot\vec{a} = -3$ c) $\vec{a}\cdot\vec{c} = 3$ d) $\vec{b}\cdot\vec{c} = 0$
e) $\vec{a}\cdot(\vec{b} + \vec{c}) = \begin{pmatrix}1\\2\\-1\end{pmatrix}\cdot\begin{pmatrix}0\\2\\4\end{pmatrix} = 0$ f) $\vec{a}\cdot\vec{b} + \vec{a}\cdot\vec{c} = -3 + 3 = 0$ g) $\vec{a}\cdot\vec{a} = 6$

S. 286 **4** a) $\cos(\varphi) = \frac{1 \cdot 3 + 4 \cdot 4}{\sqrt{17} \cdot 5} \approx 0{,}9216353751$; also $\varphi \approx 22{,}83°$.

b) $\cos(\varphi) = \frac{13 \cdot 12 + 12 \cdot (-13)}{\sqrt{313} \cdot \sqrt{313}} = 0$; also $\varphi \approx 90°$.

c) $\cos(\varphi) = \frac{5 + 0 + 4}{\sqrt{5} \cdot \sqrt{45}} = \frac{9}{15} = \frac{3}{5} = 0{,}6$; also $\varphi \approx 53{,}13°$.

d) $\cos(\varphi) = \frac{3 + 4 + 3}{\sqrt{14} \cdot \sqrt{14}} = \frac{10}{14} = \frac{5}{7} \approx 0{,}7142857142$; also $\varphi \approx 44{,}42°$.

5 a) $\overrightarrow{AB} = \binom{3}{-2}$; $\overrightarrow{BC} = \binom{-1}{4}$: $\overrightarrow{AC} = \binom{2}{2}$

$|\overrightarrow{AB}| = \sqrt{13} \approx 3{,}6056$; $|\overrightarrow{BC}| = \sqrt{17} \approx 4{,}1231$; $|\overrightarrow{AC}| = \sqrt{8} \approx 2{,}8284$.

$\cos(\alpha) = \frac{\overrightarrow{AB} \cdot \overrightarrow{AC}}{|\overrightarrow{AB}| \cdot |\overrightarrow{AC}|} = \frac{2}{\sqrt{13} \cdot \sqrt{8}} \approx 0{,}196116$; $\alpha \approx 78{,}69°$;

$\cos(\beta) = \frac{\overrightarrow{BA} \cdot \overrightarrow{BC}}{|\overrightarrow{BA}| \cdot |\overrightarrow{BC}|} = \frac{11}{\sqrt{13} \cdot \sqrt{17}} \approx 0{,}739940$; $\beta \approx 42{,}27°$;

$\cos(\gamma) = \frac{\overrightarrow{CA} \cdot \overrightarrow{CB}}{|\overrightarrow{CA}| \cdot |\overrightarrow{CB}|} = \frac{6}{\sqrt{8} \cdot \sqrt{17}} \approx 0{,}514496$; $\gamma \approx 59{,}04°$.

b) $\overrightarrow{AB} = \binom{9}{-6}$; $\overrightarrow{BC} = \binom{-7}{14}$: $\overrightarrow{AC} = \binom{2}{8}$

$|\overrightarrow{AB}| = \sqrt{117} \approx 10{,}8167$; $|\overrightarrow{BC}| = \sqrt{245} \approx 15{,}6525$; $|\overrightarrow{AC}| = \sqrt{68} \approx 8{,}2462$.

$\cos(\alpha) = \frac{\overrightarrow{AB} \cdot \overrightarrow{AC}}{|\overrightarrow{AB}| \cdot |\overrightarrow{AC}|} = \frac{-30}{\sqrt{117} \cdot \sqrt{68}} \approx -0{,}336336$; $\alpha \approx 109{,}65°$;

$\cos(\beta) = \frac{\overrightarrow{BA} \cdot \overrightarrow{BC}}{|\overrightarrow{BA}| \cdot |\overrightarrow{BC}|} = \frac{147}{\sqrt{117} \cdot \sqrt{245}} \approx 0{,}868243$; $\beta \approx 29{,}74°$;

$\cos(\gamma) = \frac{\overrightarrow{CA} \cdot \overrightarrow{CB}}{|\overrightarrow{CA}| \cdot |\overrightarrow{CB}|} = \frac{98}{\sqrt{68} \cdot \sqrt{245}} \approx 0{,}759257$; $\gamma \approx 40{,}60°$.

6 a) $\overrightarrow{AB} = \begin{pmatrix} -2 \\ 0 \\ -4 \end{pmatrix}$; $\overrightarrow{BC} = \begin{pmatrix} 2 \\ 4 \\ 0 \end{pmatrix}$: $\overrightarrow{AC} = \begin{pmatrix} 0 \\ 4 \\ -4 \end{pmatrix}$

$|\overrightarrow{AB}| = \sqrt{20} \approx 4{,}4721$; $|\overrightarrow{BC}| = \sqrt{20} \approx 4{,}4721$; $|\overrightarrow{AC}| = \sqrt{32} \approx 5{,}6569$.

$\cos(\alpha) = \frac{\overrightarrow{AB} \cdot \overrightarrow{AC}}{|\overrightarrow{AB}| \cdot |\overrightarrow{AC}|} = \frac{16}{\sqrt{20} \cdot \sqrt{32}} \approx 0{,}632456$; $\alpha \approx 50{,}77°$;

$\cos(\beta) = \frac{\overrightarrow{BA} \cdot \overrightarrow{BC}}{|\overrightarrow{BA}| \cdot |\overrightarrow{BC}|} = \frac{4}{\sqrt{20} \cdot \sqrt{20}} = \frac{1}{5} = 0{,}2$; $\beta \approx 78{,}46°$;

$\cos(\gamma) = \frac{\overrightarrow{CA} \cdot \overrightarrow{CB}}{|\overrightarrow{CA}| \cdot |\overrightarrow{CB}|} = \cos(\alpha)$; $\gamma = \alpha \approx 50{,}77°$.

b) $\overrightarrow{EF} = \begin{pmatrix} -2 \\ 4 \\ 0 \end{pmatrix}$; $\overrightarrow{ED} = \begin{pmatrix} 0 \\ 4 \\ -2 \end{pmatrix}$: $\overrightarrow{DF} = \begin{pmatrix} -2 \\ 0 \\ 2 \end{pmatrix}$

$|\overrightarrow{EF}| = \sqrt{20} \approx 4{,}4721$; $|\overrightarrow{ED}| = \sqrt{20} \approx 4{,}4721$; $|\overrightarrow{DF}| = \sqrt{8} \approx 2{,}8284$.

$\cos(\alpha) = \frac{\overrightarrow{EF} \cdot \overrightarrow{ED}}{|\overrightarrow{EF}| \cdot |\overrightarrow{ED}|} = \frac{16}{\sqrt{20} \cdot \sqrt{20}} = 0{,}8$; $\alpha \approx 36{,}87°$;

$\cos(\beta) = \frac{\overrightarrow{DE} \cdot \overrightarrow{DF}}{|\overrightarrow{DE}| \cdot |\overrightarrow{DF}|} = \frac{4}{\sqrt{20} \cdot \sqrt{8}} \approx 0{,}316228$; $\beta = 71{,}57°$;

$\cos(\gamma) = \frac{\overrightarrow{FE} \cdot \overrightarrow{FD}}{|\overrightarrow{FE}| \cdot |\overrightarrow{FD}|} = \frac{4}{\sqrt{8} \cdot \sqrt{20}} \approx 0{,}316228$; $\gamma = 71{,}57°$.

S. 286 **7** a) $\vec{a} \cdot \vec{b} = 0$ ergibt $2b_1 - 12 = 0$, also $b_1 = 6$.

b) $\vec{a} \cdot \vec{b} = 0$ ergibt $2 - a_2 + 3 = 0$, also $a_2 = 5$.

c) $\vec{a} \cdot \vec{b} = 0$ ergibt $-3 + 2b_3 = 0$, also $b_3 = 1{,}5$.

8 $\overrightarrow{AB} = \begin{pmatrix} -7 \\ -1 \\ -1 \end{pmatrix}$; $\overrightarrow{BC} = \begin{pmatrix} 1 \\ -2 \\ -5 \end{pmatrix}$; $\overrightarrow{AC} = \begin{pmatrix} -6 \\ -3 \\ -6 \end{pmatrix}$.

a) Wegen $\overrightarrow{AB} \cdot \overrightarrow{BC} = 0$ ist das Dreieck ABC beim Punkt B rechtwinklig.

b)

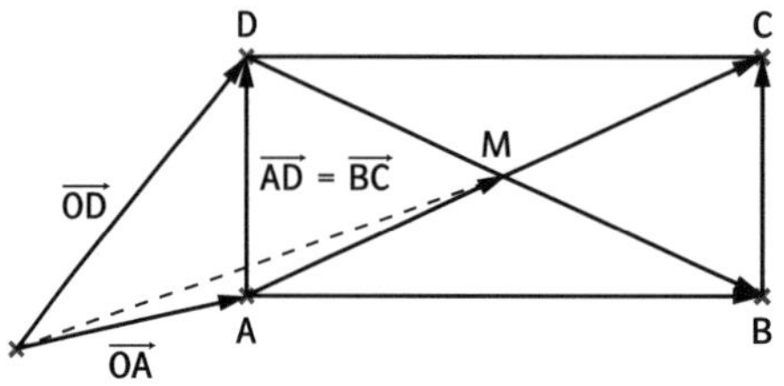

$\overrightarrow{OD} = \overrightarrow{OA} + \overrightarrow{BC} = \begin{pmatrix} 4 \\ 3 \\ 2 \end{pmatrix} + \begin{pmatrix} 1 \\ -2 \\ -5 \end{pmatrix} = \begin{pmatrix} 5 \\ 1 \\ -3 \end{pmatrix}$; also $D(5\,|\,1\,|\,-3)$.

c) $|\overrightarrow{AB}| = \sqrt{51} \approx 7{,}1414$; $|\overrightarrow{BC}| = \sqrt{30} \approx 5{,}4772$

d) $\overrightarrow{OM} = \overrightarrow{OA} + \frac{1}{2} \cdot \overrightarrow{AC} = \begin{pmatrix} 4 \\ 3 \\ 2 \end{pmatrix} + \frac{1}{2} \cdot \begin{pmatrix} -6 \\ -3 \\ -6 \end{pmatrix} = \begin{pmatrix} 1 \\ 1{,}5 \\ -1 \end{pmatrix}$; ; also $M(1\,|\,1{,}5\,|\,-1)$.

e) Die Diagonalen schließen den Winkel ein, den die Vektoren $\overrightarrow{AC}$ und $\overrightarrow{DB}$ miteinander einschließen.

Wegen $\overrightarrow{DB} = \begin{pmatrix} -8 \\ 1 \\ 4 \end{pmatrix}$ gilt $\cos(\varphi) = \frac{48 - 3 - 24}{\sqrt{81} \cdot \sqrt{81}} = \frac{21}{81} \approx 0{,}259\,259\,3$; $\varphi \approx 74{,}97°$.

9 a) $\overrightarrow{AB} = \begin{pmatrix} 1 \\ -1 \\ 2 \end{pmatrix}$; $AC = \begin{pmatrix} 3 \\ c_2 - 1 \\ 0 \end{pmatrix}$. Aus $\overrightarrow{AB} \cdot \overrightarrow{AC} = 3 + (-1) \cdot (c_2 - 1) = 0$ folgt $c_2 = 4$.

b) $\overrightarrow{BA} = \begin{pmatrix} -1 \\ 1 \\ -2 \end{pmatrix}$; $\overrightarrow{BC} = \begin{pmatrix} 2 \\ c_2 \\ -2 \end{pmatrix}$. Aus $\overrightarrow{BA} \cdot \overrightarrow{BC} = -2 + c_2 + 4 = 0$ folgt $c_2 = -2$.

10 a) $\begin{pmatrix} 5 \\ 3 \end{pmatrix}$; $\begin{pmatrix} 15 \\ 9 \end{pmatrix}$ b) $\begin{pmatrix} 0 \\ 1 \end{pmatrix}$; $\begin{pmatrix} 0 \\ -1 \end{pmatrix}$ c) $\begin{pmatrix} 4 \\ -1 \end{pmatrix}$; $\begin{pmatrix} -4 \\ 1 \end{pmatrix}$

d) $\begin{pmatrix} 0 \\ 1 \\ 0 \end{pmatrix}$; $\begin{pmatrix} -5 \\ 0 \\ 2 \end{pmatrix}$ e) $\begin{pmatrix} -3 \\ 2 \\ 0 \end{pmatrix}$; $\begin{pmatrix} 5 \\ 0 \\ 2 \end{pmatrix}$ f) $\begin{pmatrix} 0 \\ 1 \\ -1 \end{pmatrix}$; $\begin{pmatrix} -1 \\ 1 \\ 0 \end{pmatrix}$

10 Schnittwinkel von Geraden

S. 287 **1** Fehler in der 1. Auflage: Punkt E(1|0|1)

a) $\overrightarrow{BH} = \begin{pmatrix} -1 \\ -1 \\ 1 \end{pmatrix}$; $\overrightarrow{AC} = \begin{pmatrix} -1 \\ 1 \\ 0 \end{pmatrix}$; $|\overrightarrow{BH}| = \sqrt{3}$; $|\overrightarrow{AC}| = \sqrt{2}$; Verhältnis $V = \frac{\sqrt{3} - \sqrt{2}}{\sqrt{2}} \approx 0{,}2247 \sim 22{,}5\,\%$.

b) $\overrightarrow{EC} = \begin{pmatrix} -1 \\ 1 \\ -1 \end{pmatrix}$; $\overrightarrow{BH} \cdot \overrightarrow{EC} = 1 - 1 - 1 \neq 0$, also sind die Diagonalen nicht senkrecht.

c) $\overrightarrow{CE} = \begin{pmatrix} 1 \\ -1 \\ 1 \end{pmatrix}$; $\overrightarrow{CA} = \begin{pmatrix} 1 \\ -1 \\ 0 \end{pmatrix}$; $\cos(\varphi) = = \frac{2}{\sqrt{3} \cdot \sqrt{2}} = \frac{2}{\sqrt{6}} = \frac{1}{3}\sqrt{6} \approx 0{,}816497$; $\varphi \approx 36{,}26°$

S. 288 **2** a) S(3|1|6) (r = 2; s = 1); $\cos(\alpha) = \frac{1 + 9}{\sqrt{10} \cdot \sqrt{11}} \approx 0{,}953463$; $\alpha \approx 17{,}55°$

b) S(10|8|15) (r = 8; s = 2); $\cos(\alpha) = \frac{5 + 2 + 10}{\sqrt{3} \cdot \sqrt{129}} \approx 0{,}864159$; $\alpha \approx 30{,}21°$

3 a) $g'\colon \vec{x} = \begin{pmatrix} 2 \\ 7 \\ 0 \end{pmatrix} + r \cdot \begin{pmatrix} 3 \\ 9 \\ 0 \end{pmatrix}$; $h'\colon x = \begin{pmatrix} 0 \\ 6 \\ 0 \end{pmatrix} + s \cdot \begin{pmatrix} 1 \\ 2 \\ 0 \end{pmatrix}$;

Schnittpunkt S'(5|16|0) (r = 1; s = 5). $\cos(\alpha') = \frac{3 + 18 + 0}{\sqrt{90} \cdot \sqrt{5}} \approx 0{,}989949$; $\alpha' \approx 8{,}13°$

b) $g'\colon \vec{x} = r \cdot \begin{pmatrix} 4 \\ 5 \\ 0 \end{pmatrix}$; $h'\colon \vec{x} = \begin{pmatrix} 6 \\ 4 \\ 0 \end{pmatrix} + s \cdot \begin{pmatrix} -2 \\ 1 \\ 0 \end{pmatrix}$;

Schnittpunkt S'(4|5|0) (r = 1; s = 1). $\cos(\alpha') = \frac{-8 + 5 + 0}{\sqrt{41} \cdot \sqrt{5}} \approx -0{,}209529$; $\alpha^* \approx 102{,}09°$, also $\alpha' \approx 77{,}91°$.

4 A(3|0|2); B(6|4|2); C(3|8|2); D(0|4|2); E(3|4|0); F(3|4|4)

a) $\overrightarrow{BA} = \begin{pmatrix} -3 \\ -4 \\ 0 \end{pmatrix}$; $\overrightarrow{BC} = \begin{pmatrix} -3 \\ 4 \\ 0 \end{pmatrix}$; $\cos(\beta) = \frac{9 - 16}{5 \cdot 5} = -\frac{7}{25}$; also $\beta \approx 106{,}26°$

b) $\overrightarrow{CB} = \begin{pmatrix} 3 \\ -4 \\ 0 \end{pmatrix}$; $\overrightarrow{CD} = \begin{pmatrix} -3 \\ -4 \\ 0 \end{pmatrix}$; $\cos(\gamma) = \frac{-9 + 16}{5 \cdot 5} = \frac{7}{25}$; also $\gamma \approx 73{,}74°$

c) $\overrightarrow{EA} = \begin{pmatrix} 0 \\ -4 \\ 2 \end{pmatrix}$; $\overrightarrow{EB} = \begin{pmatrix} 3 \\ 0 \\ 2 \end{pmatrix}$; $\cos(\varepsilon) = \frac{4}{\sqrt{20} \cdot \sqrt{13}} \approx 0{,}248069$; also $\varepsilon \approx 75{,}64°$

d) $\overrightarrow{BE} = \begin{pmatrix} -3 \\ 0 \\ -2 \end{pmatrix}$; $\overrightarrow{BF} = \begin{pmatrix} -3 \\ 0 \\ 2 \end{pmatrix}$; $\cos(\beta) = \frac{9 - 4}{\sqrt{13} \cdot \sqrt{13}} = \frac{5}{13}$; also $\beta \approx 67{,}38°$.

5 $\vec{f} = \begin{pmatrix} 6 \\ 8 \\ 0 \end{pmatrix}$; $\vec{r} = \begin{pmatrix} 6 \\ 8 \\ 4 \end{pmatrix}$; $\cos(\varphi) = \frac{36 + 64}{\sqrt{100} \cdot \sqrt{116}} \approx 0{,}928477$; also $\varphi \approx 21{,}80°$

11 Flächenberechnungen an Dreiecken und Vierecken

S.289 **1** a) Dreieck: A = 3; Rechteck: A = 6; Parallelogramm: A = 6; Trapez: A = 9

b) $u_{Dreieck} = 3 + 2 + \sqrt{13} \approx 8{,}6056$; $u_{Rechteck} = 10$; $u_{Parallelogramm} = 4 + 2 \cdot \sqrt{10} \approx 10{,}3246$; $u_{Trapez} = 4 + 2 + 2 \cdot \sqrt{10} \approx 12{,}3246$.

S. 291 **2** a) $\overrightarrow{AB} = \begin{pmatrix} 2 \\ -3 \\ 3 \end{pmatrix}$; $\overrightarrow{AC} = \begin{pmatrix} 3 \\ -3 \\ -3 \end{pmatrix}$.

$|\overrightarrow{AB}| = \sqrt{22}$; $|\overrightarrow{AC}| = \sqrt{27}$; $\cos(\alpha) = \frac{6+9-9}{\sqrt{22 \cdot 27}} = \frac{6}{\sqrt{22 \cdot 27}}$; also $\alpha \approx 75{,}748\,245°$;

$\sin(\alpha) \approx 0{,}969\,223$ oder $(\sin(\alpha))^2 = 1 - (\cos(\alpha))^2 = 1 - \frac{36}{594} = \frac{558}{594}$, also

$\sin(\alpha) = \sqrt{\frac{558}{594}} \approx 0{,}969\,223$

$A = \frac{1}{2} \cdot \sqrt{22} \cdot \sqrt{27} \cdot 0{,}969\,223 \approx 11{,}8110$

b) $\overrightarrow{AB} = \begin{pmatrix} -3 \\ 1 \\ 6 \end{pmatrix}$; $\overrightarrow{AC} = \begin{pmatrix} -3 \\ 6 \\ 1 \end{pmatrix}$.

$|\overrightarrow{AB}| = \sqrt{46}$; $|\overrightarrow{AC}| = \sqrt{46}$

$\cos(\alpha) = \frac{21}{46} \approx 0{,}456\,522$; also $\alpha \approx 62{,}837\,112°$; $\sin(\alpha) \approx 0{,}889\,712$

$A = \frac{1}{2} \cdot \sqrt{46} \cdot \sqrt{46} \cdot 0{,}889\,712 \approx 20{,}4634$

3 a) $\overrightarrow{AB} = \begin{pmatrix} 3 \\ -3 \\ 2 \end{pmatrix}$; $\overrightarrow{AC} = \begin{pmatrix} -3 \\ -1 \\ 3 \end{pmatrix}$; $\overrightarrow{BC} = \begin{pmatrix} -6 \\ 2 \\ 1 \end{pmatrix}$

$\overrightarrow{AB} \cdot \overrightarrow{AC} = -9 + 3 + 6 = 0$; rechter Winkel bei A.

$|\overrightarrow{AB}| = \sqrt{22}$; $|\overrightarrow{AC}| = \sqrt{19}$.

Damit ist der Inhalt $A = \frac{1}{2} \cdot \sqrt{22} \cdot \sqrt{19} \cdot 1 \approx 10{,}2225$

b) $\overrightarrow{AB} = \begin{pmatrix} -7 \\ -1 \\ 0 \end{pmatrix}$; $\overrightarrow{AC} = \begin{pmatrix} -3 \\ -4 \\ 0 \end{pmatrix}$; $\overrightarrow{BC} = \begin{pmatrix} 4 \\ -3 \\ 0 \end{pmatrix}$

$\overrightarrow{AC} \cdot \overrightarrow{BC} = -12 + 12 + 0 = 0$; rechter Winkel bei C.

$|\overrightarrow{AC}| = 5$; $|\overrightarrow{BC}| = 5$. Damit ist der Inhalt $A = \frac{1}{2} \cdot 5 \cdot 5 \cdot 1 = \frac{25}{2} = 12{,}5$

4 a)

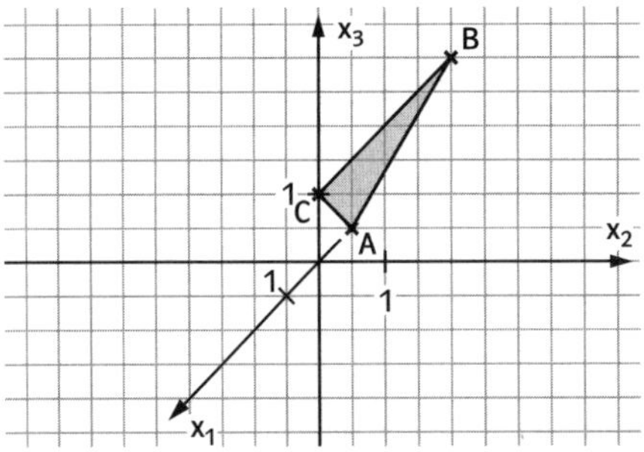

b) $\overrightarrow{AB} = \begin{pmatrix} 1 \\ 2 \\ 3 \end{pmatrix}$; $\overrightarrow{BC} = \begin{pmatrix} 2 \\ -1 \\ -1 \end{pmatrix}$; $\overrightarrow{AC} = \begin{pmatrix} 3 \\ 1 \\ 2 \end{pmatrix}$; da $|\overrightarrow{AB}| = |\overrightarrow{AC}| = \sqrt{14}$ ist, ist das Dreieck gleichschenklig. In der Zeichnung werden Längen verzerrt, also kann man an der Zeichnung dies nicht erkennen.

c) $\cos(\alpha) = \frac{11}{14}$; $\alpha \approx 38{,}213\,211° \approx 38{,}21°$

Damit ist $\beta + \gamma = 180° - 38{,}21° = 141{,}79°$ und $\beta = \gamma \approx 70{,}90°$.

d) $A = \frac{1}{2} \cdot |\overrightarrow{AB}| \cdot |\overrightarrow{AC}| \cdot \sin(\alpha) = \frac{1}{2} \cdot \sqrt{14} \cdot \sqrt{14} \cdot \sin(38{,}213\,211°) \approx 4{,}3301$

S. 291 **5** a) b)

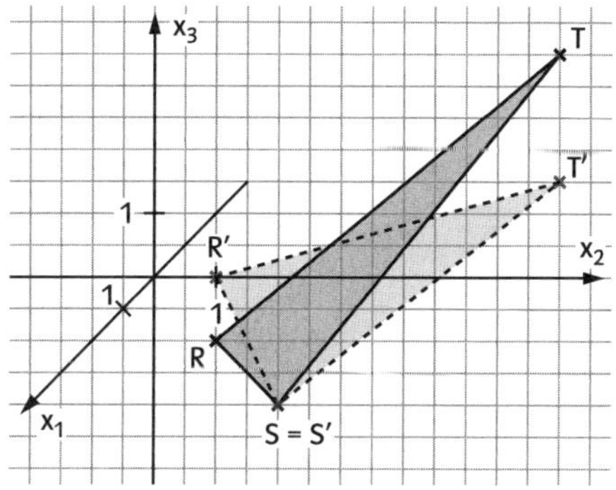

R′(0 | 1 | 0), S′(4 | 4 | 0), T′(−3 | 5 | 0)

c) $\overrightarrow{R'S'} = \begin{pmatrix} 4 \\ 3 \\ 0 \end{pmatrix}$; $\overrightarrow{R'T'} = \begin{pmatrix} -3 \\ 4 \\ 0 \end{pmatrix}$; Wegen $\overrightarrow{R'S'} \cdot \overrightarrow{R'T'} = 0$ liegt bei R′ ein rechter Winkel.

$|\overrightarrow{RS}| = \begin{pmatrix} 4 \\ 3 \\ 1 \end{pmatrix}$; $|\overrightarrow{RT}| = \begin{pmatrix} -3 \\ 4 \\ 3 \end{pmatrix}$; Wegen $\overrightarrow{RS} \cdot \overrightarrow{RT} = 3 \neq 0$ liegt bei R kein rechter Winkel vor.

d) $A_{R'S'T'} = \frac{1}{2} \cdot |\overrightarrow{R'S'}| \cdot |\overrightarrow{R'T'}| \cdot \sin(90°) = \frac{1}{2} \cdot 5 \cdot 5 = 12{,}5.$

e) $\overrightarrow{RS} = \sqrt{26}$; $\overrightarrow{RT} = \sqrt{34}$; $\cos(\varrho) = \frac{3}{\sqrt{26} \cdot \sqrt{34}} \approx 0{,}100901$, also $\varrho \approx 84{,}208948 \approx 84{,}21°$

$A_{RST} = \frac{1}{2} \cdot |\overrightarrow{RS}| \cdot |\overrightarrow{RT}| \cdot \sin(84{,}208948) \approx 14{,}7902.$

$\frac{A_{RST} - A_{R'S'T'}}{A_{R'S'T'}} = \frac{2{,}2902}{12{,}5} \approx 0{,}183216 \approx 18{,}3\,\%.$

Randaufgabe: Das Dreieck ABC mit A(1 | 1 | 1); B(1 | 1 | 3); C(4 | 1 | 5) ergibt A′(1 | 1 | 0) = B′; C′(4 | 1 | 0).
Da die Punkte A′ und B′ zusammenfallen, ist das projizierte Dreieck eine Strecke A′C′. Ihr Inhalt ist 0.

6 a) $\overrightarrow{AB} = \begin{pmatrix} -3 \\ 4 \\ 2 \end{pmatrix}$; $\overrightarrow{BC} = \begin{pmatrix} 5 \\ 2 \\ 2 \end{pmatrix}$; $\overrightarrow{CD} = \begin{pmatrix} 3 \\ -4 \\ -2 \end{pmatrix}$; $\overrightarrow{AD} = \begin{pmatrix} 5 \\ 2 \\ 2 \end{pmatrix}$

Da $\overrightarrow{AB} = -\overrightarrow{CD}$ und $\overrightarrow{BC} = \overrightarrow{AD}$ ist, sind die gegenüberliegenden Seiten parallel, also ist ABCD ein Parallelogramm.

b) $|\overrightarrow{AB}| = \sqrt{29}$; $|\overrightarrow{AD}| = \sqrt{33}$; $\cos(\alpha) = \frac{-3}{\sqrt{29} \cdot \sqrt{33}} \approx -0{,}096976$, also $\alpha \approx 95{,}565075°$;

$\sin(\alpha) \approx 0{,}995287$

$A = \frac{1}{2} \cdot \sqrt{29} \cdot \sqrt{33} \cdot 0{,}995287 \approx 15{,}3948.$

S. 291 **7** a)

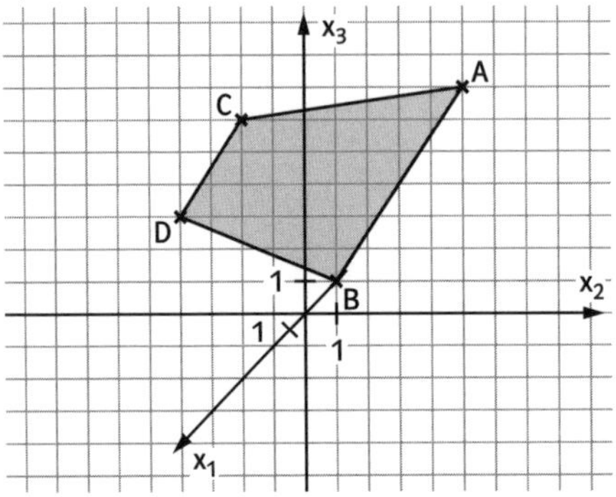

Da die Seiten AB und CD in der Zeichnung parallel sind, sind sie auch im Raum parallel, d.h. es handelt sich um ein Trapez.

b) $\overrightarrow{AB} = \begin{pmatrix} 8 \\ 0 \\ -2 \end{pmatrix}$; $\overrightarrow{BC} = \begin{pmatrix} -2 \\ -4 \\ 4 \end{pmatrix}$; $\overrightarrow{CD} = \begin{pmatrix} 4 \\ 0 \\ -1 \end{pmatrix}$; $\overrightarrow{AD} = \begin{pmatrix} 10 \\ -4 \\ 1 \end{pmatrix}$

Da $\overrightarrow{AB} = 2 \cdot \overrightarrow{CD}$ ist, sind die Vektoren $\overrightarrow{AB}$ und $\overrightarrow{CD}$ parallel; damit liegt ein Trapez vor.

c) Wegen $\overrightarrow{AB} = 2 \cdot \overrightarrow{CD}$ ist die Strecke AB doppelt so lang wie CD.

Seitenverhältnis ist also $\frac{|\overrightarrow{CD}|}{|\overrightarrow{AB}|} = \frac{1}{2}$.

d) $A = \frac{1}{2}(|\overrightarrow{AB}| + |\overrightarrow{CD}|) \cdot |\overrightarrow{AD}| \cdot \sin(\alpha)$ mit $|\overrightarrow{AB}| = \sqrt{68} = 2 \cdot \sqrt{17}$; $|\overrightarrow{CD}| = \sqrt{17}$; $|\overrightarrow{AD}| = \sqrt{117}$;

$\cos(a) = \frac{78}{\sqrt{68} \cdot \sqrt{117}} \approx 0{,}874475$; $\alpha \approx 29{,}017141°$.

$A \approx 32{,}449961 \approx 32{,}4500$

8 a) $\overrightarrow{OA} = \begin{pmatrix} -2 \\ -3 \\ 2 \end{pmatrix}$; $\overrightarrow{AC} = \begin{pmatrix} 5 \\ -1 \\ -5 \end{pmatrix}$; $\overrightarrow{OC} = \begin{pmatrix} 3 \\ -4 \\ -3 \end{pmatrix}$

Da $\overrightarrow{OA} \cdot \overrightarrow{OC} = 0$ ist, ist das Dreieck OAC rechtwinklig.

b) $\overrightarrow{OB} = \overrightarrow{OA} + \overrightarrow{OC} = \begin{pmatrix} -2 \\ -3 \\ 2 \end{pmatrix} + \begin{pmatrix} 3 \\ -4 \\ -3 \end{pmatrix} = \begin{pmatrix} 1 \\ -7 \\ -1 \end{pmatrix}$; B(1 | −7 | −1)

c) $A_{OABC} = |\overrightarrow{OA}| \cdot |\overrightarrow{OC}| = \sqrt{17} \cdot \sqrt{34} = 17\sqrt{2} \approx 24{,}0416$;

$A_{OAC} = \frac{1}{2} \cdot |\overrightarrow{OA}| \cdot |\overrightarrow{OC}| = \frac{17}{2}\sqrt{2} \approx 12{,}0208$

d) O′(0 | 0 | 0), A′(0 | −3 | 2), B′(0 | −7 | −1), C′(0 | −4 | −3)

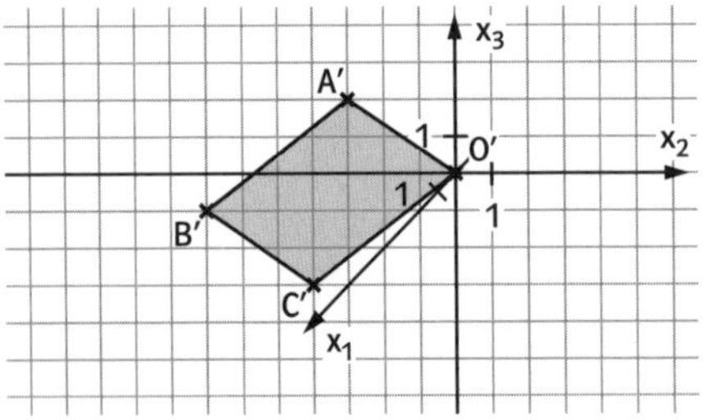

S. 291 **8** e) $\overrightarrow{O'A'} = \begin{pmatrix} 0 \\ -3 \\ 2 \end{pmatrix}$; $\overrightarrow{O'C'} = \begin{pmatrix} 0 \\ -4 \\ -3 \end{pmatrix}$; $|\overrightarrow{O'A'}| = \sqrt{13}$; $|\overrightarrow{O'C'}| = 5$; $\cos(\alpha) = \frac{6}{5 \cdot \sqrt{13}} \approx 0{,}332\,820$ mit

$\alpha \approx 70{,}559\,972$.

$A_{O'A'B'C'} = 5 \cdot \sqrt{13} \cdot \sin(70{,}559\,972°) \approx 17{,}0000$.

Damit beträgt die Verkleinerung $\frac{A_{OABC} - A_{O'A'B'C'}}{A_{OABC}} = \frac{17\sqrt{2} - 17}{17} = \frac{\sqrt{2} - 1}{1} \approx 0{,}414\,214 \approx 41{,}4\,\%$

9 a) Da die x_3-Koordinate jeweils 5 ist, liegt das Dreieck PQR parallel zur x_1x_2-Ebene, 5 Einheiten über ihr.

b) P′(2 | 4 | 0); Q′(0 | 0 | 0); R′(4 | 0 | 0)

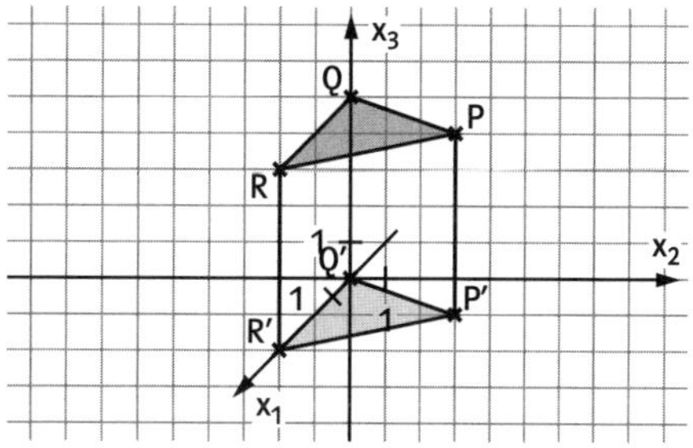

c) $\overrightarrow{QP} = \overrightarrow{Q'P'} = \begin{pmatrix} 2 \\ 4 \\ 0 \end{pmatrix}$; $\overrightarrow{QR} = \overrightarrow{Q'R'} = \begin{pmatrix} 4 \\ 0 \\ 0 \end{pmatrix}$;

$\overrightarrow{PR} = \overrightarrow{P'R'} = \begin{pmatrix} 2 \\ -4 \\ 0 \end{pmatrix}$;

$\cos(\alpha) = \frac{8}{\sqrt{20} \cdot 4} = \frac{1}{\sqrt{5}} \approx 0{,}447\,214$;

$\alpha \approx 63{,}434\,949°$.

$A_{PQR} = A_{P'Q'R'} = \frac{1}{2} \cdot \sqrt{20} \cdot 4 \cdot \sin(63{,}434\,949°) \approx 8$

$|\overrightarrow{QP}| = \sqrt{20} = 2\sqrt{5}$; $|\overrightarrow{QR}| = 4$; $|\overrightarrow{PR}| = \sqrt{20} = 2\sqrt{5}$.

Oberfläche: $O = 2 \cdot 8 + 2\sqrt{5} \cdot 5 + 4 \cdot 5 + 2\sqrt{5} \cdot 5 = 36 + 20\sqrt{5} \approx 80{,}7214$

12 *Volumenberechnungen*

S. 292 **1** a) Quader, Prisma, Pyramide

b) Quader: 12 Kanten, 6 Flächen, nur Rechtecke

3-seitiges Prisma: 9 Kanten, 5 Flächen, 2 Dreiecke und 3 Rechtecke

Pyramide: 8 Kanten, 5 Flächen, 1 Quadrat, 4 gleichschenklige Dreiecke

S. 293 **2**

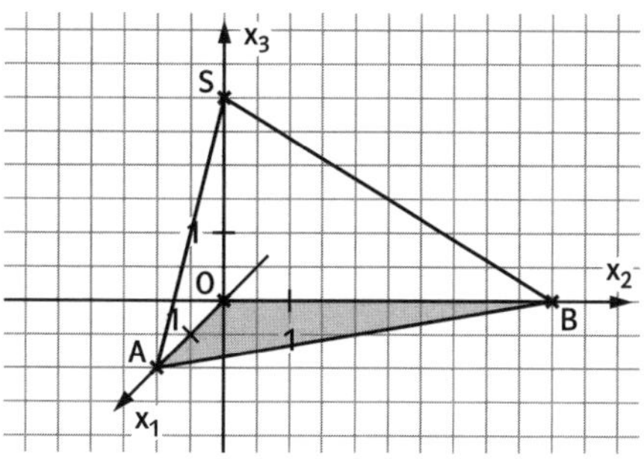

$V = \frac{1}{3} \cdot \frac{1}{2} \cdot |\overrightarrow{OA}| \cdot |\overrightarrow{OB}| \cdot 3 = \frac{1}{2} \cdot 2 \cdot 5 = 5$

S. 293 **3** Die Grundfläche liegt in der x_1x_2-Ebene; die Höhe ist 4.

$\overrightarrow{CA} = \begin{pmatrix} 2 \\ -2 \\ 0 \end{pmatrix}$; $\overrightarrow{CB} = \begin{pmatrix} 2 \\ 4 \\ 0 \end{pmatrix}$; $\cos(\gamma) = \frac{-4}{\sqrt{8} \cdot \sqrt{20}} \approx -0{,}316\,228$; $\gamma \approx 108{,}434\,963°$.

$V = \frac{1}{3} \cdot \frac{1}{2} \cdot |\overrightarrow{CA}| \cdot |\overrightarrow{CB}| \cdot \sin(108{,}434\,963°) \approx 2{,}0000$

4 a) Das Viereck liegt parallel zur x_1x_2-Ebene.

$\overrightarrow{AB} = \begin{pmatrix} 3 \\ -1 \\ 0 \end{pmatrix}$; $\overrightarrow{BC} = \begin{pmatrix} 2 \\ 3 \\ 0 \end{pmatrix}$; $\overrightarrow{CD} = \begin{pmatrix} -3 \\ 1 \\ 0 \end{pmatrix}$; $\overrightarrow{AD} = \begin{pmatrix} 2 \\ 3 \\ 0 \end{pmatrix}$

Da $\overrightarrow{AB} = -\overrightarrow{CD}$ und $\overrightarrow{BC} = \overrightarrow{AD}$ ist, sind die gegenüberliegenden Seiten parallel, also Parallelogramm.

b) A′(0 | 0 | 0), B′(3 | −1 | 0), C′(5 | 2 | 0), D′(2 | 3 | 0).

c) Höhe des Prismas ist 4.

$\overrightarrow{A'B'} = \begin{pmatrix} 3 \\ -1 \\ 0 \end{pmatrix}$; $\overrightarrow{A'D'} = \begin{pmatrix} 2 \\ 3 \\ 0 \end{pmatrix}$; $\cos(\alpha) = \frac{3}{\sqrt{10} \cdot \sqrt{13}} \approx 0{,}263\,117$; $\alpha \approx 74{,}744\,881°$.

$G = |\overrightarrow{A'B'}| \cdot |\overrightarrow{A'D'}| \cdot \sin(74{,}744\,881°) = 11$; $V = \frac{1}{3} \cdot 11 \cdot 4 = \frac{44}{3} = 14\frac{2}{3} \approx 14{,}6667$

5 a) Die Grundfläche liegt parallel zur x_1x_2-Ebene, 2 Einheiten unterhalb.

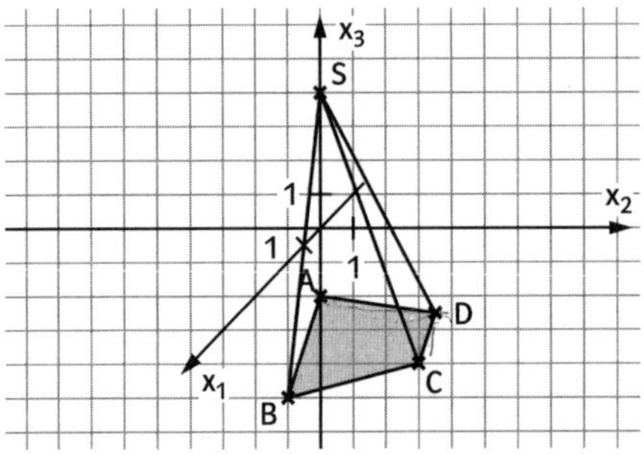

Wegen $\overrightarrow{AB} = \begin{pmatrix} 6 \\ 2 \\ 0 \end{pmatrix} = 2 \cdot \overrightarrow{DC} = 2 \cdot \begin{pmatrix} 3 \\ 1 \\ 0 \end{pmatrix}$ sind AB und CD parallel; also Trapez.

b) Gerade BS: $\vec{x} = \begin{pmatrix} 0 \\ 0 \\ 4 \end{pmatrix} + t \cdot \begin{pmatrix} 6 \\ 2 \\ -6 \end{pmatrix}$.

Gesucht ist der Spurpunkt mit der x_1x_2-Ebene: $4 - 6t = 0$, also $t = \frac{2}{3}$.

B*(4 | $\frac{4}{3}$ | 0).

c) $\overrightarrow{AD} = \begin{pmatrix} 1 \\ 4 \\ 0 \end{pmatrix}$

Es ist $|\overrightarrow{AB}| = \sqrt{40} = 4\sqrt{10}$; $|\overrightarrow{DC}| = \sqrt{10}$; $|\overrightarrow{AD}| = \sqrt{17}$; $\cos(\alpha) = \frac{14}{\sqrt{40} \cdot \sqrt{17}} \approx 0{,}536\,875$;

$\alpha \approx 57{,}528\,808°$

$V = \frac{1}{3} \cdot \frac{1}{2} \cdot (|\overrightarrow{AB}| + |\overrightarrow{DC}|) \cdot |\overrightarrow{AD}| \cdot \sin(57{,}528\,808°) \cdot 6 \approx 33{,}0000$

13 Anwendungen in der Physik

S. 294 **1** a) Fig. 1 zeigt die Zerlegung der Gewichtskraft G beim reibungsfreien Rollen eines Wagens auf einer schiefen Ebene, Fig. 2 zeigt die Gesamtkraft F, wenn eine Kugel mit der Gewichtskraft G von zwei Seilen mit den Kräften F_1 und F_2 gehalten wird.

b) In Fig. 1 ist $\frac{F_N}{100\,N} = \cos(30°)$, also $F_N \approx 100\,N \cdot 0{,}8660 \approx 86{,}6\,N$;

$\frac{F_H}{100\,N} = \cos(60°)$, also $F_H = 100\,N \cdot 0{,}5 = 50{,}0\,N$

S. 295 **2**

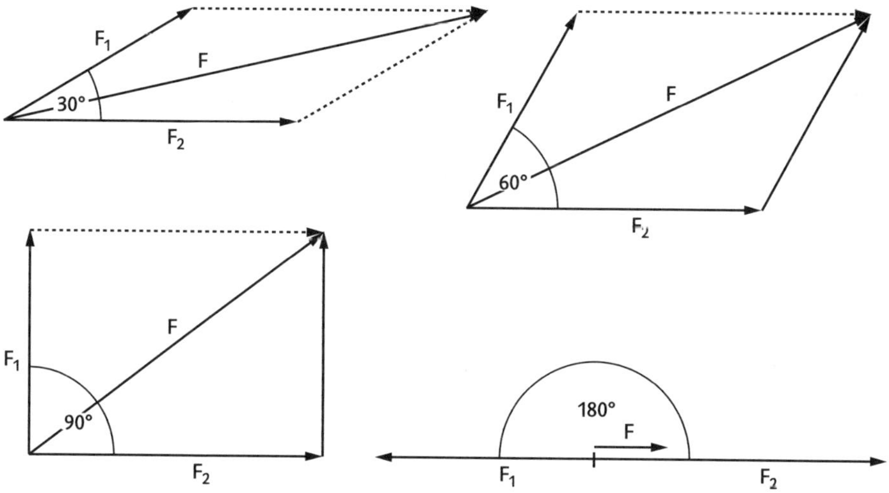

3 $\frac{F_N}{5\,N} = \cos(30°)$, also $F_N \approx 5\,N \cdot 0{,}8660 \approx 4{,}33\,N$; $\frac{F_H}{5\,N} = \cos(60°)$, also $F_H = 5\,N \cdot 0{,}5 = 2{,}5\,N$.

$\frac{F_N}{5\,N} = \cos(45°)$, also $F_N \approx 3{,}54\,N$; $\frac{F_H}{5\,N} = \cos(45°)$, also $F_H \approx 3{,}54\,N$.

$\frac{F_N}{5\,N} = \cos(60°)$, also $F_N = 2{,}5\,N$; $\frac{F_H}{5\,N} = \cos(30°)$; also $F_H \approx 4{,}33\,N$.

4 a) $F_1 = 800\,N \cdot \cos(18°) \approx 761\,N$; $F_2 = 800\,N \cdot \sin(18°) \approx 247\,N$, also

$\vec{F} = \binom{761}{247} = \binom{761}{0} + \binom{0}{247} = \vec{F_1} + \vec{F_2}$.

b) Arbeit W_F für Fortbewegung in Nm: $\vec{F} \cdot \vec{s} = \binom{761}{247} \cdot \binom{5000}{0} = 3\,805\,000$;

Arbeit bei 24° Deichselneigung:

Fehler in der 1. Auflage: Um wie viel Prozent ist die Arbeit für die Fortbewegung in Wegerichtung bei 24° geringer als bei 18°?

$F_1 = 800\,N \cdot \cos(24°) \approx 731\,N$; $F_2 = 800\,N \cdot \sin(24°) \approx 325\,N$, also

$\vec{F} = \binom{731}{325} = \binom{731}{0} + \binom{0}{325} = \vec{F_1} + \vec{F_2}$.

Arbeit W in Nm: $\vec{F} \cdot \vec{s} = \binom{731}{325} \cdot \binom{5000}{0} = 3\,655\,000$

Arbeitsverringerung: $\frac{3\,805\,000 - 3\,655\,000}{3\,805\,000} \approx 0{,}0394 \approx 4\,\%$.

S. 295 **5** a)

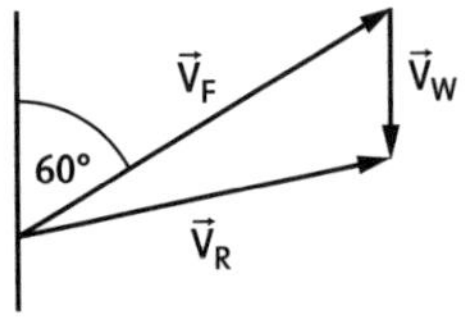

Die Überfahrt dauert knapp 9 s; die Driftung (gegen die Flussströmung) beträgt ca. 7 m.

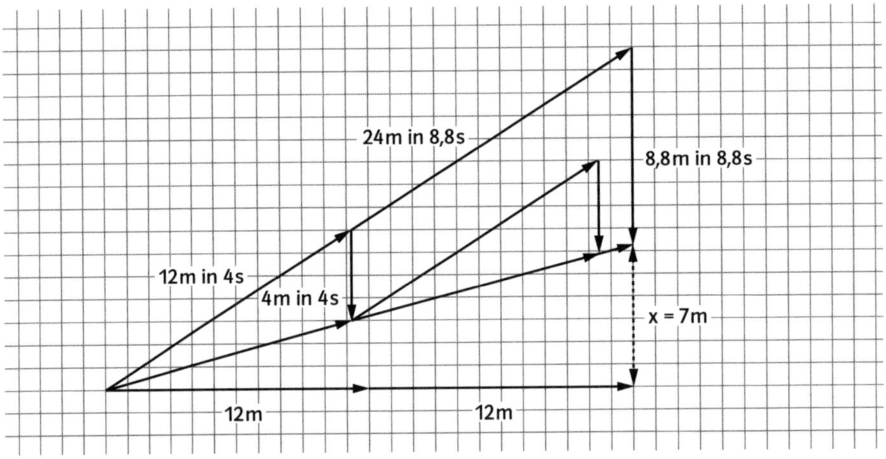

b) $\sin(\beta) = \frac{|\vec{v}_W|}{|\vec{v}_F|} = \frac{1}{3}$; also $\beta \approx 19{,}5°$. Damit $\alpha \approx 70{,}5°$.

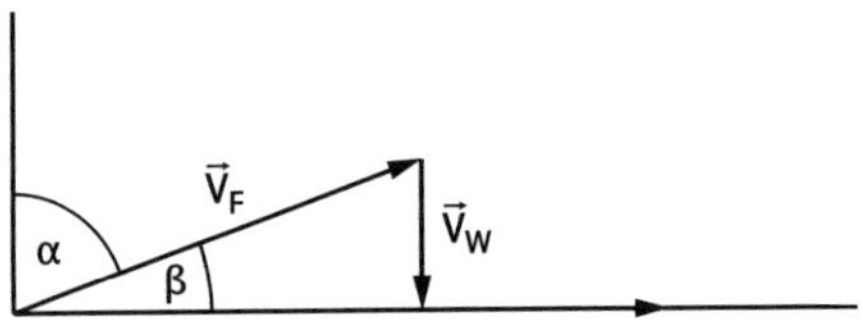

14 Vermischte Aufgaben

Punkte und Vektoren

S. 296 **1** a) A liegt auf keiner Koordinatenebene, B auf x_2-Achse, C auf x_2x_3-Ebene, D auf x_1x_3-Ebene, E auf x_1x_3-Ebene, F auf x_1-Achse, G auf x_2-Achse.

2 A(1 | 2,5 | 0), B(3 | 2 | 0), C(−2 | 1 | 0), R(0 | 1,5 | 0), S(0 | 4 | 1), T(0 | 3,5 | −1,5); U(1 | 0 | 3), V(−3 | 0 | 1), W(3 | 0 | 2)

S. 296 **3** a) A*(−1 | −2 | 3), B*(−5 | 1 | 4), C*(−6 | −3 | 1)

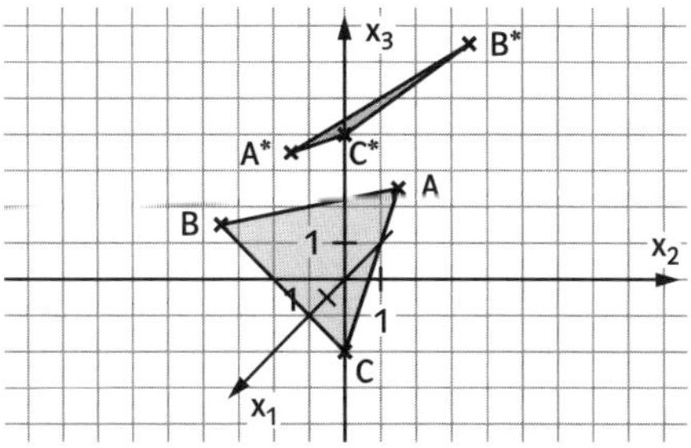

4 a) A(0 | 0 | 0), B(0 | 15 | 0), C(−15 | 15 | 0), D(−15 | 0 | 0), E(0 | 0 | 5), F(0 | 15 | 5), G(−15 | 15 | 5), H(−15 | 0 | 5)

b) $\overrightarrow{GA} = \begin{pmatrix} 15 \\ -15 \\ -5 \end{pmatrix}$, $\overrightarrow{FB} = \begin{pmatrix} 0 \\ 0 \\ -5 \end{pmatrix}$, $\overrightarrow{DF} = \begin{pmatrix} 15 \\ 15 \\ 5 \end{pmatrix}$, $\overrightarrow{GE} = \begin{pmatrix} 15 \\ -15 \\ 0 \end{pmatrix}$, $\overrightarrow{FA} = \begin{pmatrix} 0 \\ -15 \\ -5 \end{pmatrix}$.

c) $\overrightarrow{AF} \cdot \overrightarrow{GF} = \begin{pmatrix} 0 \\ 15 \\ 5 \end{pmatrix} \cdot \begin{pmatrix} 15 \\ 0 \\ 0 \end{pmatrix} = 0$

d) $\overrightarrow{EG} \cdot \overrightarrow{FH} = \begin{pmatrix} -15 \\ 15 \\ 0 \end{pmatrix} \cdot \begin{pmatrix} -15 \\ -15 \\ 0 \end{pmatrix} = 0$, also ist $\overrightarrow{EG} \perp \overrightarrow{FH}$.

e) $\overrightarrow{GE} = \begin{pmatrix} 15 \\ -15 \\ 0 \end{pmatrix} = -\overrightarrow{AC} = -\begin{pmatrix} -15 \\ 15 \\ 0 \end{pmatrix}$

5 a) Fehler in der 1. Auflage: Statt B(3 | 5,5 | 9,5) muss es heißen B(3 | **4,5** | 9,5)

$\overrightarrow{OD} = \overrightarrow{OA} + \overrightarrow{BC} = \begin{pmatrix} 3 \\ 1{,}5 \\ 0{,}5 \end{pmatrix} + \begin{pmatrix} -2 \\ 0 \\ 0 \end{pmatrix} = \begin{pmatrix} 1 \\ 1{,}5 \\ 0{,}5 \end{pmatrix}$; D(1 | 1,5 | 0,5);

$\overrightarrow{OM} = \overrightarrow{OA} + \frac{1}{2} \cdot \overrightarrow{AC} = \begin{pmatrix} 3 \\ 1{,}5 \\ 0{,}5 \end{pmatrix} + \frac{1}{2} \cdot \begin{pmatrix} -2 \\ 3 \\ 0 \end{pmatrix} = \begin{pmatrix} 2 \\ 3 \\ 0{,}5 \end{pmatrix}$; M(2 | 3 | 0,5)

b) $\overrightarrow{AB} = \begin{pmatrix} 0 \\ 3 \\ 0 \end{pmatrix}$; $\overrightarrow{AS} = \begin{pmatrix} -1 \\ 1{,}5 \\ 2{,}5 \end{pmatrix}$; $\overrightarrow{CS} = \begin{pmatrix} 1 \\ -1{,}5 \\ 2{,}5 \end{pmatrix}$; $\overrightarrow{MS} = \begin{pmatrix} 0 \\ 0 \\ 2{,}5 \end{pmatrix}$

6 a) b) c)

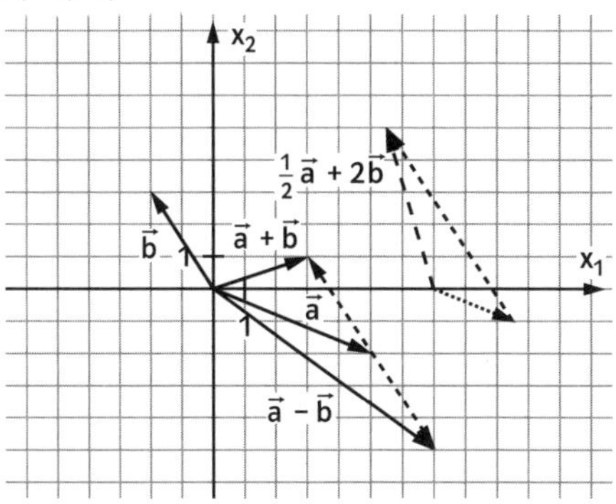

d) $(\vec{a} + \vec{b}) \cdot (\vec{a} - \vec{b}) = \begin{pmatrix} 3 \\ 1 \end{pmatrix} \cdot \begin{pmatrix} 7 \\ -5 \end{pmatrix} = 21 - 5 = 16$

Geraden – Winkel – Flächeninhalte – Rauminhalte

S. 297 **7** $\vec{x} = \begin{pmatrix} 2 \\ 2 \\ 0 \end{pmatrix} + t \cdot \begin{pmatrix} 1 \\ -2 \\ 3 \end{pmatrix}$; $x_1 = 0$ ergibt $2 + t = 0$, also $t = -2$: $S_1(0\,|\,6\,|\,-6)$

8 a) $\vec{x} = \begin{pmatrix} 1 \\ 2 \\ 1 \end{pmatrix} + t \cdot \begin{pmatrix} 0 \\ -4 \\ 3 \end{pmatrix}$. g ist parallel zur x_2x_3-Ebene.

b) Kein Spurpunkt mit der x_2x_3-Ebene.
Spurpunkt mit x_1x_3-Ebene: $x_2 = 0$: $t = 0{,}5$: $S_2(1\,|\,0\,|\,2{,}5)$
Spurpunkt mit x_1x_2-Ebene: $x_3 = 0$: $t = -\frac{1}{3}$: $S_3(1\,|\,\frac{10}{3}\,|\,0)$

c) $\begin{pmatrix} 1 \\ 10 \\ -5 \end{pmatrix} = \begin{pmatrix} 1 \\ 2 \\ 1 \end{pmatrix} + t \cdot \begin{pmatrix} 0 \\ -4 \\ 3 \end{pmatrix}$ ergibt $t = -2$, also A auf g.

d) Man wählt t zwischen 0 und 1, also $0 \leqq t \leqq 1$.

9 a)

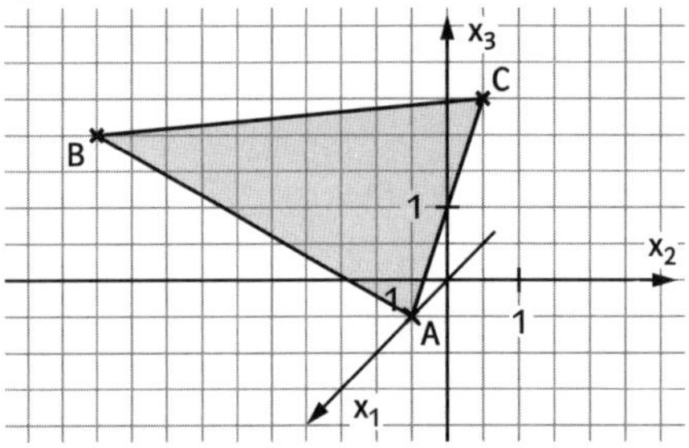

b) $\overrightarrow{AB} = \begin{pmatrix} -4 \\ -7 \\ 1 \end{pmatrix}$; $\overrightarrow{BC} = \begin{pmatrix} 1 \\ 6 \\ 1 \end{pmatrix}$; $\overrightarrow{AC} = \begin{pmatrix} -3 \\ -1 \\ 2 \end{pmatrix}$

$|\overrightarrow{AB}| = \sqrt{66} \approx 8{,}124$; $|\overrightarrow{BC}| = \sqrt{38} \approx 6{,}164$; $|\overrightarrow{AC}| = \sqrt{14} \approx 3{,}742$

Umfang $U = \sqrt{66} + \sqrt{38} + \sqrt{14} \approx 18{,}03$

c) $\cos(\alpha) = \frac{21}{\sqrt{66} \cdot \sqrt{14}} \approx 0{,}6908492797$, $\alpha \approx 46{,}30°$

$\cos(\beta) = \frac{45}{\sqrt{66} \cdot \sqrt{38}} \approx 0{,}8985634468$, $\beta \approx 26{,}03°$

$\cos(\gamma) = \frac{-7}{\sqrt{14} \cdot \sqrt{38}} \approx -0{,}3034884893$, $\gamma \approx 107{,}67°$

Probe: $\alpha + \beta + \gamma \approx 46{,}30° + 26{,}03° + 107{,}67° \approx 180°$

d) $A = \frac{1}{2} \cdot |\overrightarrow{AB}| \cdot |\overrightarrow{AC}| \cdot \sin(\alpha) \approx 10{,}98863049 \approx 10{,}99$

10 a) Schnitt für $t = 4$; $s = 4$; Schnittpunkt $S(0\,|\,8\,|\,0)$.
$\cos(\varphi) = \frac{9}{\sqrt{13} \cdot \sqrt{10}} \approx 0{,}789352$; $\varphi \approx 37{,}87°$

S. 297 **11** a) g: $\vec{x} = \begin{pmatrix}1\\4\\5\end{pmatrix} + t\cdot\begin{pmatrix}-3\\3\\-3\end{pmatrix}$; $\begin{pmatrix}-8\\1+3a\\-4\end{pmatrix} = \begin{pmatrix}1\\4\\5\end{pmatrix} + t\cdot\begin{pmatrix}-3\\3\\-3\end{pmatrix}$ ergibt $\begin{matrix}-8 = 1-3t\\1+3a = 4+3t\\-4 = 5-3t\end{matrix}$

$\begin{matrix}t = 3\\1+3a = 4+3t,\\t=3\end{matrix}$ also $1 + 3a = 13$; $a = 4$: $P(-8\,|\,13\,|\,-4)$ (Zeichnung unten.)

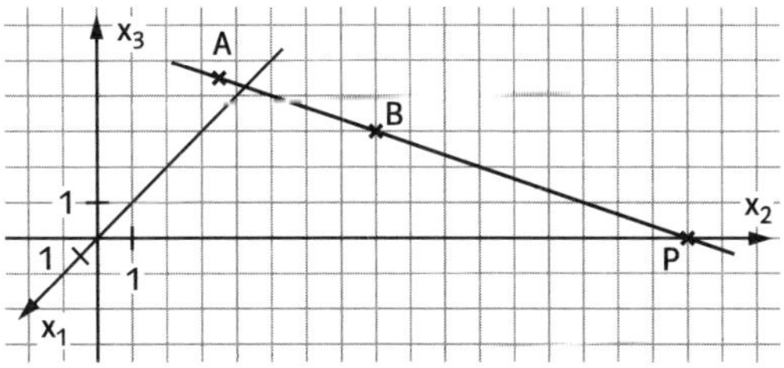

b) $S_1(0\,|\,5\,|\,4)$; $S_2(5\,|\,0\,|\,9)$; $S_3(-4\,|\,9\,|\,0)$

c) $\overrightarrow{OM} = \overrightarrow{OA} + \frac{1}{2}\overrightarrow{AB} = \begin{pmatrix}1\\4\\5\end{pmatrix} + \frac{1}{2}\cdot\begin{pmatrix}-3\\3\\-3\end{pmatrix} = \begin{pmatrix}-0{,}5\\5{,}5\\3{,}5\end{pmatrix}$; $M(-0{,}5\,|\,5{,}5\,|\,3{,}5)$.

d) $\overrightarrow{OP_1} = \overrightarrow{OA} + \frac{1}{4}\overrightarrow{AB} = \begin{pmatrix}1\\4\\5\end{pmatrix} + \frac{1}{4}\cdot\begin{pmatrix}-3\\3\\-3\end{pmatrix} = \begin{pmatrix}0{,}25\\4{,}75\\4{,}25\end{pmatrix}$; $P_1(0{,}25\,|\,4{,}75\,|\,4{,}25)$

$\overrightarrow{OP_2} = \overrightarrow{OA} + \frac{1}{2}\overrightarrow{AB} = \begin{pmatrix}1\\4\\5\end{pmatrix} + \frac{1}{2}\cdot\begin{pmatrix}-3\\3\\-3\end{pmatrix} = \begin{pmatrix}-0{,}5\\5{,}5\\3{,}5\end{pmatrix}$; $P_2(-0{,}5\,|\,5{,}5\,|\,3{,}5) = M$

$\overrightarrow{OP_3} = \overrightarrow{OA} + \frac{3}{4}\overrightarrow{AB} = \begin{pmatrix}1\\4\\5\end{pmatrix} + \frac{3}{4}\cdot\begin{pmatrix}-3\\3\\-3\end{pmatrix} = \begin{pmatrix}-1{,}25\\6{,}25\\2{,}75\end{pmatrix}$; $P_3(-1{,}25\,|\,6{,}25\,|\,2{,}75)$.

12 a) $\begin{matrix}(1)\ a + s = -2 - t\\(2)\ -1 - 4s = -6 + t\\(3)\ 2 - 2s = -4a + 2t\end{matrix} \Rightarrow \begin{matrix}(1)\ a + s + t = -2\\(2)\ -4s - t = -5\\(3)\ 4a - 2s - 2t = -2\end{matrix}$ ergibt $a = -1$; $s = 2$; $t = -3$.

Die Geraden g: $x = \begin{pmatrix}-1\\-1\\2\end{pmatrix} + s\cdot\begin{pmatrix}1\\-4\\-2\end{pmatrix}$ und h: $x = \begin{pmatrix}-2\\-6\\4\end{pmatrix} + t\cdot\begin{pmatrix}-1\\1\\2\end{pmatrix}$ schneiden sich in $S(1\,|\,-9\,|\,-2)$.

b) $\begin{matrix}(1)\ 2 - 3as = 4 + 4t\\(2)\ 4 - 6s = 5 + 2at\\(3)\ 3 + 3s = 1 + 2t\end{matrix}$ ergibt $a = 2{,}5$; $s = -\frac{4}{9}$; $t = \frac{1}{3}$.

Die Geraden g: $\vec{x} = \begin{pmatrix}2\\4\\3\end{pmatrix} + s\cdot\begin{pmatrix}-7{,}5\\-6\\3\end{pmatrix}$ und h: $\vec{x} = \begin{pmatrix}4\\5\\1\end{pmatrix} + t\cdot\begin{pmatrix}4\\5\\2\end{pmatrix}$ schneiden sich in $S\left(\frac{16}{3}\,\middle|\,\frac{20}{3}\,\middle|\,\frac{5}{3}\right)$.

13 a)

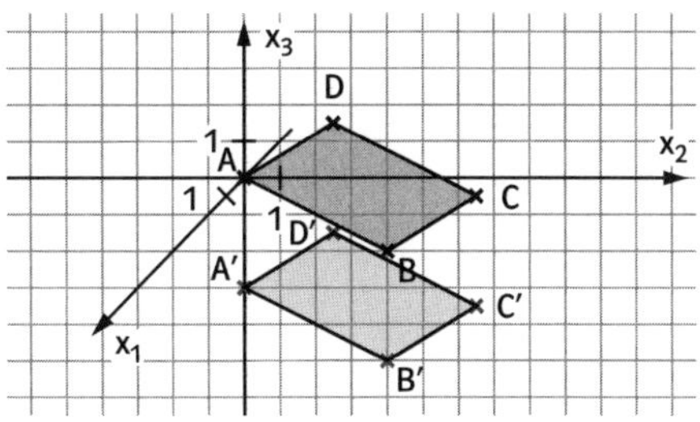

S. 297 **13** b) $\overrightarrow{AB} = \begin{pmatrix} 4 \\ 6 \\ 0 \end{pmatrix}$; $\overrightarrow{BC} = \begin{pmatrix} -3 \\ 1 \\ 0 \end{pmatrix}$; $\overrightarrow{CD} = \begin{pmatrix} -4 \\ -6 \\ 0 \end{pmatrix}$; $\overrightarrow{AD} = \begin{pmatrix} -3 \\ 1 \\ 0 \end{pmatrix}$ Da $\overrightarrow{CD} = -\overrightarrow{AB}$ und $\overrightarrow{BC} = \overrightarrow{AD}$ ist, liegt ein Parallelogramm vor.

$\cos(\alpha) = \frac{-6}{\sqrt{52} \cdot \sqrt{10}} \approx -0{,}2631174058$; $\alpha = \gamma \approx 105{,}26°$

$\cos(\beta) = \frac{6}{\sqrt{52} \cdot \sqrt{10}} \approx 0{,}2631174058$; $\beta = \delta \approx 74{,}74°$

Probe: $2\alpha + 2\beta \approx 360°$

c) $A'(6|3|0)$, $B'(10|9|0)$, $C'(7|10|0)$, $D'(3|4|0)$ und Zeichnung.

d) $A'C$: $\vec{x} = \begin{pmatrix} 6 \\ 3 \\ 0 \end{pmatrix} + t \cdot \begin{pmatrix} 1 \\ 7 \\ 3 \end{pmatrix}$; $B'D$: $\vec{x} = \begin{pmatrix} 10 \\ 9 \\ 0 \end{pmatrix} + s \cdot \begin{pmatrix} -7 \\ -5 \\ 3 \end{pmatrix}$.

Schnittpunkt $S(6{,}5|6{,}5|1{,}5)$ für $s = t = \frac{1}{2}$.

e) $\cos(\varphi) = \frac{-7-35+9}{\sqrt{59} \cdot \sqrt{83}} \approx -0{,}471573$; $\varphi \approx 118{,}14°$, also Schnittwinkel $\alpha \approx 61{,}86°$.

f) BD': $\vec{x} = \begin{pmatrix} 3 \\ 4 \\ 0 \end{pmatrix} + t \cdot \begin{pmatrix} 7 \\ 5 \\ 3 \end{pmatrix}$. $S(6{,}5|6{,}5|1{,}5)$ liegt auf BD' für $t = 0{,}5$.

g) Grundfläche des Prismas: $|\overrightarrow{AB}| = \sqrt{52}$; $|\overrightarrow{AD}| = \sqrt{10}$; $\cos(\alpha) = \frac{-6}{\sqrt{52} \cdot \sqrt{10}} \approx -0{,}263117$;
$\alpha \approx 105{,}255119$;
$V = \sqrt{52} \cdot \sqrt{10} \cdot \sin(105{,}255119°) \cdot 3 = 66{,}0000$

S. 298 **14** a)

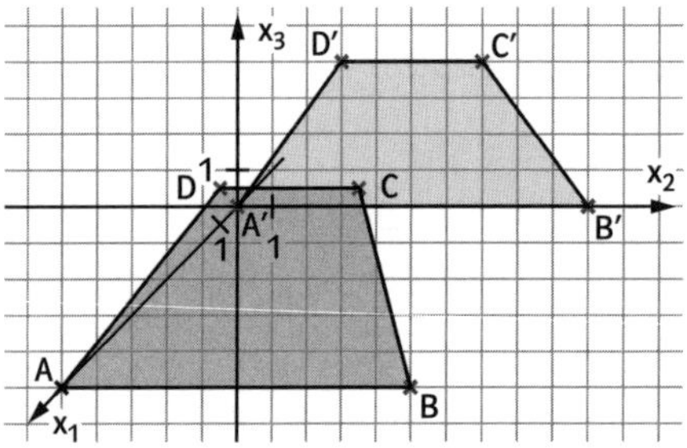

b) $\overrightarrow{AB} = \begin{pmatrix} 0 \\ 10 \\ 0 \end{pmatrix}$; $\overrightarrow{DC} = \begin{pmatrix} 0 \\ 4 \\ 0 \end{pmatrix}$. Damit ist $\overrightarrow{AB} = 2{,}5 \cdot \overrightarrow{DC}$. Damit liegt ein Trapez vor.

c) Das Trapez ist gleichschenklig, da $\overrightarrow{AD} = \begin{pmatrix} -3 \\ 3 \\ 4 \end{pmatrix}$ und $\overrightarrow{BC} = \begin{pmatrix} -3 \\ -3 \\ 4 \end{pmatrix}$ den gleichen Betrag $\sqrt{34}$ haben.

d) $\cos(\alpha) = \frac{30}{10 \cdot \sqrt{34}} \approx 0{,}514496$; $\alpha \approx 59{,}04°$.

e) $A_{Trapez} = \frac{1}{2} \cdot (10 + 4) \cdot \sqrt{34} \cdot \sin(59{,}03624347°) \approx 35{,}0000$.

f) Gerade AD: $\vec{x} = \begin{pmatrix} 10 \\ 0 \\ 0 \end{pmatrix} + t \cdot \begin{pmatrix} -3 \\ 3 \\ 4 \end{pmatrix}$; Gerade BC: $\vec{x} = \begin{pmatrix} 10 \\ 10 \\ 0 \end{pmatrix} + s \cdot \begin{pmatrix} -3 \\ -3 \\ 4 \end{pmatrix}$.

Schnittpunkt $S\left(5|5|\frac{20}{3}\right)$ für $t = s = \frac{5}{3}$.

g) $A^*(0|0|0)$, $B^*(0|10|0)$, $C^*(0|7|4)$, $D^*(0|3|4)$

h) $\overrightarrow{A^*B^*} = \begin{pmatrix} 0 \\ 10 \\ 0 \end{pmatrix}$; $\overrightarrow{A^*D^*} = \begin{pmatrix} 0 \\ 3 \\ 4 \end{pmatrix}$; $\cos(\alpha^*) = \frac{30}{10 \cdot 5} = 0{,}6$; $\alpha^* \approx 53{,}13°$.

Flächeninhalt: $A = \frac{1}{2} \cdot (10 + 4) \cdot 5 \cdot \sqrt{1 - 0{,}6^2} = 28$.

S. 298 **15** a) $\overrightarrow{AO} = \begin{pmatrix}-4\\-6\\0\end{pmatrix}$; $\overrightarrow{AB} = \begin{pmatrix}-4\\1\\0\end{pmatrix}$; $\cos(\alpha) = \frac{10}{\sqrt{52}\cdot\sqrt{17}}$; $\alpha \approx 70{,}35°$.

b) $A_{OAB} = \frac{1}{2}\cdot\sqrt{52}\cdot\sqrt{17}\cdot\sqrt{1-\left(\frac{10}{\sqrt{52}\cdot\sqrt{17}}\right)^2} = 14$ (exakter Wert)

c) $\overrightarrow{SA} = \begin{pmatrix}2\\2\\-6\end{pmatrix}$; $\overrightarrow{SB} = \begin{pmatrix}-2\\3\\-6\end{pmatrix}$; $\cos(\varphi) = \frac{-4+6+36}{\sqrt{44}\cdot 7} = \frac{38}{\sqrt{44}\cdot 7}$; $\varphi \approx 35{,}08°$.

d) $A_{ABS} = \frac{1}{2}\cdot 7\cdot\sqrt{44}\cdot\sqrt{1-\left(\frac{38}{\sqrt{44}\cdot 7}\right)^2} \approx 13{,}3417$.

Die Grundfläche ist etwas größer als die Seitenfläche ABS.

e) Höhe $h = 6$, also $V = \frac{1}{3}\cdot G\cdot h = \frac{1}{3}\cdot 14\cdot 6 = 28$.

f) Höhe ist jetzt 3, also $V^* = \frac{1}{3}\cdot 14\cdot 3 = 14$.

Damit halbiert sich das Volumen, d.h. es schrumpft um 50%.

16 Ein Punkt P der Geraden ist $P(6+4t\,|\,3\,|\,3+3t)$. Es muss gelten $|\overrightarrow{AP}| = 5$:

$\overrightarrow{AP} = \begin{pmatrix}4t\\0\\3t\end{pmatrix}$. Dann ist $|\overrightarrow{AP}| = \sqrt{16t^2+9t^2}$. Aus $|\overrightarrow{AP}|^2 = 25t^2 = 25$ erhält man $t = \pm 1$.

Die gesuchten Punkte sind Damit $R(10\,|\,3\,|\,6)$ und $S(2\,|\,3\,|\,0)$.

17 a) Gerade AB: $\vec{x} = \begin{pmatrix}4\\-2\\2\end{pmatrix} + t\cdot\begin{pmatrix}-2\\4\\-1\end{pmatrix}$

b) Gerade AC: $\vec{x} = \begin{pmatrix}4\\-2\\2\end{pmatrix} + s\cdot\begin{pmatrix}0\\3\\4\end{pmatrix}$; $\cos(\alpha) = \frac{8}{\sqrt{21}\cdot 5}$; $\alpha \approx 69{,}56°$.

c)

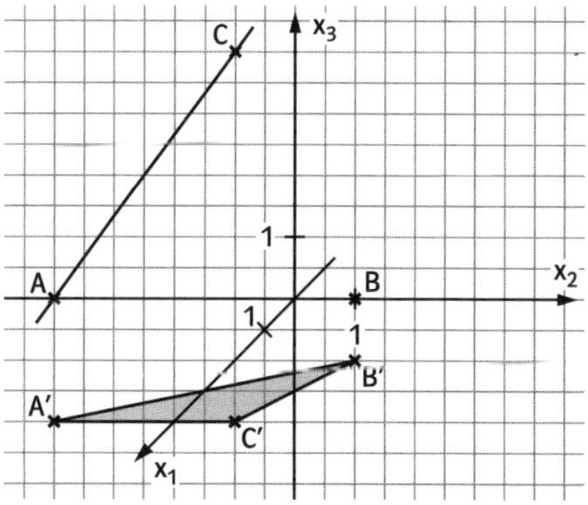

d) Spurpunkt von AB in der x_2x_3-Ebene: $S_1(0\,|\,6\,|\,0)$ (mit $t = 2$)

AC hat keinen Spurpunkt in der x_2x_3-Ebene, da AC parallel zu ihr ist.

e) $A'(4\,|\,-2\,|\,0)$, $B'(2\,|\,2\,|\,0)$, $C'(4\,|\,1\,|\,0)$

f) $\overrightarrow{A'B'} = \begin{pmatrix}-2\\4\\0\end{pmatrix}$; $\overrightarrow{A'C'} = \begin{pmatrix}0\\3\\0\end{pmatrix}$; $\cos(\alpha) = \frac{12}{\sqrt{20}\cdot 3} = \frac{2}{\sqrt{5}}$; also $\sin(\alpha) = \sqrt{1-\frac{4}{5}} = \frac{1}{\sqrt{5}}$.

$A_{Dreieck} = \frac{1}{2}\cdot 2\sqrt{5}\cdot 3\cdot\frac{1}{\sqrt{5}} = 3$.

g) $V_{Pyramide} = \frac{1}{3}\cdot 3\cdot 6 = 6$

18 a) $\vec{x} = \begin{pmatrix}1\\2\\4\end{pmatrix} + t\cdot\begin{pmatrix}0\\1\\0\end{pmatrix}$ b) $\vec{x} = \begin{pmatrix}1\\2\\4\end{pmatrix} + t\cdot\begin{pmatrix}1\\0\\0\end{pmatrix}$ c) $\vec{x} = t\cdot\begin{pmatrix}2\\4\\-5\end{pmatrix}$ d) $\vec{x} = \begin{pmatrix}1\\2\\4\end{pmatrix} + t\cdot\begin{pmatrix}0\\0\\1\end{pmatrix}$

X Gleichungen – Matrizen – Verflechtung

1 Lineare Gleichungssysteme und Lösungsverfahren

S. 304 **1** a) Man kann z. B. wie folgt zur Lösung gelangen:
Würden beide gleich viel kosten, so wären dies je 62 €. Da das T-Shirt 48 € billiger ist, muss man von 62 € für das T-Shirt 24 € subtrahieren und für die Jeans 24 € addieren. Damit kostet das T-Shirt 38€ und die Jeans 86 €.

b) $x_T + x_J = 124;\ x_J - x_T = 48.$

S. 307 **2** a)

$$\begin{array}{ll} (1) & x_1 + 2x_2 = 3 \\ (2) & x_1 + x_2 = 0 \\ \hline (1) - (2) = (1a) & x_2 = 3 \\ (2) & x_1 + x_2 = 0 \\ \hline (1a) & x_2 = 3 \\ (2) - (1a) & x_1 = -3 \end{array}$$

Lösung: $\begin{pmatrix} 3 \\ -3 \end{pmatrix}$

b) Lösung: $\begin{pmatrix} 0{,}6 \\ -2{,}2 \end{pmatrix}$ c) Lösung: $\begin{pmatrix} 3{,}2 \\ 2{,}4 \end{pmatrix}$

3 a)

$$\begin{array}{ll} (1) & 2x_1 - 3x_2 - 5x_3 = -1 \\ (2) & 2x_2 + x_3 = 0 \\ (3) & 3x_3 = 6 \end{array}$$

Aus (3) $x_3 = 2$
in (2): $2x_2 + 2 = 0$, also $x_2 = -1$
in (1): $2x_1 - 3 \cdot (-1) - 5 \cdot 2 = -1$, also $2x_1 - 7 = -1;\ 2x_1 = 6,\ x_1 = 3$

Lösung: $\begin{pmatrix} 3 \\ -1 \\ 2 \end{pmatrix}$

b) Lösung: $\begin{pmatrix} -\frac{7}{3} \\ \frac{3}{4} \\ -2 \end{pmatrix}$ c) Lösung: $\begin{pmatrix} 0 \\ -4 \\ 3{,}5 \end{pmatrix}$

4 a)

$$\begin{array}{ll} (1) & x_1 + x_2 = 3 \\ (2) & x_1 + x_2 + x_3 = 0 \\ (3) & x_2 + x_3 = 0 \end{array} \qquad \begin{array}{ll} (1) & x_1 + x_2 = 3 \\ (2) - (1) = (2a) & x_3 = -3 \\ (3) & x_2 + x_3 = 0 \end{array} \qquad \begin{array}{ll} (1) & x_1 + x_2 = 3 \\ (2a) & x_3 = -3 \\ (3) - (2a) = (3b) & x_2 = 3 \end{array}$$

(3b) in (1): $x_1 + 3 = 3$, also $x_1 = 0$.

Lösung: $\begin{pmatrix} 0 \\ 3 \\ -3 \end{pmatrix}$; Probe: $\begin{array}{c} 0 + 3 = 3 \\ 0 + 3 - 3 = 0 \\ 3 - 3 = 0 \end{array}$

b) Lösung: $\begin{pmatrix} 1 \\ 0 \\ 1 \end{pmatrix}$; Probe: $\begin{array}{c} -1 + 0 - 1 = 0 \\ 1 + 1 = 2 \\ 1 + 2 \cdot 0 + 1 = 2 \end{array}$

c) Lösung: $\begin{pmatrix} 2 \\ -5 \\ 18 \end{pmatrix}$; Probe: $\begin{array}{c} 5 \cdot 2 - (-5) - 18 = -3 \\ 2 + 3 \cdot (-5) + 18 = 5 \\ 2 - 3 \cdot (-5) - 18 = -1 \end{array}$

S. 307 **5** a) (1) $2x_1 - 4x_2 + 5x_3 = 3$

(2) $3x_1 + 3x_2 + 7x_3 = 13$

(3) $4x_1 - 2x_2 - 3x_3 = -1$

Lösung in Matrixschreibweise:

$$\left(\begin{array}{ccc|c} 2 & -4 & 5 & 3 \\ 3 & 3 & 7 & 13 \\ 4 & -2 & -3 & -1 \end{array}\right) \begin{array}{l} \\ 2\cdot Z2 - 3\cdot Z1 \\ Z3 - 2\cdot Z1 \end{array} \Rightarrow \left(\begin{array}{ccc|c} 2 & -4 & 5 & 3 \\ 0 & 18 & -1 & 17 \\ 0 & 6 & -13 & -7 \end{array}\right) \text{ Vertauschen von Z2 und Z3}$$

$$\Rightarrow \left(\begin{array}{ccc|c} 2 & -4 & 5 & 3 \\ 0 & 6 & -13 & -7 \\ 0 & 18 & -1 & 17 \end{array}\right) \begin{array}{l} \\ \\ Z3 - 3\cdot Z2 \end{array} \Rightarrow \left(\begin{array}{ccc|c} 2 & -4 & 5 & 3 \\ 0 & 6 & -13 & -7 \\ 0 & 0 & 38 & 38 \end{array}\right) \begin{array}{l} \\ \\ Z3:38 \end{array}$$

$$\Rightarrow \left(\begin{array}{ccc|c} 2 & -4 & 5 & 3 \\ 0 & 6 & -13 & -7 \\ 0 & 0 & 1 & 1 \end{array}\right)$$

also $x_3 = 1$;

in die 2. Gleichung: $6x_2 - 13 = -7,\ x_2 = 1$

in die 1. Gleichung: $2x_1 - 4\cdot 1 + 5\cdot 1 = 3,\ x_1 = 1$

Lösung: $\begin{pmatrix} 1 \\ 1 \\ 1 \end{pmatrix}$.

b) Lösung: $\begin{pmatrix} 0 \\ 1 \\ 2 \end{pmatrix}$ c) Lösung: $\begin{pmatrix} -\frac{8}{7} \\ \frac{2}{7} \\ \frac{11}{7} \end{pmatrix}$

6 a) Lösung: $\begin{pmatrix} -1{,}75 \\ -1{,}5 \\ 3{,}5 \end{pmatrix}$ b) Lösung: $\begin{pmatrix} 1 \\ 0 \\ -2 \end{pmatrix}$ c) Lösung: $\begin{pmatrix} 5 \\ 5 \\ 10 \end{pmatrix}$

7 a) Lösung: $\begin{pmatrix} 0{,}5 \\ 0{,}125 \\ 1{,}5 \\ 0{,}25 \end{pmatrix}$ b) Lösung: $\begin{pmatrix} 0{,}4 \\ -0{,}9 \\ 0{,}5 \\ 0{,}7 \end{pmatrix}$

8 a) $f(-1) = 0$: $a - b + c = 0$

$f(1) = 4$: $a + b + c = 4$

$f(0) = 1$: $c = 1$

Daraus: $a = 1$; $b = 2$; $c = 1$; $f(x) = x^2 + 2x + 1 = (x+1)^2$

b) $f(1) = 2$: $a + b + c = 2$

$f(-1) = -3$: $a - b + c = -3$

$f(0) = 5$: $c = 5$

Daraus: $a = -5{,}5$; $b = 2{,}5$; $c = 5$; $f(x) = -5{,}5x^2 + 2{,}5x + 5$

9 $f(x) = ax^3 + bx^2 + cx + d$; $f'(x) = 3ax^2 + 2bx + c$; $f''(x) = 6ax + 2b$; $f'''(x) = 6a$

a) $f(3) = -81$: $27a + 9b + 3c + d = -81$

$f'(3) = 0$: $27a + 6b + c = 0$

$f(0) = 0$: $d = 0$

$f''(0) = 0$: $2b = 0$

Daraus: $a = 1{,}5$; $b = 0$; $c = -40{,}5$; $d = 0$;

$f(x) = 1{,}5x^3 - 40{,}5x$

(Graph zur Kontrolle rechts)

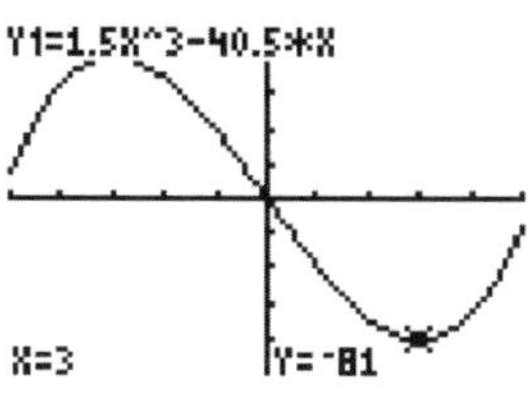

S. 307 **9** b) $f(2) = 23$: $8a + 4b + 2c + d = 23$
$f'(2) = 0$: $12a + 4b + c = 0$
$f(4) = 19$: $64a + 16b + 4c + d = 19$
$f'(4) = 0$: $48a + 8b + c = 0$
Daraus: $a = 1$; $b = -9$; $c = 24$; $d = 3$;
$f(x) = x^3 - 9x^2 + 24x + 3$
(Graph zur Kontrolle rechts)

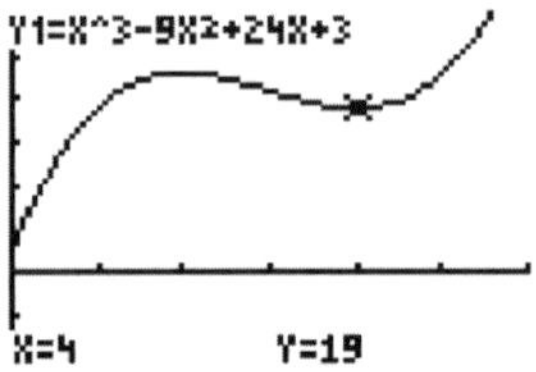

2 *Lösungsmengen linearer Gleichungssysteme*

S. 308 **1** a) $L = \left\{\frac{5}{4}\right\}$; $L = \mathbb{R}$; $L = \{\,\}$
b) $a \cdot x = b$: $a \neq 0$: $x = \frac{b}{a}$, also $L = \left\{\frac{b}{a}\right\}$
$a = 0$ und $b = 0$: $0 \cdot x = 0$, also $L = \mathbb{R}$
$a = 0$ und $b \neq 0$: $0 \cdot x = b$, also $L = \{\,\}$

S. 310 **2** a) Lösung: $\begin{pmatrix} 2{,}5 \\ 1{,}5 \end{pmatrix}$ b) Lösung: $\begin{pmatrix} 0{,}5 \\ -1 \end{pmatrix}$ c) Lösung: $\begin{pmatrix} 2{,}5 \\ -2{,}25 \end{pmatrix}$ d) Lösung: $\begin{pmatrix} -1 \\ 2 \end{pmatrix}$

3 a) keine Lösung b) keine Lösung c) Lösung: $\begin{pmatrix} -1 \\ 2 \end{pmatrix}$
d) $9a + 18b = 63$ $|:9$
$2a + 4b = 14$ $|:2$

$a + 2b = 7$
$a + 2b = 7$
Beide Gleichungen sind identisch. Setzt man $b = t$, so erhält man $a = 7 - 2t$.
Damit ist die Lösung $a = 7 - 2t$; $b = t$, wobei für t eine beliebige Zahl einzusetzen ist.
$L = \begin{pmatrix} 7 - 2t \\ t \end{pmatrix}$.

4 a) Lösung: $\begin{pmatrix} 3{,}5 \\ 0{,}5 \\ 0 \end{pmatrix}$ b) Lösung: $\begin{pmatrix} \frac{10}{3} \\ \frac{1}{3} \\ 0 \end{pmatrix}$ c) Lösung: $\begin{pmatrix} \frac{7}{6} \\ -\frac{10}{3} \\ \frac{33}{2} \end{pmatrix}$

5 a) Lösung: $\begin{pmatrix} -0{,}8t + 3{,}4 \\ 1{,}1t - 1{,}3 \\ t \end{pmatrix}$, also unendlich viele Lösungen
b) Lösung: $\begin{pmatrix} 1 \\ 2 \\ 3 \end{pmatrix}$ c) keine Lösung

6 a) Lösung: $\begin{pmatrix} -8 \\ -3 \\ 5 \end{pmatrix}$ b) keine Lösung c) Lösung: $\begin{pmatrix} 5 \\ -1{,}5 \\ 0 \end{pmatrix}$

7 a) Aus den ersten 3 Gleichungen ergibt sich $x = 1$; $y = 2$; $z = 3$.
In die 4. Gleichung eingesetzt: $5 \cdot 1 - 4 \cdot 2 + 3 \cdot 3 = 5 - 8 + 9 = 6$ (richtig); Lösung: $\begin{pmatrix} 1 \\ 2 \\ 3 \end{pmatrix}$

S. 310 **7** b) Aus den ersten 3 Gleichungen ergibt sich $x = 0{,}4;\ y = 0;\ z = 0{,}2$.
In die 4. Gleichung eingesetzt: $2 \cdot 0{,}4 - 3 \cdot 0{,}2 = 0{,}8 - 0{,}6 = 0{,}2$ (richtig); Lösung: $\begin{pmatrix} 0{,}4 \\ 0 \\ 0{,}2 \end{pmatrix}$

c) Aus den ersten 3 Gleichungen ergibt sich $x = 0{,}25;\ y = 0{,}75;\ z = 0{,}35$.
In die 4. Gleichung eingesetzt: $-3 \cdot 0{,}25 + 4 \cdot 0{,}75 - 5 \cdot 0{,}35 = -0{,}75 + 3 - 1{,}75 = 0{,}5$ (falsch); keine Lösung.

8 (1) $v + s_1 + s_2 = 100$; (2) $2s_1 = v$; (3) $v = s_2 + 30$
Daraus: $v = 52;\ s_1 = 26;\ s_2 = 22$.
Der Vater ist 52 Jahre, der älteste Sohn 26 und der jüngste Sohn 22 Jahre.

3 *Beschreibung von Vorgängen durch Matrizen*

S. 311 **1**

Wasser:	$0{,}4 \cdot 100 + 0{,}3 \cdot 200 = 100$
Orangensaft:	$0{,}5 \cdot 100 + 0{,}3 \cdot 200 = 110$
Mangosaft:	$0{,}1 \cdot 100 + 0{,}4 \cdot 200 = 90$

S. 312 **2** a) $\begin{pmatrix} 17 \\ 43 \\ 19 \end{pmatrix}$ b) $\begin{pmatrix} 23 \\ 21 \\ 17 \end{pmatrix}$ c) $\begin{pmatrix} 19 \\ 23 \\ 18 \\ 15 \end{pmatrix}$ d) $\begin{pmatrix} 15 \\ 18 \\ 19 \end{pmatrix}$

3 a) Matrix: $\begin{pmatrix} 2 & 3 & 2 \\ 4 & 3 & 4 \\ 1 & 2 & 4 \end{pmatrix}$
Das Element $x_{21} = 4$ in der 2. Zeile und in der 1. Spalte gibt an, dass für das Produkt P_1 4 Fertigteile von F_2 erforderlich sind.

b) $\begin{pmatrix} 2 & 3 & 2 \\ 4 & 3 & 4 \\ 1 & 2 & 4 \end{pmatrix} \cdot \begin{pmatrix} 100 \\ 200 \\ 500 \end{pmatrix} = \begin{pmatrix} 2 \cdot 100 + 3 \cdot 200 + 2 \cdot 500 \\ 4 \cdot 100 + 3 \cdot 200 + 4 \cdot 500 \\ 1 \cdot 100 + 2 \cdot 200 + 4 \cdot 500 \end{pmatrix} = \begin{pmatrix} 1800 \\ 3000 \\ 2500 \end{pmatrix}$

Damit werden für 100 Stück P_1, 200 P_2 und 500 P_3 genau 1800 Fertigteile F_1, 3000 Stück F_2 und 2500 Stück F_3 benötigt.

c) Es gilt: $\begin{pmatrix} 2 & 3 & 2 \\ 4 & 3 & 4 \\ 1 & 2 & 4 \end{pmatrix} \cdot \begin{pmatrix} 0 \\ 80 \\ 0 \end{pmatrix} = \begin{pmatrix} 240 \\ 240 \\ 160 \end{pmatrix}$.

Damit werden je 240 Stück F_1 und F_2 und 160 Stück von F_3 benötigt.

4 *Addition und S-Multiplikation von Matrizen*

S. 313 **1** a)

Artikel	Verkaufstelle		
	I	II	III
A	540 + 510	290 + 275	360 + 290
B	150 + 165	120 + 150	0 + 0
C	650 + 750	320 + 410	340 + 455

Artikel	Verkaufstelle		
	I	II	III
A	1050	565	650
B	315	270	0
C	1400	730	795

S. 313 **1** b)

Artikel	Verkaufstelle		
	I	II	III
A	510 – 540	275 – 290	290 – 360
B	165 – 150	150 – 120	0 – 0
C	750 – 650	410 – 320	455 – 340

Artikel	Verkaufstelle		
	I	II	III
A	–30	–15	–70
B	15	30	0
C	100	90	115

S. 314 **2** a) $A + B = \begin{pmatrix} 0 & 6 & 5 & 8 \\ -1 & 11 & -3 & 1 \\ 15 & 4 & 15 & 4 \end{pmatrix}$

b) $A + B + C$ ist nicht möglich

c) $B + 3 \cdot A = \begin{pmatrix} 14 & 18 & 15 & 16 \\ -9 & 21 & 3 & 3 \\ 35 & 10 & 31 & 22 \end{pmatrix}$

d) $A - 2A = -A = \begin{pmatrix} -7 & -6 & -5 & -4 \\ 4 & -5 & -3 & -1 \\ -10 & -3 & -8 & -9 \end{pmatrix}$

e) $(-2) \cdot C = \begin{pmatrix} -4 & -18 & -14 & -2 \\ 0 & -12 & 0 & -10 \end{pmatrix}$

3 a) $2 \cdot \vec{a} + 2 \cdot \vec{b} = \begin{pmatrix} -2 \\ 10 \\ -4 \end{pmatrix}$; $2 \cdot (\vec{a} + \vec{b}) = \begin{pmatrix} -2 \\ 10 \\ -4 \end{pmatrix}$

b) $\frac{1}{2}\vec{b} + \frac{3}{2}\vec{b} = \begin{pmatrix} -4 \\ 6 \\ 2 \end{pmatrix}$; $2 \cdot \vec{b} = \begin{pmatrix} -4 \\ 6 \\ 2 \end{pmatrix}$

c) $\vec{a} + \vec{b} + \vec{c} = \begin{pmatrix} -1 \\ 6 \\ 2 \end{pmatrix}$; $\vec{c} + \vec{a} + \vec{b} = \begin{pmatrix} -1 \\ 6 \\ 2 \end{pmatrix}$

d) $2 \cdot \vec{a} - \vec{b} - 3 \cdot \vec{a} + 4 \cdot \vec{b} = \begin{pmatrix} -7 \\ 7 \\ 6 \end{pmatrix}$; $-\vec{a} + 3 \cdot \vec{b} = \begin{pmatrix} -7 \\ 7 \\ 6 \end{pmatrix}$

Man rechnet wie mit Zahlen; es gelten dieselben Rechenregeln.

4 a) $M = \begin{pmatrix} 304 & 207 & 408 & 505 \\ 630 & 412 & 508 & 660 \end{pmatrix}$; $A = \begin{pmatrix} 444 & 287 & 438 & 495 \\ 655 & 408 & 508 & 695 \end{pmatrix}$; $I = \begin{pmatrix} 454 & 329 & 469 & 595 \\ 730 & 480 & 508 & 660 \end{pmatrix}$

$M + A + I = \begin{pmatrix} 1202 & 823 & 1315 & 1595 \\ 2015 & 1300 & 1524 & 2015 \end{pmatrix}$

b) Neue Produktionszahlen: $1{,}05 \cdot I = \begin{pmatrix} 476{,}7 & 345{,}45 & 492{,}45 & 624{,}75 \\ 766{,}5 & 504 & 533{,}4 & 693 \end{pmatrix}$

5 *Multiplikation von Matrizen*

S. 315 **1** a) 4,95 € · 3 + 95,95 € · 2 + 23,95 € · 4 = 302,55 €

S. 316 **2** a) $A \cdot B$ ist nicht möglich, da die Anzahl der Spalten von A nicht mit der Anzahl der Zeilen von B übereinstimmt.

$B \cdot A = \begin{pmatrix} 8 & 8 & 0 \\ 13 & 7 & 9 \end{pmatrix}$

b) $A \cdot B = \begin{pmatrix} -1 & 8 & 9 & 7 \\ -10 & 3 & -1 & 14 \\ -3 & 13 & 14 & 13 \\ -11 & 11 & 8 & 21 \end{pmatrix}$; $B \cdot A = \begin{pmatrix} 12 & 22 \\ 0 & 25 \end{pmatrix}$

c) $A \cdot B$ ist nicht möglich, da die Anzahl der Spalten von A nicht mit der Anzahl der Zeilen von B übereinstimmt.

$B \cdot A = \begin{pmatrix} -2 & 13 & 3 \\ -10 & 5 & 5 \end{pmatrix}$

S. 316 **2** d) $A \cdot B = (5\ \ 3\ \ 21\ \ 11)$
B · A ist nicht möglich.

3 a) $A \cdot B = \begin{pmatrix} -75 & 75 \\ 25 & 445 \end{pmatrix}$; $(A \cdot B) \cdot C = \begin{pmatrix} 225 & -225 \\ 2275 & 545 \end{pmatrix}$

b) $B \cdot C = \begin{pmatrix} -20 & -40 \\ 85 & 35 \\ 50 & 10 \end{pmatrix}$; $A \cdot (B \cdot C) = \begin{pmatrix} 225 & -225 \\ 2275 & 545 \end{pmatrix}$

Es ist $(A \cdot B) \cdot C = A \cdot (B \cdot C)$. Dies gilt auch allgemein!

c) Es ist $A^T = \begin{pmatrix} 10 & 6 \\ 5 & 17 \\ 0 & 19 \end{pmatrix}$. $A^T + B = \begin{pmatrix} 0 & 6 \\ 10 & 32 \\ 0 & 29 \end{pmatrix}$. $(A^T + B) \cdot C = \begin{pmatrix} 30 & 6 \\ 180 & 72 \\ 145 & 29 \end{pmatrix}$.

d) Es gilt offensichtlich $(2 \cdot A) \cdot (3 \cdot B) = 6 \cdot (A \cdot B)$ (Fig. 1)

```
(2*[A])*(3*[B])
    [[-450 450 ]
     [150  2670]]
6*([A]*[B])
    [[-450 450 ]
     [150  2670]]
```

Fig. 1

6 *Quadratische und inverse Matrizen*

S. 317 **1** a) $A \cdot D = D \cdot A = \begin{pmatrix} d & 10 \cdot d & 5 \cdot d \\ -5 \cdot d & 2 \cdot d & 4 \cdot d \\ 5 \cdot d & d & d \end{pmatrix}$

b) Für die Matrix $E = \begin{pmatrix} 1 & 0 & 0 \\ 0 & 1 & 0 \\ 0 & 0 & 1 \end{pmatrix}$ gilt dann offensichtlich $E \cdot A = A \cdot E = A$.

S. 318 **2** a) $\left(\begin{array}{cc|cc} 1 & 3 & 1 & 0 \\ 2 & 2 & 0 & 1 \end{array}\right) \Rightarrow \left(\begin{array}{cc|cc} 1 & 3 & 1 & 0 \\ 0 & -4 & -2 & 1 \end{array}\right) \Rightarrow \left(\begin{array}{cc|cc} 1 & 3 & 1 & 0 \\ 0 & -1 & -\frac{1}{2} & \frac{1}{4} \end{array}\right) \Rightarrow \left(\begin{array}{cc|cc} 1 & 0 & -\frac{1}{2} & \frac{3}{4} \\ 0 & -1 & -\frac{1}{2} & \frac{1}{4} \end{array}\right)$

$\Rightarrow \left(\begin{array}{cc|cc} 1 & 0 & -\frac{1}{2} & \frac{3}{4} \\ 0 & 1 & \frac{1}{2} & -\frac{1}{4} \end{array}\right)$; also $A^{-1} = \begin{pmatrix} -\frac{1}{2} & \frac{3}{4} \\ \frac{1}{2} & -\frac{1}{4} \end{pmatrix}$

Kontrolle mit dem GTR:

```
[A]
          [[1 3]
           [2 2]]
[A]⁻¹
    [[-.5 .75 ]
     [.5  -.25]]
```

b) $A^{-1} = \begin{pmatrix} \frac{1}{5} & \frac{2}{25} \\ -\frac{1}{10} & \frac{3}{50} \end{pmatrix} = \begin{pmatrix} 0{,}2 & 0{,}08 \\ -0{,}1 & 0{,}06 \end{pmatrix}$

c) $A^{-1} = \begin{pmatrix} -\frac{1}{4} & \frac{3}{4} & -\frac{1}{4} \\ 1 & 1 & -2 \\ -\frac{1}{4} & -\frac{1}{4} & \frac{3}{4} \end{pmatrix} = \begin{pmatrix} -0{,}25 & 0{,}75 & -0{,}25 \\ 1 & 1 & -2 \\ -0{,}25 & -0{,}25 & 0{,}75 \end{pmatrix}$

d) $A^{-1} = \begin{pmatrix} -\frac{5}{6} & -\frac{1}{3} & \frac{1}{2} \\ \frac{7}{6} & \frac{2}{3} & -\frac{1}{2} \\ -\frac{1}{6} & -\frac{1}{3} & \frac{1}{6} \end{pmatrix}$

S. 318 **3** a) $A^{-1} = \begin{pmatrix} \frac{11}{81} & -\frac{2}{27} \\ -\frac{1}{27} & \frac{1}{9} \end{pmatrix}$

```
[A]⁻¹
[[.1358024691  -…
 [-.037037037  .…
Ans▸Frac
 [[11/81  -2/27]
  [-1/27  1/9  ]]
```

b) $A^{-1} = \begin{pmatrix} \frac{7}{24} & -\frac{1}{24} & -\frac{11}{24} \\ -\frac{1}{24} & \frac{7}{24} & \frac{5}{24} \\ -\frac{11}{24} & \frac{5}{24} & \frac{7}{24} \end{pmatrix}$

```
[[.2916666667  …
 [-.0416666667 …
 [-.4583333333 …
Ans▸Frac
[[7/24    -1/24 …
 [-1/24   7/24  …
 [-11/24 5/24   …
```

c) A^{-1} existiert nicht.

d) $A^{-1} = \begin{pmatrix} -\frac{1}{10} & -\frac{9}{20} & 0 & -\frac{1}{8} \\ -\frac{1}{40} & -\frac{13}{40} & -\frac{1}{8} & \frac{1}{4} \\ -\frac{1}{20} & \frac{3}{5} & \frac{1}{4} & -\frac{1}{8} \\ \frac{7}{40} & -\frac{9}{40} & -\frac{1}{8} & 0 \end{pmatrix}$

```
 [-.05   .6    .…
 [.175   -.225 -…
Ans▸Frac
[[1/10   -9/20  …
 [-1/40 -13/40 …
 [-1/20 3/5    …
 [7/40  -9/40  …
```

7 *Rechnen mit quadratischen Matrizen*

S. 318 **1** a) $A + A \cdot B = \begin{pmatrix} -2 & 1 \\ 1 & 2 \end{pmatrix} + \begin{pmatrix} -5 & -4 \\ 5 & 2 \end{pmatrix} = \begin{pmatrix} -7 & -3 \\ 6 & 4 \end{pmatrix}$ b) $A \cdot (E + B) = \begin{pmatrix} -2 & 1 \\ 1 & 2 \end{pmatrix} \cdot \begin{pmatrix} 4 & 2 \\ 1 & 1 \end{pmatrix} = \begin{pmatrix} -7 & -3 \\ 6 & 4 \end{pmatrix}$

S. 321 **2** a) $2 \cdot A = \begin{pmatrix} 6 & 8 \\ 10 & 14 \end{pmatrix}$ b) $A + B = \begin{pmatrix} 4 & 7 \\ 7 & 14 \end{pmatrix}$

c) $A \cdot B = \begin{pmatrix} 11 & 37 \\ 19 & 64 \end{pmatrix}$ d) $A^2 = A \cdot A = \begin{pmatrix} 29 & 40 \\ 50 & 69 \end{pmatrix}$

e) $(A + B)^2 = \begin{pmatrix} 65 & 126 \\ 126 & 245 \end{pmatrix}$ f) $A^{-1} + B^{-1} = \begin{pmatrix} 7 & -4 \\ -5 & 3 \end{pmatrix} + \begin{pmatrix} 7 & -3 \\ -2 & 1 \end{pmatrix} = \begin{pmatrix} 14 & -7 \\ -7 & 4 \end{pmatrix}$

g) $A^{-1} \cdot B^{-1} = \begin{pmatrix} 7 & -4 \\ -5 & 3 \end{pmatrix} \cdot \begin{pmatrix} 7 & -3 \\ -2 & 1 \end{pmatrix} = \begin{pmatrix} 57 & -25 \\ -41 & 18 \end{pmatrix}$ h) $B \cdot A^{-1} = \begin{pmatrix} -8 & 5 \\ -21 & 13 \end{pmatrix}$

i) $(B \cdot A)^{-1} = \begin{pmatrix} 18 & 25 \\ 41 & 57 \end{pmatrix}^{-1} = \begin{pmatrix} 57 & -25 \\ -41 & 18 \end{pmatrix}$ j) $(A^2)^{-1} = \begin{pmatrix} 29 & 40 \\ 50 & 69 \end{pmatrix}^{-1} = \begin{pmatrix} 69 & -40 \\ -50 & 29 \end{pmatrix}$

3 a) $A \cdot X = A$ ergibt nach Multiplikation von A^{-1} von links:
$A^{-1} \cdot A \cdot X = A^{-1} \cdot A$, also $E \cdot X = E$; also $X = E$.
$X = \begin{pmatrix} 1 & 0 \\ 0 & 1 \end{pmatrix}$

b) $A + X = B$; $X = B - A$; $X = \begin{pmatrix} -2 & -1 \\ -3 & 0 \end{pmatrix}$

c) $X \cdot A = B$; $X \cdot A \cdot A^{-1} = B \cdot A^{-1}$; $X = B \cdot A^{-1} = \begin{pmatrix} 1 & 3 \\ 2 & 7 \end{pmatrix} \cdot \begin{pmatrix} 7 & -4 \\ -5 & 3 \end{pmatrix} = \begin{pmatrix} -8 & 5 \\ -21 & 13 \end{pmatrix}$

d) $A \cdot X = B$; $A^{-1} \cdot A \cdot X = A^{-1} \cdot B$; $X = A^{-1} \cdot B = \begin{pmatrix} 7 & -4 \\ -5 & 3 \end{pmatrix} \cdot \begin{pmatrix} 1 & 3 \\ 2 & 7 \end{pmatrix} = \begin{pmatrix} -1 & -7 \\ 1 & 6 \end{pmatrix}$

e) $(A - B) \cdot X = B$; $X = (A - B)^{-1} \cdot B = \begin{pmatrix} 2 & 1 \\ 3 & 0 \end{pmatrix}^{-1} \cdot \begin{pmatrix} 1 & 3 \\ 2 & 7 \end{pmatrix} = \begin{pmatrix} 0 & \frac{1}{3} \\ 1 & -\frac{2}{3} \end{pmatrix} \cdot \begin{pmatrix} 1 & 3 \\ 2 & 7 \end{pmatrix} = \begin{pmatrix} \frac{2}{3} & \frac{7}{3} \\ -\frac{1}{3} & -\frac{5}{3} \end{pmatrix}$

S. 321 **4** a) $M + X = N + 2 \cdot X;\; M - N = 2 \cdot X - X;\; X = M - N = \begin{pmatrix} -1 & 1 & -1 \\ -1 & -1 & 2 \\ -3 & 2 & 1 \end{pmatrix}$

b) $M \cdot X = N;\; X = M^{-1} \cdot N = \begin{pmatrix} -4 & -1 & 2 \\ -1 & -1 & 1 \\ 2 & 1 & -1 \end{pmatrix} \cdot \begin{pmatrix} 1 & 0 & 2 \\ 2 & 1 & 0 \\ 4 & 0 & 2 \end{pmatrix} = \begin{pmatrix} 2 & -1 & -4 \\ 1 & -1 & 0 \\ 0 & 1 & 2 \end{pmatrix}$

c) $Y \cdot M = N;\; Y = N \cdot M^{-1} = \begin{pmatrix} 1 & 0 & 2 \\ 2 & 1 & 0 \\ 4 & 0 & 2 \end{pmatrix} \cdot \begin{pmatrix} -4 & -1 & 2 \\ -1 & -1 & 1 \\ 2 & 1 & -1 \end{pmatrix} = \begin{pmatrix} 0 & 1 & 0 \\ -9 & -3 & 5 \\ -12 & -2 & 6 \end{pmatrix}$

d) $M \cdot X = E\,;\; X = M^{-1} = \begin{pmatrix} -4 & -1 & 2 \\ -1 & -1 & 1 \\ 2 & 1 & -1 \end{pmatrix}$

5 a) $X \cdot M = 2 \cdot E;\; X = 2 \cdot E \cdot M^{-1} = \begin{pmatrix} 2 & 0 & 0 \\ 0 & 2 & 0 \\ 0 & 0 & 2 \end{pmatrix} \cdot \begin{pmatrix} -4 & -1 & 2 \\ -1 & -1 & 1 \\ 2 & 1 & -1 \end{pmatrix} = \begin{pmatrix} -8 & -2 & 4 \\ -2 & -2 & 2 \\ 4 & 2 & -2 \end{pmatrix} = 2 \cdot \begin{pmatrix} -4 & -1 & 2 \\ -1 & -1 & 1 \\ 2 & 1 & -1 \end{pmatrix} = 2 \cdot M^{-1}$

b) $M \cdot X = M^2;\; X = M^{-1} \cdot M^2 = M^{-1} \cdot M \cdot M = E \cdot M = M = \begin{pmatrix} 0 & 1 & 1 \\ 1 & 0 & 2 \\ 1 & 2 & 3 \end{pmatrix}$

c) $M \cdot X - N = X;\; M \cdot X = X + N;$

$M \cdot X - X = N;\; M \cdot X - E \cdot X = N;$

$(M - E) \cdot X = N;\; X = (M - E)^{-1} \cdot N = \begin{pmatrix} -1 & 1 & 1 \\ 1 & -1 & 2 \\ 1 & 2 & 2 \end{pmatrix}^{-1} \cdot \begin{pmatrix} 1 & 0 & 2 \\ 2 & 1 & 0 \\ 4 & 0 & 2 \end{pmatrix} = \begin{pmatrix} -\frac{2}{3} & 0 & \frac{1}{3} \\ 0 & -\frac{1}{3} & \frac{1}{3} \\ \frac{1}{3} & \frac{1}{3} & 0 \end{pmatrix} \cdot \begin{pmatrix} 1 & 0 & 2 \\ 2 & 1 & 0 \\ 4 & 0 & 2 \end{pmatrix} = \begin{pmatrix} \frac{2}{3} & 0 & -\frac{2}{3} \\ \frac{2}{3} & -\frac{1}{3} & \frac{2}{3} \\ 1 & \frac{1}{3} & \frac{2}{3} \end{pmatrix}.$

Mit dem GTR lässt sich sehr einfach die Probe durchführen.

d) Fehler in der 1. Auflage: $M^2 \cdot X = (E - X^{-1}) \cdot X$

$M^2 \cdot X = (E - X^{-1}) \cdot X;\; M^2 \cdot X = E \cdot X - E;$

$E \cdot X - M^2 \cdot X = E;\; (E - M^2) \cdot X = E;$

$X = (E - M^2)^{-1} \cdot E;$

$X = (E - M^2)^{-1} = \left[\begin{pmatrix} 1 & 0 & 0 \\ 0 & 1 & 0 \\ 0 & 0 & 1 \end{pmatrix} - \begin{pmatrix} 2 & 2 & 5 \\ 2 & 5 & 7 \\ 5 & 7 & 14 \end{pmatrix}\right]^{-1} = \begin{pmatrix} -1 & -2 & -5 \\ -2 & -4 & -7 \\ -5 & -7 & -13 \end{pmatrix}^{-1} = \begin{pmatrix} \frac{1}{3} & 1 & -\frac{2}{3} \\ 1 & -\frac{4}{3} & \frac{1}{3} \\ -\frac{2}{3} & \frac{1}{3} & 0 \end{pmatrix}$

6 a) $\vec{x} = \begin{pmatrix} 0 & 1 & 1 \\ 1 & 0 & 2 \\ 1 & 2 & 3 \end{pmatrix}^{-1} \cdot \begin{pmatrix} 2 \\ 10 \\ 5 \end{pmatrix} = \begin{pmatrix} -4 & -1 & 2 \\ -1 & -1 & 1 \\ 2 & 1 & -1 \end{pmatrix} \cdot \begin{pmatrix} 2 \\ 10 \\ 5 \end{pmatrix} = \begin{pmatrix} -8 \\ -7 \\ 9 \end{pmatrix}$

b) $x = \begin{pmatrix} 1 & 0 & 2 \\ 2 & 1 & 0 \\ 4 & 0 & 2 \end{pmatrix}^{-1} \cdot \begin{pmatrix} 3 \\ 5 \\ -6 \end{pmatrix} = \begin{pmatrix} -\frac{1}{3} & 0 & \frac{1}{3} \\ \frac{2}{3} & 1 & -\frac{2}{3} \\ \frac{2}{3} & 0 & -\frac{1}{6} \end{pmatrix} \cdot \begin{pmatrix} 3 \\ 5 \\ -6 \end{pmatrix} = \begin{pmatrix} -3 \\ 11 \\ 3 \end{pmatrix}$

c) Zu M gibt es keine inverse Matrix. Man löst daher das Gleichungssystem wie bisher (Fig. 1).

```
[[1 0 .71428571...
 [0 1 -.1428571...
 [0 0 0         ...
Ans▸Frac
[[1 0 5/7  40/7...
 [0 1 -1/7 27/7...
 [0 0 0    0   ...
```

Fig. 1

$x_1 = -\frac{5}{7}t + \frac{40}{7}$

$x_2 = \frac{1}{7}t + \frac{27}{7}$

$x_3 = t$

$\vec{x} = \begin{pmatrix} -\frac{5}{7}t + \frac{40}{7} \\ \frac{1}{7}t + \frac{27}{7} \\ t \end{pmatrix}$

7 a) Da $\begin{pmatrix} 1 & 2 & 3 \\ 0 & 2 & 1 \\ 3 & 2 & 3 \end{pmatrix} \cdot \begin{pmatrix} 1 \\ 1 \\ -1 \end{pmatrix} = \begin{pmatrix} 0 \\ 1 \\ 2 \end{pmatrix}$ ist $\vec{c}$ Lösungsvektor von $M \cdot \vec{x} = \vec{b}$.

b) $\begin{pmatrix} 1 & 2 & 3 \\ 0 & 2 & 1 \\ 3 & 2 & 3 \end{pmatrix} \cdot \begin{pmatrix} x_1 \\ x_2 \\ x_3 \end{pmatrix} = \begin{pmatrix} 1 \\ 1 \\ -1 \end{pmatrix}$ also $\begin{pmatrix} x_1 \\ x_2 \\ x_3 \end{pmatrix} = \begin{pmatrix} 1 & 2 & 3 \\ 0 & 2 & 1 \\ 3 & 2 & 3 \end{pmatrix}^{-1} \cdot \begin{pmatrix} 1 \\ 1 \\ -1 \end{pmatrix} = \begin{pmatrix} -0{,}5 & 0 & 0{,}5 \\ -0{,}375 & 0{,}75 & 0{,}125 \\ 0{,}75 & -0{,}5 & -0{,}25 \end{pmatrix} \cdot \begin{pmatrix} 1 \\ 1 \\ -1 \end{pmatrix} = \begin{pmatrix} -1 \\ 0{,}25 \\ 0{,}5 \end{pmatrix}.$

S. 322 **8** *Einfache Produktionsprozesse*

1 a) Eiweiß: $10 \cdot 9{,}5 + 12 \cdot 6{,}9 + 5 \cdot 11{,}5 = 235{,}3$
Kohlehydrate: $10 \cdot 35{,}5 + 12 \cdot 51{,}5 + 5 \cdot 35{,}5 = 1150{,}5$
Fett: $10 \cdot 42{,}5 + 12 \cdot 36{,}5 + 5 \cdot 40{,}2 = 1064{,}0$
Sonstiges: $10 \cdot 12{,}5 + 12 \cdot 5{,}1 + 5 \cdot 12{,}8 = 250{,}2$

S. 324 **2** a) $A_{RE} = \begin{pmatrix} 0{,}5 & 0{,}2 \\ 0{,}3 & 0{,}2 \\ 0{,}2 & 0{,}6 \end{pmatrix}$

b) $\vec{p}_R = A_{RE} \cdot \vec{p}_E = \begin{pmatrix} 0{,}5 & 0{,}2 \\ 0{,}3 & 0{,}2 \\ 0{,}2 & 0{,}6 \end{pmatrix} \cdot \begin{pmatrix} 100 \\ 200 \end{pmatrix} = \begin{pmatrix} 90 \\ 70 \\ 140 \end{pmatrix}.$

Damit sind von R_1 90 t, von R_2 70 t und von R_3 140 t nötig.

c) $\vec{k}_E^T = \vec{k}_R^T \cdot A_{RE} = (4 \;\; 5 \;\; 6) \cdot \begin{pmatrix} 0{,}5 & 0{,}2 \\ 0{,}3 & 0{,}2 \\ 0{,}2 & 0{,}6 \end{pmatrix} = (4{,}7 \;\; 5{,}4).$

Rohstoffkosten für D_1: 4,70 €, für D_2: 5,40 €.

d) Neue Preise in € für R_1: $4{,}0 \cdot 1{,}05 = 4{,}2$, für R_2: $5{,}0 \cdot 1{,}10 = 5{,}5$, für R_3: $6{,}0 \cdot 0{,}95 = 5{,}7$.

Damit gilt: $\vec{k}_E^T = \vec{k}_R^T \cdot A_{RE} = (4{,}2 \;\; 5{,}5 \;\; 5{,}7) \cdot \begin{pmatrix} 0{,}5 & 0{,}2 \\ 0{,}3 & 0{,}2 \\ 0{,}2 & 0{,}6 \end{pmatrix} = (4{,}89 \;\; 5{,}36).$

Damit erhöht sich der Preis für D_1 um 0,19 €, also gegenüber dem alten Preis um $\frac{0{,}19}{4{,}70} \approx 0{,}040 = 4\,\%$, der Preis für D_2 fällt gering um 0,04 €, also gegenüber dem alten Preis um $\frac{0{,}04}{5{,}40} \approx 0{,}0074 = 0{,}74\,\%$.

3 a) $A_{RE} = \begin{pmatrix} 0{,}1 & 0{,}2 & 0{,}5 \\ 0{,}2 & 0{,}4 & 1 \\ 0{,}55 & 1{,}1 & 2{,}75 \\ 0{,}15 & 0{,}3 & 0{,}75 \end{pmatrix}$

b) $\vec{p}_R = A_{RE} \cdot \vec{p}_E = \begin{pmatrix} 0{,}1 & 0{,}2 & 0{,}5 \\ 0{,}2 & 0{,}4 & 1 \\ 0{,}55 & 1{,}1 & 2{,}75 \\ 0{,}15 & 0{,}3 & 0{,}75 \end{pmatrix} \cdot \begin{pmatrix} 8000 \\ 5000 \\ 800 \end{pmatrix} = \begin{pmatrix} 2200 \\ 4400 \\ 12100 \\ 3300 \end{pmatrix}$

Damit werden 2200 Liter von R_1, 4400 Liter von R_2, 12 100 Liter von R_3 und 3300 Liter von R_4 benötigt.

c) Täglicher Gewinn in ct, wenn pro Woche mit 5 Arbeitstagen gerechnet wird:

$5 \cdot (5 \;\; 12 \;\; 40) \cdot \begin{pmatrix} 8000 \\ 5000 \\ 800 \end{pmatrix} = 660\,000$; dies sind 6600,00 € Gewinn pro Woche .

4 a) $\vec{p}_R = A_{RE} \cdot \vec{p}_E = \begin{pmatrix} 8 & 8 & 5 \\ 5 & 7 & 2 \\ 9 & 6 & 7 \\ 6 & 6 & 8 \end{pmatrix} \cdot \begin{pmatrix} 15 \\ 18 \\ 24 \end{pmatrix} = \begin{pmatrix} 384 \\ 249 \\ 411 \\ 390 \end{pmatrix}.$

Für die Tagesproduktion werden 384 R_1, 249 R_2, 411 R_3 und 390 R_4 benötigt.

b) $\vec{k}_E^T = \vec{k}_R^T \cdot A_{RE} = (1 \;\; 1 \;\; 2 \;\; 2) \cdot \begin{pmatrix} 8 & 8 & 5 \\ 5 & 7 & 2 \\ 9 & 6 & 7 \\ 6 & 6 & 8 \end{pmatrix} = (43 \;\; 39 \;\; 37)$

Rohstoffkosten in GE für E_1 43, für E_2 39 und für E_3 37.

S. 325 **4** c) Kosten in GE der Firma je Erzeugnis: $(43+20 \;\; 39+20 \;\; 37+20) = (63 \;\; 59 \;\; 57)$

Damit gilt für die Kosten der Tagesproduktion: $(63 \;\; 59 \;\; 57) \cdot \begin{pmatrix} 15 \\ 18 \\ 24 \end{pmatrix} = 3375.$

d) Tagesgewinn in GE: $(89-63 \;\; 85-59 \;\; 84-57) \cdot \begin{pmatrix} 15 \\ 18 \\ 24 \end{pmatrix} = (26 \;\; 26 \;\; 27) \cdot \begin{pmatrix} 15 \\ 18 \\ 24 \end{pmatrix} = 1506$

5 a) $\begin{pmatrix} 0{,}1 & 0{,}2 & 0{,}6 \\ 0{,}5 & 0{,}2 & 0{,}1 \\ 0{,}1 & 0{,}3 & 0 \end{pmatrix} \cdot \begin{pmatrix} 100 \\ 240 \\ 180 \end{pmatrix} = \begin{pmatrix} 166 \\ 116 \\ 82 \end{pmatrix}$. Damit sind von M_1 166 kg, von M_2 116 kg und von M_3 82 kg Mehl nötig.

b) Tägliche Ausgaben in €: $(0{,}40 \;\; 0{,}50 \;\; 0{,}60) \cdot \begin{pmatrix} 0{,}1 & 0{,}2 & 0{,}6 \\ 0{,}5 & 0{,}2 & 0{,}1 \\ 0{,}1 & 0{,}3 & 0 \end{pmatrix} = (0{,}35 \;\; 0{,}36 \;\; 0{,}29)$

Das Mehl für B_1 kostet 0,35 €, das für B_2 0,36 € und das für B_3 0,29 €.

Die täglichen Gesamtausgaben für das Mehl in € belaufen sich damit auf

$(0{,}35 \;\; 0{,}36 \;\; 0{,}29) \cdot \begin{pmatrix} 100 \\ 240 \\ 180 \end{pmatrix} = 173{,}6$

c) Es muss gelten: $\begin{pmatrix} 0{,}1 & 0{,}2 & 0{,}6 \\ 0{,}5 & 0{,}2 & 0{,}1 \\ 0{,}1 & 0{,}3 & 0 \end{pmatrix} \cdot \begin{pmatrix} x_1 \\ x_2 \\ x_3 \end{pmatrix} = \begin{pmatrix} 712 \\ 842 \\ 532 \end{pmatrix}$, also $\begin{pmatrix} x_1 \\ x_2 \\ x_3 \end{pmatrix} = \begin{pmatrix} 0{,}1 & 0{,}2 & 0{,}6 \\ 0{,}5 & 0{,}2 & 0{,}1 \\ 0{,}1 & 0{,}3 & 0 \end{pmatrix}^{-1} \cdot \begin{pmatrix} 712 \\ 842 \\ 532 \end{pmatrix} = \begin{pmatrix} 1000 \\ 1440 \\ 540 \end{pmatrix}$

Damit konnen mit dem vorhandenen Mehl noch 1000 Brote B_1, 1440 von B_2 und 540 von B_3 gebacken werden. Dann ist das vorhandene Mehl vollständig verbraucht.

6 a) $\vec{k}_E^T = \vec{k}_R^T \cdot A_{RE} = (5 \;\; 50 \;\; 80 \;\; 100) \cdot \begin{pmatrix} 80 & 80 \\ 8 & 10 \\ 6 & 10 \\ 6 & 0 \end{pmatrix} = (1880 \;\; 1700)$

Die Rohstoffkosten für S_1 betragen 18,80 €, für S_2 17,00 €.

b) Angaben in €:

Rohstoffkosten: $(18{,}80 \;\; 17{,}00)$

Fertigungskosten: $2 \cdot (18{,}80 \;\; 17{,}00)$

Betriebskosten: $3 \cdot (18{,}80 \;\; 17{,}00)$

Gewinn: $(18{,}80 \;\; 17{,}00)$

Verkaufspreis: $(18{,}80 \;\; 17{,}00) + 2 \cdot (18{,}80 \;\; 17{,}00) + 3 \cdot (18{,}80 \;\; 17{,}00) + (18{,}80 \;\; 17{,}00)$

$= 7 \cdot (18{,}80 \;\; 17{,}00) = (131{,}60 \;\; 119{,}00)$

Damit kostet Salbe S_1 131,60 €, Salbe S_2 119,00 €.

c) Monatlich benötigte Rohstoffmengen in g: $\begin{pmatrix} 80 & 80 \\ 8 & 10 \\ 6 & 10 \\ 6 & 0 \end{pmatrix} \cdot \begin{pmatrix} 10\,000 \\ 20\,000 \end{pmatrix} = \begin{pmatrix} 2\,400\,000 \\ 280\,000 \\ 260\,000 \\ 60\,000 \end{pmatrix}$

Damit benötigt man monatlich von R_1 2400 kg, von R_2 280 kg, von R_3 260 kg und von R_4 60 kg.

d) Monatliche Rohstoffkosten in €: $(18{,}80 \;\; 17{,}00) \cdot \begin{pmatrix} 10\,000 \\ 20\,000 \end{pmatrix} = 188\,000 + 340\,000 = 528\,000.$

Dies ist auch der monatliche Gewinn.

e) Rohstoffkosten nach Preiserhöhung in €: $1{,}10 \cdot (18{,}80 \;\; 17{,}00) = (20{,}68 \;\; 18{,}70)$.

Damit gilt für den Verkaufspreis der Salben in € (nach b):

$7 \cdot (20{,}68 \;\; 18{,}70) = (144{,}76 \;\; 130{,}90)$.

Es handelt sich um eine Erhöhung um 10 %.

S. 325 **6** f) Neue Preise für die Rohstoffe pro Gramm in ct: $= \begin{pmatrix} 5 \cdot 0{,}8 \\ 50 \cdot 0{,}90 \\ 80 \cdot 1{,}125 \\ 100 \cdot 1{,}50 \end{pmatrix} = \begin{pmatrix} 4 \\ 45 \\ 90 \\ 150 \end{pmatrix}$.

Rohstoffkosten für die Salben S_1 und S_2 in ct: $(4 \;\; 45 \;\; 90 \;\; 150) \cdot \begin{pmatrix} 80 & 80 \\ 8 & 10 \\ 6 & 10 \\ 6 & 0 \end{pmatrix} = (2120 \;\; 1670)$.

Damit werden die Rohstoffkosten für die Salbe S_1 um 240 ct, also um $\frac{240}{1880} \approx 0{,}1277 \approx 12{,}8\,\%$ teuerer, während sie für Salbe S_2 um 30 ct, also um $\frac{30}{1700} \approx 0{,}0176 \approx 1{,}8\,\%$ billiger werden.

9 *Zweistufige Produktionsprozesse*

S. 326 **1** a) Für E_1 werden benötigt an Bauteilen B_3: $3 \cdot 4 + 2 \cdot 3 = 12 + 6 = 18$.

b) Bauteile für E_1:
B_1: $3 \cdot 2 + 2 \cdot 1 = 8$
B_2: $3 \cdot 3 + 2 \cdot 2 = 13$
B_3: $3 \cdot 4 + 2 \cdot 3 = 18$

Bauteile für E_2:
B_1: $2 \cdot 2 + 1 \cdot 1 = 5$
B_2: $2 \cdot 3 + 1 \cdot 2 = 8$
B_3: $2 \cdot 4 + 1 \cdot 3 = 11$

S. 329 **2** a) $\begin{pmatrix} 1 & 3 & 8 \\ 2 & 2 & 10 \\ 3 & 3 & 6 \end{pmatrix} \cdot \begin{pmatrix} 4 & 4 \\ 5 & 3 \\ 6 & 2 \end{pmatrix} = \begin{pmatrix} 1 \cdot 4 + 3 \cdot 5 + 8 \cdot 6 & 1 \cdot 4 + 3 \cdot 3 + 8 \cdot 2 \\ 2 \cdot 4 + 2 \cdot 5 + 10 \cdot 6 & 2 \cdot 4 + 2 \cdot 3 + 10 \cdot 2 \\ 3 \cdot 4 + 3 \cdot 5 + 6 \cdot 6 & 3 \cdot 4 + 3 \cdot 3 + 6 \cdot 2 \end{pmatrix} = \begin{pmatrix} 67 & 29 \\ 78 & 34 \\ 63 & 33 \end{pmatrix}$

Damit benötigt man für 1 E_1 67 Stück von B_1, 78 Stück von B_2 und 63 Stück von B_3. Für E_2 lauten die entsprechenden Zahlen 29, 34 und 33.

b) Bauteile für den gesamten Auftrag: $\begin{pmatrix} 67 & 29 \\ 78 & 34 \\ 63 & 33 \end{pmatrix} \cdot \begin{pmatrix} 20 \\ 40 \end{pmatrix} = \begin{pmatrix} 2500 \\ 2920 \\ 2580 \end{pmatrix}$.

Für den gesamten Auftrag benötigt man 2500 Stück von B_1, 2920 Stück von B_2 und 2580 Stück von B_3.

c) Bauteilekosten in GE je Zwischenprodukt:
$(1 \;\; 2 \;\; 4) \cdot \begin{pmatrix} 1 & 3 & 8 \\ 2 & 2 & 10 \\ 3 & 3 & 6 \end{pmatrix} = (17 \;\; 19 \;\; 52)$; die Kosten für Z_1 betragen 17 GE, für Z_2 19 GE und für Z_3 52 GE.

d) Bauteilekosten in GE je Endprodukt: $(17 \;\; 19 \;\; 52) \cdot \begin{pmatrix} 4 & 4 \\ 5 & 3 \\ 6 & 2 \end{pmatrix} = (475 \;\; 229)$.
Die Kosten betragen für E_1 475 GE, für E_2 229 GE.

e) Bauteilekosten in GE für den gesamten Auftrag:
$(475 \;\; 229) \cdot \begin{pmatrix} 20 \\ 40 \end{pmatrix} = 9500 + 9160 = 18\,660$.

3 a) Rohstoff-Zwischenprodukt-Matrix A_{RZ}:

	Z_1	Z_2	Z_3	Z_4
R_1	0,2	0,7	0,8	0,3
R_2	0,3	0,2	0,1	0,4
R_3	0,5	0,1	0,1	0,3

Zwischenprodukt-Endprodukt-Matrix A_{ZE}:

	K_1	K_2
Z_1	0,7	0
Z_2	0,2	0,2
Z_3	0,1	0,6
Z_4	0	0,2

S. 330 **3** b) Rohstoff-Endprodukt-Matrix A_{RE}: $\begin{pmatrix} 0{,}2 & 0{,}7 & 0{,}8 & 0{,}3 \\ 0{,}3 & 0{,}2 & 0{,}1 & 0{,}4 \\ 0{,}5 & 0{,}1 & 0{,}1 & 0{,}3 \end{pmatrix} \cdot \begin{pmatrix} 0{,}7 & 0 \\ 0{,}2 & 0{,}2 \\ 0{,}1 & 0{,}6 \\ 0 & 0{,}2 \end{pmatrix} = \begin{pmatrix} 0{,}36 & 0{,}68 \\ 0{,}26 & 0{,}18 \\ 0{,}38 & 0{,}14 \end{pmatrix}$.

c) 10 000 Tuben zu je 100 g von K_1 ergibt 1000 kg. 8000 Tuben zu je 200 g von K_2 ergibt 1600 kg.

Damit gilt für die dazu benötigten Rohstoffe: $\begin{pmatrix} 0{,}36 & 0{,}68 \\ 0{,}26 & 0{,}18 \\ 0{,}38 & 0{,}14 \end{pmatrix} \cdot \begin{pmatrix} 1000 \\ 1600 \end{pmatrix} = \begin{pmatrix} 1448 \\ 548 \\ 604 \end{pmatrix}$.

Man braucht somit von R_1 1448 kg, von R_2 548 kg und von R_3 604 kg.

Kontrolle: 1448 kg + 548 kg + 604 kg = 2600 kg.

4 a) Benötigte Rohstoffmengen für die tägliche Produktion:

$$\vec{p}_R = A_{RZ} \cdot A_{ZE} \cdot \vec{p}_E = \begin{pmatrix} 1 & 0 & 2 \\ 2 & 1 & 0 \\ 1 & 2 & 1 \end{pmatrix} \cdot \begin{pmatrix} 1 & 3 & 2 & 0 \\ 4 & 1 & 0 & 2 \\ 3 & 3 & 1 & 1 \end{pmatrix} \cdot \begin{pmatrix} 100 \\ 120 \\ 80 \\ 50 \end{pmatrix} = \begin{pmatrix} 7 & 9 & 4 & 2 \\ 6 & 7 & 4 & 2 \\ 12 & 8 & 3 & 5 \end{pmatrix} \cdot \begin{pmatrix} 100 \\ 120 \\ 80 \\ 50 \end{pmatrix} = \begin{pmatrix} 2200 \\ 1860 \\ 2650 \end{pmatrix} \begin{matrix} R_1 \\ R_2 \\ R_3 \end{matrix}$$

b) Rohstoffkosten je Zwischenprodukt: $(1\ \ 2\ \ 1) \cdot \begin{pmatrix} 1 & 0 & 2 \\ 2 & 1 & 0 \\ 1 & 2 & 1 \end{pmatrix} = (6\ \ 4\ \ 3)$;

Kosten für Z_1 6 GE, für Z_2 4 GE und für Z_3 3 GE.

Rohstoffkosten je Endprodukt: $(6\ \ 4\ \ 3) \cdot \begin{pmatrix} 1 & 3 & 2 & 0 \\ 4 & 1 & 0 & 2 \\ 3 & 3 & 1 & 1 \end{pmatrix} = (31\ \ 31\ \ 15\ \ 11)$;

Kosten für E_1 31 GE, für E_2 31 GE, für E_3 15 GE und für E_4 11 GE.

Tägliche Rohstoffkosten im Betrieb in GE: $(31\ \ 31\ \ 15\ \ 11) \cdot \begin{pmatrix} 100 \\ 120 \\ 80 \\ 50 \end{pmatrix} = 8570$.

c) Kosten der Zwischenprodukte: (10 8 7); Rohstoffkosten der Zwischenprodukte: (6 4 3);

Kostendifferenz: (10 8 7) − (6 4 3) = (4 4 4), d.h. die Kosten je Zwischenprodukt liegen jeweils um 4 GE über den Rohstoffkosten.

Kosten der Endprodukte: (120 100 60 50); Rohstoffkosten der Zwischenprodukte: (31 31 15 11);

Kostendifferenz: (120 100 60 50) − (31 31 15 11) = (89 69 45 39), d.h. die Kosten je Endprodukt liegen bei E_1 um 89 GE, bei E_2 um 69 GE, bei E_3 um 45 GE und bei E_4 um 39 GE über den Rohstoffkosten.

5 a) $A_{RZ} = \begin{pmatrix} 3 & 2 & 1 & 1 \\ 2 & 2 & 2 & 1 \end{pmatrix}$; $A_{ZE} = \begin{pmatrix} 2 & 1 & 2 \\ 2 & 1 & 1 \\ 0 & 2 & 3 \\ 1 & 1 & 3 \end{pmatrix}$. b) $A_{RE} = \begin{pmatrix} 11 & 8 & 14 \\ 9 & 9 & 15 \end{pmatrix}$

	Rohstoff je Endprodukt		
Rohstoff	E_1	E_2	E_3
R_1	11	8	14
R_2	9	9	15

c) $A_{RE} \cdot \vec{p}_E = \begin{pmatrix} 11 & 8 & 14 \\ 9 & 9 & 15 \end{pmatrix} \cdot \begin{pmatrix} 150 \\ 200 \\ 0 \end{pmatrix} = \begin{pmatrix} 3250 \\ 3150 \end{pmatrix}$.

Damit werden von R_1 3250 ME und von R_2 3150 ME gebraucht.

d) Rohstoffkosten des Gesamtauftrags in GE: $(2\ \ 3) \cdot \begin{pmatrix} 3250 \\ 3150 \end{pmatrix} = 15\,950$.

S. 331 **6** a) Es ist $A_{RE} = \begin{pmatrix} 3 & 1 & 2 & 2 \\ 0 & 3 & 2 & 0 \\ 2 & 2 & 0 & 3 \end{pmatrix} \cdot \begin{pmatrix} 1 & 2 & 2 \\ 2 & 2 & 1 \\ 2 & 0 & 3 \\ 1 & 2 & 1 \end{pmatrix} = \begin{pmatrix} 11 & 12 & 15 \\ 10 & 6 & 9 \\ 9 & 14 & 9 \end{pmatrix}$.

Damit ist $\vec{p}_R = A_{RE} \cdot \vec{p}_E = \begin{pmatrix} 11 & 12 & 15 \\ 10 & 6 & 9 \\ 9 & 14 & 9 \end{pmatrix} \cdot \begin{pmatrix} 400 \\ 300 \\ 400 \end{pmatrix} = \begin{pmatrix} 14\,000 \\ 9400 \\ 11\,400 \end{pmatrix}$

Von B_1 werden 14 000 Stück, von B_2 9400 Stück und von B_3 11 400 Stück benötigt.

b) Bauteilekosten je Endprodukt in €: $(3 \;\; 1{,}5 \;\; 2) \cdot \begin{pmatrix} 11 & 12 & 15 \\ 10 & 6 & 9 \\ 9 & 14 & 9 \end{pmatrix} = (66 \;\; 73 \;\; 76{,}5)$.

Gesamtkosten der Bauteile für den Auftrag in €: $(66 \;\; 73 \;\; 76{,}5) \cdot \begin{pmatrix} 400 \\ 300 \\ 400 \end{pmatrix} = 78\,900$.

c) Bauteilekosten je Zwischenteil in €:

$\vec{k}_Z^T = \vec{k}_R^T \cdot A_{RZ} = (3 \;\; 1{,}5 \;\; 2) \cdot \begin{pmatrix} 3 & 1 & 2 & 2 \\ 0 & 3 & 2 & 0 \\ 2 & 2 & 0 & 3 \end{pmatrix} = (13 \;\; 11{,}5 \;\; 9 \;\; 12)$.

d) Verkaufspreis der Geräte: $\vec{k}_v = 1{,}45 \cdot (130 \;\; 140 \;\; 150) = (188{,}50 \;\; 203{,}00 \;\; 217{,}50)$

G_1 kostet 188,50 €, G_2 203 € und G_3 217,5 €.

Gesamteinnahmen des Auftrags in €: $\vec{k}_v^T \cdot \vec{p}_E = (188{,}50 \;\; 203{,}00 \;\; 217{,}50) \cdot \begin{pmatrix} 400 \\ 300 \\ 400 \end{pmatrix} = 223\,300$

e) Es ist das Gleichungssystem $A_{RE} \cdot \vec{x} = \vec{p}_R$ zu lösen:

$\begin{pmatrix} 11 & 12 & 15 \\ 10 & 6 & 9 \\ 9 & 14 & 9 \end{pmatrix} \cdot \begin{pmatrix} x_1 \\ x_2 \\ x_3 \end{pmatrix} = \begin{pmatrix} 3420 \\ 2160 \\ 2740 \end{pmatrix}$ mit $\vec{x} = \begin{pmatrix} 11 & 12 & 15 \\ 10 & 6 & 9 \\ 9 & 14 & 9 \end{pmatrix}^{-1} \cdot \begin{pmatrix} 3420 \\ 2160 \\ 2740 \end{pmatrix} = \begin{pmatrix} 60 \\ 80 \\ 120 \end{pmatrix}$

Damit können 60 Geräte G_1, 80 Geräte G_2 und 120 Geräte G_3 aus den vorhandenen Bauteilen hergestellt werden. Dann sind sämtliche Bauteile verbraucht.

Gesamteinnahmen dieser Produktion in €:

$\vec{k}_v^T \cdot \vec{p}_E = (188{,}50 \;\; 203{,}00 \;\; 217{,}50) \cdot \begin{pmatrix} 60 \\ 80 \\ 120 \end{pmatrix} = 53\,650$.

7 a) $\vec{p}_Z = A_{ZE} \cdot \vec{p}_E = \begin{pmatrix} 1 & 2 \\ 2 & 5 \end{pmatrix} \cdot \begin{pmatrix} 15 \\ 20 \end{pmatrix} = \begin{pmatrix} 55 \\ 130 \end{pmatrix}$.

Von Z_1 werden 55 ME, von Z_2 130 ME benötigt.

b) $A_{ZE} \cdot \vec{x} = \vec{p}_Z$, also $\begin{pmatrix} 1 & 2 \\ 2 & 5 \end{pmatrix} \cdot \begin{pmatrix} x_1 \\ x_2 \end{pmatrix} = \begin{pmatrix} 210 \\ 500 \end{pmatrix}$ ergibt $\begin{pmatrix} x_1 \\ x_2 \end{pmatrix} = \begin{pmatrix} 50 \\ 80 \end{pmatrix}$.

Damit kann man noch 50 E_1 und 80 E_2 herstellen.

c) $\vec{k}_E^T = \vec{k}_R^T \cdot A_{RE} = (15 \;\; 20)\begin{pmatrix} 19 & 46 \\ 17 & 40 \end{pmatrix} = (625 \;\; 1490)$.

Die Rohstoffkosten für E_1 betragen 625 GE, für E_2 1490 GE.

Damit erhöhen sich die Rohstoffkosten je Endprodukt ebenfalls um 20 %.

d) $A_{RZ} \cdot A_{ZE} = A_{RE}$; damit $A_{RZ} = A_{RE} \cdot A_{ZE}^{-1}$.

$A_{RZ} = \begin{pmatrix} 19 & 46 \\ 17 & 40 \end{pmatrix} \cdot \begin{pmatrix} 1 & 2 \\ 2 & 5 \end{pmatrix}^{-1} = \begin{pmatrix} 19 & 46 \\ 17 & 40 \end{pmatrix} \cdot \begin{pmatrix} 5 & -2 \\ -2 & 1 \end{pmatrix} = \begin{pmatrix} 3 & 8 \\ 5 & 6 \end{pmatrix}$.

Für Z_1 werden 3 R_1 und 5 R_2 benötigt, für Z_2 sind dies 8 R_1 und 6 R_2.

e) Rohstoffkosten je Zwischenprodukt:

$\vec{k}_Z^T = \vec{k}_R^T \cdot A_{RZ} = (15 \;\; 20)\begin{pmatrix} 3 & 8 \\ 5 & 6 \end{pmatrix} = (145 \;\; 240)$

Rohstoffkosten für Z_1 145 GE, für Z_2 240 GE.

8 a) $\vec{p}_R = A_{ZE} \cdot \vec{p}_E = \begin{pmatrix} 84 & 94 & 152 \\ 60 & 56 & 104 \\ 84 & 112 & 160 \end{pmatrix} \cdot \begin{pmatrix} 40 \\ 30 \\ 50 \end{pmatrix} = \begin{pmatrix} 13780 \\ 9280 \\ 14720 \end{pmatrix}$

Von R_1 werden 13 780 ME, von R_2 9280 ME und von R_3 14 720 ME benötigt.

S. 331 **8** b) In A_{ZE} gibt z. B. das Element a_{12} an, wie viele ME des Zwischenprodukts Z_1 für das Endprodukt E_2 benötigt werden.

$A_{RZ} \cdot A_{ZE} = A_{RE}$; damit $A_{ZE} = A_{RZ}^{-1} \cdot A_{RE}$, also

$$A_{ZE} = \begin{pmatrix} 3 & 2 & 4 \\ 2 & 0 & 4 \\ 4 & 4 & 2 \end{pmatrix}^{-1} \cdot \begin{pmatrix} 84 & 94 & 152 \\ 60 & 56 & 104 \\ 84 & 112 & 160 \end{pmatrix} = \begin{pmatrix} -2 & 1{,}5 & 1 \\ 1{,}5 & -1{,}25 & -0{,}5 \\ 1 & -0{,}5 & -0{,}5 \end{pmatrix} \cdot \begin{pmatrix} 84 & 94 & 152 \\ 60 & 56 & 104 \\ 84 & 112 & 160 \end{pmatrix} = \begin{pmatrix} 6 & 8 & 12 \\ 9 & 15 & 18 \\ 12 & 10 & 20 \end{pmatrix}.$$

c) $\vec{p}_Z = A_{ZE} \cdot \vec{p}_E = \begin{pmatrix} 6 & 8 & 12 \\ 9 & 15 & 18 \\ 12 & 10 & 20 \end{pmatrix} \cdot \begin{pmatrix} 40 \\ 30 \\ 50 \end{pmatrix} = \begin{pmatrix} 1080 \\ 1710 \\ 1780 \end{pmatrix}$;

von Z_1 werden für den Auftrag 1080 ME, von Z_2 1710 ME und von Z_3 1780 ME benötigt.

d) $\vec{p}_R = A_{RZ} \cdot \vec{x}$; also $\vec{x} = A_{RZ}^{-1} \cdot \vec{p}_R$, also

$$\vec{x} = \begin{pmatrix} 3 & 2 & 4 \\ 2 & 0 & 4 \\ 4 & 4 & 2 \end{pmatrix}^{-1} \cdot \begin{pmatrix} 550 \\ 300 \\ 700 \end{pmatrix} = \begin{pmatrix} -2 & 1{,}5 & 1 \\ 1{,}5 & -1{,}25 & -0{,}5 \\ 1 & -0{,}5 & -0{,}5 \end{pmatrix} \cdot \begin{pmatrix} 550 \\ 300 \\ 700 \end{pmatrix} = \begin{pmatrix} 50 \\ 100 \\ 50 \end{pmatrix};$$

aus den vorhandenen Rohstoffen, lassen sich noch 50 Z_1, 100 Z_2 und 50 Z_3 herstellen. Dann sind alle Rohstoffe verbraucht.

10 Einführung in das Leontief-Modell

S. 332 **1** a) Das Bergwerk benötigt Kohle zum Teil selbst (Heizung, Warmwasserbereitung, etc.), ein Teil wird an ein Kraftwerk geliefert und ein Teil der geförderten Kohle wird verkauft (geht also an den Markt). Ein Teil des vom Kraftwerk erzeugten Stroms wird für den Betrieb selbst benötigt, ein Teil wird an das Bergwerk geliefert und der größte Teil wird verkauft, geht also an den Markt.

S. 335 **2** a)

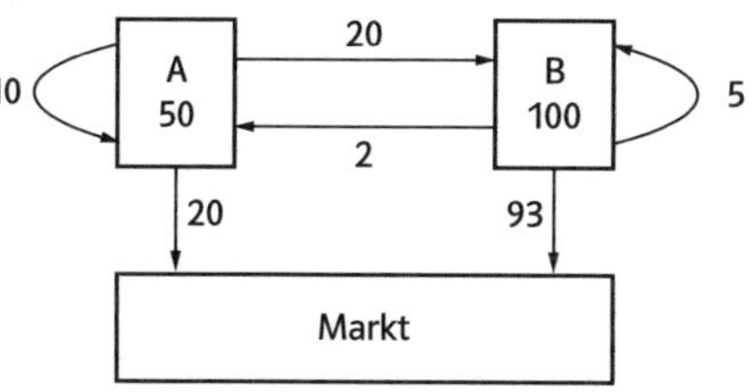

b) Technologiematrix: $A = \begin{pmatrix} \frac{10}{50} & \frac{20}{100} \\ \frac{2}{50} & \frac{5}{100} \end{pmatrix} = \begin{pmatrix} 0{,}2 & 0{,}2 \\ 0{,}04 & 0{,}05 \end{pmatrix}$

Konsumvektor $\vec{y} = \begin{pmatrix} 50 - 10 - 20 \\ 100 - 5 - 2 \end{pmatrix} = \begin{pmatrix} 20 \\ 93 \end{pmatrix}$

c) Es ist $0{,}2 = \frac{x_{11}}{60}$; also $x_{11} = 12$; $0{,}04 = \frac{x_{21}}{60}$; also $x_{21} = 2{,}4$;

$0{,}2 = \frac{x_{12}}{120}$; also $x_{12} = 24$; $0{,}05 = \frac{x_{22}}{120}$; also $x_{22} = 6$.

Damit sieht der Warenaustausch wie folgt aus:

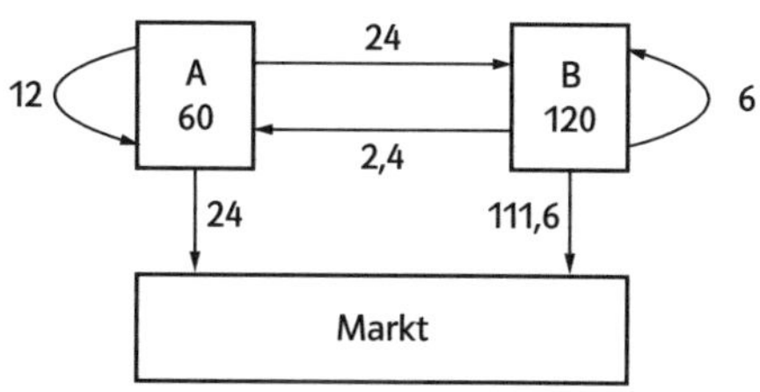

S. 335 **2** d) Marktvektor ist $\vec{y} = \begin{pmatrix} 24 \\ 111{,}6 \end{pmatrix}$.
Berechnet nach Leontief: $\vec{y} = \begin{pmatrix} 1-0{,}2 & -0{,}2 \\ -0{,}04 & 1-0{,}05 \end{pmatrix}\begin{pmatrix} 60 \\ 120 \end{pmatrix} = \begin{pmatrix} 0{,}8 & -0{,}2 \\ -0{,}04 & 0{,}95 \end{pmatrix}\begin{pmatrix} 60 \\ 120 \end{pmatrix} = \begin{pmatrix} 24 \\ 111{,}6 \end{pmatrix}$.

3 a)

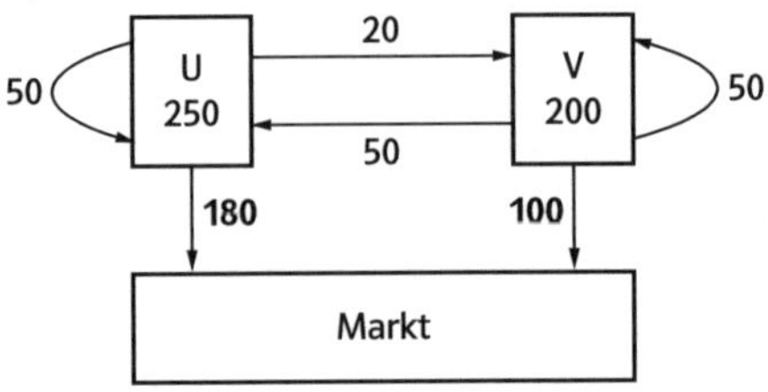

b) Technologiematrix: $A = \begin{pmatrix} \frac{50}{250} & \frac{20}{200} \\ \frac{50}{250} & \frac{50}{200} \end{pmatrix} = \begin{pmatrix} 0{,}2 & 0{,}1 \\ 0{,}2 & 0{,}25 \end{pmatrix}$.

Es ist $\vec{y} = \begin{pmatrix} 1-0{,}2 & -0{,}1 \\ -0{,}2 & 1-0{,}25 \end{pmatrix}\begin{pmatrix} 250 \\ 200 \end{pmatrix} = \begin{pmatrix} 0{,}8 & -0{,}1 \\ -0{,}2 & 0{,}75 \end{pmatrix}\begin{pmatrix} 250 \\ 200 \end{pmatrix} = \begin{pmatrix} 180 \\ 100 \end{pmatrix}$.

c) U produziert $250 \cdot 1{,}50 = 375$ ME, V $200 \cdot 1{,}50 = 300$ ME. Damit gilt:
Eigenbedarf von U in ME: $0{,}2 = \frac{x_{11}}{375}$; also $x_{11} = 75$.
Lieferung von V nach U in ME: $0{,}2 = \frac{x_{21}}{375}$; also $x_{21} = 75$.
Lieferung von U nach V in ME: $0{,}1 = \frac{x_{12}}{300}$; also $x_{12} = 30$.
Eigenbedarf von V in ME: $0{,}25 = \frac{x_{22}}{300}$; also $x_{22} = 75$.
U gibt 270 ME an den Markt ab, V gibt 150 ME an den Markt ab.
Damit erhöhen sich alle Werte des Gozinthographen um jeweils 50%.

d) Produktion von U in ME: $250 \cdot 1{,}20 = 300$; Produktion von V in ME: $200 \cdot 0{,}90 = 180$.
Eigenbedarf von U in ME: $0{,}2 = \frac{x_{11}}{300}$; also $x_{11} = 60$.
Lieferung von V nach U in ME: $0{,}2 = \frac{x_{21}}{300}$; also $x_{21} = 60$.
Lieferung von U nach V in ME: $0{,}1 = \frac{x_{12}}{180}$; also $x_{12} = 18$.
Eigenbedarf von V in ME: $0{,}25 = \frac{x_{22}}{180}$; also $x_{22} = 45$.
U gibt damit an den Markt ab: 300 ME − 60 ME − 18 ME = 222 ME.
V gibt an den Markt ab: 180 ME − 45 ME − 60 ME = 75 ME.

4 a) Gesamtproduktion von R in ME: $4 + 4 + 24 = 32$;
Gesamtproduktion von S in ME: $8 + 4 + 40 = 52$.
Technologiematrix $A = \begin{pmatrix} \frac{4}{32} & \frac{4}{52} \\ \frac{8}{32} & \frac{4}{52} \end{pmatrix} = \begin{pmatrix} \frac{1}{8} & \frac{1}{13} \\ \frac{1}{4} & \frac{1}{13} \end{pmatrix}$.

b) Konsumvektor
$\vec{y} = (E - A) \cdot \vec{x} = \left[\begin{pmatrix} 1 & 0 \\ 0 & 1 \end{pmatrix} - \begin{pmatrix} \frac{1}{8} & \frac{1}{13} \\ \frac{1}{4} & \frac{1}{13} \end{pmatrix}\right] \cdot \begin{pmatrix} 48 \\ 63 \end{pmatrix} \approx \begin{pmatrix} 37{,}2 \\ 46{,}2 \end{pmatrix}$

Rechnung mit dem GTR in Fig. 1.

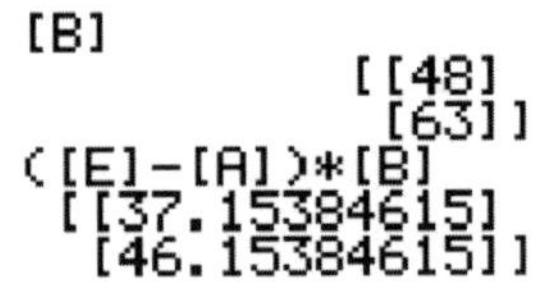

Fig. 1

S. 335 **4** c) Aus $\vec{y} = (E - A) \cdot \vec{x}$ erhält man $\vec{x} = (E - A)^{-1} \cdot \vec{y}$, also den zugehörigen Produktionsvektor

$$\vec{x} = \left[\begin{pmatrix} 1 & 0 \\ 0 & 1 \end{pmatrix} - \begin{pmatrix} \frac{1}{8} & \frac{1}{13} \\ \frac{1}{4} & \frac{1}{13} \end{pmatrix}\right]^{-1} \cdot \begin{pmatrix} 40 \\ 50 \end{pmatrix} = \begin{pmatrix} 51{,}7 \\ 68{,}2 \end{pmatrix}$$

Rechnung mit dem GTR in Fig. 1.

Eigenbedarf von R in ME: $\frac{1}{8} = \frac{x_{11}}{51{,}7}$; also $x_{11} \approx 6{,}5$.

Lieferung von S nach R in ME: $\frac{1}{4} = \frac{x_{21}}{51{,}7}$; also $x_{21} \approx 12{,}9$.

Lieferung von U nach V in ME: $\frac{1}{13} = \frac{x_{12}}{68{,}2}$; also $x_{12} \approx 5{,}2$.

Eigenbedarf von V in ME: $\frac{1}{13} = \frac{x_{22}}{68{,}2}$; also $x_{22} \approx 5{,}2$.

```
[B]
                [[40]
                 [50]]
([E]-[A])-1*[B]
 [[51.70731707]
  [68.17073171]]
```

Fig. 1

	R	S	Markt	Produktion
R	6,5	5,2	40	51,7
S	12,9	5,2	50	68,2

11 *Das Leontief-Modell – Fortsetzung*

S. 336 **1** Fehler in der 1. Auflage: Konsumvektor ist $\vec{y} = \begin{pmatrix} 8 \\ 17 \\ 12 \end{pmatrix}$.

a) Eigenverbrauch von Werk 1: 1 ME; Werk 2 liefert an Werk 1: 2 ME; Werk 3 liefert an Werk 1: 1 ME.
Werk 1 liefert an Werk 2: 6 ME; Eigenverbrauch von Werk 2: 3 ME; Werk 3 liefert an Werk 2: 3 ME.
Werk 1 liefert an Werk 3: 5 ME; Werk 2 liefert an Werk 3: 2 ME; Eigenverbrauch von Werk 3: 4 ME.

Werk 1 liefert an den Markt 8 ME, Werk 2 17 ME und Werk 3 12 ME.
Werk 1 produziert 20 ME, Werk 2 24 ME und Werk 3 20 ME.

b) Technologiematrix: $A = \begin{pmatrix} \frac{1}{20} & \frac{6}{24} & \frac{5}{20} \\ \frac{2}{20} & \frac{3}{24} & \frac{2}{20} \\ \frac{1}{20} & \frac{3}{24} & \frac{4}{20} \end{pmatrix} = \begin{pmatrix} 0{,}05 & 0{,}25 & 0{,}25 \\ 0{,}1 & 0{,}125 & 0{,}1 \\ 0{,}05 & 0{,}125 & 0{,}2 \end{pmatrix}$

c) $\left[\begin{pmatrix} 1 & 0 & 0 \\ 0 & 1 & 0 \\ 0 & 0 & 1 \end{pmatrix} - \begin{pmatrix} 0{,}05 & 0{,}25 & 0{,}25 \\ 0{,}1 & 0{,}125 & 0{,}1 \\ 0{,}05 & 0{,}125 & 0{,}2 \end{pmatrix}\right] \cdot \begin{pmatrix} 20 \\ 24 \\ 20 \end{pmatrix} = \begin{pmatrix} 0{,}95 & -0{,}25 & -0{,}25 \\ -0{,}1 & 0{,}875 & -0{,}1 \\ -0{,}05 & -0{,}125 & 0{,}8 \end{pmatrix} \cdot \begin{pmatrix} 20 \\ 24 \\ 20 \end{pmatrix} = \begin{pmatrix} 8 \\ 17 \\ 12 \end{pmatrix}$

S. 339 **2** a)

	W_1	W_2	W_3	Konsum	Produktion
W_1	50	50	50	**250**	400
W_2	**250**	450	50	50	800
W_3	100	0	100	100	**300**

W_2 liefert 250 ME an W_1; W_1 beliefert den Markt mit 250 ME; W_3 produziert 300 ME.

S. 339 **2** b) Technologiematrix: $A = \begin{pmatrix} \frac{50}{400} & \frac{50}{800} & \frac{50}{300} \\ \frac{250}{400} & \frac{450}{800} & \frac{50}{300} \\ \frac{100}{400} & \frac{0}{800} & \frac{100}{300} \end{pmatrix} = \begin{pmatrix} \frac{1}{8} & \frac{1}{16} & \frac{1}{6} \\ \frac{5}{8} & \frac{9}{16} & \frac{1}{6} \\ \frac{1}{4} & 0 & \frac{1}{3} \end{pmatrix}$; $E - A = \begin{pmatrix} \frac{7}{8} & -\frac{1}{16} & -\frac{1}{6} \\ -\frac{5}{8} & \frac{7}{16} & -\frac{1}{6} \\ -\frac{1}{4} & 0 & \frac{2}{3} \end{pmatrix}$.

c) $\vec{y} = (E - A) \cdot \vec{x} = \begin{pmatrix} \frac{7}{8} & -\frac{1}{16} & -\frac{1}{6} \\ -\frac{5}{8} & \frac{7}{16} & -\frac{1}{6} \\ -\frac{1}{4} & 0 & \frac{2}{3} \end{pmatrix} \cdot \begin{pmatrix} 400 \\ 800 \\ 300 \end{pmatrix} = \begin{pmatrix} 250 \\ 50 \\ 100 \end{pmatrix}$.

d) $x_{12} = 100$; $x_{22} = 70$; $x_{33} = 210$

Technologiematrix: $A = \begin{pmatrix} \frac{10}{200} & \frac{100}{200} & \frac{50}{400} \\ \frac{0}{200} & \frac{70}{200} & \frac{50}{400} \\ \frac{5}{200} & \frac{40}{200} & \frac{210}{400} \end{pmatrix} = \begin{pmatrix} 0{,}05 & 0{,}5 & 0{,}125 \\ 0 & 0{,}35 & 0{,}125 \\ 0{,}25 & 0{,}2 & 0{,}525 \end{pmatrix}$; $E - A = \begin{pmatrix} 0{,}95 & -0{,}5 & -0{,}125 \\ 0 & 0{,}65 & -0{,}125 \\ -0{,}25 & -0{,}2 & 0{,}475 \end{pmatrix}$

$\vec{y} = (E - A) \cdot \vec{x} = \begin{pmatrix} 0{,}95 & -0{,}5 & -0{,}125 \\ 0 & 0{,}65 & -0{,}125 \\ -0{,}25 & -0{,}2 & 0{,}475 \end{pmatrix} \cdot \begin{pmatrix} 200 \\ 200 \\ 400 \end{pmatrix} = \begin{pmatrix} 40 \\ 80 \\ 100 \end{pmatrix}$.

S. 340 **3** a) Technologiematrix:

$A = \begin{pmatrix} \frac{8}{50} & \frac{12}{60} & \frac{12}{120} \\ \frac{4}{50} & \frac{12}{60} & \frac{24}{120} \\ \frac{4}{50} & \frac{15}{60} & \frac{6}{120} \end{pmatrix} = \begin{pmatrix} 0{,}16 & 0{,}2 & 0{,}1 \\ 0{,}08 & 0{,}2 & 0{,}2 \\ 0{,}08 & 0{,}25 & 0{,}05 \end{pmatrix}$; $E - A = \begin{pmatrix} 0{,}84 & -0{,}2 & -0{,}1 \\ -0{,}08 & 0{,}8 & -0{,}2 \\ -0{,}08 & -0{,}25 & 0{,}95 \end{pmatrix}$

$\vec{y} = (E - A) \cdot \vec{x} = \begin{pmatrix} 0{,}84 & -0{,}2 & -0{,}1 \\ -0{,}08 & 0{,}8 & -0{,}2 \\ -0{,}08 & -0{,}25 & 0{,}95 \end{pmatrix} \cdot \begin{pmatrix} 50 \\ 60 \\ 120 \end{pmatrix} = \begin{pmatrix} 18 \\ 20 \\ 95 \end{pmatrix}$

b) $\vec{y} = (E - A) \cdot \vec{x} = \begin{pmatrix} 0{,}84 & -0{,}2 & -0{,}1 \\ -0{,}08 & 0{,}8 & -0{,}2 \\ -0{,}08 & -0{,}25 & 0{,}95 \end{pmatrix} \cdot \begin{pmatrix} 55 \\ 66 \\ 132 \end{pmatrix} = \begin{pmatrix} 19{,}8 \\ 22 \\ 104{,}5 \end{pmatrix}$

An den Markt kann Betrieb 1 19,8 ME, Betrieb 2 22 ME und Betrieb 3 104,5 ME abgeben.

c) $\vec{y} = (E - A) \cdot \vec{x} = \begin{pmatrix} 0{,}84 & -0{,}2 & -0{,}1 \\ -0{,}08 & 0{,}8 & -0{,}2 \\ -0{,}08 & -0{,}25 & 0{,}95 \end{pmatrix} \cdot \begin{pmatrix} 50 \cdot 1{,}50 \\ 60 \cdot 1{,}50 \\ 120 \cdot 1{,}25 \end{pmatrix} = \begin{pmatrix} 0{,}84 & -0{,}2 & -0{,}1 \\ -0{,}08 & 0{,}8 & -0{,}2 \\ -0{,}08 & -0{,}25 & 0{,}95 \end{pmatrix} \cdot \begin{pmatrix} 75 \\ 90 \\ 150 \end{pmatrix} = \begin{pmatrix} 30 \\ 36 \\ 114 \end{pmatrix}$

An den Markt kann Betrieb 1 jetzt 30 ME, Betrieb 2 36 ME und Betrieb 3 114 ME abgeben.

4 a) Fehler in der 1. Auflage: W_2 liefert an W_1 20 ME (statt 30).
Input-Output-Tabelle:

	W_1	W_2	W_3	Markt Y	Produktion X
W_1	20	20	40	320	400
W_2	20	40	0	340	400
W_3	80	0	100	20	200

Technologiematrix $A = \begin{pmatrix} \frac{20}{400} & \frac{20}{400} & \frac{40}{200} \\ \frac{20}{400} & \frac{40}{400} & \frac{0}{200} \\ \frac{80}{400} & \frac{0}{400} & \frac{100}{200} \end{pmatrix} = \begin{pmatrix} 0{,}05 & 0{,}05 & 0{,}2 \\ 0{,}05 & 0{,}1 & 0 \\ 0{,}2 & 0 & 0{,}5 \end{pmatrix}$.

S. 340 **4** b) Wegen $\vec{y} = (E - A) \cdot x$ gilt: $\begin{pmatrix} 400 \\ 425 \\ 25 \end{pmatrix} = \begin{pmatrix} 0{,}95 & -0{,}05 & -0{,}2 \\ -0{,}05 & 0{,}9 & 0 \\ -0{,}2 & 0 & 0{,}5 \end{pmatrix} \cdot \begin{pmatrix} x_1 \\ x_2 \\ x_3 \end{pmatrix}$

Das Gleichungssystem

$$\begin{aligned} 0{,}95x_1 - 0{,}05x_2 - 0{,}2x_3 &= 400 \\ -0{,}05x_1 + 0{,}9x_2 &= 425 \\ -0{,}2x_1 + 0{,}5x_3 &= 25 \end{aligned}$$

hat den Lösungsvektor $\vec{x} = \begin{pmatrix} 500 \\ 500 \\ 250 \end{pmatrix}$.

Damit muss W_1 500 ME, W_2 ebenfalls 500 ME und W_3 250 ME produzieren.

c) Input-Output-Tabelle:

	W_1	W_2	W_3	Markt Y	Produktion X
W_1	$0{,}05 \cdot 500 = 25$	$0{,}05 \cdot 500 = 25$	$0{,}2 \cdot 250 = 50$	400	500
W_2	$0{,}05 \cdot 500 = 25$	$0{,}1 \cdot 500 = 50$	0	425	500
W_3	$0{,}2 \cdot 500 = 100$	0	$0{,}5 \cdot 250 = 125$	25	250

d) Wegen $\vec{y} = (E - A) \cdot \vec{x}$ gilt dann: $\begin{pmatrix} 410 \\ 425 \\ 0 \end{pmatrix} = \begin{pmatrix} 0{,}95 & -0{,}05 & -0{,}2 \\ -0{,}05 & 0{,}9 & 0 \\ -0{,}2 & 0 & 0{,}5 \end{pmatrix} \cdot \begin{pmatrix} x_1 \\ x_2 \\ x_3 \end{pmatrix}$

Das Gleichungssystem

$$\begin{aligned} 0{,}95x_1 - 0{,}05x_2 - 0{,}2x_3 &= 410 \\ -0{,}05x_1 + 0{,}9x_2 &= 425 \\ -0{,}2x_1 + 0{,}5x_3 &= 0 \end{aligned}$$

hat den Lösungsvektor $\vec{x} = \begin{pmatrix} 500 \\ 500 \\ 200 \end{pmatrix}$.

Damit muss W_1 500 ME, W_2 ebenfalls 500 ME und W_3 200 ME produzieren.

e) Neuer Produktionsvektor ist $\vec{x} = \begin{pmatrix} x_1 \\ 500 \\ x_3 \end{pmatrix}$; neuer Marktvektor $\vec{y} = \begin{pmatrix} 320 \\ y_2 \\ 20 \end{pmatrix}$.

Es gilt dann $\begin{pmatrix} 320 \\ y_2 \\ 20 \end{pmatrix} = \begin{pmatrix} 0{,}95 & -0{,}05 & -0{,}2 \\ -0{,}05 & 0{,}9 & 0 \\ -0{,}2 & 0 & 0{,}5 \end{pmatrix} \cdot \begin{pmatrix} x_1 \\ 500 \\ x_3 \end{pmatrix}$ oder $\begin{aligned} 0{,}95x_1 - 25 - 0{,}2x_3 &= 320 \\ -0{,}05x_1 + 450 &= y_2 \\ -0{,}2x_1 + 0{,}5x_3 &= 20 \end{aligned}$

also $\begin{aligned} 0{,}95x_1 - 0{,}2x_3 &= 345 \\ 0{,}05x_1 + y_2 &= 450 \\ -0{,}2x_1 + 0{,}5x_3 &= 20 \end{aligned}$. Dies ergibt $x_1 = 405{,}7$; $y = 429{,}7$; $x_3 = 202{,}3$

W_2 kann dann 429,7 ME an den Markt abgeben. Dazu müssen aber W_1 die Produktion auf 405,7 ME und W_3 auf 202,3 ME erhöhen.

5 a) $y_1 = 4$; $x_2 = 20$; $x_{31} = 0$

$E - A = \begin{pmatrix} 1 & 0 & 0 \\ 0 & 1 & 0 \\ 0 & 0 & 1 \end{pmatrix} - \begin{pmatrix} 0{,}2 & 0 & 0{,}2 \\ 0{,}8 & 0{,}3 & 0 \\ 0 & 0{,}1 & 0{,}2 \end{pmatrix} = \begin{pmatrix} 0{,}8 & 0 & -0{,}2 \\ -0{,}8 & 0{,}7 & 0 \\ 0 & -0{,}1 & 0{,}8 \end{pmatrix}$

b) $\vec{y} = \begin{pmatrix} 0{,}8 & 0 & -0{,}2 \\ -0{,}8 & 0{,}7 & 0 \\ 0 & -0{,}1 & 0{,}8 \end{pmatrix} \cdot \begin{pmatrix} 20 \\ 40 \\ 40 \end{pmatrix} = \begin{pmatrix} 8 \\ 12 \\ 28 \end{pmatrix}$;

es kommt zu einer Verdopplung der Marktabgaben.

c) Neuer Marktvektor $\vec{y} = \begin{pmatrix} 6 \\ 20 \\ 4 \end{pmatrix}$.

Berechnung der Produktionszahlen: $\vec{x} = (E - A)^{-1} \cdot \vec{y} = \begin{pmatrix} 0{,}8 & 0 & -0{,}2 \\ -0{,}8 & 0{,}7 & 0 \\ 0 & -0{,}1 & 0{,}8 \end{pmatrix} \cdot \begin{pmatrix} 6 \\ 20 \\ 4 \end{pmatrix} = \begin{pmatrix} 10 \\ 40 \\ 10 \end{pmatrix}$.

B_1 behält seine Produktion von 10 ME bei, B_2 muss sie verdoppeln, während B_3 seine Produktion um 10 ME drosselt.

S. 340 **5** d) Neuer Marktvektor $\vec{y} = \begin{pmatrix} y_1 \\ 41 \\ y_3 \end{pmatrix}$; zugehöriger Produktionsvektor $\vec{x} = \begin{pmatrix} 10 \\ x_2 \\ 20 \end{pmatrix}$.

Es gilt: $\begin{pmatrix} y_1 \\ 41 \\ y_3 \end{pmatrix} = \begin{pmatrix} 0{,}8 & 0 & -0{,}2 \\ -0{,}8 & 0{,}7 & 0 \\ 0 & -0{,}1 & 0{,}8 \end{pmatrix} \cdot \begin{pmatrix} 10 \\ x_2 \\ 20 \end{pmatrix}$ also $\begin{matrix} y_1 = 8 - 4 \\ 41 = -8 + 0{,}7x_2 \\ y_3 = -0{,}1x_2 + 16 \end{matrix}$; damit $\begin{matrix} y_1 = 4 \\ x_2 = 70 \\ x_3 = 9 \end{matrix}$

B_1 kann an den Markt noch 4 ME, B_3 noch 9 ME liefern.

e) $\vec{x} = \begin{pmatrix} 17 \\ x_2 \\ x_3 \end{pmatrix}$; $\vec{y} = \begin{pmatrix} y_1 \\ 6 \\ 14 \end{pmatrix}$.

Es gilt: $\begin{pmatrix} y_1 \\ 6 \\ 14 \end{pmatrix} = \begin{pmatrix} 0{,}8 & 0 & -0{,}2 \\ -0{,}8 & 0{,}7 & 0 \\ 0 & -0{,}1 & 0{,}8 \end{pmatrix} \cdot \begin{pmatrix} 17 \\ x_2 \\ x_3 \end{pmatrix}$, also $\begin{matrix} y_1 = 13{,}6 - 0{,}2x_3 \\ 6 = -13{,}6 + 0{,}7x_2 \\ 14 = -0{,}1x_2 + 0{,}8x_3 \end{matrix}$; damit $\begin{matrix} y_1 = 9{,}4 \\ x_2 = 28 \\ x_3 = 21 \end{matrix}$

B_2 muss seine Produktion auf 28 ME erhöhen, B_3 auf 21 ME. B_1 kann dann 9,4 ME an den Markt abgeben.

f) Wegen $\vec{y} = (E - A) \cdot \vec{x}$ ergäbe sich:

$$\vec{y} = \begin{pmatrix} 0{,}8 & 0 & -0{,}2 \\ -0{,}8 & 0{,}7 & 0 \\ 0 & -0{,}1 & 0{,}8 \end{pmatrix} \cdot \begin{pmatrix} 6 \\ 20 \\ 2{,}5 \end{pmatrix} = \begin{pmatrix} -0{,}2 \\ 9{,}2 \\ 18 \end{pmatrix}.$$

Der Marktvektor muss ein Vektor mit positiven Werten oder 0 sein! Damit müsste B_1 statt an den Markt zu liefern, 0,2 ME vom Markt kaufen.

12 *Vermischte Aufgaben*

Gleichungssysteme

S. 341 **1** a) Lösung $x_1 = 3$; $x_2 = 4$; $x = \binom{3}{4}$ b) Lösung: $x_1 = -1$; $x_2 = 3$; $x = \binom{-1}{3}$

c) Lösung $x_1 = 2t - 5$; $x_2 = t$; $\vec{x} = \binom{2t-5}{t}$ mit beliebigem $t \in \mathbb{R}$

d) Lösung: $x_1 = 6$; $x_2 = 0$; $\vec{x} = \binom{6}{0}$ e) Lösung $x_1 = 1{,}5$; $x_2 = -1$; $\vec{x} = \binom{1{,}5}{-1}$

f) keine Lösung

2 a) Lösung $x_1 = 1$; $x_2 = 2$; $x_3 = 3$; $\vec{x} = \begin{pmatrix} 1 \\ 2 \\ 3 \end{pmatrix}$ b) Lösung $x_1 = 0$; $x_2 = 4$; $x_3 = 0$; $\vec{x} = \begin{pmatrix} 0 \\ 4 \\ 0 \end{pmatrix}$

c) Lösung $x_1 = t + 2$; $x_2 = t + 1$; $x_3 = t$; $\vec{x} = \begin{pmatrix} t+2 \\ t+1 \\ t \end{pmatrix}$ mit beliebigem $t \in \mathbb{R}$

3 a) Lösung $x_1 = 2$; $x_2 = 10$; $x_3 = -3$; $\vec{x} = \begin{pmatrix} 2 \\ 10 \\ -3 \end{pmatrix}$ b) Das Gleichungssystem ist unlösbar.

c) Lösung $x_1 = -t + 1$; $x_2 = 2t + 3$; $x_3 = t$; $\vec{x} = \begin{pmatrix} -t+1 \\ 2t+3 \\ t \end{pmatrix}$ mit beliebigem $t \in \mathbb{R}$

4 a) Lösungsvektor $\vec{x} = \begin{pmatrix} 0 & 1 & 1 \\ 1 & 0 & 1 \\ 1 & 1 & 1 \end{pmatrix}^{-1} \cdot \begin{pmatrix} 2 \\ 1 \\ 3 \end{pmatrix} = \begin{pmatrix} -1 & 0 & 1 \\ 0 & -1 & 1 \\ 1 & 1 & -1 \end{pmatrix} \cdot \begin{pmatrix} 2 \\ 1 \\ 3 \end{pmatrix} = \begin{pmatrix} 1 \\ 2 \\ 0 \end{pmatrix}$.

b) Lösungsvektor $\vec{x} = \begin{pmatrix} 2 & 3 & 1 \\ 3 & 2 & 1 \\ 1 & 2 & 3 \end{pmatrix}^{-1} \cdot \begin{pmatrix} 12 \\ 24 \\ 36 \end{pmatrix} = \begin{pmatrix} -\frac{1}{3} & \frac{7}{12} & -\frac{1}{12} \\ \frac{2}{3} & -\frac{5}{12} & -\frac{1}{12} \\ -\frac{1}{3} & \frac{1}{12} & \frac{5}{12} \end{pmatrix} \cdot \begin{pmatrix} 12 \\ 24 \\ 36 \end{pmatrix} = \begin{pmatrix} 7 \\ -5 \\ 13 \end{pmatrix}$.

S. 341 **4** c) Es gibt zu Matrix A keine inverse Matrix.
Man löst das System daher wie üblich:
Man erhält den Lösungsvektor
$\vec{x} = \begin{pmatrix} -t+3 \\ 0{,}5t-1 \\ t \end{pmatrix}$ mit beliebigem $t \in \mathbb{R}$.

```
[[1 0 1  3 ]
 [0 2 -1 -2]
 [1 2 0  1 ]]
rref([A])
 [[1 0 1   3 ]
  [0 1 -.5 -1]
  [0 0 0   0 ]]
```

5 a) $\vec{b} = \begin{pmatrix} -2 \\ -2 \\ 2 \end{pmatrix}$ (Fig. 1)

b) $\vec{x} = A^{-1} \cdot \vec{c} = \begin{pmatrix} -\frac{13}{18} \\ \frac{2}{9} \\ \frac{7}{18} \end{pmatrix}$ (Fig. 2)

```
[A]*[C]
[[-2]
 [-2]
 [2 ]]
```

Fig. 1

```
[[-.7222222222]
 [.2222222222 ]
 [.3888888889 ]]
Ans▸Frac
 [[-13/18]
  [2/9   ]
  [7/18  ]]
```

Fig. 2

6 Allgemeiner Lösungsvektor ist $\vec{x} = \begin{pmatrix} -7t+3 \\ -2t+1 \\ t \end{pmatrix}$

a) $t = 0$ ergibt die Lösung $\begin{pmatrix} 3 \\ 1 \\ 0 \end{pmatrix}$.

b) $-2t + 1 + t = 0$ ergibt $t = 1$, also $\begin{pmatrix} -4 \\ -1 \\ 1 \end{pmatrix}$

c) $-7t + 3 - 2t + 1 + t = 12$ ergibt $8t = -8$,
also $t = -1$; zugehöriger Lösungsvektor $\begin{pmatrix} 10 \\ 3 \\ -1 \end{pmatrix}$.

```
rref([A])
 [[1 0 7 3]
  [0 1 2 1]
  [0 0 0 0]]
```

Rechnen mit Matrizen

7 a) $A + B = \begin{pmatrix} 0 & 3 & 6 \\ 0 & -2 & 2 \end{pmatrix}$

b) $A - B = \begin{pmatrix} 4 & 3 & -4 \\ -8 & 4 & -2 \end{pmatrix}$

c) $2 \cdot A = \begin{pmatrix} 4 & 6 & 2 \\ -8 & 2 & 0 \end{pmatrix}$

d) $2 \cdot A - B = \begin{pmatrix} 6 & 6 & -3 \\ -12 & 5 & -2 \end{pmatrix}$

e) $10 \cdot A + 20 \cdot B = \begin{pmatrix} -20 & 30 & 110 \\ 40 & -50 & 40 \end{pmatrix}$

8 a) $A \cdot B = \begin{pmatrix} 0 & -2 & -3 \\ 1 & 3 & 3 \\ 1 & 2 & 1 \end{pmatrix}$

b) $B \cdot A = \begin{pmatrix} 1 & -3 & 3 \\ -1 & 2 & 1 \\ 0 & 0 & 1 \end{pmatrix}$

c) $E \cdot B = B = \begin{pmatrix} 1 & 0 & -2 \\ 2 & 3 & 1 \\ 1 & 1 & 0 \end{pmatrix}$

d) $B - A \cdot B = \begin{pmatrix} 1 & 2 & 1 \\ 1 & 0 & -2 \\ 0 & -1 & -1 \end{pmatrix}$

e) $(E - A) \cdot B = \begin{pmatrix} 1 & 2 & 1 \\ 1 & 0 & -2 \\ 0 & -1 & -1 \end{pmatrix}$

f) $A^2 = \begin{pmatrix} 2 & -1 & 0 \\ -2 & 2 & -1 \\ -1 & 0 & 1 \end{pmatrix}$

g) $A^{-1} = \begin{pmatrix} 1 & 0 & 1 \\ 1 & 1 & 1 \\ 1 & 1 & 0 \end{pmatrix}$

h) $A^{-1} \cdot B^{-1} = \begin{pmatrix} -2 & -3 & 9 \\ -1 & -1 & 4 \\ 0 & 0 & 1 \end{pmatrix}$

i) $(E - B) \cdot B = \begin{pmatrix} 2 & 2 & 0 \\ -7 & -7 & 2 \\ -2 & -2 & 1 \end{pmatrix}$

j) $(E - B) \cdot (B - E) = \begin{pmatrix} 2 & 2 & -2 \\ -5 & -5 & 3 \\ -1 & -1 & 0 \end{pmatrix}$

S. 342 **9** a) $X = N - M = \begin{pmatrix} -1 & -1 & -3 \\ 1 & -1 & 2 \\ -1 & 2 & 1 \end{pmatrix}$

b) $X = M - N - 2 \cdot N = M - 3 \cdot N = \begin{pmatrix} 1 & -1 & 1 \\ -3 & 1 & -6 \\ -1 & -6 & -7 \end{pmatrix}$

S. 342 **9** c) $X = M^{-1} \cdot N = \begin{pmatrix} -\frac{1}{3} & \frac{2}{3} & \frac{2}{3} \\ 0 & 1 & 0 \\ \frac{1}{3} & -\frac{2}{3} & -\frac{1}{6} \end{pmatrix} \cdot \begin{pmatrix} 0 & 1 & 1 \\ 1 & 0 & 2 \\ 1 & 2 & 3 \end{pmatrix} = \begin{pmatrix} \frac{4}{3} & 1 & 3 \\ 1 & 0 & 2 \\ -\frac{5}{6} & 0 & -\frac{3}{2} \end{pmatrix}$

d) $X = M^2 \cdot M^{-1} = M \cdot M \cdot M^{-1} = M \cdot E = M = \begin{pmatrix} 1 & 2 & 4 \\ 0 & 1 & 0 \\ 2 & 0 & 2 \end{pmatrix}$

e) $N \cdot X = 2 \cdot M - M - N$ oder $N \cdot X = M - N$, also

$X = N^{-1} \cdot (M - N) = \begin{pmatrix} -4 & -1 & 2 \\ -1 & -1 & 1 \\ 2 & 1 & -1 \end{pmatrix} \cdot \begin{pmatrix} 1 & 1 & 3 \\ -1 & 1 & -2 \\ 1 & -2 & -1 \end{pmatrix} = \begin{pmatrix} -1 & -9 & -12 \\ 1 & -4 & -2 \\ 0 & 5 & 5 \end{pmatrix}$

10 a) $X = O = \begin{pmatrix} 0 & 0 & 0 \\ 0 & 0 & 0 \\ 0 & 0 & 0 \end{pmatrix}$

b) $M - E = X \cdot (M - E)$. $X = E$ ist eine Lösung.
Existiert zu $M - E$ eine inverse Matrix, so ist $X = (M - E)^{-1} \cdot (M - E) = E$ die einzige Lösung.
Dies ist wegen $M - E = \begin{pmatrix} 0 & 2 & 4 \\ 0 & 0 & 0 \\ 2 & 0 & 1 \end{pmatrix}$ hier nicht der Fall; es gibt mehrere Lösungen. Man ermittelt sie wie folgt:
Es gilt $\begin{pmatrix} 0 & 2 & 4 \\ 0 & 0 & 0 \\ 2 & 0 & 1 \end{pmatrix} = \begin{pmatrix} x_{11} & x_{12} & x_{13} \\ x_{21} & x_{22} & x_{23} \\ x_{31} & x_{32} & x_{33} \end{pmatrix} \cdot \begin{pmatrix} 0 & 2 & 4 \\ 0 & 0 & 0 \\ 2 & 0 & 1 \end{pmatrix}$ oder $\begin{pmatrix} 0 & 2 & 4 \\ 0 & 0 & 0 \\ 2 & 0 & 1 \end{pmatrix} = \begin{pmatrix} 2x_{13} & 2x_{11} & 4x_{11} + x_{13} \\ 2x_{23} & 2x_{21} & 4x_{21} + x_{23} \\ 2x_{33} & 2x_{31} & 4x_{31} + x_{33} \end{pmatrix}$
daraus ergibt sich
$2x_{13} = 0$, also $x_{13} = 0$; $2x_{11} = 2$, also $x_{11} = 1$; $4x_{11} + x_{13} = 4$ ist richtig;
$2x_{23} = 0$, also $x_{23} = 0$; $2x_{21} = 0$, also $x_{21} = 0$; $4x_{21} + x_{23} = 0$ ist richtig;
$2x_{33} = 2$, also $x_{33} = 1$; $2x_{31} = 0$, also $x_{31} = 0$; $4x_{31} + x_{33} = 1$ ist richtig.
Damit lautet die gesuchte Matrix $X = \begin{pmatrix} 1 & t_1 & 0 \\ 0 & t_2 & 0 \\ 0 & t_3 & 1 \end{pmatrix}$ mit beliebig wählbaren t_1, t_2 und t_3.

c) $X = M \cdot (N - E)^{-1} = \begin{pmatrix} 1 & 2 & 4 \\ 0 & 1 & 0 \\ 2 & 0 & 2 \end{pmatrix} \cdot \begin{pmatrix} -\frac{2}{3} & 0 & \frac{1}{3} \\ 0 & -\frac{1}{3} & \frac{1}{3} \\ \frac{1}{3} & \frac{1}{3} & 0 \end{pmatrix} = \begin{pmatrix} \frac{2}{3} & \frac{2}{3} & 1 \\ 0 & -\frac{1}{3} & \frac{1}{3} \\ -\frac{2}{3} & \frac{2}{3} & \frac{2}{3} \end{pmatrix}$

d) $X = (E - N)^{-1} = \begin{pmatrix} 1 & -1 & -1 \\ -1 & 1 & -2 \\ -1 & -2 & -2 \end{pmatrix}^{-1} = \begin{pmatrix} \frac{2}{3} & 0 & -\frac{1}{3} \\ 0 & \frac{1}{3} & -\frac{1}{3} \\ -\frac{1}{3} & -\frac{1}{3} & 0 \end{pmatrix}$

Produktionsprozesse

11 a) $A_{RE} = \begin{pmatrix} 200 & 150 & 120 \\ 8 & 6 & 10 \end{pmatrix}$

$\vec{p}_R = A_{RE} \cdot \vec{p}_E = \begin{pmatrix} 200 & 150 & 120 \\ 8 & 6 & 10 \end{pmatrix} \cdot \begin{pmatrix} 2 \\ 5 \\ 4 \end{pmatrix} = \begin{pmatrix} 1630 \\ 86 \end{pmatrix}$

Damit werden 1630 Meter Rohre und 86 Kopplungen benötigt.

b) $\vec{k}_E^T = (4{,}50 \;\; 9{,}60) \cdot \begin{pmatrix} 200 & 150 & 120 \\ 8 & 6 & 10 \end{pmatrix} = (976{,}80 \;\; 732{,}60 \;\; 636{,}00)$

Anlage A_1 kostet 976,80 €, Anlage A_2 732,60 € und Anlage A_3 636 €.

c) $K = \vec{k}_E^T \cdot \vec{p}_E = (976{,}80 \;\; 732{,}60 \;\; 636{,}00) \cdot \begin{pmatrix} 2 \\ 5 \\ 4 \end{pmatrix} = 8160{,}60.$

Kosten des gesamten Auftrags: 8160,60 €.

S. 342 **12** a) Matrix der Produktionszeiten: $A = \begin{pmatrix} 10 & 12 & 24 \\ 1 & 2 & 5 \\ 1 & 1 & 2 \end{pmatrix}$.

$\vec{z} = A \cdot \vec{p}_E = \begin{pmatrix} 10 & 12 & 24 \\ 1 & 2 & 5 \\ 1 & 1 & 2 \end{pmatrix} \cdot \begin{pmatrix} 150 \\ 300 \\ 250 \end{pmatrix} = \begin{pmatrix} 11100 \\ 2000 \\ 950 \end{pmatrix}$. Zeiten in Stunden: $\frac{1}{60} \cdot \begin{pmatrix} 11100 \\ 2000 \\ 950 \end{pmatrix} = \begin{pmatrix} 185 \\ 33\frac{1}{3} \\ 15\frac{5}{6} \end{pmatrix}$.

Für den Auftrag fallen an 185 Maschinenstunden, 33 Stunden und 20 Minuten für die Qualitätskontrolle sowie 15 Stunden 50 Minuten für die Verpackung.

b) $\vec{k}^T = (4 \;\; 6 \;\; 3) \begin{pmatrix} 10 & 12 & 24 \\ 1 & 2 & 5 \\ 1 & 1 & 2 \end{pmatrix} = (49 \;\; 63 \;\; 132)$

Damit fallen Maschinenkosten an für E_1 von 49 GE, für E_2 von 63 GE und für E_3 von 132 GE.

Gesamtkosten in GE: $K = \vec{k}^T \cdot \vec{p}_E = (49 \;\; 63 \;\; 132) \cdot \begin{pmatrix} 150 \\ 300 \\ 250 \end{pmatrix} = 59\,250$.

13 a) $A_{RZ} = \begin{pmatrix} 0 & 1 & 1 & 1 \\ 1 & 0 & 2 & 1 \\ 0 & 1 & 0 & 2 \\ 1 & 2 & 0 & 1 \end{pmatrix}$; $A_{ZE} = \begin{pmatrix} 1 & 2 & 2 \\ 2 & 3 & 3 \\ 0 & 2 & 1 \\ 1 & 0 & 2 \end{pmatrix}$. Damit gilt $A_{RE} = A_{RZ} \cdot A_{ZE} = \begin{pmatrix} 3 & 5 & 6 \\ 2 & 6 & 6 \\ 4 & 3 & 7 \\ 6 & 8 & 10 \end{pmatrix}$,

also gilt die Tabelle:

	F_1	F_2	F_3
R_1	3	5	6
R_2	2	6	6
R_3	4	3	7
R_4	6	8	10

b) $\vec{p}_Z = A_{ZE} \cdot \vec{p}_E = \begin{pmatrix} 1 & 2 & 2 \\ 2 & 3 & 3 \\ 0 & 2 & 1 \\ 1 & 0 & 2 \end{pmatrix} \cdot \begin{pmatrix} 30 \\ 40 \\ 20 \end{pmatrix} = \begin{pmatrix} 150 \\ 240 \\ 100 \\ 70 \end{pmatrix}$.

Für den Auftrag sind 150 Z_1, 240 Z_2, 100 Z_3 und 70 Z_4 erforderlich.

$\vec{p}_R = A_{RE} \cdot \vec{p}_E = \begin{pmatrix} 3 & 5 & 6 \\ 2 & 6 & 6 \\ 4 & 3 & 7 \\ 6 & 8 & 10 \end{pmatrix} \cdot \begin{pmatrix} 30 \\ 40 \\ 20 \end{pmatrix} = \begin{pmatrix} 410 \\ 420 \\ 380 \\ 700 \end{pmatrix}$.

Für den Auftrag sind 410 R_1, 420 R_2, 380 R_3 und 700 R_4 erforderlich.

c) Aus $\vec{p}_R = A_{RZ} \cdot \vec{p}_Z$ mit $\vec{p}_R = \begin{pmatrix} 120 \\ 180 \\ 180 \\ 240 \end{pmatrix}$. Daraus folgt $\vec{p}_Z = A_{RZ}^{-1} \cdot \vec{p}_R$.

$$\vec{p}_Z = \begin{pmatrix} 0 & 1 & 1 & 1 \\ 1 & 0 & 2 & 1 \\ 0 & 1 & 0 & 2 \\ 1 & 2 & 0 & 1 \end{pmatrix}^{-1} \cdot \begin{pmatrix} 120 \\ 180 \\ 180 \\ 240 \end{pmatrix} = \begin{pmatrix} -1 & \frac{1}{2} & 0 & \frac{1}{2} \\ \frac{2}{3} & -\frac{1}{3} & -\frac{1}{3} & \frac{1}{3} \\ \frac{2}{3} & \frac{1}{6} & -\frac{1}{3} & -\frac{1}{6} \\ -\frac{1}{3} & \frac{1}{6} & \frac{2}{3} & -\frac{1}{6} \end{pmatrix} \cdot \begin{pmatrix} 120 \\ 180 \\ 180 \\ 240 \end{pmatrix} = \begin{pmatrix} 90 \\ 40 \\ 10 \\ 70 \end{pmatrix}.$$

Alternativ: Berechnung des Gleichungssystems $A_{RZ} \cdot \vec{p}_Z = \vec{p}_R$ mit dem GTR:

$\begin{pmatrix} 0 & 1 & 1 & 1 \\ 1 & 0 & 2 & 1 \\ 0 & 1 & 0 & 2 \\ 1 & 2 & 0 & 1 \end{pmatrix} \cdot \begin{pmatrix} z_1 \\ z_2 \\ z_3 \\ z_4 \end{pmatrix} = \begin{pmatrix} 120 \\ 180 \\ 180 \\ 240 \end{pmatrix}$.

```
rref([A])
 [[1 0 0 0 90]
  [0 1 0 0 40]
  [0 0 1 0 10]
  [0 0 0 1 70]]
```

Damit kann man noch 90 Z_1, 40 Z_2, 10 Z_3 und 70 Z_4 herstellen.

S. 343 **14** a) $A_{RZ} = \begin{pmatrix} 1 & 2 & 1 \\ 1 & 1 & 2 \\ 2 & 0 & 1 \end{pmatrix}$; $A_{ZE} = \begin{pmatrix} 3 & 3 & 1 & 1 \\ 1 & 4 & 0 & 2 \\ 2 & 3 & 1 & 3 \end{pmatrix}$

Rohstoffverarbeitung je Woche:

$$\vec{p}_R = A_{RZ} \cdot A_{ZE} \cdot \vec{p}_E = \begin{pmatrix} 7 & 14 & 2 & 8 \\ 8 & 13 & 3 & 9 \\ 8 & 9 & 3 & 5 \end{pmatrix} \cdot \begin{pmatrix} 2000 \\ 800 \\ 1000 \\ 400 \end{pmatrix} = \begin{pmatrix} 30\,400 \\ 33\,000 \\ 28\,200 \end{pmatrix}$$

Wöchentlicher Rohstoffbedarf: 30 400 R_1, 33 000 R_2 und 28 200 R_3.

b) $\vec{k}_Z^T = \vec{k}_R^T \cdot A_{RZ} = (1\ \ 2\ \ 1) \cdot \begin{pmatrix} 1 & 2 & 1 \\ 1 & 1 & 2 \\ 2 & 0 & 1 \end{pmatrix} = (5\ \ 4\ \ 6)$;

Die Rohstoffkosten für Z_1 betragen 5 Cent, für Z_2 4 Cent und für Z_3 6 Cent.

$\vec{k}_E^T = \vec{k}_R^T \cdot A_{RE} = (1\ \ 2\ \ 1) \cdot \begin{pmatrix} 7 & 14 & 2 & 8 \\ 8 & 13 & 3 & 9 \\ 8 & 9 & 3 & 5 \end{pmatrix} = (31\ \ 49\ \ 11\ \ 31)$.

Die Rohstoffkosten für E_1 betragen 31 Cent, für E_2 49 Cent, für E_3 11 Cent und für R_4 31 Cent.

Wöchentliche Rohstoffkosten in ct:

$K = \vec{k}_E^T \cdot \vec{p}_E = (31\ \ 49\ \ 11\ \ 31) \cdot \begin{pmatrix} 2000 \\ 800 \\ 1000 \\ 400 \end{pmatrix} = 124\,600$; dies sind 1246 EURO.

c) Rohstoffpreis in Cent von Z_1: 5; der Preis von Z_1 beträgt 10 Cent.

Damit ist $\frac{10-5}{5} = 1 = 100\,\%$.

Rohstoffpreis in Cent von Z_2: 4; der Preis von Z_2 beträgt 8 Cent.

Damit ist $\frac{8-4}{4} = 1 = 100\,\%$.

Rohstoffpreis in Cent von Z_3: 6; der Preis von Z_3 beträgt 12 Cent.

Damit ist $\frac{12-6}{6} = 1 = 100\,\%$.

Die Preise der Zwischenprodukte liegen jeweils 100 % über den entsprechenden Rohstoffpreisen.

d) Rohstoffpreis in Cent von E_1: 31; der Preis von E_1 beträgt 1085 Cent.

Damit ist $\frac{1085-31}{31} = 34 = 3400\,\%$.

Rohstoffpreis in Cent von E_2: 49; der Preis von E_2 beträgt 1715 Cent.

Damit ist $\frac{1715-49}{49} = 34 = 3400\,\%$.

Rohstoffpreis in Cent von E_3: 11; der Preis von E_3 beträgt 385 Cent.

Damit ist $\frac{385-11}{11} = 34 = 3400\,\%$.

Rohstoffpreis in Cent von E_4: 31; der Preis von E_4 beträgt 1085 Cent.

Damit ist $\frac{1085-31}{31} = 34 = 3400\,\%$.

Die Preise der Zwischenprodukte liegen 3400 % über den entsprechenden Rohstoffpreisen.

Leontief-Modell

S. 343 **15** a) $\vec{y} = (E - A) \cdot \vec{x}$, also $\begin{pmatrix} 0{,}8 & -0{,}2 \\ -0{,}1 & 0{,}7 \end{pmatrix} \cdot \begin{pmatrix} 400 \\ 600 \end{pmatrix} = \begin{pmatrix} 200 \\ 380 \end{pmatrix}$

b) Verflechtungsdiagramm:

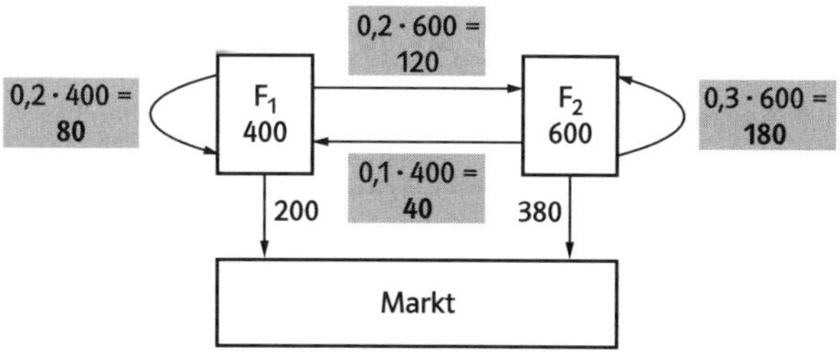

c) Neuer Marktvektor: $\vec{y} = \begin{pmatrix} 240 \\ 418 \end{pmatrix}$.

Aus $\vec{y} = (E - A) \cdot \vec{x}$, oder $\begin{pmatrix} 0{,}8 & -0{,}2 \\ -0{,}1 & 0{,}7 \end{pmatrix} \cdot \begin{pmatrix} x_1 \\ x_2 \end{pmatrix} = \begin{pmatrix} 240 \\ 418 \end{pmatrix}$ erhält man den Produktionsvektor

$x \approx \begin{pmatrix} 466 \\ 664 \end{pmatrix}$ (Fig. 1)

```
rref([A])
[[1 0 465.92592...
 [0 1 663.70370...
```

Fig. 1

16 a) Input-Output-Tabelle:

	B_1	B_2	B_3	Markt Y	Produktion X
B_1	2	2	4	32	40
B_2	2	4	0	34	40
B_3	8	0	10	2	20

Technologiematrix $A = \begin{pmatrix} \frac{2}{40} & \frac{2}{40} & \frac{4}{20} \\ \frac{2}{40} & \frac{4}{40} & \frac{0}{20} \\ \frac{8}{40} & \frac{0}{40} & \frac{10}{20} \end{pmatrix} = \begin{pmatrix} 0{,}05 & 0{,}05 & 0{,}2 \\ 0{,}05 & 0{,}1 & 0 \\ 0{,}2 & 0 & 0{,}5 \end{pmatrix}$.

b) Wegen $\vec{y} = (E - A) \cdot \vec{x}$ gilt: $\begin{pmatrix} 48 \\ 51 \\ 3 \end{pmatrix} = \begin{pmatrix} 0{,}95 & -0{,}05 & -0{,}2 \\ -0{,}05 & 0{,}9 & 0 \\ -0{,}2 & 0 & 0{,}5 \end{pmatrix} \cdot \begin{pmatrix} x_1 \\ x_2 \\ x_3 \end{pmatrix}$

Das Gleichungssystem
$$\begin{aligned} 0{,}95x_1 - 0{,}05x_2 - 0{,}2x_3 &= 48 \\ -0{,}05x_1 + 0{,}9x_2 \phantom{- 0{,}2x_3} &= 51 \\ -0{,}2x_1 \phantom{- 0{,}05x_2} + 0{,}5x_3 &= 3 \end{aligned}$$

hat den Lösungsvektor $x = \begin{pmatrix} 60 \\ 60 \\ 30 \end{pmatrix}$.

Damit muss W_1 60 ME, W_2 ebenfalls 60 ME und W_3 30 ME produzieren.

```
rref([A])
    [[1 0 0 60]
     [0 1 0 60]
     [0 0 1 30]]
```

S. 343 **16** c) Marktvektor ist in der Zeit der Reparatur $\vec{y} = \begin{pmatrix} 41 \\ 42{,}5 \\ 0 \end{pmatrix}$.

Dann gilt $\begin{pmatrix} 41 \\ 42{,}5 \\ 0 \end{pmatrix} = \begin{pmatrix} 0{,}95 & -0{,}05 & -0{,}2 \\ -0{,}05 & 0{,}9 & 0 \\ -0{,}2 & 0 & 0{,}5 \end{pmatrix} \cdot \begin{pmatrix} x_1 \\ x_2 \\ x_3 \end{pmatrix}$.

```
rref([A])
 [[1 0 0 50]
  [0 1 0 50]
  [0 0 1 20]]
```

Lösung: $\vec{x} = \begin{pmatrix} 50 \\ 50 \\ 20 \end{pmatrix}$.

d) Input-Output-Tabelle:

	B_1	B_2	B_3	Markt Y	Produktion X
B_1	$0{,}05 \cdot 50 = 2{,}5$	$0{,}05 \cdot 50 = 2{,}5$	$0{,}2 \cdot 20 = 4$	41	50
B_2	$0{,}05 \cdot 50 = 2{,}5$	$0{,}1 \cdot 50 = 5$	0	42,5	50
B_3	$0{,}2 \cdot 50 = 10$	0	$0{,}5 \cdot 20 = 10$	0	20

e) Neuer Produktionsvektor ist $\vec{x} = \begin{pmatrix} 50 \\ x_2 \\ x_3 \end{pmatrix}$; neuer Marktvektor $\vec{y} = \begin{pmatrix} y_1 \\ 34 \\ 2 \end{pmatrix}$.

Es gilt dann $\begin{pmatrix} y_1 \\ 34 \\ 2 \end{pmatrix} = \begin{pmatrix} 0{,}95 & -0{,}05 & -0{,}2 \\ -0{,}05 & 0{,}9 & 0 \\ -0{,}2 & 0 & 0{,}5 \end{pmatrix} \cdot \begin{pmatrix} 50 \\ x_2 \\ x_3 \end{pmatrix}$ oder $\begin{aligned} y_1 &= 47{,}5 - 0{,}05x_2 - 0{,}2x_3 \\ 34 &= -2{,}5 + 0{,}9x_2 \\ 2 &= -10 + 0{,}5x_3 \end{aligned}$;

daraus $x_3 = 24$; $x_2 = 40\frac{5}{9} \approx 40{,}6$; $y_1 = \frac{7321}{180} \approx 40{,}7$.

Damit kann B_1 40,7 ME an den Markt liefern, also ca. 8,7 ME mehr als vorher. B_2 und B_3 müssen ihre Produktion erhöhen: B_2 um knapp 0,6 ME, auf 40,6 ME, B_3 um 4 ME auf 24 ME.

Exkursion: Maikäfer und Matrizen

S. 345 **1** Sind anfangs $\begin{pmatrix} 100\,\% \\ 100\,\% \\ 100\,\% \\ 100\,\% \end{pmatrix}$ vorhanden, so ergibt sich nach 12 Jahren:

$$\begin{pmatrix} 0 & 0 & 0 & 35 \\ 0{,}3 & 0 & 0 & 0 \\ 0 & 0{,}3 & 0 & 0 \\ 0 & 0 & 0{,}25 & 0 \end{pmatrix}^{12} \cdot \begin{pmatrix} 100\,\% \\ 100\,\% \\ 100\,\% \\ 100\,\% \end{pmatrix} \approx \begin{pmatrix} 48{,}8\,\% \\ 48{,}8\,\% \\ 48{,}8\,\% \\ 48{,}8\,\% \end{pmatrix}.$$

Die Population in allen Stadien der Entwicklung hat sich um etwas mehr als die Hälfte reduziert.

2 Sind anfangs $\begin{pmatrix} 100\,\% \\ 100\,\% \\ 100\,\% \\ 100\,\% \end{pmatrix}$ vorhanden, so ergibt sich nach 4 Jahren:

$$\begin{pmatrix} 0 & 0 & 0 & 70 \\ 0{,}3 & 0 & 0 & 0 \\ 0 & 0{,}3 & 0 & 0 \\ 0 & 0 & 0{,}16 & 0 \end{pmatrix}^{4} \cdot \begin{pmatrix} 100\,\% \\ 100\,\% \\ 100\,\% \\ 100\,\% \end{pmatrix} \approx \begin{pmatrix} 100{,}8\,\% \\ 100{,}8\,\% \\ 100{,}8\,\% \\ 100{,}8\,\% \end{pmatrix}.$$

Die Behauptung des Forstwirts ist nicht richtig. Die Population bleibt in etwa auf dem gleichen Stand.

S. 345 **3** Beispiele:

$$\begin{pmatrix} 0 & 0 & 0 & 70 \\ \mathbf{0{,}20} & 0 & 0 & 0 \\ 0 & 0{,}3 & 0 & 0 \\ 0 & 0 & 0{,}25 & 0 \end{pmatrix}^4 \cdot \begin{pmatrix} 100\% \\ 100\% \\ 100\% \\ 100\% \end{pmatrix} \approx \begin{pmatrix} 105\% \\ 105\% \\ 105\% \\ 105\% \end{pmatrix};$$

$$\begin{pmatrix} 0 & 0 & 0 & 70 \\ \mathbf{0{,}19} & 0 & 0 & 0 \\ 0 & 0{,}3 & 0 & 0 \\ 0 & 0 & 0{,}25 & 0 \end{pmatrix}^4 \cdot \begin{pmatrix} 100\% \\ 100\% \\ 100\% \\ 100\% \end{pmatrix} \approx \begin{pmatrix} 99{,}75\% \\ 99{,}75\% \\ 99{,}75\% \\ 99{,}75\% \end{pmatrix}.$$

$$\begin{pmatrix} 0 & 0 & 0 & 0 \\ \mathbf{0{,}18} & 0 & 0 & 0 \\ 0 & 0{,}3 & 0{,}25 & 0 \\ 0 & 0 & 70 & \end{pmatrix}^4 \cdot \begin{pmatrix} 100\% \\ 100\% \\ 100\% \\ 100\% \end{pmatrix} \approx \begin{pmatrix} 94{,}5\% \\ 94{,}5\% \\ 94{,}5\% \\ 94{,}5\% \end{pmatrix};$$

$$\begin{pmatrix} 0 & 0 & 0 & 70 \\ \mathbf{0{,}17} & 0 & 0 & 0 \\ 0 & 0{,}3 & 0 & 0 \\ 0 & 0 & 0{,}25 & 0 \end{pmatrix}^4 \cdot \begin{pmatrix} 100\% \\ 100\% \\ 100\% \\ 100\% \end{pmatrix} \approx \begin{pmatrix} 89{,}25\% \\ 89{,}25\% \\ 89{,}25\% \\ 89{,}25\% \end{pmatrix};$$

$$\begin{pmatrix} 0 & 0 & 0 & 60 \\ 0{,}25 & 0 & 0 & 0 \\ 0 & 0{,}25 & 0 & 0 \\ 0 & 0 & 0{,}25 & 0 \end{pmatrix}^4 \cdot \begin{pmatrix} 100\% \\ 100\% \\ 100\% \\ 100\% \end{pmatrix} \approx \begin{pmatrix} 93{,}75\% \\ 93{,}75\% \\ 93{,}75\% \\ 93{,}75\% \end{pmatrix};$$

$$\begin{pmatrix} 0 & 0 & 0 & 70 \\ 0{,}2 & 0 & 0 & 0 \\ 0 & 0{,}2 & 0 & 0 \\ 0 & 0 & 0{,}3 & 0 \end{pmatrix}^4 \cdot \begin{pmatrix} 100\% \\ 100\% \\ 100\% \\ 100\% \end{pmatrix} \approx \begin{pmatrix} 84\% \\ 84\% \\ 84\% \\ 84\% \end{pmatrix};$$